Statistik – wie und warum sie funktioniert

Jörg Bewersdorff

Statistik – wie und warum sie funktioniert

Ein mathematisches Lesebuch mit einer Einführung in R

2. Auflage

 Springer Spektrum

Jörg Bewersdorff
Limburg, Deutschland

ISBN 978-3-662-63711-1   ISBN 978-3-662-63712-8   (eBook)
https://doi.org/10.1007/978-3-662-63712-8

Die Deutsche Nationalbibliothek verzeichnet diese Publikation in der Deutschen Nationalbibliografie;
detaillierte bibliografische Daten sind im Internet über http://dnb.d-nb.de abrufbar.

Planung/Lektorat: Iris Ruhmann
Springer Spektrum ist ein Imprint der eingetragenen Gesellschaft Springer-Verlag GmbH, DE und ist
ein Teil von Springer Nature.
Die Anschrift der Gesellschaft ist: Heidelberger Platz 3, 14197 Berlin, Germany

Vorwort zur 2. Auflage

Für die zweite Auflage wurden mehrere Grafiken übersichtlicher gestaltet, um so ihre Aussagen zu verdeutlichen. Außerdem wurden einige Ausblicke mit vergleichsweise schwierigen Inhalten in separate Kapitel ausgelagert, so dass der normale Textfluss besser hervortritt.

Um Interessenten einen schnelleren Einstieg in numerische Anwendungen zu ermöglichen, wurde eine Einführung in die statistische Programmiersprache R ergänzt, und zwar im praktischen Teil teilweise in Form von Lösungen zu ausgewählten Aufgaben, die im Nachgang der einzelnen Kapitel gestellt sind. Diese Aufteilung ermöglicht eine sofortige Bearbeitung dieser Aufgaben, sofern Grundkenntnisse der Programmiersprache R bereits vorhanden sind – andernfalls müssen diese zunächst durch eine Lektüre der Abschn. 4.1 bis 4.9 erworben werden.[1]

Limburg   Jörg Bewersdorff
im Mai 2021

---

[1]Unter mail@bewersdorff-online.de sind Hinweise auf Fehler und Unzulänglichkeiten willkommen. Auch Fragen werden, soweit es mir möglich ist, gerne beantwortet. Ergänzungen und Korrekturen werden auf meiner Homepage http://www.bewersdorff-online.de veröffentlicht.

Vorwort

Ich vertraue nur der Statistik, die ich selbst gefälscht habe.[2]

Selbst wer versucht, der Mathematik möglichst aus dem Weg zu gehen, wird es in Bezug auf die Statistik und der mit ihrer Hilfe gezogenen Schlussfolgerungen kaum schaffen. So werden wir fast wöchentlich durch die Medien mit mehr oder minder besorgniserregenden Erkenntnissen konfrontiert. Unter anderem erfahren wir dabei, dass in angeblich repräsentativen Testreihen die Gefährlichkeit bestimmter Nahrungsbestandteile erkannt wurde, um dann oft nur wenig später über die Relativierung, wenn nicht sogar Widerlegung, solcher Aussagen informiert zu werden.

Über das Level einer einzelnen Studie hinaus ist eigene Bewertungskompetenz gefordert, wenn Populisten und Leugner wissenschaftlicher Erkenntnisse bei Themen wie zum Beispiel Klimawandel und Impfschutz die konsensualen Sichtweisen der Wissenschaftscommunity auf breiter Front anzweifeln oder mangels eigener Argumente sogar zugrunde liegende Verschwörungen unterstellen. Können solche Vorwürfe von Außenseitern berechtigt sein? Was kann erwidert werden, wenn man mit empirischer Methodik vertraut ist? Dann lässt sich im Detail präzisieren, was a priori zumindest prinzipiell formuliert werden kann: Ohne Zweifel ist jedes Resultat einer empirischen Studie mit einer Unsicherheit behaftet. Das hat auf einer reinen Meta-Ebene zwei Konsequenzen. Zunächst gibt es unter der enorm großen Anzahl von wissenschaftlichen Einzelaussagen sicher viele, deren empirische Grundlage zufällige Anomalien sind. Die Gesamtheit des wissenschaftlichen Wissens kann damit unzweifelhaft allein aufgrund ihres Umfangs nicht frei von isolierten Irrtümern sein. Auf der anderen Seite ruht das wesentliche wissenschaftliche Wissen aber auf einer Tradition wiederholter Bestätigungen, oft „nebenbei" im Zuge von Verfeinerungen von vorherigen Untersuchungsresultaten und daher ohne explizite Würdigung. Dadurch werden maßgebliche Irrtümer beim konsensualen Stand der Wissenschaft zur seltenen

---

[2]Das Zitat wird diversen Politikern, insbesondere Winston Churchill, nachgesagt. Eindeutige Belege für eine Urheberschaft konnten aber nicht ermittelt werden. Siehe auch: Werner Barke, *„Ich glaube nur der Statistik, die ich selbst gefälscht habe …"*, Statistisches Monatsheft Baden-Württemberg, 11/2004, S. 50–53.

Ausnahme, wie es durch die Wissenschaftsgeschichte der letzten hundert Jahre fulminant bestätigt wird.

Im konkreten Einzelfall einer empirischen Studie stellt sich abseits der möglichen Infragestellung methodischer Ansätze, etwa im Hinblick auf Placebo-Effekte oder die Übertragbarkeit von Ergebnissen aus Tierversuchen auf Menschen, regelmäßig eine ganz prinzipielle Frage: Kann man von einer relativ kleinen Stichprobe, die einer solchen Untersuchung zugrunde liegt, überhaupt auf eine allgemein gültige Aussage schließen. Spätestens dann kommt auch die Mathematik ins Spiel, und zwar in Form der **Mathematischen Statistik.** Diese Disziplin der angewandten Mathematik beinhaltet nämlich Methoden, die es erlauben, weitgehend gesicherte Aussagen über eine meist große Gesamtheit dadurch zu erhalten, dass deutlich kleinere, zufällig ausgewählte Stichproben untersucht werden. Dabei hat es die innerhalb der Mathematischen Statistik betriebene Forschung zum Gegenstand, die diversen Methoden insbesondere daraufhin zu analysieren, unter welchen Umständen, das heißt beispielsweise bei welcher Größe einer Stichprobe, ein vorher vorgegebenes Maß an Sicherheit für die Richtigkeit der Ergebnisse erreicht wird. Basierend auf einer solchen Grundlagenforschung können dann – angepasst an die jeweilige Situation – möglichst optimale, das heißt mit einem Minimum an Unsicherheit behaftete, Methoden ausgewählt werden.

Dass solche Problemstellungen alles andere als trivial sind, liegt unter anderem daran, dass der Zufall, welcher einer Stichprobenauswahl zugrunde liegt, mit der für ihn typischen Ungewissheit geradezu im direkten Gegensatz zu stehen scheint zur deterministischen Natur mathematischer Formeln. Und so dürfte dieser glücklicherweise nur scheinbare Gegensatz für viele Verständnisprobleme verantwortlich sein, welche die Mathematische Statistik immer wieder bereitet.

Das vorliegende Büchlein trägt genau diesem Umstand Rechnung: Typische Argumentationen der Mathematischen Statistik sollen exemplarisch erläutert werden, wobei im Wesentlichen nur Kenntnisse vorausgesetzt werden, wie sie auf einer höheren Schule vermittelt werden. Aus diesem Rahmen herausfallende Ausblicke auf besonders abstrakte oder mathematisch schwierige Sachverhalte wurden weitestgehend aus dem normalen Text ausgegliedert und können zumindest beim ersten Lesen übersprungen werden.

Generell liegt der Schwerpunkt eindeutig darauf, statistische Argumentationen in prinzipieller Weise zu begründen und somit die wissenschaftliche Legitimation für den Anwender zu verdeutlichen. Insofern wird sowohl davon abgesehen, möglichst viele Verfahren ohne jegliche Begründung Kochrezept-artig zu beschreiben, als auch davon, mathematisch anspruchsvolle Berechnungen und Beweisführungen vollständig darzulegen. Stattdessen werden primär solche Sachverhalte ausgewählt, die für ein Verständnis statistischer Methoden wichtig sind, ganz nach dem Motto *Statistik – wie und warum sie funktioniert.* Im Blickpunkt stehen also Ideen, Begriffe und Techniken, die so weit vermittelt werden, dass eine konkrete Anwendung, aber auch die Lektüre weiterführender Literatur, möglich sein sollte. Dabei soll sowohl dem Schrecken entgegengewirkt werden, der von Tabellen mit suspekt erscheinenden Titeln wie *Werte der* Normalverteilung und Quantile *der* Chi-Quadrat-Verteilung ausgehen kann, als auch dem oft zu unbekümmert praktizierten Umgang mit Statistik-Programmen.

Konkret wird zu diesem Zweck deutlich gemacht werden, wie solche Tabellen zustande kommen, das heißt, wie die dort tabellierten Werte bestimmt werden können, und wie und warum mit ihrer Hilfe Stichprobenergebnisse interpretierbar sind. Da die dafür notwendigen mathematischen Methoden alles andere als elementar sind, wird vom üblicherweise in Statistikbüchern beschrittenen Weg abgewichen, indem ein empirischer Zugang zu den besagten Tabellen aufgezeigt wird. In Bezug auf diese Tabellen bleibt anzumerken, dass sie heute ihre praktische Bedeutung fast vollständig verloren haben. Der Grund dafür ist, dass selbst derjenige, der kein Statistikprogramm zur Verfügung hat, heute mit Tabellenkalkulationsprogrammen wie *MicrosoftExcel* oder *OpenOffice* ohne große Mühe einen vollen Zugriff auf die Werte der tabellierten Verteilungen besitzt.

Die Darstellung der formalen Grundlagen ist – soweit irgend möglich und sinnvoll – auf ein Mindestmaß reduziert. Dabei wurde versucht, zumindest die wesentlichen Begriffsbildungen sowie Argumentationsketten zu berücksichtigen und auch auf die Lücken der Darlegung hinzuweisen, so dass weitergehend Interessierte gezielt ergänzende Fachliteratur zu Rate ziehen können.

Nicht unterschlagen werden soll die historische Entwicklung, und zwar zum einen, weil der Aufschwung der Mathematik im zwanzigsten Jahrhundert, in dem sich die Entwicklung der Mathematischen Statistik im Wesentlichen vollzogen hat, weit weniger bekannt ist als der zeitlich parallel erfolgte Fortschritt bei den Naturwissenschaften, zum anderen, weil es durchaus spannend sein kann, persönlichen Irrtum und Erkenntnisgewinn der zeitrafferartig verkürzten Entwicklung zuordnen zu können. Und so werden wir auch im ersten Teil mit einer konkreten Untersuchung starten, die rückblickend als historisch erster sogenannter Hypothesentest verstanden werden kann. Ausgehend von der Diskussion der auf Basis dieser Untersuchung erfolgten Argumentation wird dann im zweiten Teil das mathematische Rüstzeug entwickelt, bei dem es sich um die Grundzüge der mathematischen Wahrscheinlichkeitsrechnung handelt. Letztlich handelt es sich dabei um Formeln, mit denen bei zufälligen Prozessen komplizierte Situationen, wie sie insbesondere in Versuchsreihen auftreten, rechnerisch auf einfachere Gegebenheiten zurückgeführt werden können. Auf diesen Formeln aufbauend werden dann im dritten Teil typische statistische Tests vorgestellt.

Um auch in der äußeren Form eine deutliche Trennlinie zu mathematischen Lehrbüchern zu ziehen, habe ich eine Darstellungsform gewählt, wie sie meinen auf ähnliche Leserkreise ausgerichteten Büchern *Glück, Logik und Bluff: Mathematik im Spiel – Methoden, Ergebnisse und Grenzen* sowie *Algebra für Einsteiger: Von der Gleichungsauflösung zur Galois-Theorie* zugrunde liegt: Jedes Kapitel beginnt mit einer plakativen, manchmal mehr oder weniger rhetorisch gemeinten Problemstellung, auch wenn der Inhalt des Kapitels meist weit über die Lösung des formulierten Problems hinausreicht.

In diesem Buch nur am Rande behandelt wird die beschreibende Statistik. Bei diesem Zweig handelt es sich eigentlich um den klassischen Teil der **Statistik,** die ihren Namen sowohl dem lateinischen Wort *status* (Zustand) als auch dem Wortstamm *Staat* verdankt (*statista* lautet das italienische Wort für Staatsmann) und ab dem siebzehnten Jahrhundert zunächst als reine Staatenkunde verstanden wurde. Die **beschreibende Statistik** – auch **deskriptive Statistik** genannt – beschäftigt sich mit der breit angelegten Erfassung von Daten sowie deren Aufbereitung, Auswertung und Präsentation in Tabellen und Graphiken. Basis bildeten früher zum Teil die – in ihrer Tradition bis in die Antike zurückreichenden – Volkszählungen. Heute handelt es sich meist um die Kumulationen von Einzelstatistiken, wie sie von lokalen Behörden und Institutionen wie Meldeämtern, Finanzbehörden, Krankenkassen, Handwerks- und Handelskammern zusammengetragen werden. Inhalt solcher Statistiken sind in der Regel Aussagen darüber, wie häufig die möglichen Werte bestimmter Merkmale bei den untersuchten Objekten vorkommen.

Der zur beschreibenden Statistik komplementäre Teil der Statistik wird übrigens meist **schließende Statistik**[3] genannt. Diese Benennung ist insofern missdeutbar, als dass natürlich auch die beschreibende Statistik zur Fundierung von Schlussfolgerungen verwendet wird. Daher dürfte die Bezeichnung **Mathematische Statistik** als Oberbegriff für solche Sachverhalte, wie sie im Folgenden erläutert werden, treffender sein.

Selbstverständlich möchte ich es nicht versäumen, mich bei all denjenigen zu bedanken, die zum Entstehen dieses Buches beigetragen haben: Äußerst hilfreiche Hinweise auf Fehler und Unzulänglichkeiten in Vorversionen dieses Buches habe ich von Wilfried Hausmann und Christoph Leuenberger erhalten. Dem Vieweg+Teubner-Verlag und seiner Programmleiterin Ulrike Schmickler-Hirzebruch habe ich dafür zu danken, das vorliegende Buch ins Verlagsprogramm aufgenommen zu haben. Und schließlich schulde ich einen ganz besonderen Dank meiner Frau Claudia, ohne deren manchmal strapaziertes Verständnis dieses Buch nicht hätte entstehen können.

Jörg Bewersdorff

---

[3]In Anlehnung an das englische Wort für Schlussfolgerung, nämlich *inference,* spricht man zum Teil auch von **Inferenzstatistik.**

Inhaltsverzeichnis

Einführung

1

1.1 Der erste Hypothesentest

Es liegt eine Geburtenstatistik von 82 Jahrgängen vor, bei der in jedem Einzeljahr der Anteil der männlichen Babys den der weiblichen übersteigt. Kann aufgrund dieser Statistik das Übergewicht von männlichen Neugeborenen als generell gültige Tatsache angesehen werden?

1710, knapp 200 Jahre vor dem eigentlichen Beginn einer systematischen Erforschung statistischer Testmöglichkeiten, präsentierte der schottische Arzt und Satiriker John Arbuthnot (1667–1735) – unter anderem war er Hofarzt der letzten Stuart-Königin Anne und Erfinder der dem Deutschen Michel entsprechenden Figur des „John Bull" – eine Auswertung der angeführten Geburtenstatistik, welche die 82 Jahre von 1629 bis 1710 umfasste. Allerdings war Arbuthnots Ansinnen eigentlich nicht naturwissenschaftlich orientiert. Vielmehr sollten seine Ausführungen nachweisen, dass nicht der Zufall, sondern die göttliche Vorsehung am Werke ist. So lautete der Titel seiner in den Philosophical Transactions of the Royal Society of London, **27** (1710) veröffentlichten Untersuchung: *An argument for Divine Providence, taken from the constant regularity observed in the births of both sexes* (siehe Abb. 1.1). Was aber auch Arbuthnots genauer Beweggrund gewesen sein mag – in Bezug auf seine Argumentation ist Arbuthnots Vorgehen auf jeden Fall äußerst bemerkenswert. Obwohl wir die Grundlagen einer solchen Argumentation erst in den nächsten Kapiteln detailliert erörtern werden, können wir doch schon jetzt Arbuthnots Gedankengang im Wesentlichen nachvollziehen, wenn auch zum Teil noch ohne exakte Begründung.

Ausgegangen wird von der Annahme, dass das Geschlecht eines Neugeborenen zufällig mit gleichen Chancen bestimmt wird – wie beim Wurf einer symmetrischen Münze. Folglich sind auch die Chancen identisch, dass ein Geschlecht in einem Jahr überwiegt. Schließlich besitzen auch die Möglichkeiten, wie sich solche Übergewichte über mehrere Jahre miteinander kombinieren können,

© Der/die Autor(en), exklusiv lizenziert durch Springer-Verlag GmbH, DE, ein Teil von Springer Nature 2021
J. Bewersdorff, *Statistik – wie und warum sie funktioniert*,
https://doi.org/10.1007/978-3-662-63712-8_1

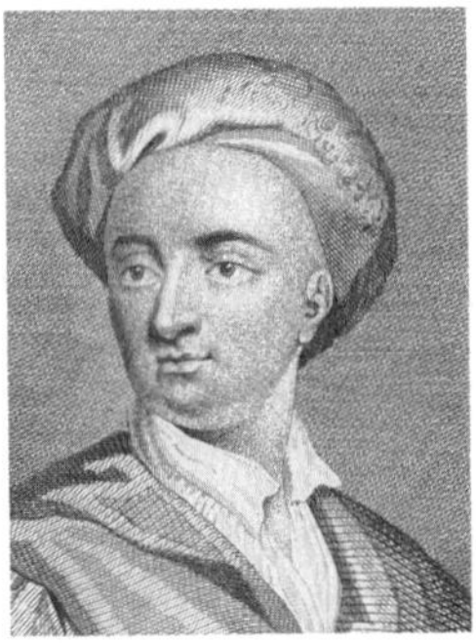

Anno.	Males.	Females.	Anno.	Males.	Females.	Anno.	Males.	Females.	Anno.	Males.	Females.
1629	5218	4683	1648	3363	3181	1667	5616	5322	1689	7604	7167
30	4858	4457	49	3079	2746	68	6073	5560	90	7909	7302
31	4422	4102	50	2890	2722	69	6506	5829	91	7662	7392
32	4994	4590	51	3231	2840	70	6278	5719	92	7602	7316
33	5158	4839	52	3220	2908	71	6449	6061	93	7676	7483
34	5035	4820	53	3196	2959	72	6443	6120	94	6985	6647
35	5106	4928	54	3441	3179	73	6073	5822	95	7263	6713
36	4917	4605	55	3655	3349	74	6113	5738	96	7632	7229
37	4703	4457	56	3668	3382	75	6058	5717	97	8062	7767
38	5359	4952	57	3396	3289	76	6552	5847	98	8426	7626
39	5366	4784	58	3157	3013	77	6423	6203	99	7911	7452
40	5518	5332	59	3209	2781	78	6568	6033	1700	7578	7061
41	5470	5200	60	3724	3247	79	6247	6041	1701	8102	7514
42	5460	4910	61	4748	4107	80	6548	6299	1702	8031	7656
43	4793	4617	62	5216	4803	81	6822	6533	1703	7765	7683
44	4107	3997	63	5411	4881	82	6909	6744	1704	6113	5738
45	4047	3919	64	6041	5681	83	7577	7158	1705	8366	7779
46	3768	3395	65	5114	4858	84	7575	7127	1706	7952	7417
47	3796	3536	66	4678	4319	85	7484	7246	1707	8379	7687
						86	7575	7119	1708	8239	7623
						87	7737	7214	1709	7840	7380
						88	7487	7101	1710	7640	7288

Abb. 1.1 John Arbuthnot und Faksimile der von ihm verwendeten Geburtenstatistik

untereinander die gleichen Chancen. In Bezug auf die ersten beiden Jahre besitzen also die 4 möglichen Kombinationen die gleichen Chancen:

- „`MM`“: männliches Übergewicht im 1. Jahr und 2. Jahr;
- „`Mw`“: männliches Übergewicht im 1. Jahr, weibliches Übergewicht im 2. Jahr;
- „`wM`“: weibliches Übergewicht im 1. Jahr, männliches Übergewicht im 2. Jahr;
- „`ww`“: weibliches Übergewicht im 1. Jahr und 2. Jahr;

Entsprechend ergeben sich für die 8 möglichen Kombinationen, die in den ersten drei Jahren möglich sind, ebenfalls gleiche Chancen:

`MMM, MMw, MwM, Mww, wMM, wMw, wwM, www`

Mit jedem weiteren Jahr verdoppelt sich die Zahl der möglichen, untereinander chancengleichen Kombinationen jeweils nochmals. Für den gesamten zugrunde gelegten Zeitraum von 82 Jahren ergibt sich auf diese Weise die astronomische Gesamtzahl von

$$2 \cdot 2 \cdot 2 \cdot \ldots \cdot 2 \text{ (82 Faktoren)} = 2^{82} = 4835703278458516698824704$$

untereinander chancengleichen Kombinationen. Dass sich dabei einzig aufgrund des puren Zufalls ausgerechnet die Kombination

`MMMM...M` (82 mal)

für Arbuthnots Geburtenstatistik ergibt, ist wohl kaum zu erwarten. Mindestens eine der beiden der Berechnung zugrunde liegenden Annahmen, nämlich Zufälligkeit und Chancengleichheit, muss also hochgradig in Zweifel gezogen werden. Andernfalls wäre nämlich das a priori völlig unwahrscheinliche Ergebnis nicht zu erklären.

Arbuthnots Folgerung war es nun, die Zufälligkeit als widerlegt anzusehen, so dass er glaubte, einen göttlichen Plan zu erkennen. Schon von zeitgenössischen Mathematikern wie Willem Jacob's Gravesande (1688–1742) und Nikolaus Bernoulli (1687–1759) wurde aber zu Recht erkannt, dass die betreffende

Geburtenstatistik vielmehr als Nachweis dafür zu werten ist, dass bei einem Neugeborenen die Chance, dass es sich um einen Jungen handelt, die Chance auf ein Mädchen übersteigt.

Nach diesem kleinen Rückblick auf 300 Jahre zurückliegende Denkweisen ist es mehr als lehrreich, Arbuthnots Beispiel aus dem Blickwinkel unseres heutigen Erkenntnisstandes zu erörtern. Konkret: Wie würde ein Statistiker heute vorgehen und argumentieren? Dies wollen wir in den beiden nächsten Kapiteln im Detail tun.

1.2 Die Formulierung statistischer Aussagen

Um Arbuthnots Argumente in einer Weise darlegen zu können, die dem heutigen Anspruch in Bezug auf wissenschaftliche Exaktheit genügt, bedarf es klar definierter Begriffsbildungen zur Formulierung statistischer Aussagen.

Ausgangspunkt aller Aussagen, die wir hier untersuchen wollen, ist stets eine fest vorgegebene, eindeutig definierte **Grundgesamtheit.** Dabei kann es sich zum Beispiel um die Bevölkerung Deutschlands handeln. Als Gesamtheit ebenso denkbar sind die Studenten, die derzeit an einer Hochschule in Nordrhein-Westfalen immatrikuliert sind, oder die in München zugelassenen Autos. Welche Grundgesamtheit man konkret wählt, wird sich primär am Gegenstand des Interesses orientieren. Zu berücksichtigen ist aber auch, dass die realistisch für Untersuchungen zu Verfügung stehenden Stichproben repräsentativ für die Grundgesamtheit sein müssen: So könnte man im Fall von Arbuthnots Untersuchung als Grundgesamtheit alle Neugeborenen nehmen, eventuell eingeschränkt auf gewisse Geburtsjahrgänge und -orte, um so gegebenenfalls dadurch bedingte Einflüsse zu verhindern.

Wir wollen nur solche Grundgesamtheiten zum Gegenstand einer **Untersuchung** machen, deren Mitglieder – oft werden sie schlicht **Untersuchungseinheiten** genannt – die Gemeinsamkeit besitzen, dass sie allesamt gewisse **Merkmale** aufweisen: Handelt es sich zum Beispiel bei der Grundgesamtheit um die deutsche Bevölkerung, so kann es sich bei solchen Merkmalen sowohl um quantitative Angaben wie Alter oder Einkommen als auch qualitative Eigenschaften wie Geschlecht oder Beruf handeln.

Oft ist es von Interesse, wie häufig jeder mögliche Wert eines Merkmals – bezeichnet meist als **Merkmalsausprägung** oder schlicht als **Merkmalswert** – innerhalb der Grundgesamtheit auftritt. So ist beispielsweise für die Bevölkerung die Altersverteilung, die graphisch in der Regel als sogenannte Alterspyramide dargestellt wird (siehe Abb. 1.2), ein wesentlicher Faktor für Prognosen über die weitere Entwicklung der Sozialversicherungen. Aber auch für andere Planungen, ob beim Bau von Kindergärten und Krankenhäusern oder bei Marktanalysen für bestimmte Produktgruppen – eben sprichwörtlich von der Wiege bis zur Bahre –, spielt die Altersverteilung eine wichtige Rolle.

Die Gesamtheit aller Häufigkeiten, mit der die möglichen Werte eines Merkmals innerhalb der Grundgesamtheit auftreten, wird **Häufigkeitsverteilung**

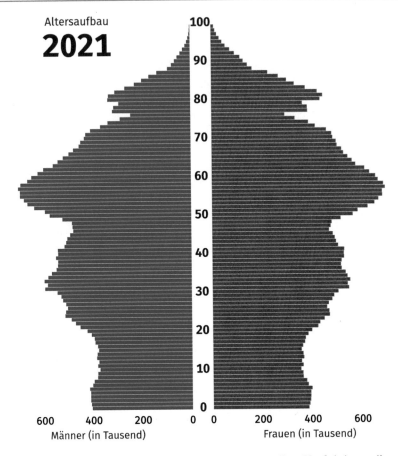

Abb. 1.2 Alterspyramide als Beispiel einer graphisch dargestellten Häufigkeitsverteilung des kombinierten Merkmals „Alter und Geschlecht". (Quelle: Statistisches Bundesamt)

genannt. Strukturell wichtiger als die **absoluten Häufigkeiten,** das heißt die konkreten Anzahlen, mit denen Merkmalswerte innerhalb der Grundgesamtheit vorkommen, sind die **relativen Häufigkeiten:** So besagt die Aussage, dass ein Kandidat bei einer direkten Bürgermeisterwahl circa zwanzigtausend Stimmen erhalten hat, nicht allzu viel. Bezogen auf das in der Grundgesamtheit der Wähler „untersuchte" Merkmal *gewählter Kandidat* sind nämlich relative Häufigkeiten wahlentscheidend und nur indirekt die absoluten Häufigkeiten: So hat ein Kandidat die absolute Mehrheit der Stimmen auf sich vereinigt, wenn der ihm entsprechende Merkmalswert des Merkmals *gewählter Kandidat* eine relative Häufigkeit von über 50 % besitzt.

Wie im gerade angeführten Beispiel kann eine relative Häufigkeit durch einen Prozentwert angegeben werden. Mathematisch ist es allerdings praktischer, die Gesamtheit auf den Wert 1 zu normieren: 50 % entsprechen dann ½, und anstelle eines Wertes von beispielsweise 51,2 % tritt der Anteil in Höhe von 0,512.

Oft interessieren die relativen Häufigkeiten, mit denen bestimmte Merkmale auftreten, nur indirekt, nämlich nur in Form daraus abgeleiteter Größen. Am wichtigsten dabei ist sicherlich der auch **Durchschnitt** genannte **Mittelwert,** mit welchem ein quantitatives Merkmal innerhalb der Grundgesamtheit auftritt. So muss sich eine Versicherung bei der Kalkulation ihrer Beiträge an den durchschnittlichen Aufwendungen pro Versichertem orientieren: Um diesen Durchschnitt zu berechnen, werden die Aufwendungen, die für die einzelnen Versicherten getätigt wurden, allesamt addiert und anschließend durch die Zahl der Versicherten geteilt.

Soll der Durchschnitt aus den Daten einer Häufigkeitsverteilung berechnet werden, so geschieht dies in Form einer gewichteten Summe, wobei jeder Summand einem Produkt entspricht: Multipliziert wird jeweils ein Wert, den das Merkmal annehmen kann, mit der dazugehörigen relativen Häufigkeit. Ausgedrückt als Formel ergibt sich der Durchschnittswert eines Merkmals x, welches die möglichen Werte a, b, ... mit den relativen Häufigkeiten r_a, r_b, ... annimmt, durch

$$\bar{x} = r_a \cdot a + r_b \cdot b + \ldots$$

Noch einfacher als diese Formel ist der ihr zugrunde liegende Sachverhalt, wie ein Beispiel sofort zeigt: Erhalten 90 % der Autofahrer in einem Jahr keinen Bußgeldbescheid, 7 % einen Bußgeldbescheid, 2 % zwei Bußgeldbescheide und 1 % sogar drei Bußgeldbescheide, dann beträgt der Durchschnitt der jährlichen Bußgeldbescheide pro Autofahrer

$$\bar{x} = 0{,}9 \cdot 0 + 0{,}07 \cdot 1 + 0{,}02 \cdot 2 + 0{,}01 \cdot 3 = 0{,}14.$$

So naheliegend und berechtigt die Verwendung des Durchschnitts für das schon erwähnte Beispiel der Aufwendungen einer Versicherung ist, so muss genauso vor der unsachgemäßen Interpretation des Durchschnitts gewarnt werden. „Typische" Verhältnisse, beispielsweise das Einkommen des „Durchschnittsbürgers", werden oft realistischer durch den sogenannten **Median** widergespiegelt: Der Median wird nämlich so gewählt, dass er die Grundgesamtheit in Bezug auf die Größe des betreffenden Merkmalswertes in zwei gleich große Teile zerlegt. Für das Beispiel des Einkommensmedians, der sich für die deutsche Bevölkerung ergibt, haben also 50 % der Bevölkerung ein Einkommen, das mindestens so groß ist wie der Median, während die andere Hälfte ein Einkommen besitzt, das höchstens so hoch wie der Median ist. Es liegt auf der Hand, dass eine jährliche Erfassung des Einkommensmedians die Veränderung der „typischen" Einkommensverhältnisse innerhalb der Bevölkerung eher widerspiegelt, als das beim Durchschnittseinkommen der Fall ist. Ein Grund dafür ist, dass Veränderungen, die sich nur isoliert im Bereich der Spitzenverdiener abspielen, den Durchschnitt verändern, jedoch ohne Wirkung auf den Median bleiben.

Natürlich lassen sich die Häufigkeiten, mit der bestimmte Merkmalswerte innerhalb der Grundgesamtheit auftreten, stets im Rahmen einer **Vollerhebung** ermitteln. Allerdings ist bei großen Grundgesamtheiten der dafür notwendige Aufwand, etwa im Rahmen einer Volkszählung, meist unvertretbar hoch. Darüber

hinaus gibt es sogar Fälle, in denen sinnvoll überhaupt keine Vollerhebung möglich ist, etwa wenn bei einem Fabrikationsprozess die qualitätssichernde End-
prüfung nur dadurch möglich ist, dass die geprüften Untersuchungseinheiten
zerstört werden.

Aus den genannten Gründen ist es vorteilhaft, wenn nur ein relativ kleiner Teil
der Mitglieder der Grundgesamtheit untersucht werden braucht. In Anlehnung
an eine dem Hüttenwesen entstammende Terminologie nennt man eine solche
zufällig getroffene Auswahl **Stichprobe.** Auch wenn nur eine Stichprobe untersucht wird, bleibt natürlich trotzdem das Ziel bestehen, daraus Aussagen über die
Grundgesamtheit abzuleiten: Wie und mit welcher Präzision und Sicherheit dies
möglich ist, davon handelt die schließende Statistik. Dabei ist jeweils der Umfang
der Stichprobe mit zu berücksichtigen. Denn schon intuitiv ist klar, dass mit
größeren Stichproben genauere und sicherere Aussagen über die Grundgesamtheit
erzielt werden können als mit kleineren Stichproben.

Fassen wir zusammen:

Die Statistik beschäftigt sich mit Aussagen über relative Häufigkeitsverteilungen von Merkmalen innerhalb fest vorgegebener Grundgesamtheiten.
Darunter fallen sowohl direkte Aussagen über relative Häufigkeiten, aber auch
Aussagen über daraus resultierende Größen, wobei es sich beispielsweise um
einen Mittelwert oder einen Median handeln kann. Ein wesentlicher Teil der
Statistik besteht aus einem Apparat von Methoden, mit denen solche Aussagen
mittels der Untersuchung von Stichproben getroffen beziehungsweise geprüft
werden können.

Auf Basis der eingeführten Terminologie können wir nun die aus Arbuthnots
Daten gezogene Schlussfolgerung erneut formulieren:

> „Bei Neugeborenen besitzt der Merkmalswert *männlich* eine relative Häufigkeit, die 0,5
> beziehungsweise 50 % übersteigt und somit größer ist als die relative Häufigkeit des
> Merkmalswertes *weiblich.*"

Wie diese statistische Aussage mittels der Untersuchung einer Stichprobe geprüft
werden kann, haben wir im Wesentlichen bereits kennengelernt. Wir wollen diese
Schlussweise im nächsten Kapitel nochmals im Detail erörtern, und zwar nun –
entsprechend dem gerade erweiterten Horizont – in einem allgemeineren Kontext.

1.3   Die Prüfung statistischer Aussagen

*In welcher Hinsicht kann Arbuthnots Argumentation verallgemeinert werden, und
was ist dabei zu beachten?*
Der entscheidende Punkt von Arbuthnots Argumentation besteht zweifellos
darin, eine sich auf eine große Grundgesamtheit beziehende Vermutung dadurch
zu prüfen, dass eine vergleichsweise kleine Stichprobe untersucht wird. Dabei
wird – und das ist der die mathematische Bearbeitung erleichternde „Kniff" – das
Gegenteil dessen, was letztlich nachgewiesen werden soll, als (Arbeits-)Hypothese
unterstellt.

Die eigentliche mathematische Bearbeitung geschieht auf der Basis mathematischer Gesetzmäßigkeiten von zufälligen Prozessen. Solche Gesetze werden wir im zweiten Teil des Buches ausführlich erläutern. Dabei kommt der Zufall bei Stichprobenuntersuchungen stets dadurch ins Spiel, dass die Stichprobe mittels Zufallsauswahl aus der Grundgesamtheit entnommen wird. Übrigens kann der Zufall durchaus über den eigentlichen Auswahlprozess hinaus noch eine weitere Rolle spielen, etwa wenn ein Stichprobentest so angelegt ist, dass die Reihenfolge der ausgewählten Untersuchungseinheiten oder – wie bei Arbuthnots Vorgehen – die Gruppierung zu Unterstichproben für die mathematische Bearbeitung von Bedeutung ist.

Bei Arbuthnot geschah die Zufallsauswahl der Stichprobe mehr oder minder implizit, nämlich in Abhängigkeit von Ort und Jahrgang der Geburt. Da bei diesen beiden Faktoren ein Einfluss auf das Geschlecht wenig plausibel erscheint, kann ein solches Vorgehen durchaus als „genügend" zufällig angesehen werden. In jedem Fall unkritischer und daher in systematischer Weise vorzuziehen wäre aber die Vorgehensweise, die Auswahl der Stichprobe und deren Unterteilung in 82 Unterstichproben völlig zufällig vorzunehmen.

Arbuthnots Vorgehen hat im Vergleich zu anderen statistischen Tests, die wir an späterer Stelle kennenlernen werden und die zum Teil im Hinblick auf den notwendigen Stichprobenumfang wesentlich effizienter sind, den Vorteil, dass die mathematische Argumentation sehr elementar ist. Ausgehend von der Hypothese einer Symmetrie zwischen den beiden Chancen, dass ein Neugeborenes männlich beziehungsweise weiblich ist, überträgt sich diese Symmetrie zunächst auf die Übergewichte bei den 82 Unterstichproben und schließlich auf die astronomisch große Anzahl von 2^{82} Kombinationen der 82 Unterstichproben-Übergewichte. Das heißt, jede Sequenz von 82 jahrgangsbezogenen, mit „M" oder „w" bezeichneten Geschlechts-Übergewichten wie

MMMMMMMMM...M

MwMwMwMwMw...w

MMwMwwwMMw...M

wwwwwwwwww...w

ist gleichwahrscheinlich. Dabei wurde die Beobachtung der Sequenz MMMMMMMMM...M als Indiz dafür angesehen, die ursprünglich gemachte Hypothese als widerlegt ansehen zu müssen.

Warum soll aber gerade diese Sequenz MMMMMMMMM...M als Indiz für eine Verwerfung der Hypothese genommen werden? Die sofort einleuchtende Begründung ist: Zwar ist die zweite der gerade aufgelisteten Sequenzen, nämlich MwMwMwMwMw...w, in ihrer regelmäßigen Abfolge genauso unwahrscheinlich wie die erste Sequenz. Allerdings kann das Eintreten der ersten Sequenz MMMMMMMMM...M, nicht aber das Eintreten der zweiten Sequenz MwMwMwMwMw...w, plausibel erklärt werden, nämlich dadurch, dass ein Ungleichgewicht zugunsten überwiegender Knabengeburten vorliegt. So gesehen sind Sequenzen, bei denen die Knaben innerhalb der 82 Unterstichproben im Verhältnis 82:0, aber auch noch in Verhältnissen wie 81:1 oder 80:2,

stark überwiegen, absolut unwahrscheinlich,[1] es sei denn, die gemachte Hypothese würde aufgegeben. „Ausreißer"-Ergebnisse mit männlichen Übergewichten
in mindestens 80 der 82 Unterstichproben sind also als gewichtiges Indiz dafür zu
werten, die Hypothese zu verwerfen, wobei bei dieser Verfahrensweise ein Fehlschluss mit einer an Sicherheit grenzenden Wahrscheinlichkeit ausgeschlossen
werden kann.

Welche Untersuchungsergebnisse bei einem Hypothesentest als Widerlegung
der Hypothese zu werten sind und welche nicht, ist im allgemeinen Fall Bestandteil der sogenannten **Entscheidungsregel,** die im Rahmen der Testplanung auf
Basis der mathematischen Gesetzmäßigkeiten zufälliger Prozesse formuliert und
begründet wird. Dabei sollten im Rahmen der Entscheidungsregel solche Ergebnisse der Stichprobenuntersuchung zu einer Hypothesen-Widerlegung führen,

- die bei unterstellter Richtigkeit der Hypothese einen „Ausreißer"-Charakter
  besitzen, das heißt a priori sehr unwahrscheinlich sind, und
- die ihren Ausreißer-Charakter aber verlieren, wenn die Gültigkeit der Hypothese aufgeben wird.

Meist orientiert sich die Entscheidungsregel daran, ob ein aus der Stichprobenuntersuchung berechneter Wert innerhalb des sogenannten **Ablehnungsbereichs,**
oft auch als **Verwerfungsbereich** oder **kritischer Bereich** bezeichnet, liegt oder
nicht. Dabei wird die Berechnungsvorschrift des Wertes als **Stichprobenfunktion,**
Testgröße oder auch als **Prüfgröße** bezeichnet. Im Fall von Arbuthnots Test entspricht der Wert der Stichprobenfunktion schlicht derjenigen Anzahl von Unterstichproben, in denen männliche Babys überwiegen.

Konkret werden sich der Ablehnungsbereich und damit die Entscheidungsregel
eines Hypothesentests immer am gesamten Umfeld der Stichprobenuntersuchung
orientieren, das heißt insbesondere an

- der Hypothese,
- der Stichprobengröße,
- den innerhalb der Stichprobe ermittelten Daten und
- der daraus berechneten Stichprobenfunktion.

In systematischer Hinsicht ist es dabei ungemein wichtig, dass diese Planung *vor*
der Durchführung der Stichprobenuntersuchung oder zumindest vor der Sichtung
des Datenmaterials stattfindet. Auf den ersten Blick erscheint eine solche Festlegung vielleicht etwas übertrieben, und gerade Arbuthnot ist ein Beispiel dafür,
dass er seinen Test erst nach dem Vorliegen der Stichprobendaten durchführte.

---

[1] *Wie* unwahrscheinlich solche Ausreißer in dem Fall, dass die Hypothese stimmt, tatsächlich
sind, werden wir mit mathematischen Methoden, die wir im zweiten Teil beschreiben werden,
konkret berechnen können.

Der Grund dafür, diese Reihenfolge aber trotzdem unbedingt einzuhalten, ist der folgende:

Andernfalls könnte man nämlich einfach nur mit Fleiß umfangreiches Datenmaterial über genügend viele Eigenschaften von Versuchspersonen ermitteln und würde darin höchstwahrscheinlich *irgendeine,* zufällig in dieser Stichprobe auftretende Auffälligkeit entdecken. Beispielsweise könnte es sein, dass eine untersuchte Gruppe erwachsener Männer *zufällig* so zusammengesetzt ist, dass darin die Personen mit größerer Schuhgröße eine im Durchschnitt deutlich höhere Intelligenz aufweisen. Wahrscheinlich hätte man in einer anderen Stichprobe eine andere Anomalie wie etwa zwischen Haarfarbe und Einkommen gefunden. Dafür hätte man aber dort kaum unter den Personen mit großer Schuhgröße eine deutlich höhere Intelligenz festgestellt. Trotzdem würde natürlich eine passend zur ursprünglichen Versuchsgruppe aufgestellte Hypothese, gemäß der es *keinen* Zusammenhang zwischen Intelligenz und Schuhgröße gibt, durch die Daten dieser ersten Gruppe scheinbar widerlegt. Verkürzt für die Titelseite der Boulevardpresse wäre damit endlich der „Beweis" erbracht: „Männer denken mit den Füßen".

Wenn nicht aus dem für den Test verwendeten Datenmaterial, woher soll eine Hypothese aber sonst kommen? Die Antwort auf den scheinbaren Einwand ist so einfach wie einleuchtend zugleich: zum Beispiel aus anderem Datenmaterial! Oder, weil wie im Fall von Arbuthnot das Gegenteil zuvor als naheliegende Erfahrungstatsache gegolten hat. Oder, weil im Fall der Wirksamkeitsprüfung eines neuen Medikaments eine Hoffnung darauf besteht, die dazu hypothetisch angenommene Unwirksamkeit zu widerlegen. Oder, weil man einfach wissen will, ob die Regierungsparteien noch immer so populär sind wie bei den letzten Wahlen. Da Hypothesen, und zwar über die gerade angeführten Fälle hinaus, oft einen fehlenden Unterschied zum Gegenstand haben, hat sich ganz allgemein als Sprachgebrauch der Begriff der sogenannten **Null-Hypothese** eingebürgert.

Fassen wir zusammen: Das Prozedere eines Tests, nämlich betreffend

- Stichprobengröße,
- Art der zu erhebenden Daten und
- deren Bearbeitung bis hin zur anzuwendenden Entscheidungsregel,

sollte stets *vollständig* im Rahmen einer Testplanung festgelegt werden, *bevor* Teile des Tests durchgeführt werden. Eine schematische Darstellung der vorzunehmen Einzelschritte ist in Abb. 1.3 dargestellt.

Dem eigentlichen Test voran geht eine Vermutung, auf deren Basis durch Negierung eine (Null-)Hypothese aufgestellt wird. Wird diese Hypothese dann im Rahmen des Tests widerlegt, so erfährt die ursprüngliche Vermutung, die oft als **Alternativhypothese** bezeichnet wird, eine Bestätigung.

Aufgrund der Zufälligkeit der Stichprobenauswahl beinhaltet ein solcher Test stets das Risiko, die Hypothese zu verwerfen, obwohl sie in Wahrheit stimmt – theoretisch feststellbar im Rahmen einer Vollerhebung. Man bezeichnet diese Art des Irrtums als **Fehler 1. Art.** Dabei wird der Test unter Verwendung mathematischer Methoden so konzipiert, dass ein Fehler 1. Art relativ

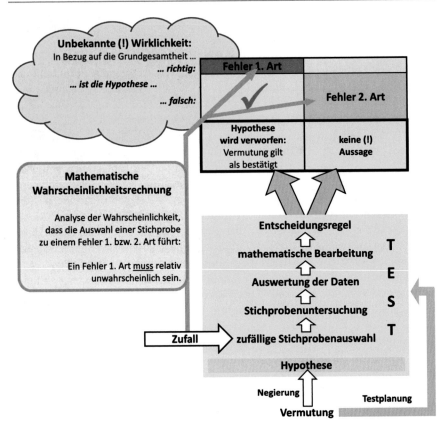

Abb. 1.3 Schematischer Ablauf eines typischen Hypothesentests (von unten nach oben): Ausgehend von einer Vermutung (oft als Alternativhypothese bezeichnet) wird durch Negierung eine Hypothese, die sogenannte Null-Hypothese, aufgestellt. Es folgt die Planung eines Tests und dessen anschließende Durchführung. Arbuthnots Test ist als Beispiel in Abb. 1.5 dargestellt

unwahrscheinlich ist, wozu beispielsweise die diesbezügliche Wahrscheinlichkeit auf 0,01 begrenzt wird. Diese Obergrenze, bei der man von einem **Signifikanz-niveau** von 1 % oder auch von einer **Sicherheitswahrscheinlichkeit** von 99 % spricht, bedeutet konkret: Im Fall, dass die Hypothese in Wahrheit richtig ist, würde sie trotzdem bei 1000 Testdurchgängen etwa zehnmal fälschlicherweise als widerlegt erscheinen, weil das Testergebnis *wesentlich,* eben signifikant, vom eigentlich zu Erwartenden abweicht.

Streng zu unterscheiden vom Fehler 1. Art ist der sogenannte **Fehler 2. Art.** Dieser bezieht sich auf die Situation, dass eine objektiv falsche Hypothese – feststellbar theoretisch wieder im Rahmen einer Vollerhebung – nicht durch das Ergebnis des Tests widerlegt wird. Allerdings handelt es sich streng genommen in diesem Fall überhaupt nicht um einen „Fehler" im Sinne einer fälschlicherweise gemachten Aussage. Denn ein solcher Fehler läge nur dann vor, wenn das Testergebnis als Bestätigung der Hypothese interpretiert würde. Eine solche Schlussweise ist aber in der Systematik eines Hypothesentests eigentlich gar nicht vorgesehen!

Bei dem häufig praktizierten Ansatz, bei der die Null-Hypothese einen nicht vorhandenen Unterschied behauptet, besteht ein Fehler 1. Art darin, dass man aufgrund des Testergebnisses einen Unterschied „sieht", der in Wahrheit gar nicht vorhanden ist. Dagegen entspricht ein Fehler 2. Art der Situation, bei der ein vorhandener Unterschied übersehen wird. Anders als bei einem Fehler 1. Art, dessen Wahrscheinlichkeit bei einer entsprechenden Testplanung auf einen kleinen Wert wie beispielsweise 1 % oder 5 % reduziert werden kann, hängt die Wahrscheinlichkeit für einen Fehler 2. Art immer auch von der Größe des vorhandenen, aber in seiner Größe unbekannten, Unterschiedes ab. Dabei ist bereits intuitiv klar, dass bei geringen Unterschieden die Wahrscheinlichkeit für einen Fehler 2. Art kaum begrenzt werden kann.

Auf den ersten Blick erscheint die Vorgehensweise, Hypothesen nur dafür aufzustellen, um sie anschließend zu verwerfen, vielleicht etwas gewöhnungsbedürftig. Außerdem tragen die diversen Begriffe wie Null-Hypothese, Alternativhypothese, Signifikanzniveau und Fehler 1. und 2. Art nicht unbedingt dazu bei, das Verständnis dafür zu erleichtern, warum ein solcher Ansatz gewählt wird. Und obwohl es durchaus statistische Verfahren gibt, die ohne Hypothesen auskommen und die wir neben diversen Hypothesentests im dritten Teil dieses Buches erläutern werden, macht es durchaus Sinn, statistische Denkweisen einführend anhand eines Hypothesentests zu erläutern. Dabei zeigt gerade Arbuthnots frühes Beispiel eines Hypothesentests, dass solche Argumentationsketten in einer gewissen Weise nahe liegen. Dafür dürften zwei Gründe ausschlaggebend sein:

- Zum einen ist in einfachen Situationen wie bei Arbuthnot der Bedarf an mathematischen Hilfsmitteln relativ bescheiden, insbesondere dann, wenn man – wie bisher geschehen – nicht ins Detail geht.
- Zum anderen ist die Denkweise eines Hypothesentests im Ansatz durchaus mit anderen Methoden der angewandten Naturwissenschaften vergleichbar. Man denke nur an mathematische Modelle, ob für Elementarteilchen, astronomische oder auch makroökonomische Abläufe. Ihnen allen zugrunde liegen mathematische Beschreibungen von experimentell gemessenen Abhängigkeiten zwischen diversen, beobachtbaren Größen. Dabei werden die Modelle so lange als gültig oder zumindest als praktisch verwendbar angesehen, wie sie nicht im Widerspruch zu Ergebnissen konkreter Beobachtungen stehen (siehe auch Abb. 1.4).
- Statistische Modelle beinhalten Annahmen über die Zusammensetzung der Grundgesamtheit und beschreiben diese mittels mathematischer Objekte. Diese Annahmen müssen, genau wie ein physikalisches Modell, als widerlegt angesehen werden, wenn experimentelle Beobachtungen mit dem Modell nicht in Einklang zu bringen sind. Da solche Beobachtungen in zufällig ausgewählten Stichproben ermittelt werden, unterliegt die Verwerfung eines statistischen Modells immer einer gewissen Unsicherheit.

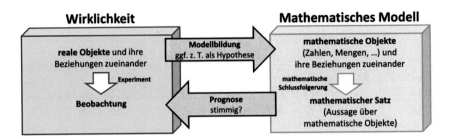

Abb. 1.4 Mathematische Modellbildung: Vergleichbar einem Modell, wie es ein Modellbauer beispielsweise zur Vorab-Prüfung einer geplanten Fahrzeugkonstruktion in einem Windkanal baut, werden mathematische Objekte zur Modellierung realer Sachverhalte verwendet – in der Physik beispielsweise zur Beschreibung des Verhaltens von Elementarteilchen

Um Hypothesentests in den unterschiedlichsten Szenarien einzusetzen, bedarf es aber zweifelsohne einer genauen Herausarbeitung ihrer mathematischen Grundlagen. Denn nur so lassen sich Testplanungen passend zur jeweiligen Ausgangssituation dahingehend optimieren, dass zu Recht formulierte Vermutungen mit guter Aussicht auf Erfolg ihre statistische Bestätigung erfahren.

1.4   Arbuthnots Test in systematischer Planung

Wie lässt sich für Arbuthnots Untersuchung eine Testplanung aufstellen, die in formaler Hinsicht den beschriebenen Anforderungen einer exakten statistischen Argumentation genügt?
Am Beginn steht die Formulierung einer Hypothese, wozu es zwei Möglichkeiten gibt:

- Der relative Anteil der männlichen Neugeborenen ist *genauso* groß wie der relative Anteil der weiblichen Neugeborenen.
- Der relative Anteil der männlichen Neugeborenen ist *höchstens* so groß wie der Anteil der weiblichen Neugeborenen.

Für beide Hypothesen vermuten wir, dass sie nicht stimmen und dass sie aufgrund der untersuchenden Stichprobe widerlegt werden können. Natürlich bringt die Widerlegung der zweiten Hypothese mehr Erkenntnis aufgrund einer detaillierteren Aussage.

Wie bei Arbuthnot sehen wir im Rahmen des geplanten Tests eine in 82 Unterstichproben zerlegte Stichprobe vor. Als Stichprobenfunktion, das heißt als Indikator für die am Ende gegebenenfalls zu treffende Verwerfung, nehmen wir wieder die Anzahl der Unterstichproben mit männlichem Übergewicht.

Der Ablehnungsbereich wird nun aus solchen „Ausreißer"-Ergebnissen zusammengestellt, die einerseits im Fall einer gültigen Hypothese insgesamt sehr unwahrscheinlich sind, bei denen aber andererseits diese Unwahrscheinlichkeit dann ein Ende findet, wenn bestimmte, allerdings im Widerspruch zur Hypothese stehende, Umstände zugrunde gelegt werden. Konkret: Ein „Ausreißer"-Ergebnis mit einem starken Übergewicht von Knaben verliert seine Unwahrscheinlichkeit, wenn Geburten männlicher Babys tatsächlich generell, also in der Gesamtbevölkerung, im Übergewicht auftreten sollten. Daher kann für die zweite der eben angeführten Hypothesen ein sogenannter **einseitiger Ablehnungsbereich** zusammengestellt werden, der solche Ergebnisse umfasst, bei denen in den 82 Unterstichproben eine männliche Dominanz im Verhältnis von beispielsweise 82:0, 81:1, … auftritt.

Bei der Beschreibung weiterer Details wollen wir uns aber auf die Planung eines Tests beschränken, mit dem gegebenenfalls die erste der beiden angeführten Hypothesen widerlegt werden kann. Wir fragen uns: Wie ausgeprägt muss ein „Ausreißer"-Übergewicht wie beispielsweise 82:0, 81:1 oder auch 0:82, 1:81 sein, damit es in den **zweiseitigen Ablehnungsbereich** aufgenommen werden kann, ohne dass dadurch die **Irrtumswahrscheinlichkeit,** das heißt die Wahrscheinlichkeit einer irrtümlichen Hypothesen-Verwerfung, zu groß wird? Anders ausgedrückt: Welcher Ablehnungsbereich kann und sollte genommen werden, wenn eine Obergrenze für die Wahrscheinlichkeit eines Fehlers 1. Art vorgegeben ist?

Um diese Frage konkret zu beantworten, müssen wir prüfen, wie viele der aus 82 der Buchstaben „M" oder „w" bestehenden Sequenzen ein ausgeprägtes Übergewicht aufweisen. So gibt es unter den insgesamt 2^{82} untereinander gleichwahrscheinlichen Sequenzen der Länge 82

- eine Sequenz, die 82-mal den Buchstaben „M" enthält,
- 82 Sequenzen, von denen jede 81-mal den Buchstaben „M" und einmal den Buchstaben „w" enthält (das einzige „w" kann nämlich an jeder der 82 Positionen stehen),
- 3321 Sequenzen, bei denen das Übergewicht des Buchstabens „M" im Verhältnis 80:2 vorliegt und
- 88560 Sequenzen, bei denen das Übergewicht des Buchstabens „M" im Verhältnis 79:3 vorliegt.

Die Formeln zur Ermittlung solcher Zahlen werden wir später noch kennenlernen. Im Moment wichtiger für uns ist, dass wir alle Übergewichte bis hin zu denen im Verhältnis von 53:29 und 29:53 in den Ablehnungsbereich aufnehmen können, ohne dass die Gefahr eines Fehlers 1. Art die Wahrscheinlichkeit von 1 % nennenswert übersteigt. Das heißt konkret: Unter der Voraussetzung, dass die Hypothese stimmt, führt der solchermaßen abgegrenzte Ablehnungsbereich nur in durchschnittlich einem von hundert Stichprobenuntersuchungen zu einer sachlich falschen Schlussfolgerung in Form einer rein zufallsbedingten Ablehnung der Hypothese (siehe Abb. 1.5).

Über die Möglichkeit eines Fehlers 2. Art ist damit noch gar nichts ausgesagt: Die Wahrscheinlichkeit einer solchen Nicht-Ablehnung einer im Grunde falschen Hypothese hängt einerseits davon ab, welche Werte die relativen Häufigkeiten in Wahrheit besitzen. Dabei ist schon intuitiv klar, dass das Risiko

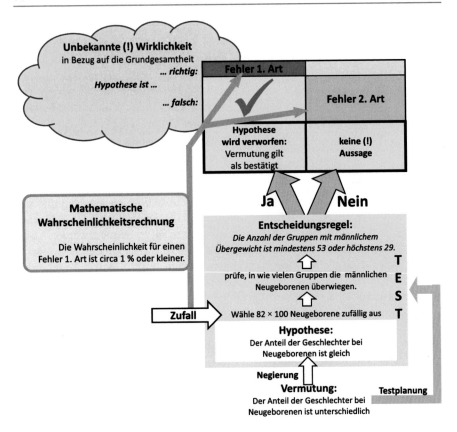

Abb. 1.5 Arbuthnots Test in der schematischen Darstellung von Abb. 1.3

eines Fehlers 2. Art bei nur einer geringfügigen Abweichung von einer symmetrischen Geschlechterverteilung relativ groß werden kann (zugleich ist in solchen Situationen ein Fehler 2. Art aber auch nicht so folgenschwer). Angemerkt werden muss aber auch, dass die Größen der Unterstichproben einen Einfluss auf das Risiko eines Fehlers 2. Art haben: Je größer die Unterstichproben sind, desto geringer wird das Risiko.

Aufgaben

1. Verifizieren Sie für Arbuthnots Testansatz mit einer Computersimulation, dass ein Ablehnungsbereich, der die Übergewichte 54:28, 28:54 sowie noch extremere Resultate umfasst, dazu führt, dass eine richtige Hypothese mit einer Wahrscheinlichkeit von weniger als 0,01 abgelehnt wird.

Lösung: Falls Sie die Programmiersprache R verwenden möchten, finden Sie eine Einführung in die benötigten Grundlagen in den Abschn. 4.1 bis 4.9. Das letztgenannte Kapitel enthält auch eine Lösung der Aufgabe.

Die Mathematik des Zufalls

2

2.1 Ein Maß für Sicherheit

Bei der sprachlichen Umschreibung von Unsicherheit kennen wir viele Varianten: „Morgen wird es wohl regnen". Oder: „Ich kann mir kaum vorstellen, dass der Zug die Verspätung noch aufholen wird." Oder: „Der Angeklagte hat die Tat mit einer an Sicherheit grenzenden Wahrscheinlichkeit begangen".

Gesucht ist eine Maßskala, mit der Sicherheiten bei zufälligen Erscheinungen gemessen werden können.

Wir haben im ersten Teil des Buches gesehen, warum die mathematischen Gesetzmäßigkeiten von zufälligen Prozessen bei der Bewertung von Stichprobenergebnissen so wichtig sind. Aus Arbuthnots Geburtenstatistik konnte nämlich nur deshalb eine Schlussfolgerung gezogen werden, weil die Effekte, die auf der Zufälligkeit der Stichprobenauswahl beruhten, rechentechnisch begrenzt werden konnten. Und so suchen wir nun im allgemeinen Kontext nach Wegen, wie ausgehend von hypothetischen Annahmen über eine Grundgesamtheit weitgehend sichere Prognosen über die Ergebnisse einer Stichprobenuntersuchung erstellt werden können. Solche Prognosen bilden dann, wie wir im dritten Kapitel erörtern werden, die Basis für statistische Schlussfolgerungen, bei denen in *umgekehrter* Richtung von den Ergebnissen einer Stichprobe auf die Zusammensetzung der Grundgesamtheit geschlossen wird.

Ziel dieses zweiten Teils werden also Formeln sein, mit denen insbesondere quasi sichere Ergebnisse in zufälligen Prozessen erkannt werden können. Diesen Formeln zugrunde liegt ein „Maß für Sicherheit", vergleichbar physikalischen Größen wie Masse, Länge und Geschwindigkeit. Und wie in der Physik werden es diese Formeln erlauben, komplizierte Sachverhalte rechentechnisch auf einfachere Situationen zurückzuführen: Beispielsweise ermöglichen es die Formeln der physikalischen Disziplin der Mechanik, die Flugbahn einer Raumsonde dadurch zu berechnen, dass Stück für Stück der Wegstrecke die aktuell auf die

J. Bewersdorff, *Statistik – wie und warum sie funktioniert*, https://doi.org/10.1007/978-3-662-63712-8_2

Abb. 2.1 Blaise Pascal (links) und Pierre de Fermat (rechts) begründeten 1654 in einem Brief-wechsel über Glücksspiele die mathematische Wahrscheinlichkeitsrechnung. Sie fanden unter anderem Erklärungen dafür, warum die Wette, in 24 Würfen mit zwei Würfeln mindestens eine Doppel-Sechs zu erzielen, eher verloren als gewonnen wird, obwohl die entsprechende Wette, in vier Würfen mit einem Würfel eine Sechs zu erzielen, eher gewonnen als verloren wird

Raumsonde wirkenden Kräfte bestimmt werden, ob verursacht durch Gravitation oder Beschleunigung – ganz so, wie wir es im einfachen Fall aus einem stehenden oder anfahrenden Aufzug her kennen. In einer gewissen Analogie dazu werden wir Formeln kennenlernen, welche die Eigenschaften einer zufällig ausgewählten Stichprobe auf diejenigen Parameter zurückführen, welche die zufällige Auswahl einer *einzelnen* Untersuchungseinheit charakterisieren.

In Bezug auf die historische Entwicklung waren es die Glücksspiele, die Mathematiker erstmals dazu inspirierten, sich mit zufälligen Erscheinungen zu beschäftigen. Gefragt wurde unter anderem danach, welche Chancen ein Spieler in einem Glücksspiel hat und wie diese Chancen – insbesondere in Relation zum Einsatz oder in Relation zu den Gewinnchancen anderer Spieler – quantifizierbar sind. Ausgehend von den ersten systematischen Untersuchungen der Mathematiker Blaise Pascal (1623–1662) und Pierre de Fermat (1601–1665, Abb. 2.1) entstand so ein mathematischer Apparat, der die Gesetzmäßigkeiten zufälliger Prozesse widerspiegelt.

Auch heute noch bilden Glücksspiele eine – im wahrsten Sinne des Wortes – ideale „Spielwiese" dafür, zufällige Prozesse mathematisch zu analysieren. Dies hat vor allem zwei Gründe: Zum einen gibt es angefangen vom simplen Wurf eines einzelnen Würfels bis hin zum komplizierten Glücksspiel eine Fülle von (Bei-)Spielen, mit denen viele theoretische Aussagen plastisch erläutert werden können. Zum anderen erfüllen Glücksspiele offensichtlich jene Grundvoraus-setzungen, die wir allen mathematischen Überlegungen über sogenannte **Zufalls-experimente** zugrunde legen wollen:

- Die Bedingungen, unter denen der Zufall wirkt, sind bekannt: Dies schließt die verwendeten Mechanismen zur Zufallserzeugung, wie beispielsweise den verwendeten Würfel, genauso ein wie die Kumulation des zufälligen Einflusses in einem eindeutig benennbaren und durch Beobachtung feststellbaren Zufallsergebnis.

- Das Zufallsexperiment ist vom Prinzip her beliebig oft unter gleichen Bedingungen wiederholbar.

Die erste Bedingung bildet die notwendige Grundlage dafür, überhaupt eine Aussage über das Zufallsexperiment machen zu können. Die zweite Bedingung stellt sicher, dass theoretische Aussagen im Zuge von Versuchsreihen praktisch überprüft werden können.

Der zentrale Begriff zur mathematischen Beschreibung von Zufallsexperimenten ist der Begriff der **Wahrscheinlichkeit,** nach Jakob Bernoulli (1654–1705), einem der Pioniere der Wahrscheinlichkeitsrechnung, ein „Grad von Gewissheit". Ausgedrückt wird dieser Grad an Gewissheit durch eine Zahl. Wie eine Länge misst auch die Wahrscheinlichkeit etwas, aber was genau und wovon überhaupt? Das heißt, was für Objekte werden gemessen, und welche Ausprägung von ihnen ist Gegenstand der Messung?

Nehmen wir zunächst den Wurf eines einzelnen Würfels. Über ein einzelnes Würfelergebnis sind Aussagen möglich wie „Das Würfelergebnis ist gleich 5" oder „Die geworfene Zahl ist höchstens gleich 3". Je nach Wurf kann eine solche Aussage wahr oder unwahr sein. Anders ausgedrückt: Das durch die Aussage beschriebene **Ereignis** kann bei einem einzelnen Versuch eintreten oder auch nicht. Dabei tritt der Extremfall des unmöglichen Ereignisses, welches beispielsweise durch die Aussage „Das Würfelergebnis ist gleich 7" repräsentiert wird, nie ein. Dagegen tritt das absolut sichere Ereignis, beschrieben etwa durch die Aussage „Die geworfene Zahl liegt zwischen 1 und 6", in jedem Versuch ein.

Die Ereignisse sind nun die Objekte, die mit den Wahrscheinlichkeiten gemessen werden. Gemessen wird bei einem Ereignis die Gewissheit oder Sicherheit, mit der es in einem einzelnen Versuch eintreten kann.

Wie aber lässt sich diese Sicherheit messen? Messen heißt vergleichen. So messen wir Längen dadurch, dass wir sie mit einem Maßstab, etwa einem Lineal, vergleichen. Bei den Wahrscheinlichkeiten ist das nicht so einfach. Zum einen sind die zu messenden Objekte nicht materiell, zum anderen ist die zu messende Ausprägung, im Gegensatz zu Größen wie Geschwindigkeit, Temperatur oder Helligkeit, nicht direkt wahrnehmbar. Immerhin ist intuitiv klar, wie man die Sicherheit eines Ereignisses abschätzen kann: Man schreitet zur Tat, das heißt, man würfelt, und zwar möglichst oft! Je höher dabei der Anteil der Würfe ist, bei denen das Ereignis eintritt, als desto sicherer ist der Eintritt des Ereignisses in einem einzelnen Versuch anzusehen. Zahlenmäßig wird der gemessene Anteil durch die **relative Häufigkeit** erfasst, bei der die Zahl der Eintritte durch die Gesamtzahl der Würfe geteilt wird. Ergeben beispielsweise von 6000 Würfen 2029 Würfe mindestens eine Fünf, dann entspricht das einer relativen Häufigkeit von $2029/6000 = 0{,}338$. Die Sicherheit, mindestens eine Fünf zu würfeln, ist damit gemessen, das Messergebnis lautet 0,338. Eine erneute Messung mit derselben oder einer anderen Wurfzahl würde kaum das gleiche, vermutlich aber ein ähnliches, Ergebnis erbringen. Ein endgültiger Wert ist aber so nicht zu erhalten, und selbst die Angabe einer Messgenauigkeit ist bereits problematisch. Eindeutig messbar sind nur das absolut **sichere Ereignis,** das immer die relative Häufigkeit 1 besitzt, sowie das **unmögliche Ereignis,** für das sich stets die relative Häufigkeit 0 ergibt.

Will man bei unterschiedlichen Ereignissen die Sicherheit vergleichen, mit der sie eintreten, dann muss das nicht unbedingt experimentell geschehen. Möglich ist es vielmehr auch, Symmetrien zu berücksichtigen: So wie die sechs Flächen des Würfels geometrisch vollkommen gleichwertig sind, so ist es nahe liegend, den Eintritt der entsprechenden Ereignisse als gleich sicher anzusehen, das heißt, den sechs Wurfergebnissen die gleiche Wahrscheinlichkeit zu unterstellen. Auf einer Wahrscheinlichkeits-Maßskala, die wie bei den relativen Häufigkeiten von der 0 des unmöglichen Ereignisses bis zur 1 des absolut sicheren Ereignisses reicht, ergeben sich dann für die sechs Wurfergebnisse, von denen immer genau eines eintritt, die Wahrscheinlichkeiten 1/6. Jakob Bernoulli begründete dies mit den Worten: „Wahrscheinlichkeit ist nämlich der Grad an der Unsicherheit, und sie unterscheidet sich von ihr wie ein Teil vom Ganzen."

Das Ereignis, mindestens eine Fünf zu werfen, umfasst die Würfelergebnisse Fünf und Sechs. Folglich wird ihr die Wahrscheinlichkeit 2/6 = 1/3 zugeordnet. Das Ereignis, eine gerade Zahl zu werfen, erhält entsprechend die Wahrscheinlichkeit 3/6 = 1/2.

Wahrscheinlichkeiten lassen sich immer dann wie beim Würfel finden, wenn ein System gleichmöglicher Fälle vorliegt. Der für uns wichtigste Spezialfall einer solchen Situation ist die zufällige Auswahl einer einzelnen Untersuchungseinheit aus einer Grundgesamtheit, deren mehrfache Wiederholung es nach und nach erlaubt, eine Zufallstichprobe zusammenzustellen.

Allgemein erklärte Pierre Simon Laplace (1749–1824, Abb. 2.2) Fälle dann für gleichmöglich, wenn „wir über deren Eintreffen in der gleichen Ungewissheit sind" und wir – in der Regel aufgrund einer vorliegenden Symmetrie – „keinen Grund zu glauben haben, dass einer dieser Fälle eher eintreten werde als der andere". Sind die möglichen Ergebnisse eines Zufallsexperimentes in diesem Sinne „gleichmöglich", dann ist die Wahrscheinlichkeit eines Ereignisses nach Laplace wie folgt definierbar: Die Anzahl der Fälle, bei denen das Ereignis eintritt, das heißt, die „günstig" für das Ereignis sind, geteilt durch die Gesamtzahl der möglichen Fälle. Ist A ein Ereignis, dann entspricht die Definition von Laplace der Formel

$$\text{Wahrscheinlichkeit des Ereignisses } A = \frac{\text{Anzahl der für } A \text{ günstigen Fälle}}{\text{Gesamtzahl der möglichen Fälle}}$$

Angewendet wird die Formel in der schon erläuterten Weise: So sind für das Ereignis, mit einem Würfel eine gerade Zahl zu würfeln, drei Fälle, nämlich 2, 4 und 6, „günstig", so dass wir eine Wahrscheinlichkeit von 3/6 = 1/2 erhalten.

ESSAI PHILOSOPHIQUE

sur

LES PROBABILITÉS;

Par M. LE COMTE LAPLACE,

Chancelier du Sénat-Conservateur, Grand-Officier de la Légion d'Honneur;
Grand'Croix de l'Ordre de la Réunion; Membre de l'Institut impérial et
du Bureau des Longitudes de France; des Sociétés royales de Londres
et de Gottingue; des Académies des Sciences de Russie, de Danemarck,
de Suède, de Prusse, d'Italie, etc.

PARIS,

Mⁿᵉ Vᵉ COURCIER, Imprimeur-Libraire pour les Mathématiques,
quai des Augustins, n° 57.

1814.

Abb. 2.2 Pierre Simon Laplace und das Titelblatt seines Werkes zur Wahrscheinlichkeitstheorie. Die darin gegebene Definition der Wahrscheinlichkeit bildete für etwa hundert Jahre die
wesentliche Grundlage der Wahrscheinlichkeitsrechnung

Auf die engen Beziehungen zwischen den relativen Häufigkeiten innerhalb
einer Versuchsreihe und den Wahrscheinlichkeiten wurde bereits hingewiesen:
Beide verwenden die Maßskala von 0 bis 1, und bei dem unmöglichen und dem
absolut sicheren Ereignis sind ihre Werte immer gleich. Verläuft eine Versuchsreihe „ideal" in dem Sinne, dass gleichmögliche Fälle gleich häufig eintreten, dann
stimmen relative Häufigkeiten und Wahrscheinlichkeiten sogar völlig überein.
Allerdings sind solch „ideale" Verläufe einer Versuchsreihe eher die Ausnahme.
Dafür entdeckte Jakob Bernoulli eine weit interessantere Beziehung, nämlich das
sogenannte **Gesetz der großen Zahlen.** Es besagt, dass bei langen Versuchsreihen
die relativen Häufigkeiten ungefähr gleich den zugehörigen Wahrscheinlichkeiten
sind. Dies ist zugleich die Bestätigung dafür, dass Wahrscheinlichkeiten bei Ereignissen wirklich die Sicherheit messen, wie man sie intuitiv versteht: Übersteigt
beispielsweise bei einem Spiel die Gewinnwahrscheinlichkeit die Wahrscheinlichkeit eines Verlustes, dann wird man in einer genügend langen Spielserie öfter
gewinnen als verlieren. Dabei macht Bernoullis Gesetz der großen Zahlen sogar
Aussagen darüber, wie genau Wahrscheinlichkeiten und relative Häufigkeiten
übereinstimmen. Wir werden darauf noch zurückkommen.

Bei einem Würfel ist die Symmetrie der Grund dafür, dass die sechs Werte
als gleichmöglich und damit gleichwahrscheinlich angesehen werden können.
Es gibt eben keinen Grund dafür, dass – im Sinne von Laplace – ein Würfelwert
eher erreicht würde als ein anderer. Bei zwei Würfeln gibt es, wie in Abb. 2.3 zu
sehen ist, insgesamt 36 Kombinationen der beiden Würfelwerte. Wichtig ist, dass
Würfelkombinationen wie 2–3 und 3–2 unterschieden werden! In der Praxis ist

2. Würfel 1. Würfel	1	2	3	4	5	6
1	1-1	1-2	1-3	1-4	1-5	1-6
2	2-1	2-2	2-3	2-4	2-5	2-6
3	3-1	3-2	3-3	3-4	3-5	3-6
4	4-1	4-2	4-3	4-4	4-5	4-6
5	5-1	5-2	5-3	5-4	5-5	5-6
6	6-1	6-2	6-3	6-4	6-5	6-6

Abb. 2.3 Die 36 Kombinationen von zwei Würfelergebnissen

der Unterschied zwar häufig nicht zu erkennen, etwa dann, wenn zwei gleichartige Würfel aus einem Becher geworfen werden. Nimmt man aber zwei unterschiedlich gefärbte Würfel, so werden die Ereignisse 2–3 und 3–2 problemlos unterscheidbar.

Sind nun auch diese 36 Kombinationen gleichmöglich im Laplace'schen Sinne? Zunächst ist zu bemerken, dass es nicht ausreicht, einfach wieder nur auf die Symmetrie der Würfel zu verweisen. So wäre es denkbar, dass zwischen beiden Würfelwerten kausale Einflüsse bestehen, wie sie auftreten, wenn zwei Karten aus einem Kartenspiel gezogen werden: Zieht man aus einem Rommeblatt mit 52 Karten eine Karte, dann ist die Wahrscheinlichkeit für jeden der 13 Kartenwerte gleich 4/52 = 1/13. Wird aber, ohne dass die erste Karte zurückgesteckt wird, eine weitere Karte gezogen, dann gelten für deren Wert neue Wahrscheinlichkeiten. So ist eine Wiederholung des zuerst gezogenen Wertes weniger wahrscheinlich, da er nur bei 3 der 51 verbliebenen Karten erreicht wird. Jeder der zwölf anderen Werte besitzt dagegen die Wahrscheinlichkeit von 4/51.

Verursacht wird die Änderung der Wahrscheinlichkeiten dadurch, dass das Kartenspiel aufgrund der ersten Ziehung seinen Zustand verändert hat. Vergleichbares ist bei einem Würfel wenig plausibel, da sein Zustand, anders als der des Kartenspiels, nicht von vorangegangenen Ergebnissen abhängt – Würfel besitzen eben kein „Gedächtnis". Im Sinne von Laplace ist also, egal wie der erste Wurf ausgeht, kein Grund dafür zu erkennen, welcher Wert beim zweiten Wurf eher erreicht werden könnte als ein anderer. Damit können alle 36 Würfelkombinationen als gleichwahrscheinlich angesehen werden.

Auf Basis der angestellten Überlegungen können wir nun Ereignisse, die beim Wurf eines Würfelpaares eintreten können, untereinander vergleichen. Beispielsweise ist das Ereignis, eine Summe von 9 zu werfen, wahrscheinlicher als das Ereignis, die Summe 4 zu erzielen: Für das erste Ereignis gibt es nämlich unter den 36 gleichmöglichen Fällen vier „günstige", nämlich 6–3, 3–6, 5–4 und 4–5. Beim zweiten Ereignis sind aber nur drei Fälle „günstig", nämlich 1–3, 3–1 und 2–2. Gemäß dem Gesetz der großen Zahlen wird damit in genügend langen Versuchsreihen die Anzahl der Neuner-Summen die Anzahl der Vierer-Summen übersteigen.

2.2 Kombinatorik – wenn zählen zu lange dauert

Wie groß ist die Wahrscheinlichkeit, mit einem Tipp beim Lotto „6 aus 49"sechs Richtige zu erzielen?

Ist die Laplace'sche Formel für die Wahrscheinlichkeit eines Ereignisses A überhaupt anwendbar, dann kann die Wahrscheinlichkeit im Prinzip immer dadurch bestimmt werden, dass man alle (gleich)möglichen Fälle untersucht. Dabei zählt man einerseits alle Fälle und andererseits nur diejenigen, die für das Ereignis A günstig sind. Allerdings stößt man bei einer solchen Verfahrensweise in der Praxis schnell an die Grenze dessen, was durch Abzählen noch zu bewältigen ist. Man denke nur an ein Rommé-Blatt mit 52 Karten, das gemischt wird: Wie viele gleichmögliche Sortierungen dieser 52 Karten gibt es?

Glücklicherweise existieren einige elementare Gesetzmäßigkeiten, mit denen sich solche Fragen drastisch einfacher beantworten lassen. Da solche Aussagen nicht zwangsläufig etwas mit Wahrscheinlichkeiten zu tun haben, werden sie in der Mathematik in einer eigenständigen Teildisziplin, der sogenannten Kombinatorik, zusammengefasst. Fundamental dabei ist die sogenannte **Multiplikationsregel,** die wir im Fall der möglichen Ergebnisse eines Würfelpaares bereits kennengelernt haben: Kombiniert man alle Werte, die ein Merkmal annehmen kann, mit allen Werten, die ein weiteres Merkmal annehmen kann, so ist die Gesamtzahl der möglichen Kombinationen gleich dem Produkt der Anzahlen, die jeder Merkmalswert für sich annehmen kann. Direkt plausibel wird diese Tatsache, wenn man die möglichen Kombinationen entsprechend den Würfelpaar-Ergebnissen (siehe Abb. 2.3) wie in Form einer Tabelle anordnet, wobei die Zeilen und Spalten jeweils die Kombinationen enthalten, die in Bezug auf das erste beziehungsweise zweite Merkmal übereinstimmende Werte besitzen: Siehe Abb. 2.4.

Es bleibt anzumerken, dass auch die Anzahl der 2^{82} Sequenzen MMMM...M, wMMM...M, ..., wwww...w im Test von Arbuthnot mit Hilfe der Multiplikationsregel gefolgert werden kann.

Noch elementarer als die Multiplikationsregel, und nur der Vollständigkeit halber zu erwähnen, ist das Additionsprinzip: Setzt sich eine Gesamtheit aus zwei Teilen zusammen, die keine gemeinsamen Elemente beinhalten, dann ist

2. Merkmal 1. Merkmal	1	2	3	...
A	A1	A2	A3	...
B	B1	B2	C3	
C	C1	C2	C3	
...	...			...

Abb. 2.4 Die Kombinationen der Merkmalswerte A, B, C, ... mit den Merkmalswerten 1, 2, 3, ...

die Gesamtzahl der Elemente gleich der Summe der Elemente-Anzahlen für die beiden Teile.

Soll wie im schon angeführten Beispiel des Rommé-Blattes die Anzahl der möglichen, als **Permutationen** bezeichneten, Sortierungen von n unterschiedlichen Dingen bestimmt werden, so muss die Multiplikationsregel für eine leicht modifizierte Situation angewendet werden: Dazu stellen wir uns vor, dass wir nacheinander alle möglichen Sortierungen der n „Karten", wie wir die Dinge auch allgemein bezeichnen wollen, aufzählen. Dabei gibt es für die erste Karte offensichtlich n Möglichkeiten. Für die zweite Karte gibt es jeweils $n-1$ Möglichkeiten, da jeweils jede Karte, außer der bereits auf Position 1 befindlichen Karte, als zweite Karte genommen werden kann. Damit gibt es insgesamt $n \cdot (n-1)$ Möglichkeiten für die ersten beiden Karten. Verfährt man in dieser Weise fort, so erkennt man, dass es für die ersten drei Karten $n \cdot (n-1) \cdot (n-2)$ Möglichkeiten gibt und so weiter. Führt man diese Überlegung weiter bis zu derjenigen Karte, die sich an der letzten Stelle der Sortierung befindet und für die daher nur noch eine Möglichkeit übrig bleibt, so erkennt man, dass die Gesamtzahl der Permutationen von n Karten gleich

$$n \cdot (n-1) \cdot (n-2) \cdot (n-3) \cdot \ldots \cdot 3 \cdot 2 \cdot 1$$

ist. Abgekürzt wird dieses Produkt mit $n!$, gesprochen „n **Fakultät**".

Für die gestellte Frage nach den möglichen Permutationen eines 52 Karten umfassenden Rommé-Blattes ergibt sich damit die Anzahl

$$52! = 52 \cdot 51 \cdot 50 \cdot \ldots \cdot 3 \cdot 2 \cdot 1,$$

wobei es sich um eine 67-stellige Zahl mit einer wahrhaft astronomischen Größe handelt, da die Zahl der Atome im ganzen Universum in einer ähnlichen Größenordnung geschätzt wird.

Ein kombinatorisches Problem, dass noch etwas schwieriger zu lösen ist, tritt beim Lotto auf. Dort werden bekanntlich bei jeder Ziehung 6 der 49 Zahlen 1, 2, …, 49 gezogen. Auch bei diesem Problem ist es wieder sinnvoll, die möglichen Verläufe eines Ziehungsvorganges unter Rückgriff auf die Multiplikationsregel abzuzählen: Für die erste gezogene Zahl gibt es offensichtlich 49 Möglichkeiten. Gemäß den eben angestellten Überlegungen gibt es für die ersten beiden Zahlen $49 \cdot 48$ Möglichkeiten. Insgesamt gibt es daher $49 \cdot 48 \cdot 47 \cdot 46 \cdot 45 \cdot 44$ mögliche Verläufe des Ziehungsvorganges. Da es aber bei einer Lotto-Ziehung keine Rolle spielt, in welcher Reihenfolge die sechs Zahlen gezogen werden, ergeben jeweils $6! = 6 \cdot 5 \cdot 4 \cdot 3 \cdot 2 \cdot 1 = 120$ mögliche Ziehungsverläufe dieselben sechs Zahlen. Damit ist die Zahl der möglichen „6 aus 49"-Zahlenkombinationen gleich

$$\frac{49 \cdot 48 \cdot 47 \cdot 46 \cdot 45 \cdot 44}{1 \cdot 2 \cdot 3 \cdot 4 \cdot 5 \cdot 6} = 13983816.$$

Demgemäß ist die gesuchte Wahrscheinlichkeit für einen „Sechser im Lotto" gleich 1/13983816.

Die allgemeine Formel, die diesem Sachverhalt zugrunde liegt, beantwortet die Frage danach, wie viele Möglichkeiten es gibt, eine k Dinge umfassende

Auswahl aus einer Gesamtheit von n verschiedenen Dingen zu treffen. Für die als **Binomialkoeffizient** „n über k" bezeichnete Anzahl erhält man analog zu der eben für das Lotto-Beispiel erläuterten Weise die Formel

$$\binom{n}{k} = \frac{n(n-1)(n-2)\ldots(n-k+1)}{k!} = \frac{n!}{(n-k)! \cdot k!}$$

Aufgaben

1. Wie groß ist die Wahrscheinlichkeit, mit drei Würfeln mindestens die Summe 16 zu erzielen?

2. Wie groß ist die Wahrscheinlichkeit, mit einem Lotto-Tipp vier Richtige zu erzielen?

   Hinweis: Vier Richtige erzielt man genau dann, wenn 4 der 6 getippten Zahlen und 2 der 43 nicht getippten Zahlen gezogen werden.

3. Ein Würfel wird fünfmal geworfen. Wie hoch ist die Wahrscheinlichkeit, genau zwei Sechsen zu werfen?

   Hinweis: Man überlege sich zunächst, wie viele mögliche Sequenzen es mit genau zwei Treffern gibt wie beispielsweise TNNTN, wobei „T" für einen Treffer, das heißt eine Sechs, steht und „N" für einen Nicht-Treffer, also eine Zahl zwischen 1 und 5.

4. Aus einem Vorrat von insgesamt N Kugeln, von denen genau M weiß sind, werden gleichwahrscheinlich n Kugeln gezogen. Wie groß ist die Wahrscheinlichkeit, dabei genau k weiße Kugeln zu ziehen? Die für feste Werte N, M und n sowie zu allen möglichen Werten k gebildete Gesamtheit der Wahrscheinlichkeiten wird **hypergeometrische Verteilung** genannt.

   Hinweis: Überlegen Sie sich dazu, wie viele Möglichkeiten es für die weißen Kugeln einerseits gibt und wie viele Möglichkeiten für die nicht weißen Kugeln.

   Lösungen: In Abschn. 4.9 werden die Aufgaben 1, 2 und 4 mit R gelöst.

2.3 Die Gesetze des Zufalls

Gesucht sind die für Wahrscheinlichkeiten geltenden Gesetzmäßigkeiten.

Auch wenn wir uns im Alltag keine großen Gedanken darüber machen, zweifeln wir kaum daran, wie mit Maßen und Messwerten umzugehen ist: Ist etwa das Gesamtgewicht eines Fahrzeugs gesucht, so wissen wir, dass wir dazu das Leergewicht sowie das Gewicht der Nutzlast addieren müssen. Kennen wir die Entfernung zwischen Paris und Berlin einerseits und zwischen Berlin und Moskau andererseits, so ist uns klar, dass die Entfernung zwischen Paris und Moskau *höchstens* gleich der Summe der beiden Einzelentfernungen sein kann.

Und wie sieht es mit Wahrscheinlichkeiten aus? Zunächst stellen wir in Bezug auf die zu messenden Objekte fest, dass man aus zwei (oder mehr) Ereignissen neue Ereignisse bilden kann. Vergleichbares kennen wir aus der Arithmetik, wo

viele komplizierte Rechenausdrücke auf die vier Grundoperationen, jeweils
angewandt auf zwei Zahlen a und b zurückgeführt werden können: $a+b$, $a-b$,
$a \cdot b$ und a/b. Ganz analog lassen sich für Ereignisse drei Elementaroperationen
finden, mit denen ausgehend von zwei Ereignissen A und B, die in einem Zufallsexperiment beobachtbar sind, neue Ereignisse gebildet werden können:

- So kann man dasjenige Ereignis „A und B" untersuchen, welches das
  gemeinsame Eintreten *beider* Ereignisse A *und* B voraussetzt.
  Steht beispielsweise beim Wurf eines Würfels A für das Ereignis, einen geraden
  Wert zu erzielen, und B für das Ereignis, mindestens eine Drei zu werfen, dann
  umfasst das Ereignis „A und B" die beiden Würfelergebnisse 4 und 6.
- Ebenso lässt sich dasjenige Ereignis konstruieren, welches das Eintreten des
  Ereignisses A *oder* das Eintreten des Ereignisses B voraussetzt. Dabei ist anzu-
  merken, dass kein ausschließendes „entweder oder" gemeint ist, das heißt: Das
  Ereignis „A oder B" gilt *auch* dann als eingetreten, wenn beide Ereignisse eintreten.
  Für die gerade beispielhaft angeführten Ereignisse A und B umfasst das Ereignis „A oder B" die fünf Ergebnisse 2, 3, 4, 5 und 6.
- Schließlich kann man Komplementär-Ereignisse untersuchen, wie das Ereignis
  „nicht A". Dieses Ereignis tritt genau dann ein, wenn das Ereignis A *nicht* eintritt.
  Für das angeführte Beispielereignis A, eine gerade Zahl zu werfen, umfasst das
  dazu komplementäre Ereignis die ungeraden Würfelergebnisse, also 1, 3 und 5.

Da es sich bei den drei Operationen um universelle Mechanismen handelt, mit
denen aus vorhandenen Ereignissen neue Ereignisse gebildet werden können,
stellt sich natürlich sofort die Frage, in welcher Relation die zugehörigen Wahrscheinlichkeiten stehen. Dabei ist es einleuchtend, dass solche Gesetzmäßigkeiten
keineswegs den Charakter von „l'art pour l'art" haben, denn wie bei anderen
Maßen ermöglichen solche „Rechenregeln" in der praktischen Anwendung eine
Reduktion komplexer Problemstellungen auf einfachere Situationen.

So werden wir mit Hilfe dieser Rechenregeln zum Beispiel die Wahrscheinlichkeit berechnen können, bei vier Würfen mit je einem Würfel mindestens eine
Sechs zu werfen. Dazu merken wir zunächst an, dass tatsächlich die drei oben
genannten Elementaroperationen ausreichen, um das Ereignis, mindestens eine
Sechs zu werfen, durch Ereignisse auszudrücken, die sich nur auf einen einzelnen Wurf beziehen. Dazu müssen einfach vier geeignete, auf die einzelnen Würfe
bezogene Ereignisse mittels der „Oder"-Operation miteinander verkettet werden:
Dabei erhalten wir das Ereignis, im ersten Wurf eine Sechs zu werfen, *oder* im
zweiten Wurf eine Sechs zu werfen, *oder* im dritten Wurf eine Sechs zu werfen,
oder im vierten Wurf eine Sechs zu werfen (*oder*, da ja ausdrücklich kein „entweder oder" gemeint ist, in mehreren der Würfe Sechsen zu werfen). Insgesamt
ist dieses Ereignis aber nichts anderes als das Ereignis, mindestens eine Sechs zu
werfen.

Eine alternative Charakterisierung dieses Ereignisses, die wir noch verwenden werden, erhält man, wenn zu jedem Wurf das Ereignis, keine Sechs zu werfen, betrachtet wird. Mit der „Und"-Operation erhält man dann das Ereignis, in keinem der vier Würfe eine Sechs zu werfen. Mit einer abschließenden Komplementär-Operation gelangt man schließlich zum Ereignis, in den vier Würfen mindestens eine Sechs zu werfen.

Und wie sieht es mit der zugehörigen Wahrscheinlichkeit aus? Das heißt, wie groß ist die Wahrscheinlichkeit, in vier Würfen mindestens eine Sechs zu werfen? Ad hoc bietet sich die folgende Überlegung an: Bei einem Wurf ist die Wahrscheinlichkeit 1/6, da das Ereignis genau eines der sechs gleichmöglichen, das heißt zueinander symmetrischen, Würfelergebnisse umfasst. Es erscheint daher einleuchtend, dass bei zwei Würfen die Wahrscheinlichkeit 2/6, bei drei Würfen 3/6 und bei vier Würfen 4/6 beträgt. Aber spätestens die Fortschreibung dieses verlockenden Gedankenganges auf sieben Würfe, für die sich dann analog eine Wahrscheinlichkeit von 7/6 ergeben würde, führt die Überlegung ad absurdum.

Der gerade erkannte Fehlschluss ist typisch für Irrtümer, die in Bezug auf die Wahrscheinlichkeitsrechnung oft gemacht werden, ob bei der Fehldeutung statistischer Untersuchungen oder beim Einschätzen von Gewinnchancen in Glücksspielen.[1] Abhilfe kann nur eine systematische Auseinandersetzung mit den Gesetzmäßigkeiten von Wahrscheinlichkeiten bringen. Dabei sollten sowohl inhaltliche Aspekte erörtert werden als auch die Argumente für ihre formale Begründung.

Wir beginnen mit einer Zusammenstellung der grundlegenden **Gesetzmäßigkeiten von Wahrscheinlichkeiten:**

(W1)   Die jedem Ereignis A zugeordnete Wahrscheinlichkeit, die meist mit $P(A)$ bezeichnet wird,[2] ist eine Zahl zwischen 0 und 1.

(W2)   Das **unmögliche Ereignis** hat die Wahrscheinlichkeit 0.

(W3)   Das **sichere Ereignis** hat die Wahrscheinlichkeit 1.

(W4)   **Additionsgesetz:**
        Schließen sich zwei in einem Zufallsexperiment beobachtbare Ereignisse A und B gegenseitig aus, das heißt, können die beide Ereignisse in einem Versuch keinesfalls beide eintreten, dann ist die Wahrscheinlichkeit, dass mindestens eines der beiden Ereignisse eintritt, gleich der Summe der Einzelwahrscheinlichkeiten. Als Formel: $P(A \text{ oder } B) = P(A) + P(B)$.
        Zum Beispiel ist die Wahrscheinlichkeit, mit einem Würfel eine ungerade Zahl oder eine Sechs zu werfen, gleich 1/2 + 1/6 = 2/3. Dagegen ist das Additionsgesetz auf die Situation, eine ungerade Zahl oder eine Drei

---

[1] Beispiele dazu findet man in ersten Teil von Jörg Bewersdorff, *Glück, Logik und Bluff: Mathematik im Spiel – Methoden, Ergebnisse und Grenzen*, 5. Auflage, Wiesbaden 2010.

[2] Die Bezeichnung *P* erinnert an die lateinische oder auch englische Übersetzung des Begriffes *Wahrscheinlichkeit: probablitas* beziehungsweise *probability*. Der Ausdruck $P(A)$ wird gesprochen als „P von A".

übersteigende Zahl zu erwürfeln, nicht anwendbar, da die beiden Ereignisse bei einer Fünf gleichzeitig eintreten.

(W5) **Multiplikationsgesetz:**
Beeinflusst innerhalb eines Zufallsexperimentes das Eintreten oder Nicht-Eintreten eines Ereignisse A nicht die Wahrscheinlichkeit eines anderen Ereignisses B – man nennt solche Ereignisse (stochastisch) **unabhängig** voneinander –, so ist die Wahrscheinlichkeit, dass beide Ereignisse in einem Versuch gleichzeitig eintreten, gleich dem Produkt der Einzelwahrscheinlichkeiten. Als Formel: $P(A$ und $B) = P(A) P(B)$.
Wird beispielsweise ein roter und ein weißer Würfel geworfen, dann ist die Wahrscheinlichkeit, mit dem roten Würfel eine gerade Zahl und mit dem weißen Würfel eine Sechs zu werfen, gleich $1/2 \cdot 1/6 = 1/12$. Nicht anwendbar ist das Multiplikationsgesetz dagegen in der Situation, bei der aus einem Kartenspiel zwei Karten gezogen werden. Zwar beträgt die Wahrscheinlichkeit für ein Ass bei einer einzelnen, aus einem 52er-Blatt gezogenen Karte $1/13$, jedoch ist die Wahrscheinlichkeit für zwei Asse nicht gleich $1/169$, da sich die Wahrscheinlichkeit für ein zweites Ass nach dem Ziehen des ersten Asses von $4/52$ auf $3/51$ reduziert: Unter den verbliebenen 51 Karten sind nämlich nur noch drei Asse vorhanden, und die Wahrscheinlichkeit für zwei Asse ist daher[3] gleich $1/13 \cdot 1/17 = 1/221$.

Da letztlich die gesamte mathematische Wahrscheinlichkeitsrechnung auf diesen grundlegenden Gesetzmäßigkeiten basiert, ist es von größter Wichtigkeit, diese fünf Gesetzmäßigkeiten näher zu erörtern. Dabei hängt der Charakter dieser Gesetzmäßigkeiten davon ab, wie wir den Begriff der Wahrscheinlichkeit interpretieren:

- Sieht man in der Wahrscheinlichkeit primär einen empirisch im Rahmen von Versuchsreihen messbaren Wert, der sich auf Dauer als Trend bei den relativen Häufigkeiten des zu messenden Ereignisses abzeichnet, so sind die ersten vier Aussagen offensichtlich richtig, da sie bereits entsprechend für die relativen Häufigkeiten gelten.

---

[3] Um das Multiplikationsgesetz doch noch, wenn auch in modifizierter Weise, anwenden zu können, stellt man sich vor, dass das zweite Zufallsexperiment aus der gleichwahrscheinlichen Auswahl einer Zahl k aus den Zahlen 1, 2, …, 51 besteht, wobei daran anknüpfend dann unter den verbliebenen 51 Karten die k-te Karte ausgewählt wird. Dabei sind die sich auf die Kartennummer k beziehenden Ereignisse unabhängig von dem Ergebnis der ersten Ziehung. Da innerhalb der zweiten Ziehung die Wahrscheinlichkeit, eine einem weiteren Ass entsprechende Nummer zu ziehen, gleich $3/51$ ist, ergibt sich nun auf Basis des Multiplikationsgesetzes $1/13 \cdot 1/17 = 1/221$ für die gesuchte Wahrscheinlichkeit, zwei Asse zu ziehen.
Eine andere Interpretation dieser Berechnung werden wir im nächsten Kapitel erörtern.

Eine große Bedeutung spielt das Multiplikationsgesetz, dem als empirisch beobachtbare Erfahrungstatsache eine naturgesetzliche Bedeutung zukommt. Dabei kann die gemachte Voraussetzung der Nicht-Beeinflussung immer dann als gegeben angenommen werden, wenn ein kausaler Zusammenhang beispielsweise gemäß unserem physikalischen Erkenntnisstand ausgeschlossen ist. So sind zwei nacheinander durchgeführte Würfe eines Würfels deshalb voneinander unabhängig, weil der Würfel anders als eine zusammengedrückte Spiralfeder „kein Gedächtnis" hat, das heißt, keine dem Ergebnis des ersten Wurfes entsprechende Zustandsänderung erfährt, die dann eine kausale Beeinflussung des zweiten Wurfergebnisses ermöglicht.

Übrigens erfolgt die empirische Anwendung des Multiplikationsgesetzes in der Praxis meist umgekehrt: Erfüllen die Wahrscheinlichkeiten, die für zwei Ereignisse im Rahmen einer Versuchsreihe ermittelt werden, das Multiplikationsgesetz, so schließen wir daraus, dass eine spürbar wirkende Beeinflussung nicht vorliegt.

- Ergeben sich im Sinne von Laplace die Wahrscheinlichkeiten aus Symmetrien, die zwischen den möglichen Ergebnissen eines Zufallsexperimentes bestehen, so sind auch bei dieser Interpretation der Wahrscheinlichkeiten die ersten vier Aussagen offensichtlich.

Das Multiplikationsgesetz ist in solchen Fällen eine Folge kombinatorischer Überlegungen, wie sie für das Beispiel des Wurfes eines Würfelpaares (siehe Abb. 2.3) und allgemeiner im letzten Kapitel erläutert wurden. Dabei bewirkt die Voraussetzung der Unabhängigkeit, dass Paarungen der für die einzelnen Ereignisse günstigen Fälle als zueinander symmetrische und damit gleichmögliche Fälle erscheinen.

Das Laplace-Modell deckt insbesondere das in der Mathematischen Statistik primär vorkommende Szenario ab, bei dem eine sich auf eine endliche Grundgesamtheit beziehende relative Häufigkeit als Wahrscheinlichkeit aufgefasst wird. Dazu legt man einfach dasjenige Zufallsexperiment zugrunde, bei dem gleichwahrscheinlich irgendein Mitglied der Grundgesamtheit ausgelost wird.

- Letztlich nicht unerwähnt bleiben darf noch eine dritte, aufgrund der hohen Abstraktion bisher noch nicht verwendete Interpretation von Wahrscheinlichkeiten. Dabei werden die fünf Aussagen (W1) bis (W5) nicht als Gesetzmäßigkeiten, sondern als Axiome zur Definition eines mathematischen Begriffsapparates aufgefasst. Das heißt: Immer dann, wenn Objekte A, B, … und die ihnen zugeordneten Werte $P(A)$, $P(B)$, …. die ersten vier Aussagen (W1) bis (W4) erfüllen, werden sie – per Definition – als Ereignisse samt ihnen zugeordneten Wahrscheinlichkeiten aufgefasst und ihre Gesamtheit als sogenannter **Wahrscheinlichkeitsraum** bezeichnet. Dies gilt selbst und gerade dann, wenn es sich bei den „Ereignissen" auf völlig abstraktem Niveau um mathematische Objekte wie Teilmengen einer bestimmten Grundmenge handelt. Auch die Aussage (W5) erhält bei dieser Interpretation den Charakter einer Definition, gemäß der zwei Ereignisse A und B genau dann als

(stochastisch) **unabhängig** voneinander gelten, wenn für sie die Gleichung des Multiplikations„gesetzes", das heißt $P(A \text{ und } B) = P(A) \cdot P(B)$, gilt.[4]
Für einen Nicht-Mathematiker ist diese dritte Interpretation von Wahrscheinlichkeiten sicher etwas gewöhnungsbedürftig, und daher wollen wir sie im Weiteren weitgehend ausblenden. Zuvor soll aber wenigstens der Sinn einer solchen Vorgehensweise noch kurz erläutert werden: So können allein auf Basis dieser fünf Eigenschaften, die den Definitionen zugrunde liegen, weitere Aussagen rein mathematisch hergeleitet werden. Möglich ist dies ohne jegliche Interpretation auf völlig abstraktem Niveau – und damit mit zweifelsfreier Exaktheit. Zu den so beweisbaren Aussagen gehören auch komplizierte Sachverhalte wie das schon erwähnte Gesetz der großen Zahlen und dessen Umfeld, das heißt Aussagen darüber, mit welcher Sicherheit und welcher Genauigkeit sich die in Versuchsreihen gemessenen relativen Häufigkeiten der Wahrscheinlichkeit annähern.

Die mathematische Wahrscheinlichkeitsrechnung erhält damit einen ähnlichen Charakter wie die Infinitesimalrechnung in der Physik, wenn dort ausgehend von wenigen einfachen Gesetzmäßigkeiten mittels komplexer Berechnungen Raumsonden über viele Millionen von Kilometern zielgenau auf die Reise geschickt werden: Dabei muss man überhaupt nicht wissen, was eine Masse eigentlich ist. Es reicht, die Formeln zu kennen und anzuwenden, in denen die Masse als Parameter im Sinne eines mathematischen Modells vorkommt – mathematische Verfahren, etwa auf der Basis von Differentialgleichungen, ermöglichen den Rest, das heißt die Reduktion komplexer Sachverhalte auf grundlegende Gesetzmäßigkeiten der Physik. Und so war es historisch sehr bedeutsam, dass ausgehend von ersten, 1900 von Georg Bohlmann (1869– 1928) formulierten Ideen 1933 Andrej Kolmogorow (1903–1987) eine rein mathematische Fundierung der Wahrscheinlichkeitsrechnung gelang. Dabei kommt – und das ist die eigentliche Überraschung – der Begriff des Zufalls überhaupt nicht vor!

Fassen wir zusammen: Man kann Wahrscheinlichkeitsrechnung auf Basis unterschiedlicher Interpretationen betreiben. Die Gesetzmäßigkeiten – und damit auch die letztlich erzielten Resultate – bleiben aber dieselben. Praktisch erfüllen die Gesetzmäßigkeiten schlicht die Funktion, komplizierte Situationen rechentechnisch auf einfache Situationen zurückführen zu können. Dabei fungiert der mathematische Formelapparat als ein abstraktes und allgemeines, im speziellen Anwendungsfall durch die Zuweisung geeigneter Parameterwerte konkretisierbares Modell, das reale Sachverhalte durch mathematische Objekte wie Zahlen

---

[4]Für drei oder mehr Ereignisse definiert man die Unabhängigkeit dadurch, dass die Gültigkeit des Multiplikations„gesetzes" für beliebige Auswahlen von Ereignissen gefordert wird. Drei Ereignisse A, B und C sind also genau dann unabhängig, wenn die vier Identitäten $P(A \text{ und } B \text{ und } C) = P(A) P(B) P(C)$, $P(A \text{ und } B) = P(A) P(B)$, $P(B \text{ und } C) = P(B) P(C)$ und $P(A \text{ und } C) = P(A) P(C)$ erfüllt sind.

und Mengen widerspiegelt. Wichtig dabei ist, zwei entscheidende Eigenschaften festzuhalten:

- Einerseits hat sich diese Vorgehensweise in der tagtäglichen Anwendung bestätigt und ist somit – bei fehlerfreier Anwendung – über jeden Zweifel erhaben.
- Andererseits ist das Modell so flexibel, dass alle Anwendungsfälle abgedeckt werden können. Im Rahmen statistischer Anwendungen denken wir dabei insbesondere an den Prozess der zufälligen Auswahl von Stichproben aus einer Gesamtheit. Aber selbst die Behandlung von im Laplace'schen Ansatz eigentlich nicht vorgesehenen unsymmetrischen Zufallsexperimenten ist kein Problem, etwa der Wurf eines verfälschten Würfels, auch wenn man in solchen Fällen natürlich nicht schon a priori die Werte der Wahrscheinlichkeiten kennt.

Übrigens sollte das angeführte Beispiel, bei dem die Wahrscheinlichkeit gesucht ist, in vier Würfelversuchen mindestens eine Sechs zu erzielen, nun kein schwieriges Problem mehr darstellen: Die Wahrscheinlichkeit des Ereignisses A, im ersten Wurf keine Sechs zu werfen, ist bei einem symmetrischen Würfel $P(A) = 5/6$. Werden die analogen Ereignisse bei den weiteren drei Würfen mit B, C und D bezeichnet, so ist die Wahrscheinlichkeit, überhaupt keine Sechs zu werfen, gemäß dem Multiplikationsgesetz gleich

$$P(\text{„keine Sechs"}) = P(A \text{ und } B \text{ und } C \text{ und } D)$$
$$= 5/6 \cdot 5/6 \cdot 5/6 \cdot 5/6 = 625/1296.$$

Da das Ereignis, mindestens eine Sechs zu werfen, dazu komplementär ist, ergibt sich schließlich die gesuchte Wahrscheinlichkeit mit Hilfe des Additionsgesetzes durch

$$P(\text{„mind.eine Sechs"}) = P(\text{nicht „keine Sechs"})$$
$$= 1 - 625/1296 = 671/1296 \approx 0{,}5177.$$

Im direkten Vergleich der Wahrscheinlichkeit des uns interessierenden Ereignisses mit der Wahrscheinlichkeit seines Komplementär-Ereignisses erkennt man also, dass in vier Würfen geringfügig eher damit zu rechnen ist, mindestens eine Sechs zu werfen.

Aufgaben

1. Wie viele Jahre muss man wöchentlich einen Lotto-Tipp abgeben, um mit der Wahrscheinlichkeit von ½ mindestens einmal „Sechs Richtige" zu erzielen?
2. Wie groß ist die Wahrscheinlichkeit, dass unter den zwölf Gästen einer Party mindestens zwei am gleichen Tag Geburtstag haben? Dabei wird vorausgesetzt, dass die 365 Ereignisse, an einem bestimmten Kalendertag

des Jahres Geburtstag zu haben, gleichwahrscheinlich sind. Die Möglichkeit eines Geburtstages am Schalttag des 29. Februar soll unberücksichtigt bleiben.

3. Wie groß muss die Party mindestens sein, damit das Ereignis eines gleichen Geburtstages wahrscheinlicher ist als das dazu komplementäre Ereignis? Wie viele Personen sind notwendig, damit die Wahrscheinlichkeit sogar 0,99 überschreitet?

4. Wie groß muss die Party sein, damit die Wahrscheinlichkeit mindestens ½ beträgt, dass ein Gast an Neujahr Geburtstag hat?

5. Man hat die Wahl, entweder auf das Erscheinen mindestens einer Sechs in vier Würfelversuchen zu wetten oder auf das Erscheinen von mindestens einer Doppel-Sechs in 24 Versuchen mit einem Würfelpaar. Welche der beiden Wetten ist aussichtsreicher? Haben beide Wetten eine Gewinnwahrscheinlichkeit von mehr als ½?

Lösungen: In Abschn. 4.9 werden alle fünf Aufgaben gelöst.

2.4   Ursache und Wirkung bei Ereignissen

Die Qualität eines bei der Krebsvorsorge gebräuchlichen Tests wird dadurch charakterisiert, dass 3 % der gesunden Personen als Test-positiv, das heißt als vermeintlich krank, erscheinen, und dass bei 50 % der Krebskranken ein negatives Testergebnis im Sinne einer Nicht-Detektierung zustande kommt. Wie groß ist die Wahrscheinlichkeit, dass eine positiv getestete Person tatsächlich erkrankt ist? Dabei ist davon auszugehen, dass in der Gesamtbevölkerung die Erkrankungsrate unter den beschwerdefreien Personen 0,3 % beträgt.

Da die Fragestellung dem „wirklichen Leben" entstammt, sind einige Anmerkungen unumgänglich: Die angeführten Daten beziehen sich auf einen Test, bei dem Stuhlproben zur Früherkennung von Mastdarmkrebs auf verstecktes Blut untersucht werden. Da die in der Medizin als **Prävalenz** bezeichnete A-Priori-Wahrscheinlichkeit für eine Erkrankung stark vom Alter abhängt, wurde zur Vereinfachung nur derjenige Wert von 0,003 angegeben, der sich als Wahrscheinlichkeit für die Gesamtheit der beschwerdefreien Personen ergibt.[5]

Der einfachste Weg, die gestellte Frage zu beantworten, besteht darin, die Gesamtbevölkerung aufzuteilen. Das heißt, wir teilen eine unterstellte Gesamtzahl von beschwerdefreien Personen, die wir der Einfachheit halber mit 100.000 Personen annehmen, zunächst in Erkrankte (0,3 %) und Gesunde (99,7 %) auf und verfeinern dann diese Unterteilung danach, welche Fehlerrate ein Test, nämlich 3 % bei den Gesunden und 50 % bei den Kranken, jeweils aufweisen würde:

---

[5] Die Zahlen sind Hans-Peter Beck-Bornholdt, Hans-Hermann Dubben, *Der Hund, der Eier legt*, Hamburg 1997 entnommen. Dort sind auch einige hier ausgeblendete medizinische Details, insbesondere über die Altersabhängigkeit der Prävalenz, dargelegt.

	Personen	Test positiv	Test negativ
krank	300	150	150
gesund	99700	2991	96709
gesamt	100000	3141	96859

An Hand der so gefundenen Tabelle sehen wir nun sofort, wie sich die Gruppe der Test-Positiven aufteilt: Von den insgesamt 3141 Personen mit positivem Testergebnis sind nur 150 wirklich erkrankt, so dass die große Mehrheit von 2991 positiv Getesteten, das sind immerhin 95 %, völlig grundlos die schlimmsten Konsequenzen befürchten würde. Die komplementäre Wahrscheinlichkeit, nach der in der Eingangsfrage gesucht wurde, ist damit 150/3141 = 0,0478.

Auf den ersten Blick scheint es so, dass das zweifellos überraschende Resultat ganz ohne Wahrscheinlichkeitsrechnung gefunden wurde. Dem ist natürlich nicht so. Selbstverständlich wurde bei der Berechnung der relativen Häufigkeiten in der Tabelle das Multiplikationsgesetz verwendet. Weil aber die Merkmale „krank" und „gesund" einerseits und die Merkmale „Test positiv" und „Test negativ" andererseits nicht voneinander unabhängig sind, mussten die Anzahlen der kranken und der gesunden Personen mit unterschiedlichen Fehlerwahrscheinlichkeiten für den Test berechnet werden.

Da solche Ursache-Wirkungs-Beziehungen oft im Fokus des wissenschaftlichen Interesses stehen, wurde in der Wahrscheinlichkeitsrechnung ein speziell darauf abgestimmter Begriff geschaffen, nämlich die sogenannte bedingte Wahrscheinlichkeit.

Wir erinnern uns zunächst an das schon erörterte Beispiel, wenn aus einem Kartenstapel nacheinander zwei Karten gezogen werden, *ohne* dass die zuerst gezogene Karte vor der Ziehung der zweiten Karte in den Stapel zurückgelegt wird. Die den beiden Karten zugeordneten Ereignisse sind dann nicht unabhängig voneinander. So beträgt bei einem 52er-Kartenblatt die Wahrscheinlichkeit für ein Ass als erste Karte 4/52 = 1/13. Für die zweite Karte variiert aber die Wahrscheinlichkeit für ein Ass abhängig davon, ob die erste Karte ein Ass war oder nicht:

- Nach einem Ass als erste Karte ist die Wahrscheinlichkeit für ein weiteres Ass gleich 3/51 = 1/17.
- Nach einer von einem Ass verschiedenen Karte ist die Wahrscheinlichkeit für ein Ass gleich 4/51.

Der Begriff der **bedingten Wahrscheinlichkeiten** ist nun so angelegt, dass mit ihm solche Gegebenheiten mathematisch einfach beschrieben werden können. Dabei wird die Wahrscheinlichkeit eines Ereignisses in Bezug gesetzt zur Wahrscheinlichkeit eines anderen Ereignisses, dessen Eintritt als bereits eingetreten vorausgesetzt wird. Formal geht man dazu von zwei in einem Zufallsexperiment beobachtbaren Ereignissen A und B aus. Um zu quantifizieren, wie wahrscheinlich es ist, dass im Fall des eingetretenen Ereignisse B *zusätzlich* auch das Ereignis A eintritt, vergleicht man die Wahrscheinlichkeit des Ereignisses „A und B" mit der

Wahrscheinlichkeit des „Vor"-Ereignisses B. Konkret berechnet man dazu den mit $P(A \mid B)$ abgekürzten Quotienten.

$$P(A \mid B) = \frac{P(A \text{ und } B)}{P(B)},$$

der als die zum Ereignis B bedingte Wahrscheinlichkeit des Ereignisses A bezeichnet wird. Wie gewünscht ist diese bedingte Wahrscheinlichkeit ein Maß dafür, wie wahrscheinlich das zusätzliche Eintreten des Ereignisses A ist, wenn wir bereits wissen, dass das Ereignis B eingetreten ist. Wegen $0 \leq P(A \text{ und } B) \leq P(B)$ liegt eine bedingte Wahrscheinlichkeit, wie wir es von Wahrscheinlichkeiten her gewohnt sind, stets im Bereich zwischen minimal 0 und maximal 1.

Die Bedeutung bedingter Wahrscheinlichkeiten für den Kontext der Eingangsfrage wird ersichtlich, wenn man sich dem Fall zuwendet, bei dem relative Häufigkeiten innerhalb einer Grundgesamtheit als Wahrscheinlichkeiten interpretiert werden – als Zufallsexperiment fungiert dabei die zufällige und gleichwahrscheinliche Auslosung eines Mitgliedes der Grundgesamtheit. In diesem Fall entspricht eine bedingte Wahrscheinlichkeit der relativen Häufigkeit, die für den betreffenden Teil der Grundgesamtheit gültig ist: Geht man zum Beispiel von der Grundgesamtheit der Gesamtbevölkerung aus, dann ist der relative Anteil der Rentner unter den Frauen gleich der bedingten Wahrscheinlichkeit $P(\text{„Rentner"} \mid \text{„Frau"})$. Und analog ist der Anteil der Frauen unter den Rentnern gleich der bedingten Wahrscheinlichkeit $P(\text{„Frau"} \mid \text{„Rentner"})$. Dabei stehen die Kurzbezeichnungen „Rentner" und „Frau" für die Ereignisse, dass es sich bei einem zufällig und gleichwahrscheinlich ausgewählten Mitglied der Bevölkerung um einen Rentner beziehungsweise um eine Frau handelt.

Angewendet wird die der Definition der bedingten Wahrscheinlichkeit zugrunde liegende Formel übrigens häufig auch „umgekehrt", das heißt in der Form

$$P(A \text{ und } B) = P(A \mid B) \cdot P(B) .$$

Der Grund für diese Art der Verwendung ist, dass bei stufenweise verlaufenden Zufallsexperimenten die beiden Einzelwahrscheinlichkeiten der rechten Gleichungsseite meist einfacher zu berechnen sind als die Wahrscheinlichkeit auf der linken Seite. So ergibt sich für das schon als Beispiel angeführte Ereignis, bei der Ziehung von zwei Karten zwei Asse zu erhalten, die schon in Fußnote 3 – dort allerdings ohne Erweiterung des Begriffsapparates – durchgeführte Berechnung.

$$P(\text{„2 Asse"}) = P(\text{„2 Asse"} \mid \text{„1. Karte ist Ass"}) \cdot P(\text{„1. Karte ist Ass"})$$
$$= 3/51 \cdot 4/52 = 1/221.$$

Die eigentliche Bedeutung der gerade beschriebenen Verfahrensweise besteht darin, dass man beide Schritte einzeln analysieren kann, wobei man allerdings im zweiten Schritt die vom Verlauf des ersten Schrittes abhängigen Gegebenheiten berücksichtigen muss. Insofern liegt eine Verallgemeinerung des

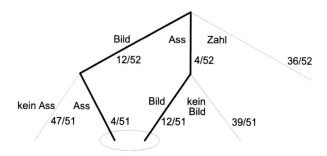

Abb. 2.5 Zweite Pfadregel: Ereignispfade, um mit zwei aus einem Kartenstapel gezogenen Karten ein Ass und ein Bild zu erhalten

Multiplikationsgesetzes vor, mit der es wieder möglich ist, komplizierte Situationen rechentechnisch auf einfachere Situationen zurückzuführen.

Die schrittweise Verfahrensweise ist natürlich auch dann möglich, wenn mehr als zwei Schritte auszuwerten sind. Beispielsweise erhält man für ein dreistufiges Zufallsexperiment mit den drei Ereignissen *A, B* und *C* die Gleichung

$$P(A \text{ und } B \text{ und } C) = P(C \mid A \text{ und } B) \cdot P(A \text{ und } B)$$
$$= P(C \mid A \text{ und } B) \cdot P(B \mid A) \cdot P(A).$$

Diese stufenweise Verfahrensweise wird auch als **erste Pfadregel** bezeichnet. Der Bezeichnung zugrunde liegt eine oft verwendete graphische Darstellung. Darin werden die Zufallsentscheidungen der einzelnen Stufen graphisch in Form eines Pfades dargestellt: Den Ereignissen entsprechen Knoten, an denen Kanten enden oder sich verzweigen. Die Wahrscheinlichkeit, einen bestimmten Pfad zu beschreiten, ergibt sich als Produkt der Wahrscheinlichkeiten der betreffenden Kanten (Abb. 2.5 zeigt mehrere solche Pfade).

Etwas komplizierter wird die Angelegenheit, wenn nicht die Wahrscheinlichkeit des Ereignisses „*A* und *B*", sondern die Wahrscheinlichkeit des Ereignisses *A* berechnet werden soll und dieses Ereignis auf verschiedenen Pfaden zustande kommen kann. Neben dem auf jeweils einen einzelnen Pfad bezogenen Multiplikationsgesetz ist dann auch das Additionsgesetz anzuwenden, wofür sich allerdings die den verschiedenen Pfaden zugrunde liegenden Ereignisse gegenseitig ausschließen müssen. Als Beispiel für diese sogenannte **zweite Pfadregel** bleiben wir beim Kartenspiel und fragen nach der Wahrscheinlichkeit, bei zwei nacheinander aus einem Kartenspiel gezogenen Karten ein Bild und ein Ass zu ziehen (siehe Abb. 2.5). Dazu unterscheidet man für das Teilexperiment, bei dem die erste Karte gezogen wird, am besten drei Ereignisse, nämlich die Ziehung eines Asses, eines Bildes beziehungsweise einer Zahlkarte. Diese drei sich gegenseitig ausschließenden Ereignisse, von denen immer genau eines eintritt, entsprechen drei verschiedenen Pfaden, das zu untersuchende Gesamtereignis möglicherweise zu erzielen. Die Gesamtwahrscheinlichkeit ist daher gleich.

$$P(\text{„Bild, Ass“}) = P(\text{„Bild, Ass“} | \text{„1. Karte} = \text{Bild“}) \cdot P(\text{„1. Karte} = \text{Bild“})$$
$$+ P(\text{„„Bild, Ass“} | \text{„1. Karte} = \text{Ass“}) \cdot P(\text{„1. Karte} = \text{Ass“})$$
$$+ P(\text{„Bild, Ass“} | \text{„1. Karte} = \text{Zahl“}) \cdot P(\text{„1. Karte} = \text{Zahl“})$$
$$= 4/51 \cdot 12/52 + 12/51 \cdot 4/52 + 0 \cdot 36/52 = 24/663$$

Eine analoge Vorgehensweise ist immer dann möglich, wenn eine Zerlegung des sicheren Ereignisses in sich paarweise gegenseitig ausschließende Ereignisse A_1, …, A_m vorliegt. Man erhält dann aus dem Additionsgesetz die sogenannte **Formel der totalen Wahrscheinlichkeit:**

$$P(B) = \sum_{j=1}^{m} P(B \text{ und } A_j) = \sum_{j=1}^{m} P(B | A_j) P(A_j)$$

Wie schon am Beispiel erläutert, wird die Formel der totalen Wahrscheinlichkeit vorwiegend bei der Berechnung von Wahrscheinlichkeiten stufenweise zerlegbarer Ereignisse angewendet. Da im Fall eines eingetretenen Ereignisses B auch genau eines der m Ereignisse „B und A_1", …, „B und A_m" eintritt, können diese m Ereignisse „B und A_1", …, „B und A_m" als die verschiedenen Ursachen interpretiert werden, die den Eintritt des Ereignisses B auslösen.

Eine weitere Anwendungsmöglichkeit der Formel von der totalen Wahrscheinlichkeit ist nach dem englischen Mathematiker und presbyterianischen Pfarrer Thomas Bayes (ca. 1702–1761) benannt. Dazu setzt man die Formel von der totalen Wahrscheinlichkeit in die Definitionsgleichung der bedingten Wahrscheinlichkeit ein und erhält die sogenannte **Bayes-Formel**

$$P(A_k | B) = \frac{P(A_k \text{ und } B)}{P(B)} = \frac{P(B | A_k) P(A_k)}{\sum_{j=1}^{m} P(B | A_j) P(A_j)}.$$

Übersichtlich ist die Bayes-Formel sicher nicht, obwohl sie mathematisch eigentlich elementar ist. Daher werden wir im Ausblick *Erkenntnisgewinn mit der Bayes-Formel* für eine Situation, die deutlich komplexer ist als der uns hier zunächst interessierende Vorsorgetest, die Zwischenwerte Schritt für Schritt berechnen und jeweils interpretieren.

Was die Bayes-Formel so interessant macht, ist die Möglichkeit, quantitative Aussagen über die Umkehrung von Ursache-Wirkungs-Beziehungen zu erhalten. Dazu wird eine bedingte Wahrscheinlichkeit der Form $P(A_k | B)$ aus der Gesamtheit der bedingten Wahrscheinlichkeiten $P(B | A_j)$ sowie der Wahrscheinlichkeiten $P(A_j)$ berechnet. Im einfachen Beispiel des Vorsorgetests haben wir diese Umkehrung bereits auf Basis der Häufigkeiten hergeleitet. Ausgehend vom Wissen, mit welcher Sicherheit ein Testergebnis durch eine vorliegende Erkrankung beeinflusst wird, berechnet man eine quantitative Bewertung der möglichen Ursachen eines konkret beobachteten Testergebnisses. Ausgegangen wird also von den schon in der Eingangsfrage dargelegten Daten darüber, wie oft der

Vorsorgetest ein falsches Ergebnis liefert, was den beiden folgenden Wahrscheinlichkeiten entspricht:

$$P(\text{positiv} \mid \text{gesund}) = 0{,}03 \text{ und } P(\text{negativ} \mid \text{krank}) = 0{,}50$$

Außerdem ist die Prävalenz charakterisiert durch die Wahrscheinlichkeit

$$P(\text{krank}) = 0{,}003.$$

Basierend auf diesen Daten erhalten wir nun auch mit Hilfe der Bayes-Formel die gesuchte Wahrscheinlichkeit dafür, dass ein positiv Getesteter tatsächlich krank ist:

$P(\text{krank} \mid \text{positiv})$

$$= \frac{P(\text{positiv} \mid \text{krank})P(\text{krank})}{P(\text{positiv} \mid \text{krank})P(\text{krank}) + P(\text{positiv} \mid \text{gesund})P(\text{gesund})}$$

$$= \frac{0{,}50 \cdot 0{,}003}{0{,}50 \cdot 0{,}003 + 0{,}03 \cdot 0{,}997} = 0{,}048.$$

Diese zweite Art zur Berechnung der gesuchten Wahrscheinlichkeit auf Basis der Bayes-Formel ist wohl kaum einfacher, ja sogar eher unübersichtlicher als die schon zu Beginn des Kapitels darlegte Berechnungsweise auf Basis einer Tabelle. Der Vorteil der Bayes-Formel ist aber, dass wir es nun mit einem universellen Prinzip zu tun haben, von dem wir wissen, wie es sich auf analoge Fälle, auch solche von höherer Komplexität, übertragen lässt.

Ein binäres Entscheidungsszenario, wie wir es hier untersucht haben, wird allgemein als **binäre Klassifikation** bezeichnet. Eine solche Ja-Nein-Entscheidung ähnlich der Form „Ist der Patient an der Krankheit XYZ erkrankt?" wird mit einem Test genau dann mit einer hohen Qualität getroffen, wenn eine richtige Entscheidung drastisch wahrscheinlicher ist als eine falsche Entscheidung. Wichtig ist dabei, dass dies sowohl für den Fall eines in Wirklichkeit positiven wie auch eines negativen Sachverhalts gilt. Daher müssen die *beiden* bedingten Wahrscheinlichkeiten für eine richtige Testentscheidung einen Wert nahe 1 aufweisen:

- $P(\text{positiv laut Testergebnis} \mid \text{positiver Sachverhalt})$ und
- $P(\text{negativ laut Testergebnis} \mid \text{negativer Sachverhalt})$.

Die erste Wahrscheinlichkeit wird **Sensitivität** des Tests genannt, die zweite **Spezifität** Besitzen beide Wahrscheinlichkeiten Werte nahe 1, dann sind die **Falsch-Negativ-Rate** sowie die **Falsch-Positiv-Rate** gering. Mathematisch handelt es sich dabei ebenfalls um bedingte Wahrscheinlichkeiten, die komplementär zur Sensitivität beziehungsweise Spezifizität sind.

So sehr bedingte Wahrscheinlichkeiten – ganz entsprechend ihrer Zweckbestimmung – dazu geeignet sind, Ursache-Wirkungs-Beziehungen aufzuspüren, so sehr muss aber doch vor einer oberflächlichen Interpretation gewarnt werden: Natürlich ist es offenkundig, dass ein positives Testergebnis niemanden krank macht, selbst wenn die bedingte Wahrscheinlichkeit $P(\text{krank} \mid \text{positiv})$ annähernd gleich 1 ist. Die Wirkung kann nur umgekehrt erfolgen. Schwerer würden es

Tab. 2.1 Fiktive Kriminalitätsstatistik einer zwei Stadtteile umfassenden Stadt

	Einheimische	Ausländer
Grünstadt	10000	100
- davon straffällig	10	0
Betonburg	1000	1000
- davon straffällig	3	2
gesamt	**11000**	**1100**
- davon straffällig	**13**	**2**

Außerirdische haben, die in grober Unkenntnis der menschlichen Anatomie unter erwachsenen Menschen nach einem Zusammenhang zwischen der Körpergröße und einer bestehenden Schwangerschaft forschen. Offenkundig werden sie bei ihrer Untersuchung feststellen, dass kleine Menschen eher schwanger sind. Aber selbstverständlich ist die eigentliche Ursache für die häufigere Schwangerschaft kleinerer Menschen nicht die Körpergröße selbst, sondern das Geschlecht verbunden mit der Tatsache, dass Frauen durchschnittlich nicht so groß werden wie Männer.

Mag das Schwangeren-Beispiel über vermeintliche und wirkliche Ursachen noch banal erscheinen, so ändert sich das spätestens dann, wenn es um politisch brisante Themen geht, etwa darum, ob Ausländer eher straffällig werden als Einheimische: Lässt sich auch für dieses statistische Übergewicht eine Eigenschaft finden, die primär ursächlich ist, etwa dergestalt, dass Ausländer häufiger in problematischen Wohngebieten mit einer allgemein höheren Kriminalitätsrate leben? Dass dies in der Tat so sein *kann,* wollen wir uns an einem fiktiven, in Tab. 2.1 zusammengestellten Modellszenario ansehen.

Bei der betrachteten Grundgesamtheit gehen wir von einer *fiktiven* Stadt aus, deren beide Stadtteile die treffenden Namen Grünstadt und Betonburg tragen. Bei Grünstadt handelt es sich nämlich um eine parkähnlich angelegte Siedlung mit Ein- und Zweifamilienhäusern, wohingegen man in Betonburg eine deutliche kompaktere Bebauung in Form von einigen wenigen, dafür aber sehr großen Plattenbauten vorfindet. Während der Ausländeranteil in Grünstadt nur knapp 1 % beträgt, stellen Ausländer in Betonburg die Hälfte aller Einwohner. Bei einer Kriminalitätsstatistik werden für den zugrunde gelegten Zeitraum und die erfassten Delikte die in Tab. 2.1 zusammengestellten Anteile straffällig gewordener Personen angenommen. Dabei wurden die fiktiven Zahlen so gewählt, dass die Kriminalitätsrate von Ausländern in jedem der beiden Stadtteile niedriger ist als unter den Einheimischen. Trotzdem ergibt sich für die Gesamtstadt ein genau gegenteiliges Bild, das heißt, insgesamt ist die Kriminalitätsrate unter den Ausländern höher als unter den Einheimischen!

Bei dem Modellszenario handelt es sich übrigens um ein Beispiel für **Simpsons Paradoxon**. Es ist benannt nach Edward Hugh Simpson (1922–2019), der 1951 erstmals solche – scheinbar widersprüchlichen – Phänomene beschrieben hat.

Erkenntnisgewinn mit der Bayes-Formel

Im zuerst erörterten Beispiel des Vorsorgetests diente die Bayes-Formel dazu, das individuelle Risiko eines positiv Getesteten zu bewerten – die Prävalenz und die Wahrscheinlichkeiten, die die Güte des Tests charakterisieren, waren auf Basis umfangreicher Daten bekannt.

Denkbar ist aber auch, mit der Bayes-Formel die Erkenntnisse zu berücksichtigen, die durch eine Verbreiterung der Datenbasis erzielt werden. Dies geschieht, indem man ein dazu geeignetes Zufallsexperiment durchführt und dann abhängig von dem dabei beobachteten Ergebnis die Wahrscheinlichkeiten, die das ursprüngliche Wissen charakterisieren, wertmäßig fortschreibt.

Konkret wollen wir uns zwei Varianten eines sehr einfachen Beispiels ansehen. Wir werden dazu nacheinander die Zwischenwerte der Bayes-Formel berechnen, was deren Undurchschaubarkeit, sofern so empfunden, drastisch entgegenwirkt. Als Beispiel nehmen wir eine Urne, die drei Kugeln enthält, von denen jede schwarz oder weiß ist. Eine Kugel davon wird zufällig gezogen. Sie ist schwarz. In welcher Weise ändert sich durch dieses Ergebnis unser Wissen über die ursprüngliche, uns nicht bekannte Farbaufteilung innerhalb der Urne?

Bei der ersten der beiden Varianten, die wir analysieren, gehen wir von dem Ausgangsszenario aus, bei dem die vier möglichen Farbaufteilungen im Verhältnis 3:0, 2:1, 1:2 und 0:3 gleichwahrscheinlich sind. Das andere Mal nehmen wir an, dass beim vorbereitenden Einfüllen der Kugeln in die Urne die Ereignisse „schwarz" und „weiß" für jede einzelne Kugel gleichwahrscheinlich und untereinander unabhängig sind. Die Wahrscheinlichkeiten für die vier genannten Farbaufteilungen sind dann 1/8, 3/8, 3/8 und 1/8.

In der folgenden Übersicht bezeichnet A_k das Ereignis, dass die Urne k schwarze Kugeln enthält, und B das Ereignis, dass die gezogene Kugel schwarz ist. Es ist dann $P(B \mid A_k) = k/3$. In den Zeilen 3 bis 5 ist der Fall aufgeführt, der von a priori vier gleichwahrscheinlichen Farbaufteilungen ausgeht. In den Zeilen 6 bis 8 sind die Resultate für den Fall gleichwahrscheinlicher Farben bei jeder einzelnen Kugel aufgelistet:

k	3	2	1	0
A_k	sss	ssw	sww	www
$P(A_k)$	$\frac{1}{4}$	$\frac{1}{4}$	$\frac{1}{4}$	$\frac{1}{4}$
$P(B \mid A_k)P(A_k)$	$1 \cdot \frac{1}{4}$	$\frac{2}{3} \cdot \frac{1}{4}$	$\frac{1}{3} \cdot \frac{1}{4}$	$0 \cdot \frac{1}{4}$
$P(A_k \mid B)$	$\frac{1}{2}$	$\frac{1}{3}$	$\frac{1}{6}$	0
$P(A_k)$	$\frac{1}{8}$	$\frac{3}{8}$	$\frac{3}{8}$	$\frac{1}{8}$
$P(B \mid A_k)P(A_k)$	$1 \cdot \frac{1}{8}$	$\frac{2}{3} \cdot \frac{3}{8}$	$\frac{1}{3} \cdot \frac{3}{8}$	$0 \cdot \frac{1}{8}$
$P(A_k \mid B)$	$\frac{1}{4}$	$\frac{1}{2}$	$\frac{1}{4}$	0

In den jeweils mittleren Zeilen der beiden Blöcke aufgeführt sind die Werte der Produkte $P(B \mid A_k) P(A_k) = P(B \text{ und } A_k)$, deren Summe gleich der Wahrscheinlichkeit $P(B)$ ist. Mit der Division durch die Zeilensumme $P(B)$ erhält man die gesuchten Wahrscheinlichkeiten $P(A_k \mid B)$, die sich zum Wert 1 summieren. Dabei ist der Sonderfall $P(A_0 \mid B) = 0$ offensichtlich, da nach dem Ziehen einer schwarzen Kugel der Ausgangszustand $A_0 = www$ nicht vorgelegen haben kann.

Aufgaben

1. Man berechne die Wahrscheinlichkeit für „Sechs Richtige" im Lotto „6 aus 49" mittels der ersten Pfadregel.

2. Zwei Schützen schießen auf eine Zielscheibe. Der eine Schütze hat eine Trefferwahrscheinlichkeit von 0,8 der andere von 0,2. Nachdem jeder der beiden Schützen einmal geschossen hat, weist die Zielscheibe genau einen Treffer auf. Wie groß ist die Wahrscheinlichkeit, dass dieser Treffer von dem besseren Schützen stammt?

3. In einer amerikanischen Fernsehshow gewinnt der Kandidat der Endrunde ein Auto, wenn er unter drei Türen diejenige errät, hinter der sich ein Auto verbirgt. Hinter jeder der beiden anderen Türen steht – als publikumswirksames Symbol für die Niete – eine Ziege. Um die Spannung zu erhöhen, öffnet der Showmaster nach der Auswahl des Kandidaten zunächst eine der beiden verbliebenen Türen. Dabei wählt der Showmaster, der die richtige Tür kennt, immer eine Tür, hinter der eine Ziege steht. Anschließend darf der Kandidat seine getroffene Entscheidung nochmals revidieren und sich für die übrig bleibende dritte Tür umentscheiden. Soll er oder soll er nicht?

Geben Sie für dieses sogenannte **Ziegenproblem** zunächst spontan eine intuitive Antwort. Ergänzen Sie Ihre spontane Entscheidung durch eine intuitive Überlegung für den fiktiven Fall mit 1000 Türen, 999 Ziegen und einem Auto. Berechnen Sie anschließend bedingte Wahrscheinlichkeiten, und zwar zunächst für die fiktive 1000er-Situation und dann für die Originalsituation: Wie groß ist die Wahrscheinlichkeit, dass ein Wechsel gut ist, bedingt dazu, dass die ursprüngliche Entscheidung richtig war oder nicht. Berechnen Sie schließlich die totale Wahrscheinlichkeit dafür, dass ein Wechsel gut ist.

2.5   Zufallsgrößen: zufällig bestimmte Werte

Bei Glücksspielen wie Lotto, Roulette oder Black Jack kann die Höhe eines gegebenenfalls erzielten Gewinnes unterschiedlich ausfallen. Wie können solche variierenden Gewinnhöhen bei der Abschätzung von Gewinnchancen berücksichtigt werden?

Wird bei einem Spiel entweder der gemachte Einsatz verloren oder aber der gleich hohe Einsatz des Kontrahenten gewonnen, so reicht es zur Abwägung der Spielchancen völlig aus, die Wahrscheinlichkeit für einen Gewinn zu berechnen: So haben wir gesehen, dass bei einer Wette darauf, in vier Würfelversuchen mindestens eine Sechs zu erzielen, die Gewinnwahrscheinlichkeit knapp über 0,5 liegt und damit etwas größer ist als die Wahrscheinlichkeit, die Wette zu verlieren.

Komplizierter wird es, wenn es nicht mehr einfach nur darum geht, entweder seinen Einsatz zu verlieren oder aber einen gleich hohen Betrag zu gewinnen. Entscheidend zur Abwägung der Gewinnchancen ist dann nicht nur die Wahrscheinlichkeit für *irgendeinen* Gewinn, sondern auch, welche der möglichen

Gewinnhöhen mit welcher Wahrscheinlichkeit erreicht wird. Ihr mathematisches Äquivalent findet eine zufällig ausgespielte Gewinnhöhe im Begriff der sogenannten **Zufallsgröße**, häufig auch als **zufällige Größe** oder **Zufallsvariable**[6] bezeichnet. Bei einer solchen Zufallsgröße X handelt es sich per Definition um eine Vorschrift, mit der jedem Ergebnis ω eines Zufallsexperimentes eine Zahl $X(\omega)$ zugeordnet wird. Bei jeder Durchführung des Zufallsexperimentes wird damit eine *Zahl* **realisiert**, das heißt zufällig „ausgewürfelt". Beispiele sind:

- die Höhe des in einem Glücksspiel erzielten Gewinns,
- die Summe der beim Wurf eines Würfelpaares erzielten Punkte,
- die Häufigkeit, mit der ein Ereignis, dessen zugehöriges Zufallsexperiment innerhalb einer Versuchsreihe mit vorgegebener Länge wiederholt wird, eintritt,
- die Höhe des Einkommens einer zufällig aus einer Grundgesamtheit ausgewählten Person,
- das durchschnittliche Einkommen, über das die Mitglieder einer zufällig ausgewählten Stichprobe verfügen.

Mathematisch beschrieben wird eine Zufallsgröße X im Wesentlichen durch die Wahrscheinlichkeiten, mit denen sie bestimmte Werte annimmt. So steht zum Beispiel $P(X=3)=1/6$ für die Tatsache, dass das Ergebnis X eines Würfelwurfs mit der Wahrscheinlichkeit von 1/6 eine Drei ergibt. Insgesamt wird das zufällige Ergebnis X eines symmetrischen Würfels durch die Wahrscheinlichkeiten

$$P(X = 1) = P(X = 2) = P(X = 3) = P(X = 4) = P(X = 5) = P(X = 6) = \tfrac{1}{6}$$

charakterisiert. Selbst ohne jegliches Zusatzwissen über die Natur der Zufallsgröße X kann auf weitere Angaben wie $P(X=7)=P(X=1,5)=0$ selbstverständlich verzichtet werden, da bereits die sechs angeführten Wahrscheinlichkeiten als Summe 1 ergeben. Vollständige Angaben darüber, welche Werte eine Zufallsgröße annehmen kann und wie wahrscheinlich diese sind, nennt man übrigens **Wahrscheinlichkeitsverteilung** oder kurz **Verteilung** dieser Zufallsgröße.

Ob man nun die Wahrscheinlichkeit eines Sechser-Wurfes mit $P(X=6)$ oder $P(\text{„das Würfelergebnis ist Sechs"})$ bezeichnet, mag man noch als Geschmackssache ansehen. Das ändert sich spätestens dann, wenn einem Zufallsexperiment verschiedene Zufallsgrößen zugeordnet sind, mit denen dann *gerechnet* wird. So ist, wenn X und Y die Ergebnisse eines geworfenen Würfelpaares sind, beispielsweise $P(X+Y\leq3)$ die Wahrscheinlichkeit dafür, mit beiden Würfeln höchstens die Summe 3 zu erzielen (siehe Abb. 2.6). Und ganz allgemein kann man mit Zufallsgrößen immer dann rechnen, wenn sie durch das Ergebnis desselben

---

[6]Obwohl heute der Begriff *Zufallsvariable* in der Fachliteratur dominiert, wird hier im Folgenden der Begriff *Zufallsgröße* präferiert – jedenfalls solange es sich um (eindimensionale) reell-wertige Zufallsvariablen handelt. Entsprechend werden mehrdimensionale Zufallsvariablen als *Zufallsvektoren* bezeichnet.

ω	$P(\{\omega\})$	$X(\omega)$	$Y(\omega)$	$(X+Y)(\omega)$
⚀ ⚀	$\frac{1}{36}$	1	1	2
⚀ ⚁	$\frac{1}{36}$	1	2	3
⚁ ⚀	$\frac{1}{36}$	2	1	3
...	...			

Abb. 2.6 Die beiden Zufallsgrößen, die den Werten eines geworfenen Würfelpaares entsprechen, und ihre Summe

Zufallsexperimentes bestimmt werden (oder sich entsprechend auffassen lassen). Außerdem lassen sich umgekehrt auch „komplizierte" Zufallsgrößen wie die in einer Würfelserie insgesamt erzielte Augensumme oder die in dieser Serie erzielte Anzahl von Sechsen als Summe „einfacherer" Zufallsgrößen darstellen, die sich jeweils nur auf einen einzelnen Wurf beziehen.

Wie flexibel diese Möglichkeiten sind, mit den Werten von Zufallsgrößen zu rechnen, wollen wir uns am Beispiel des Gewinnes in zwei aufeinanderfolgenden Roulette-Spielen anschauen. Keine Angst – die sowieso sehr einfachen Regeln des Roulette-Spiels müssen Sie dazu nicht kennen. Es reicht zu wissen, dass in jedem Lauf mit gleichen Chancen eine der 37 Zahlen 0, 1, 2, …, 36 ausgespielt wird und dass beim Setzen auf eine dieser Zahlen im Gewinnfall zusätzlich zum Einsatz der 35-fache Gewinn ausbezahlt wird:

- Wir bezeichnen mit X_0, X_1,… X_{36} die Zufallsgrößen, die für den ersten Roulette-Durchgang den Gewinn beim Einsatz einer Geldeinheit auf die Zahlen 0, 1, … beziehungsweise 36 widerspiegeln. Damit nimmt jede dieser Zufallsgrößen X_n abhängig vom zufälligen Ergebnis des Roulette-Laufs entweder den Wert 0 oder den Wert 36 an, wobei Letzteres genau dann der Fall ist, wenn im ersten Durchgang die Zahl n ausgespielt wird.

- Entsprechend bezeichnen wir mit Y_0, Y_1,… Y_{36} die Zufallsgrößen, die für die zweite Roulette-Ausspielung den Gewinn beim Einsatz einer Geldeinheit auf die Zahl 0, 1, … beziehungsweise 36 widerspiegeln.

Alle 74 Zufallsgrößen X_0, X_1, …, X_{36}, Y_0, Y_1, …, Y_{36} weisen in Bezug auf ihre möglichen Werte und die dazugehörigen Wahrscheinlichkeiten übereinstimmende Wahrscheinlichkeitsverteilungen auf, nämlich

$$P(X_0 = 0) = P(X_1 = 0) = \ldots = P(X_{36} = 0) = P(Y_0 = 0) = \ldots P(Y_{36} = 0) = \tfrac{36}{37},$$

$$P(X_0 = 36) = \ldots = P(X_{36} = 36) = P(Y_0 = 36) = \ldots = P(Y_{36} = 36) = \tfrac{1}{37}.$$

Dieser Sachverhalt übereinstimmender Wahrscheinlichkeitsverteilungen spiegelt die Tatsache wider, dass alle 74 Setzmöglichkeiten übereinstimmende Gewinnchancen aufweisen. Trotzdem sind diese 74 Zufallsgrößen aber alle voneinander verschieden: Abhängig von den beiden zufällig ausgespielten Roulette-Zahlen nimmt mal die eine und mal die andere der Zufallsgrößen einen von 0 verschiedenen Wert an. Beispielsweise ist, wenn wir die Ergebnisse der beiden Roulette-Ausspielungen gemäß ihrer Reihenfolge in der Form $\omega =$ „12, 3" notieren,

$$X_{12}\left(\text{„}12,3\text{"}\right) = 36, X_{13}\left(\text{„}12,3\text{"}\right) = 0, \quad Y_{12}\left(\text{„}12,3\text{"}\right) = 0,$$

womit die Zufallsgröße X_{12} weder mit X_{13} noch mit Y_{12} übereinstimmen kann.

Wir wollen uns nun ansehen, wie die schon erwähnten arithmetischen Operationen für Zufallsgrößen zu interpretieren sind. Dabei werden wir erkennen, dass solche Rechenoperationen für Zufallsgrößen keinesfalls einen „l'art pour l'art"-Charakter haben, sondern dass sie bestens dazu geeignet sind, reale Sachverhalte zu beschreiben. Einige Beispiele dazu:

$2X_{12}$ ist der Gewinn, wenn beim ersten Roulette-Durchgang ein Einsatz von zwei Geldeinheiten auf die Zahl „12" gesetzt wird. Diese Zufallsgröße kann entweder den Wert 0 oder 72 annehmen.

$X_{12} - 1$ steht für den möglicherweise negativen Gewinnsaldo, wenn vom Gewinn der Einsatz abgezogen wird (bei einfachem Einsatz auf die „12" im ersten Durchgang). Die möglichen Werte dieser Zufallsgröße sind 35 und –1.

$X_{12} + X_{13}$ ist der Gesamtgewinn, wenn beim ersten Roulette-Durchgang jeweils einfach auf „12" und „13" gesetzt wird. Die möglichen Werte dieser Zufallsgröße sind 0 und 36, da höchstens einer der beiden Einsätze gewinnen kann.

$X_{12} + Y_{12}$ entspricht dem Gesamtgewinn, wenn bei beiden Durchgängen jeweils einfach auf „12" gesetzt wird. Die möglichen Werte dieser Zufallsgröße sind 0, 36 und 72.

$X_{12}Y_{12}$ beschreibt den Gewinn, wenn beim ersten Durchgang auf die „12" gesetzt wird und der eventuelle Gewinn für den nächsten Durchgang stehen bleibt, das heißt ebenfalls auf die „12" gesetzt wird. Diese Zufallsgröße kann nur die Werte 0 und $36 \cdot 36 = 1296$ annehmen.

$X_{12}X_{13}$ ist ein Beispiel für eine Operation, deren praktische Bedeutung relativ gering ist: Es handelt sich nämlich um nichts anderes als den konstanten Wert 0, denn für jedes beliebige Ergebnis des ersten Roulette-Durchganges nimmt mindestens eine der beiden Zufallsgrößen den Wert 0 an.

X_{12}^2 hat ebenfalls keine direkte reale Interpretation, das heißt, auch diese Zufallsgröße entspricht keinem Setzverhalten für die beiden Roulette-Durchgänge. Die Zufallsgröße kann nur die beiden Werte 0 und $36 \cdot 36 = 1296$ annehmen.

Die gerade angeführten Beispiele machen deutlich, wie gut sich Zufallsgrößen dazu eignen, selbst komplizierte Sachverhalte von Zufallsexperimenten mathematisch zu beschreiben. Natürlich geht unser Interesse über solche Möglichkeiten einer reinen Beschreibung weit hinaus. Wie bei den Gesetzen, die für Wahrscheinlichkeiten formuliert wurden, sind wir wieder daran interessiert,

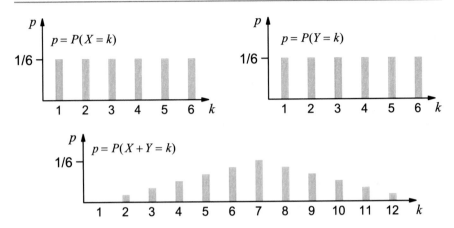

Abb. 2.7 Die Wahrscheinlichkeitsverteilungen von zwei unabhängigen Würfelergebnissen X und Y sowie der Würfelsumme $X + Y$

komplizierte Sachverhalte auf einfachere Situationen mittels geeigneter Formeln zurückzuführen. Konkret bedeutet dies zum Beispiel: Welche Aussagen über die Wahrscheinlichkeitsverteilung einer Summe von zwei unabhängigen Würfelergebnissen $X + Y$, wie sie in Abb. 2.7 dargestellt ist, können ohne detaillierte Einzelberechnungen aus den Wahrscheinlichkeitsverteilungen der Zufallsgrößen X und Y gemacht werden, welche die einzelnen Würfe beschreiben? Und wie lässt sich in Bezug auf die Gewinnhöhen im Roulette die Wahrscheinlichkeitsverteilung einer Zufallsgröße wie $X_{12} + Y_{12}$ oder $X_{12} Y_{12}$ aus den Wahrscheinlichkeitsverteilungen der Zufallsgrößen X_{12} und Y_{12} zumindest in einer ungefähren Weise berechnen?

Auch im Bereich statistischer Anwendungen stellen sich vergleichbare Probleme. So kann die Häufigkeit, mit der ein bestimmter Merkmalswert in einer zufällig aus einer Grundgesamtheit ausgewählten Stichprobe auftritt, als Zufallsgröße aufgefasst werden. Dabei kann der Wert dieser Zufallsgröße als Summe der Werte – möglich sind nur 0 und 1 – dargestellt werden, die sich bei einer *einzelnen* Zufallsziehung ergeben. Und auch für eine solche Situation ist es wieder erstrebenswert, Aussagen über die Wahrscheinlichkeitsverteilung der Summe auf Basis der Wahrscheinlichkeitsverteilung der Summanden zu erhalten. Konkret erhält man damit Aussagen über die Stichprobenergebnisse auf Basis der Häufigkeitsverteilung in der Grundgesamtheit.

Allerdings ist das beschriebene Problem, Wahrscheinlichkeitsverteilungen einer Summe oder eines Produktes von zwei Zufallsgrößen aus den Wahrscheinlichkeitsverteilungen der beiden Zufallsgrößen zu berechnen, allgemein keinesfalls einfach zu lösen. Für unsere geplanten Anwendungen aber meist völlig ausreichend sind Formeln, die zumindest ungefähre Aussagen über die gesuchten Wahrscheinlichkeitsverteilungen machen. Dazu werden Zufallsgrößen charakteristische Kenngrößen zugeordnet, für die relativ einfache Rechenregeln hergeleitet werden können.

Die wichtigste Kenngröße, die einer Zufallsgröße X zugeordnet werden kann, ist der sogenannte **Erwartungswert**, der im Allgemeinen mit $E(X)$, zu lesen als „E von X", bezeichnet wird. Wie schon bei der Wahrscheinlichkeit handelt es sich auch beim Erwartungswert um einen Trend, der sich innerhalb einer Versuchsreihe bei einer unabhängigen Wiederholung des zugrunde liegenden Zufallsexperimentes ergibt: Entspricht die Wahrscheinlichkeit eines Ereignisses dem Trend, dem die relativen Häufigkeiten dieses Ereignisses folgen, so wird der Erwartungswert derart konstruiert, dass er dem Trend für die durchschnittliche Höhe der Zufallsgröße entspricht: Nimmt zum Beispiel die Zufallsgröße X nur die Werte $x_1, x_2, \ldots, x_n$ an, so ist der in einer Versuchsreihe ermittelte Durchschnitt der Zufallsgröße gleich

$$R_1 \cdot x_1 + R_2 \cdot x_2 + \ldots + R_n \cdot x_n,$$

wobei $R_1, R_2, \ldots, R_n$ die relativen Häufigkeiten bezeichnen, mit der die Werte $x_1, x_2, \ldots, x_n$ für die Zufallsgröße X in der Versuchsreihe „ausgewürfelt" werden. Dabei nähert sich jede relative Häufigkeit R_k mit zunehmender Länge der Versuchsreihe gemäß dem Gesetz der großen Zahlen der Wahrscheinlichkeit $P(X = x_k)$ immer stärker an. Folglich nähern sich die Durchschnittswerte der Zufallsgröße dem Wert

$$P(X = x_1) \cdot x_1 + P(X = x_2) \cdot x_2 + \ldots + P(X = x_n) \cdot x_n$$

an. Dieser Wert wird nun als Erwartungswert der Zufallsgröße X definiert (siehe auch Abb. 2.8):

$$E(X) = P(X = x_1) \cdot x_1 + P(X = x_2) \cdot x_2 + \ldots + P(X = x_n) \cdot x_n$$

Beispielsweise besitzt die dem Ergebnis eines Würfelwurfs entsprechende Zufallsgröße den Erwartungswert

$$\tfrac{1}{6} \cdot 1 + \tfrac{1}{6} \cdot 2 + \tfrac{1}{6} \cdot 3 + \tfrac{1}{6} \cdot 4 + \tfrac{1}{6} \cdot 5 + \tfrac{1}{6} \cdot 6 = \tfrac{21}{6} = 3{,}5 \,.$$

In Bezug auf die ebenfalls schon angeführten Zufallsgrößen, die dem Gewinn beim Setzen eines einfachen Einsatzes auf eine der 37 Roulette-Zahlen entsprechen, ergibt sich der Erwartungswert

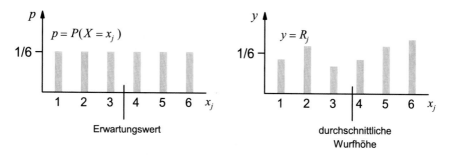

Abb. 2.8 Der auf Basis der Wahrscheinlichkeitsverteilung definierte Erwartungswert einer Zufallsgröße (links) entspricht dem Trend, dem die durchschnittlichen Werte in Versuchsreihen unterliegen (rechts)

$$\tfrac{36}{37} \cdot 0 + \tfrac{1}{37} \cdot 36 = \tfrac{36}{37} \approx 0{,}973\,.$$

Auf Dauer muss daher ein Spieler, der auf einzelne Roulette-Zahlen setzt, mit einem durchschnittlichen Verlust von 2,37 % seines Einsatzes rechnen. Ebenso kann ein Spieler bei einer langen Serie von Würfelversuchen damit rechnen, ungefähr eine durchschnittliche Wurfhöhe von 3,5 zu erzielen.

Auch wenn es, wie schon erwähnt, keineswegs einfach ist, die Wahrscheinlichkeitsverteilung einer Summe oder eines Produktes von zwei oder gar mehr Zufallsgrößen zu bestimmen, so gilt das glücklicherweise nicht unbedingt für deren Erwartungswerte. Für diese gelten nämlich die folgenden Sätze:

Für zwei auf der Basis desselben Zufallsexperimentes bestimmte Zufallsgrößen X und Y sowie konstante Zahlen a und b gelten die elementar beweisbaren Eigenschaften der **Linearität** und **Additivität** für Erwartungswerte:

$$E(aX + b) = aE(X) + b,$$
$$E(X + Y) = E(X) + E(Y).$$

Eine weitere *sehr* wichtige Eigenschaft gilt, wenn die beiden Zufallsgrößen X und Y **unabhängig** voneinander sind. Per Definition bedeutet das, dass jedes sich auf die Zufallsgröße X beziehende Ereignis wie $X = x$ stochastisch unabhängig sein muss zu jedem Ereignis, das sich auf die Zufallsgröße Y bezieht wie zum Beispiel $Y = y$. Insbesondere muss also für beliebige Zahlen x und y die Gleichung

$$P(X = x \text{ und } Y = y) = P(X = x) \cdot P(Y = y)$$

gelten. In der Praxis sind solche Anforderungen insbesondere dann erfüllt, wenn die Wert-Bestimmung der beiden Zufallsgrößen X und Y in keinerlei kausaler Beziehung zueinander steht. Das Standardbeispiel sind wieder die beiden Werte, die mit einem Würfelpaar erzielt werden.

Für zwei voneinander unabhängige Zufallsgrößen X und Y gilt nun das sogenannte **Multiplikationsgesetz**

$$E(XY) = E(X) \cdot E(Y).$$

Ein mathematischer Beweis für den hier ausschließlich betrachteten Fall von Zufallsgrößen, die nur endlich viele Werte annehmen können, ist nicht schwer.[7] Weit wichtiger dürfte es aber sein, die Bedeutung der Sätze zu erläutern. Wir greifen dazu wieder auf unser Roulette-Beispiel zurück:

---

[7]Es ist

$$E(XY) = \sum_x \sum_y P(X = x \text{ und } Y = y) \cdot xy = \sum_x \sum_y P(X = x)\,P(Y = y) \cdot xy$$

$$= \left(\sum_x P(X = x)x \right) \left(\sum_y P(X = y)y \right) = E(X)E(Y)$$

- Beispielsweise entspricht die Zufallsgröße $2X_{12}+3$ dem um 3 Geldeinheiten erhöhten Gewinn, den man beim Setzen von zwei Geldeinheiten auf die Zahl 12 erhält. Dass der zugehörige Erwartungswert, der ja die in einer Versuchsreihe auf Dauer durchschnittliche Gewinnauszahlung widerspiegelt, gleich $2E(X_{12})+3$ ist, dürfte einleuchtend sein.

- Und auch die Tatsache $E(X_{12}Y_{12})=E(X_{12})\cdot E(Y_{12})$ ist mehr als plausibel, wenn man Folgendes bedenkt: Setzt man im ersten Roulette-Durchgang einen einfachen Einsatz auf die „12" und belässt den eventuell so erzielten Gewinn im zweiten Durchgang als Einsatz auf der „12", dann ist, wenn man eine lange, jeweils über zwei Roulette-Durchgänge laufende Versuchsreihe startet, die durchschnittliche Einsatzhöhe des zweiten Roulette-Durchganges gleich $E(X_{12})$. Die durchschnittliche Gewinnhöhe, die sich so am Ende des zweiten Durchganges ergibt, ist damit gleich $E(X_{12})\cdot E(Y_{12})$, da jeder mögliche Einsatz im zweiten Durchgang den durchschnittlich $E(Y_{12})$-fachen Gewinn ergibt.

Allerdings kann nur deshalb so argumentiert werden, weil beide Zufallsgrößen unabhängig voneinander sind. Dagegen ergibt sich beispielsweise für die voneinander abhängigen Zufallsgrößen X_{12} und X_{13}

$$E(X_{12}X_{13}) = 0 \text{ und } E(X_{12})E(X_{13}) = (36/37)^2.$$

Für eine Zufallsgröße X ist der Erwartungswert $E(X)$ zweifellos die wesentlichste Kenngröße, da er den Trend für die Durchschnittswerte der Zufallsgröße angibt, wenn man in einer langen Versuchsreihe das zugrunde liegende Zufallsexperiment unabhängig voneinander wiederholt. Im speziellen Fall eines Glücksspiels, das mit einfachem Einsatz gespielt wird, ist der Erwartungswert der Zufallsgröße, welche die Gewinnhöhe widerspiegelt, gleich der durchschnittlichen Auszahlungsquote. Deren Höhe ist der maßgebliche Indikator für die Gewinnchancen eines Spielers.

Dass ein Durchschnitt für sich allein eine Zufallsgröße nur unvollständig charakterisiert, haben wir bereits in Abschn. 1.2 im Zusammenhang mit dem Begriff des Medians erläutert. Daher wird der Erwartungswert oft ergänzt durch eine weitere Kennzahl, die im Fall, dass es sich bei der Zufallsgröße um die Gewinnhöhe eines Glücksspiels handelt, als Maß für das (Verlust-)Risiko einerseits und die gebotenen (Gewinn-)Chancen andererseits verstanden werden kann. Was damit gemeint ist, wollen wir uns zunächst an einem Beispiel ansehen.

Wir nehmen zunächst einen Würfel und überlegen uns, welche Auswirkungen es hat, wenn wir statt der normalen Beschriftung drei Seiten mit einer Eins und drei Seiten mit einer Sechs beschriften. Der Erwartungswert wird dabei nicht verändert, das heißt, beide Zufallsgrößen besitzen den Erwartungswert 3,5. Unterschiede bestehen zwischen dem normalen und dem modifizierten Würfel aber hinsichtlich der „Streuung". Damit ist gemeint, dass beim normalen Würfel die Wurfergebnisse in der Regel weniger stark vom Erwartungswert abweichen als beim modifizierten Würfel (siehe auch Abb. 2.9). Und auch allgemein macht es ebenso Sinn, eine Zufallsgröße X daraufhin zu untersuchen, wie wahrscheinlich größere Abweichungen zum Erwartungswert $E(X)$ sind. Um diese Untersuchung in einer einzigen Kenngröße zusammenzufassen, bietet es sich natürlich an, eine

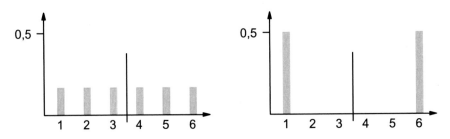

Abb. 2.9 Die Wahrscheinlichkeitsverteilung eines normalen Würfels (links) sowie eines je drei-mal mit Eins und Sechs gekennzeichneten Würfels (rechts). Offensichtlich ist die „Streuung" um den Erwartungswert beim normalen Würfel kleiner

durchschnittliche Abweichung zu berechnen. Eine solche Durchschnittsbildung macht aber nur dann Sinn, wenn verhindert wird, dass sich positive und negative Abweichungen gegenseitig aufheben. Das ist beispielsweise dann sichergestellt, wenn man die – natürlich niemals negativen – Abstände zum Erwartungswert betrachtet und dann von der aus diesen Werten gebildeten Zufallsgröße $|X - E(X)|$ den Erwartungswert $E(|X - E(X)|)$ berechnet: Gemessen wird mit diesem sogenannten **absoluten zentralen Moment 1. Ordnung** der durchschnittliche Abstand, den die Werte der Zufallsgröße X zum Erwartungswert $E(X)$ aufweisen.

Für das Beispiel der beiden Würfel erhält man bei der Berechnung des absoluten zentralen Momentes 1. Ordnung $E(|X - 3,5|)$

$$\frac{1}{6}\frac{5}{2} + \frac{1}{6}\frac{3}{2} + \frac{1}{6}\frac{1}{2} + \frac{1}{6}\frac{1}{2} + \frac{1}{6}\frac{3}{2} + \frac{1}{6}\frac{5}{2} = \frac{3}{2}$$

als Wert für den normalen Würfel und

$$\frac{1}{2}\frac{5}{2} + \frac{1}{2}\frac{5}{2} = \frac{5}{2}$$

als Wert für den nur mit Eins und Sechs gekennzeichneten Würfel. Wie erwartet – und wie gewünscht – spiegelt sich also die kleinere „Streuung" des üblich beschrifteten Würfels in einem kleineren Wert beim absoluten zentralen Moment erster Ordnung wider.

Streuung als Risiko-Maß eines Glücksspiels
Es wurde bereits darauf hingewiesen, dass bei einer Zufallsgröße, die durch die möglichen Gewinnhöhen eines Glücksspiels bei einfachem Einsatz definiert ist, der Erwartungswert als durchschnittliche Auszahlungsquote interpretiert werden kann. Ganz analog ist das absolute zentrale Moment 1. Ordnung ein Maß für das mit dem Spiel verbundene Risiko. Wir wollen uns das am Beispiel des Roulette-Spiels konkret ansehen:

Soll ein Spieler in einem Roulette-Durchgang 36 Einsätze tätigen, dann kann er sie in unterschiedlicher Weise auf dem Setzfeld platzieren. Dabei interessieren wir uns weniger dafür, ob er alles auf die Zahl „5" oder alles auf die Zahl „12" setzt, denn offensichtlich sind die diesbezüglichen Gewinnchancen aufgrund zueinander symmetrischer Gewinnmöglichkeiten gleich. Allerdings wird das Verlustrisiko des Spielers, aber auch die Höhe und Wahrscheinlichkeit eines möglichen Gewinns, entscheidend dadurch beeinflusst, wie breit er seine Einsätze streut. So hat der Spieler unter anderem die folgenden Möglichkeiten:

- Er kann alles auf eine Zahl, beispielsweise auf die „12" setzen, so dass sein Gewinn der Zufallsgröße $36X_{12}$ entspricht, was je nach ausgespielter Roulette-Zahl den Wert 0 oder $36 \cdot 36 = 1296$ ergibt.
- Möglich ist auch, den Gesamteinsatz je zur Hälfte auf zwei Zahlen, beispielsweise „12" und „13", zu platzieren. Die Gewinnhöhe wird dann durch die Zufallsgröße $18X_{12} + 18X_{13}$ beschrieben. Je nach ausgespielter Zahl ergibt sich so die Gewinnhöhe 0 oder $18 \cdot 36 = 648$.
- Wer ein Risiko soweit wie möglich vermeiden will, kann seinen Einsatz auf 36 verschiedene Zahlen verteilen. Spart der Spieler dabei beispielsweise nur die „0" aus, wird sein Gewinn durch die Zufallsgröße $X_1 + X_2 + \ldots + X_{36}$ beschrieben. Je nach Ergebnis der Roulette-Ausspielung nimmt diese Zufallsgröße entweder den Wert 0 oder 36 an. Das geringe Risiko eines Verlustes wird also damit „erkauft", dass gegenüber dem Einsatz von 36 Einheiten ein echter Zugewinn unmöglich ist.

Alle drei angeführten, aber auch alle anderen Satztechniken, die 36 Einsätze in beliebiger Aufteilung auf die 37 Zahlen zu verteilen, führen in Bezug auf den so möglichen Gewinn zu Zufallsgrößen mit dem Erwartungswert

$$36 \cdot E(X_n) = 36 \cdot \tfrac{36}{37} = \tfrac{1296}{37} \approx 35{,}03.$$

Unterschiede ergeben sich aber in Bezug auf die erreichbaren Gewinnhöhen: Dabei zeichnet sich die zuletzt angeführte, risikoarme Setztechnik dadurch aus, dass bei ihr mit hoher Wahrscheinlichkeit von 36/37 der Wert 36 erreicht wird, der nahe beim Erwartungswert von 35,03 liegt. Das höchste Risiko ergibt sich, wenn der gesamte Einsatz in Höhe von 36 auf eine Zahl gesetzt wird. Dann wird mit einer Wahrscheinlichkeit von 36/37 der Wert 0 erreicht und mit einer Wahrscheinlichkeit von 1/36 der Wert 1296.

Diese unterschiedlichen Risiken eines Totalverlustes verbunden mit – in Höhe und Wahrscheinlichkeit – entsprechenden Gewinnchancen lassen sich wieder mit dem absoluten zentralen Moment 1. Ordnung messen. Für die drei beispielhaft beschriebenen Satztechniken erhält man

- im Fall der zuerst angeführten Fokussierung des Einsatzes auf eine einzelne Zahl wie etwa die „12"

$$E(|36X_{12} - 35{,}03|) \approx \tfrac{36}{37} \cdot 35{,}03 + \tfrac{1}{37} \cdot 1260{,}97 \approx 68{,}16;$$

- im Fall, dass der Einsatz je zur Hälfte auf zwei Zahlen wie beispielsweise „12" und „13" platziert wird,

$$E(|18X_{12} + 18X_{13} - 35{,}03|) \approx \tfrac{35}{37} \cdot 35{,}03 + \tfrac{2}{37} \cdot 612{,}97 \approx 33{,}13;$$

- im zuletzt beschriebenen Fall, bei dem auf 36 Zahlen je ein Einsatz platziert wird,

$$E(|X_1 + X_2 + \ldots + X_{36} - 35{,}03|) \approx \tfrac{1}{37} \cdot 35{,}03 + \tfrac{36}{37} \cdot 0{,}97 \approx 1{,}89.$$

Hohes Verlustrisiko und entsprechend hohe (Gewinn-)Chancen dokumentieren sich also durch hohe Werte beim absoluten zentralen Moment 1. Ordnung.

Obwohl es intuitiv mehr als naheliegend ist, die Streuung einer Zufallsgröße X um ihren Erwartungswert $E(X)$ mit dem absoluten zentralen Moment 1. Ordnung, das heißt mit dem Wert $E(|X - E(X)|)$, zu messen, wird meist eine andere Kenngröße für diese Charakterisierung verwendet. Dazu bleibt anzumerken, dass diese alternative Kenngröße eigentlich „nur" aufgrund ihrer mathematisch einfacher handzuhabenden Eigenschaften verwendet wird. Es handelt sich um die sogenannte **Varianz**, die auch als zentrales Moment 2. Ordnung bezeichnet wird. Die Definition ähnelt zwar der Definition des absoluten ersten zentralen Moments 1. Ordnung, ist aber nicht ganz so einfach und intuitiv:

$$Var(X) = E\big((X - E(X))^2\big)$$

Bezeichnet man den Erwartungswert abkürzend mit $m = E(X)$ und nimmt die Zufallsgröße X nur die Werte $x_1, x_2, \ldots, x_n$ an, dann entspricht die Definition der Varianz der expliziten Formel

$$\mathrm{Var}(X) = P(X = x_1) \cdot (x_1 - m)^2 + \ldots + P(X = x_n) \cdot (x_n - m)^2$$

Mit der Varianz eng verbunden ist die sogenannte **Standardabweichung** der Zufallsgröße X:

$$\sigma_X = \sqrt{E\big((X - E(X))^2\big)}$$

Ein Vergleich der Definitionen von Varianz und zentralem Moment 1. Ordnung offenbart, dass die dahinter stehende Idee in beiden Fällen identisch ist: Die Abstände der Werte einer Zufallsgröße X zu ihrem Erwartungswert $E(X)$ werden einer Durchschnittsbildung unterworfen. Dabei verwendet man im Fall der Varianz statt der Absolutbeträge Quadrate, die ebenfalls nie negative Werte liefern. Obwohl die Berechnung der „Streuungskenngröße" damit etwas komplizierter wird, ergibt sich im Hinblick auf die rechentechnischen Gesetzmäßigkeiten eine Vereinfachung. Wir werden nämlich gleich sehen, dass die Varianz der Summe zweier unabhängiger Zufallsgrößen ganz einfach aus den Varianzen der beiden Summanden berechnet werden kann.

Als erstes Beispiel dient uns wieder die Zufallsgröße X, die einem Würfelergebnis entspricht. Für ihre Varianz ergibt sich

$$Var(X) = \tfrac{1}{6}(\tfrac{5}{2})^2 + \tfrac{1}{6}(\tfrac{3}{2})^2 + \tfrac{1}{6}(\tfrac{1}{2})^2 + \tfrac{1}{6}(\tfrac{1}{2})^2 + \tfrac{1}{6}(\tfrac{3}{2})^2 + \tfrac{1}{6}(\tfrac{5}{2})^2 = \tfrac{35}{12} \approx 2{,}917.$$

Folglich ist die Standardabweichung der Zufallsgröße X gleich

$$\sigma_X = \sqrt{\tfrac{35}{12}} \approx 1{,}708.$$

Etwas einfacher lässt sich die Varianz übrigens berechnen, wenn man die Definition etwas umformt. Allerdings ist diese alternative Formel nicht ganz so suggestiv im Hinblick darauf, dass der mit ihr berechnete Wert ein Maß der „Streuung" ist: Bezeichnet man den Erwartungswert wieder abkürzend mit $m = E(X)$, so lässt sich der Wert der Zufallsgröße $(X - m)^2$ umformen zu

$$(X - m)^2 = X^2 - 2mX + m^2.$$

Daher erhält man

$$Var(X) = E\big((X - m)^2\big) = E(X^2) - 2mE(X) + m^2 = E(X^2) - E(X)^2$$

und schließlich

$$\sigma_X = \sqrt{E(X^2) - E(X)^2}.$$

Auch für Varianz und Standardabweichung gibt es wichtige Rechenregeln: Ist X eine Zufallsgröße und sind a und b konstante Zahlen ($a \geq 0$), dann gilt

$$Var(aX + b) = a^2 \cdot Var(X),$$

denn es ist

$$\begin{aligned}
Var(aX + b) &= E\big((aX + b)^2\big) - E(aX + b)^2 \\
&= E(a^2X^2 + 2abX + b^2) - a^2E(X)^2 - 2abE(X) - b^2 \\
&= E(a^2X^2) - a^2E(X) = a^2 \cdot Var(X)\,.
\end{aligned}$$

Als direkte Folgerung erhält man noch die entsprechende Transformationsregel für die Standardabweichung der Zufallsgröße $aX + b$:

$$\sigma_{aX+b} = a \cdot \sigma_X.$$

Wird beispielsweise ein mit den Zahlen 1, 3, 5, 7, 9, 11 beschrifteter, symmetrischer Würfel geworfen, so besitzt die entsprechende Zufallsgröße die Standardabweichung $2 \cdot 1{,}708 = 3{,}416$, da die Zufallsgröße mittels der Parameter $a = 2$ und $b = -1$ aus der einem normalen Würfel entsprechenden Zufallsgröße abgeleitet werden kann.

Wie schon erwähnt ist der eigentliche Grund, die Streuung von Zufallsgrößen durch die Varianz beziehungsweise Standardabweichung zu charakterisieren, dass es für die Summe zweier Zufallsgrößen X und Y, die auf der Basis desselben Zufallsexperimentes bestimmt werden und die voneinander unabhängig sind, eine einfache Gesetzmäßigkeit gibt:

$$\sigma_{X+Y} = \sqrt{\sigma_X^2 + \sigma_Y^2}.$$

Grundlage dieser Formel ist die entsprechende Gesetzmäßigkeit für Varianzen, nämlich die sogenannte **Additionsformel für die Varianz unabhängiger Zufallsgrößen** X und Y:

$$Var(X + Y) = Var(X) + Var(Y).$$

Diese Additionsformel ergibt sich als direkte Folgerung des Multiplikationsgesetztes für die Erwartungswerte unabhängiger Zufallsgrößen (siehe Multiplikationsgesetz in Abschn. 2.5):

$$
\begin{aligned}
Var(X + Y) &= E\big((X + Y)^2\big) - E(X + Y)^2 \\
&= E(X^2 + 2XY + Y^2) - (E(X) + E(Y))^2 \\
&= E(X^2) - E(X)^2 + E(Y^2) - E(Y)^2 + 2E(XY) - 2E(X)E(Y) \\
&= Var(X) + Var(Y)
\end{aligned}
$$

Dass sich die Varianzen bei der Summenbildung unabhängiger Zufallsgrößen addieren, ist eine *äußerst wichtige* Gesetzmäßigkeit. Dank dieser Additionsformel kann man zum Beispiel *sofort* die Standardabweichung für die Summe der erzielten Würfelpunkte $X_1, X_2, \ldots, X_{30}$ angeben, die in 30 unabhängig voneinander durchgeführten Würfelversuchen erzielt werden. Sie beträgt

$$\sigma_{X_1 + \ldots + X_{30}} = \sqrt{Var(X_1) + \ldots + Var(X_{30})} = \sqrt{30} \cdot \sqrt{\tfrac{35}{12}} \approx 9{,}354.$$

Da dieses Kapitel über Zufallsgrößen etwas umfangreicher war als die vorhergehenden Kapitel, wollen wir ein Resümee formulieren: Werden Zahlenwerte mit einem Zufallsexperiment bestimmt, lassen diese sich mathematisch durch Zufallsgrößen beschreiben. Dabei kann es sich sowohl um den Gewinn in einem Glücksspiel handeln als auch um die in einer zufällig ausgewählten Stichprobe festgestellte Zahl von Mitgliedern, die einen bestimmten Merkmalswert aufweisen. Da Zufallsgrößen in ihrer Gesamtheit von möglichen Werten und zugehörigen Wahrscheinlichkeiten nur schwer überschaubar sind, werden ihre fundamentalen Eigenschaften durch zwei Kenngrößen beschrieben:

- Der Erwartungswert ist eine Art Mittelwert. Beobachtbar ist der Erwartungswert als Trend innerhalb einer Versuchsreihe, in der dasjenige Experiment unabhängig voneinander wiederholt wird, das der Zufallsgröße zugrunde liegt. Konkret strebt dabei der Durchschnitt der „ausgewürfelten" Werte – so das Gesetz der großen Zahlen – auf Dauer dem Erwartungswert zu.

Daher ist zum Beispiel ein Glücksspiel fair, bei dem der zu erwartende Gewinn mit dem Einsatz übereinstimmt.

- Die Standardabweichung ist ein Maß dafür, wie häufig und stark die Werte einer Zufallsgröße von ihrem Erwartungswert abweichen.

Manchmal sind von einer Zufallsgröße nur ihre beiden Kenngrößen, also Erwartungswert und Standardabweichung, bekannt. Das kann zum Beispiel dann der Fall sein, wenn die Zufallsgröße wie im Fall der Summe von 30 Würfelversuchen durch arithmetische Operationen aus anderen Zufallsgrößen hervorgegangen ist und Erwartungswert sowie Standardabweichung aus denen der ursprünglichen Zufallsgrößen direkt berechenbar sind. Wir werden im übernächsten Kapitel sehen, wie bei ausschließlicher Kenntnis der beiden Kenngrößen immerhin prinzipielle Aussagen über die betreffende Zufallsgröße getroffen werden können.

Mathematischer Ausblick: weitere Kenngrößen
Neben dem Erwartungswert $E(X)$ und der Standardabweichung σ_X können einer Zufallsgröße X noch weitere Kenngrößen zugeordnet werden, die insgesamt eine umfassendere Charakterisierung der Zufallsgröße ermöglichen. Da aber die dazu notwendigen mathematischen Techniken teilweise alles andere als elementar sind, soll hier darauf nur in Form eines kurzen Ausblicks eingegangen werden.

Zunächst bietet es sich natürlich an, einer Zufallsgröße X die sogenannten **Momente k-ter Ordnung** $E(X^k)$ zuzuordnen und somit die für $k = 1, 2$ bereits bewährten Ansätze zu verallgemeinern.[8] Von Interesse ist auch das auf eine Zahl r bezogene Moment k-ter Ordnung $E((X - r)^k)$, wobei diese Zahl r beispielsweise der Erwartungswert $r = E(X)$ sein kann – man spricht dann vom **zentralen Moment k-ter Ordnung**. Schließlich liefern noch, wie für den Fall $k = 1$ bereits erwähnt, die **absoluten Momente** $E(|X - r|^k)$ Informationen über die Zufallsgröße X.

Neben den Momenten gibt es noch andere Kenngrößen, die sich aufgrund einfacherer Rechenregeln als ähnlich vorteilhaft erweisen wie Erwartungswert und Varianz: Dazu wird zu einer Zahl s die Zufallsgröße e^{sX} gebildet und dann deren Erwartungswert $E(e^{sX})$ berechnet. Da man die Zahl s variieren kann, erhält man sogar ein ganzes „Spektrum" von Kenngrößen. Wichtig ist, dass für unabhängige Zufallsgrößen X und Y aufgrund der ebenso bestehenden Unabhängigkeit zwischen den Zufallsgrößen e^{sX} und e^{sY} stets die Rechenregel

$$E(e^{s(X+Y)}) = E(e^{sX}e^{sY}) = E(e^{sX})E(e^{sY})$$

gilt.

---

[8] Wir werden später noch eine entscheidende Motivation dafür kennenlernen, zu Transformationsfunktionen f Erwartungswerte der Form $E(f(X))$ zu untersuchen. Solche Werte sind nämlich so vielfältig, dass sie die Verteilung der Zufallsgröße X vollständig bestimmen. Bereits die sogenannten Indikatorfunktionen zu halb-offenen Intervallen $(a, b]$, die identisch gleich 1 auf dem betreffenden Intervall und identisch gleich 0 außerhalb des Intervalls sind, würden ausreichen. Da diese Funktionen aber mathematisch nur schwerfällig zu handhaben sind, bevorzugt man stattdessen Klassen von Funktionen, deren mathematische Handhabung einfacher ist und die außerdem so vielfältig sind, dass mit ihnen die genannten Indikatorfunktionen genügend gut approximiert werden können.

Auch wenn es im ersten Moment wenig anschaulich erscheint, so haben sich doch insbesondere nicht-reelle Werte s, nämlich imaginäre Zahlen $s = ti$ (mit reellem Wert t), als
besonders vorteilhafte Parameter bewährt. Man erhält auf diese Weise die sogenannte
charakteristische Funktion φ_X der Zufallsgröße X:

$$\varphi_X(t) = E(e^{itX}) = \sum_u P(X = u)\, e^{iut}$$

Dabei können übrigens komplexe Argumente bei der Exponentialfunktion sowie Erwartungswerte von komplexwertigen Zufallsgrößen vermieden werden, wenn man mittels der Euler'schen
Gleichung $e^{it} = \cos t + i \sin t$ zur expliziten Darstellung

$$\varphi_X(t) = E(\cos(tX)) + i\, E(\sin(tX)) = \sum_u P(X = u)(\cos(ut) + i\, \sin(ut))$$

übergeht. Vorteilhaft ist eine solche „elementare" Darstellung aber eigentlich nicht, da das
Additionstheorem für die komplexwertige Exponentialfunktion, das heißt $e^{zz'} = e^z\, e^{z'}$, einfacher gehandhabt werden kann als die entsprechenden Additionsgesetze für die (reellwertigen)
Winkelfunktionen Sinus und Kosinus. Nur wer geometrisch verstehen will, dass jeder Funktionswert $\varphi_X(t)$ der charakteristischen Funktion innerhalb oder auf dem Rand des Einheitskreises der
komplexen Zahlenebene liegt, ist mit der „elementaren" Darstellung gut bedient.

Neben der schon angeführten Rechenregel $\varphi_{X+Y} = \varphi_X\, \varphi_Y$, die für unabhängige Zufallsgrößen
X und Y gültig ist, hat die Konstruktion der charakteristischen Funktion die Eigenschaft, dass
sie die *gesamte* Information der Wahrscheinlichkeitsverteilung der ihr zugrunde liegenden
Zufallsgröße beinhaltet. Beispielsweise gilt, wenn alle Werte der Zufallsgröße X ganzzahlig sind,

$$P(X = v) = \frac{1}{2\pi} \int_{-\pi}^{\pi} e^{-ivt} \varphi_X(t)dt.$$

Diese sogenannte **Umkehrformel** beruht darauf, dass der darin enthaltene Integrand $e^{-ivt}\varphi_X(t)$ aus
Summanden der Form

$$P(X = u)e^{i(u-v)t} = P(X = u)(\cos((u - v)t) + i\, \sin((u - v)t))$$

besteht. Dabei handelt es sich für $u \neq v$ um eine gewichtete Summe von Winkelfunktionen der
Periode $2\pi /|u{-}v|$, deren Integrale von $-\pi$ bis π verschwinden, das heißt gleich 0 sind. Ein von
Null verschiedenes Integral kann sich damit nur für den Summanden $u = v$ ergeben, wobei das
Ergebnis gleich $P(X = v)$ ist.

Eine Verallgemeinerung der Umkehrformel für Zufallsgrößen X, deren endlicher Wertebereich auch nicht ganzzahlige Zahlen umfassen kann, erhält man, wenn man das Integrations-
intervall immer weiter vergrößert. Integriert man nämlich über ein langes Intervall der Form
$[-T, T]$, dann verschwindet das Integral über die darin enthaltenen Teilintervalle der Form
$[-\pi k/|u{-}v|, \pi k/|u{-}v|]$ mit ganzzahligem Wert k, da die Funktion $e^{i(u-v)t}$ periodisch ist mit der
Periode $2\pi/|u{-}v|$:

$$P(X = v) = \lim_{T \to \infty} \frac{1}{2T} \int_{-T}^{T} e^{-ivt} \varphi_X(t)dt$$

Diese Umkehrformel ist auch dann anwendbar, wenn die charakteristische Funktion – etwa bei
der Bildung umfangreicher Summen von voneinander unabhängigen Zufallsgrößen – nur in Form
einer Approximation bekannt ist. In einem solchen Fall kann die Umkehrformel dazu verwendet
werden, die Wahrscheinlichkeitsverteilung mit einer dieser Approximationsgenauigkeit entsprechenden Abweichung näherungsweise zu bestimmen.

Übrigens stehen die zu Beginn des Exkurses erwähnten Momente einer Zufallsgröße in einer engen Beziehung zu deren charakteristischer Funktion. Um dies zu zeigen, muss man nur die charakteristische Funktion als Potenzreihe entwickeln. Dabei erkennt man die Momente als wesentlichen Bestandteil der Potenzreihe-Koeffizienten:

$$\varphi_X(t) = E(e^{itX}) = \sum_u P(X = u)\, e^{iut}$$

$$= \sum_u P(X = u)\left(1 + iut - \tfrac{1}{2!}u^2 t^2 - \tfrac{1}{3!}iu^3 t^3 + \ldots\right)$$

$$= 1 + iE(X)t - \tfrac{1}{2!}E(X^2)t^2 - \tfrac{1}{3!}iE(X^3)t^3 + \ldots$$

Um aus der für zwei unabhängige Zufallsgrößen X und Y gültigen Rechenregel $\varphi_{X+Y} = \varphi_X\,\varphi_Y$ wieder eine additive Gesetzmäßigkeit zu erhalten, wie sie für Erwartungswert und Varianz gilt, bietet es sich an, die Funktion $\ln(\varphi_X(t)) = \ln E(e^{itX})$ zu betrachten, die auch als **kumulantenerzeugende Funktion** bezeichnet wird. Entwickelt man nun auch diese Funktion als Potenzreihe,[9] erhält man als Koeffizienten die sogenannten **Kumulanten** $\kappa_k(X)$:

$$\ln(\varphi_X(t)) = \ln E(e^{itX}) = \sum_{k=1}^{\infty} \tfrac{t^k}{k!}\,\kappa_k(X)\,t^k$$

Die Eigenschaft der Additivität bei unabhängigen Zufallsgrößen X und Y überträgt sich natürlich von der kumulantenerzeugenden Funktion auf die (als Koeffizienten der Potenzreiche eindeutig bestimmten) Kumulanten. Damit gelten die drei folgenden Rechenregeln:

$$\kappa_k(X + Y) = \kappa_k(X) + \kappa_k(Y)$$

für $k \geq 1$ und unabhängige Zufallgrößen X und Y sowie

$$\kappa_1(aX + b) = a\kappa_1(X) + b$$

$$\kappa_k(aX + b) = a^k \kappa_k(X)$$

für $k \geq 2$ und reelle Zahlen a und b. Aufgrund dieser „schönen", auf jeden Fall äußerst praktischen, Rechengesetze wundert es kaum, dass sich unter den Kumulanten – manchmal auch als **Semi-Invarianten** bezeichnet – „gute Bekannte" wiederfinden:[10]

$$\kappa_1(X) = E(X)$$

$$\kappa_2(X) = Var(X) = E\big((X - E(X))^2\big)$$

---

[9] Es spielt für uns momentan keine Rolle, dass diese Potenzreihe oft nur in einem kleinen Bereich um den Nullpunkt konvergiert.

[10] Wie man Kumulanten aus den Momenten berechnen kann, erkennt man, wenn man die Potenzreihe zu $\ln(\varphi(t))$ aus der Potenzreihe zu $\varphi_X(t)$ mit Hilfe der für komplexe Zahlen z mit $|z| < 1$ gültigen Potenzreihe

$$\ln(1 + z) = \sum_{k=1}^{\infty} (-1)^{k+1}\tfrac{1}{k}z^k$$

transformiert:

$$\ln \phi_X(t) = \sum_{k=1}^{\infty} \tfrac{(-1)^{k+1}}{k}(\phi_X(t) - 1)^k = \sum_{k=1}^{\infty} \tfrac{(-1)^{k+1}}{k}\big(iE(X)t - \tfrac{1}{2!}E(X^2)t^2 - \tfrac{1}{3!}iE(X^3) + \ldots\big)^k.$$

Für die nächsten beiden Kumulanten erhält man übrigens die folgenden Formeln zur konkreten Berechnung:

$$\kappa_3(X) = E\big((X - E(X))^3\big)$$

$$\kappa_4(X) = E\big((X - E(X))^4\big) - 3\,Var(X)^2$$

Wichtiger als solche konkreten Formeln ist allerdings die prinzipielle Bedeutung: Mit der charakteristischen Funktion beziehungsweise den Kumulanten erfährt die Verteilung einer Zufallsgröße eine *vollständige Charakterisierung* durch Kenngrößen, die sich rechentechnisch einfach handhaben lassen. Dies zeigt sich insbesondere im Fall einer Folge von identisch verteilten, voneinander unabhängigen Zufallsgrößen $X = X_1, X_2, X_3, ...$, für die sich die folgenden Identitäten ergeben:

$$\kappa_k\left(\frac{X_1 + ... + X_n - n\cdot E(X)}{\sigma_X\sqrt{n}}\right) = \begin{cases} 0 & \text{für } k = 1 \\ 1 & \text{für } k = 2 \\ \frac{n}{\sigma_X^k\sqrt{n}^k}\kappa_k(X) & \text{für } k \geq 3 \end{cases}$$

Somit konvergieren diese Kumulanten für $k \geq 3$ bei wachsender Versuchsreihenlänge n gegen den Wert 0. Aufgrund der Umkehrformel kann man daher hoffen, dass die zugehörigen Verteilungen bei wachsender Versuchsanzahl n ein Grenzverhalten zeigen, das weitgehend unabhängig ist von der Verteilung der Zufallsgröße X.

Aufgaben

1. Zeigen Sie: Sind X und Y zwei unabhängige Zufallsgrößen sowie f und g zwei stetige Funktionen $f, g\colon \mathbb{R} \to \mathbb{R}$, so sind auch die transformierten Zufallsgrößen $f(X)$ und $g(X)$ voneinander unabhängig.

2. Für eine Zufallsgröße X, die nur ganze, nicht negative Werte annimmt, lässt sich die sogenannte **erzeugende Funktion**

$$g_X(t) = \sum_{k \geq n} P(X = k)t^k$$

definieren. Zeigen Sie, dass sich mit Hilfe von Ableitungen die gesamte Verteilung der Zufallsgröße X, das heißt alle Werte $P(X = k)$, aus der Funktion g_X berechnet werden können. Beweisen Sie außerdem für zwei unabhängige Zufallsgrößen X und Y die Gleichung

$$g_{XY}(t) = g_X(t)g_Y(t).$$

Lässt sich aus der erzeugenden Funktion die charakteristische Funktion berechnen?

3. Beweisen sie mittels einer direkten Berechnung für die dritte und vierte Kumulante

$$\kappa_3(X) = E\big((X - E(X))^3\big)$$

$$\kappa_4(X) = E\big((X - E(X))^4\big) - 3\,Var(X)^2$$

das Additionsgesetz für unabhängige Zufallsgrößen.

4. Leiten Sie die in Aufgabe 3 verwendeten Formeln für die dritte und vierte Kumulante auf dem in Fußnote 10 beschriebenen Weg her.

5. Es werden drei symmetrische Würfel untersucht, die abweichend vom Standard mit den Zahlen 5–7–8–9–10–18, 2–3–4–15–16–17 beziehungsweise 1–6–11–12–13–14 beschriftet sind. Zeigen Sie, dass es unter diesen drei Würfeln keinen besten Würfel gibt. Konkret: Zu jedem der drei Würfel gibt es einen anderen, der im direkten Vergleich mit der Wahrscheinlichkeit 21/36 ein höheres Ergebnis liefert.

6. Bestimmen Sie die Wahrscheinlichkeitsverteilung, die sich für die Summe von drei Würfelergebnissen ergibt. Berechnen Sie dann daraus den Erwartungswert sowie die Varianz. Überprüfen Sie Ihr Ergebnis dadurch, dass Sie diese beiden Kenngrößen direkt aus den Daten für einen einzelnen Würfelwurf berechnen.

7. Bei einem Würfelspiel mit zwei Würfeln gewinnt man die doppelte Würfelsumme, sofern mindestens ein Würfel eine Vier zeigt. Andernfalls verliert man die einfache Würfelsumme. Ist das Spiel attraktiv? Wie hoch ist der Erwartungswert?

2.6 Ursache, Wirkung und Abhängigkeiten bei Zufallsgrößen

Wie lässt sich bei Zufallsgrößen, die nicht voneinander unabhängig sind, die Abhängigkeit quantitativ charakterisieren?

Was eine „Abhängigkeit" von zwei oder mehr Zufallsgrößen ist, haben wir streng genommen überhaupt nicht definiert. Aber natürlich wollen wir diesen Begriff einfach als Negation der (stochastischen) Unabhängigkeit verstehen: Bekanntlich werden zwei auf Basis des gleichen Zufallsexperimentes definierte Zufallsgrößen X und Y genau dann als unabhängig bezeichnet, wenn jedes Ereignis, das sich auf den Wert der Zufallsgröße X bezieht, unabhängig ist zu jedem Ereignis, das sich auf den Wert der Zufallsgröße Y bezieht. Für beliebige reelle Zahlen s und t müssen also insbesondere die beiden Gleichungen

$$P(X = s \text{ und } Y = t) = P(X = s) \cdot P(Y = t)$$

$$P(X \le s \text{ und } Y \le t) = P(X \le s) \cdot P(Y \le t)$$

erfüllt sein.

Dass der Begriff der Unabhängigkeit eine so große Rolle in der Wahrscheinlichkeitsrechnung und Statistik spielt, liegt daran, dass sich in der Praxis eine solche Unabhängigkeit immer dann ergibt, wenn die Werte von Zufallsgrößen

ohne kausale Verbindung zueinander „ausgewürfelt" werden.[11] Diese Erfahrungstatsache ermöglicht es uns umgekehrt, eine stochastische Abhängigkeit als Indiz
für die Existenz einer – wie auch immer im Detail gearteten – kausalen Beziehung
zu werten. Ein typisches Szenario der angewandten Statistik, das eine solche
Fragestellung untersucht, hat zwei Merkmalswerte X und Y zum Gegenstand, die
für die Mitglieder einer zufällig ausgewählten Stichprobe erfasst werden. Dabei
gesucht sind Erkenntnisse darüber, ob eine kausale Verbindung zwischen den
beiden betreffenden Eigenschaften besteht oder nicht – zweifelsohne ein Haupt-
anliegen exakter Wissenschaften überhaupt. Konkret: Lassen sich Ursache-
Wirkungs-Beziehungen finden, die beide Eigenschaften miteinander verbinden?
Dass dazu Begriffsbildungen, Methodik und Interpretation zweifelsfrei fundiert
sein müssen, wird spätestens dann klar, wenn politisch und ökonomisch höchst
brisante Untersuchungen anstehen, das heißt, wenn zum Beispiel $X(\omega)$ für die Entfernung des Wohnortes einer untersuchten Person ω zum nächsten Kernkraftwerk
steht und Y eine zweiwertige 0–1-Zufallsgröße ist, bei welcher der Wert $Y(\omega) = 1$
für eine Leukämie-Erkrankung steht.

Könnte zwischen zwei solchen Zufallsgrößen X und Y eine Abhängigkeit, etwa
in Form einer Verletzung des Multiplikationsgesetzes $E(X) \cdot E(Y) = E(XY)$, nachgewiesen werden, so wäre dies ein gewichtiges Indiz für eine bestehende kausale
Verbindung. Es muss aber mit allem Nachdruck vor unzulässigen Schlüssen gewarnt
werden,[12] wie wir es auch schon in Abschn. 2.4 getan haben – dort ohne Verwendung
der Terminologie von Zufallsgrößen mit direktem Bezug auf Ereignisse:

---

[11] Bei drei oder mehr Zufallsgrößen X_1, X_2, ..., X_n ist zu beachten, dass eine fehlende kausale
Verbindung mehr als nur eine paarweise Unabhängigkeit zur Folge hat. Konkret gilt in diesem
Fall das Multiplikationsgesetz für eine beliebige Auswahl dieser Zufallsgrößen und für beliebige
Werte:

$$P(X_{i_1} \leq s_1 \text{ und } \dots \text{ und } X_{i_m} \leq s_m) = P(X_{i_1} \leq s_1) \cdot \dots \cdot P(X_{i_m} \leq s_m)$$

Daher werden die Zufallsgrößen X_1, X_2, ..., X_n nur dann, wenn diese Anforderung für jede
beliebige Auswahl $i_1 < i_2 < \dots < i_m$ und beliebige Werte s_1, ..., s_m erfüllt ist, als (stochastisch)
unabhängig bezeichnet.

Ein Beispiel für drei Zufallsgrößen, die nur paarweise aber nicht vollständig unabhängig sind,
erhält man wie folgt: Wir werfen drei Würfel, wobei X und Y die Ergebnisse der ersten beiden
Würfel sind und das Ergebnis des letzten Würfels die dritte Zufallsgröße Z folgendermaßen
bestimmt: Ist die Summe $X + Y$ gerade, entspricht Z dem erzielten Ergebnis des dritten Würfels,
andernfalls erfolgt eine Multiplikation mit -1. Man kann sich leicht überlegen, dass je zwei
dieser drei Zufallsgrößen voneinander unabhängig sind. Trotzdem sind die Zufallsgrößen X, Y,
Z insgesamt nicht voneinander unabhängig, da die Ergebnisse von X und Y zusammen die Wahrscheinlichkeitsverteilung der Zufallsgröße Z beeinflussen:

$$P(X = 1 \text{ und } Y = 2 \text{ und } Z = 1) = 0 \neq \tfrac{1}{6}\tfrac{1}{6}\tfrac{1}{12} = P(X = 1)P(Y = 2)P(Z = 1)$$

[12] Dabei wollen wir Fehlschlüsse, die bei der empirischen Beobachtung durch Stichproben-
Ausreißer verursacht werden, zunächst noch ausklammern. Solche statistischen Phänomene
werden erst im dritten Teil des Buches untersucht.

- Zunächst darf aus der stochastischen Unabhängigkeit von zwei Zufallsgrößen keinesfalls darauf geschlossen werden, dass keine kausale Beeinflussung zwischen ihnen existiert:
  Wertet man beispielsweise bei einer Summe von zwei geworfenen Würfelergebnissen nur den Rest, der entsteht, wenn diese Summe durch 6 geteilt wird, dann ist jedes der beiden Wurfergebnisse stochastisch unabhängig zum Gesamtergebnis, obwohl offensichtlich ein kausaler Einfluss besteht. Allerdings wirkt dieser kausale Einfluss nur ungezielt, so dass er in Bezug auf die bedingten Wahrscheinlichkeiten ohne Wirkung bleibt.
- Außerdem ist eine stochastische Abhängigkeit anders als ein kausaler Einfluss, dem eine chronologische Reihenfolge für Ursache und Wirkung zugrunde liegt, nicht gerichtet:
  In einer Grundgesamtheit erwachsener Menschen wird für ein zufällig ausgewähltes Mitglied dessen Körpergröße sowie der Durchschnitt der Körpergrößen der beiden Eltern ermittelt. Die beiden so definierten Zufallsgrößen sind voneinander abhängig. Aufgrund genetischer Einflüsse ist sogar von einer kausalen Beeinflussung auszugehen, aber natürlich nur in Richtung von den Eltern zu den Kindern. Dagegen besteht die stochastische Abhängigkeit aufgrund der symmetrischen Definition in einer ungerichteten, also quasi beidseitigen Form.
- Eine stochastische Abhängigkeit ist zwar ein Indiz für eine kausale Verbindung, nicht aber ein Nachweis für eine direkte, unmittelbar wirkende Kausalität. Das heißt, eine ursächliche Wirkung muss weder in der einen noch in der anderen Richtung vorliegen:
  Unter Rückgriff auf einen bereits in Abschn. 2.4 erörterten Sachverhalt definieren wir für ein zufällig ausgewähltes Mitglied ω einer gegebenen Grundgesamtheit erwachsener Personen die Zufallsgröße $X(\omega)$ durch die Körpergröße in Zentimetern und die Zufallsgröße Y als zweiwertige 0-1-Zufallsgröße, bei welcher der Wert $Y(\omega) = 1$ eine bestehende Schwangerschaft kennzeichnet. Die Tatsache, dass Männer durchschnittlich größer werden als Frauen, zieht eine Abhängigkeit der beiden Zufallsgrößen nach sich, ohne dass es eine direkte kausale Wirkung in einer der beiden Richtungen gibt. Vielmehr existiert ein Merkmal, nämlich das Geschlecht, das die Wahrscheinlichkeitsverteilungen beider Zufallsgrößen kausal beeinflusst.
  Auch sonst kann eine bestimmte Form einer Kausalität *nie* ausschließlich mit statistischen Methoden nachgewiesen werden. Zur Detektierung von Ursache und Wirkung bedarf es immer auch einer inhaltlichen Interpretation.
- Schließlich ist noch darauf hinzuweisen, dass zwar für zwei unabhängige Zufallsgröße X und Y stets das Multiplikationsgesetz $E(X) \cdot E(Y) = E(XY)$ gilt, dass aber umgekehrt nicht aus der Gültigkeit dieser Gleichung[13] auf die Unabhängigkeit der beiden Zufallsgrößen geschlossen werden darf:

---

[13] Zufallsgrößen, für die das Multiplikationsgesetz gilt, nennt man unkorreliert. Wir stellen die diesbezügliche Definition aber noch etwas zurück.

Definiert man zwei Zufallsgrößen X und Y durch

$$P(X = -2) = P(X = -1) = P(X = 1) = P(X = 2) = \tfrac{1}{4}$$

und $Y = X^2$, dann ist

$$E(XY) = E(X^3) = 0 = E(X)E(Y),$$

obwohl die beiden Zufallsgrößen wegen

$$P(X = 1 \text{ und } Y = 1) = \tfrac{1}{4} \neq \tfrac{1}{4}\tfrac{1}{2} = P(X = 1)P(Y = 1)$$

nicht unabhängig voneinander sind.

Bereits die wenigen angeführten Beispiele zeigen, wie wichtig es ist, die Abhängigkeit von Zufallsgrößen beschreiben zu können. Dabei wünschenswert sind sowohl quantitative Kenngrößen als auch qualitative Beschreibungen für Größenbeziehungen zwischen Zufallsgrößen. In Bezug auf den zweiten Punkt erinnern wir uns daran, dass viele naturgesetzliche Beziehungen zwischen Größen, die nicht dem Zufall unterworfen sind, durch Formeln charakterisiert werden. Beispielsweise besagt das dritte Kepler'sche Gesetz, dass sich die Quadrate der Umlaufzeiten der Planeten eines Sonnensystems wie die Kuben der Halbachsen[14] der ellipsenförmigen Umlaufbahn verhalten. Die beiden Größen *Umlaufzeit* und *Halbachse* stehen also in einer festen Abhängigkeit zueinander, während die Masse eines Planeten – zumindest im Rahmen der vom dritten Kepler'schen Gesetz abgedeckten Genauigkeit – keine Rolle spielt.

Andere kausale Einflüsse offenbaren sich in Form affin linearer Beziehungen, die in einem Koordinatensystem einer Gerade entsprechen. Man denke nur an die Betriebskosten eines bestimmten Autos, die sich im Wesentlichen aus den Fixkosten für Abschreibung, Steuer und Versicherung sowie aus einem zur gefahrenen Kilometerzahl proportionalen Betrag zusammensetzen. Auch die Relation zwischen Gewicht und Körpergröße bei Menschen folgt ungefähr einer solchen Geradengleichung: Messen wir bei jedem Mitglied der Grundgesamtheit erwachsener Männer die Größe X in Zentimetern und das Körpergewicht Y in Kilogramm, so werden wir mutmaßlich für das Gewicht eine im Einzelfall mit Abweichungen behaftete Abhängigkeit zur Körpergröße finden, die ungefähr der Faustregel „Körpergröße minus 100 plus 10 %" entspricht – als Formel $Y = 1{,}1(X - 100) = 1{,}1X - 110$. Im Koordinatenkreuz entspricht diese Formel geometrisch einer Geraden, in deren Nähe sich die meisten Messpunkte $(X(\omega), Y(\omega))$ befinden, das heißt, Abweichungen sind meist klein. Sie können ihre Ursache haben in messtechnisch nicht erfassten Parametern wie zum Beispiel im Körperumfang oder in der Zusammensetzung des Körpergewebes. Möglich ist aber auch, dass der Gesetzmäßigkeit in Wahrheit eine kompliziertere, nicht-lineare Formel zugrunde liegt.

---

[14]Halbachse wird der maximale Abstand zwischen einem Bahnpunkt und dem Ellipsen-Mittelpunkt genannt.

Die bisherigen Beispiele für Größenbeziehungen – drittes Kepler'sche Gesetz, Betriebskosten eines Autos, Körpergewicht bei Menschen – haben zunächst nichts mit Zufall zu tun. Zumindest scheint es so. Allerdings würde eine empirische Prüfung des dritten Kepler'schen Gesetzes unweigerlich mit Messfehlern behaftet sein, deren Charakter zufallsähnlich ist. Möglich ist auch eine Zufälligkeit auf einer rein subjektiven Basis, wenn unbeobachtet gebliebene Einflussfaktoren eine Rolle spielen. Einen objektiv zufälligen Charakter erlangen solche Störeinflüsse, wenn es zu einer empirischen Messung auf Basis einer zufälligen Stichprobenauswahl kommt.

Diese Überlegungen zeigen, dass die Suche nach Formeln, die einen für Zufallsgrößen geltenden Trend wiedergeben, auch für den Bereich deterministischer Beziehungen wichtig ist.

Die Approximation eines für Zufallsgrößen vorliegenden Trends wollen wir uns zunächst an einem Beispiel ansehen. Wir führen drei voneinander unabhängige 1:1-Münzwürfe durch und bezeichnen mit X die Anzahl der „Zahl"-Ereignisse in den ersten beiden Würfen und mit Y die Gesamtzahl der in allen drei Würfen erzielten „Zahl"-Ereignisse. Wegen

$$P(X = 0 \text{ und } Y = 3) = 0 \neq \tfrac{1}{4}\tfrac{1}{8} = P(X = 0) \cdot P(Y = 3)$$

sind diese beiden Zufallsgrößen voneinander abhängig. Die zwischen den beiden Zufallsgrößen bestehende Beziehung wird offensichtlich durch die Formel $Y = X + D$ beschrieben, wobei D eine 0–1-Zufallsgröße ist, die genau dann den Wert 1 annimmt, wenn der dritte Wurf das „Zahl"-Ergebnis liefert. Eine Geradengleichung, welche sich ausschließlich nur auf die Werte der beiden Zufallsgrößen X und Y bezieht, erhält man, wenn man die Zufallsgröße D durch ihren Erwartungswert $E(D) = 0{,}5$ ersetzt. Auf diese Weise ergibt sich die Gleichung

$$Y = X + 0{,}5 \pm \text{ zufällige Abweichung,}$$

welche die beste Beschreibung des Trends darstellt, der die beiden Zufallsgrößen X und Y miteinander verbindet (siehe Abb. 2.10).

Abb. 2.10 Die sechs Punkte entsprechen der gemeinsamen Wahrscheinlichkeitsverteilung der beiden durch die drei Münzwürfe bestimmten Zufallsgrößen X und Y. Ebenfalls dargestellt ist die Gerade, die den gemeinsamen Trend am besten widerspiegelt

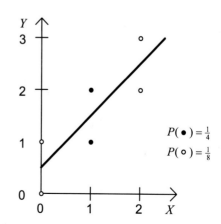

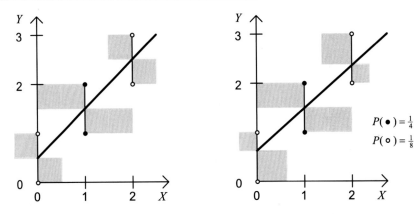

Abb. 2.11 Zwei Trendgeraden zum Paar der bereits in Abb. 2.10 dargestellten Zufallsgrößen. Links dargestellt ist die Regressionsgerade von Y bezüglich X, rechts eine willkürlich gewählte andere Gerade. Die Approximation einer Trendgeraden $Y = aX + b$ ist umso besser, je kleiner der Erwartungswert $E((Y - aX - b)^2)$ ist. Das Achtfache dieses Wertes ist gleich den grau dargestellten Flächen, von denen jede einem Paar möglicher Werte entspricht: Zu jedem Wertepaar wird das Quadrat des vertikalen Abstands zur Geraden gebildet, wobei im Fall einer Wahrscheinlichkeit von 1/4 das Quadrat verdoppelt werden muss

Dass nicht eine andere Geradengleichung wie zum Beispiel

$$Y = 1{,}1 \cdot X + 0{,}2 \pm \text{zufällige Abweichung}$$

den Trend besser beschreibt, lässt sich auch formal charakterisieren. Im Fall der erstgenannten Geradengleichung erreicht nämlich der mit „zufällige Abweichung" bezeichnete Fehlerterm sein „minimales Ausmaß". Damit ist gemeint, dass diese Zufallsgröße charakterisiert ist durch.

- einen Erwartungswert 0 und
- eine minimale Varianz.

Da wir wussten, wie die beiden gerade untersuchten Zufallsgrößen X und Y konstruiert worden waren, war die angegebene Trendgleichung fast offensichtlich. In der Praxis müssen Trends zwischen Zufallsgrößen natürlich meist ohne ein solches Hintergrundwissen aufgespürt werden. Bekannt ist dann nur – und das gegebenenfalls auch nur annähernd aufgrund einer Stichprobenerhebung – die gemeinsame Wahrscheinlichkeitsverteilung der beiden Zufallsgrößen X und Y, also die Gesamtheit der Wahrscheinlichkeiten der Form $P(X = s$ und $Y = t)$ beziehungsweise $P(X \leq s$ und $Y \leq t)$. Darauf basierend gesucht ist dann unter allen Geradengleichungen

$$Y = aX + b$$

diejenige Trendbeschreibung, die „am besten passt". Konkret gesucht sind die zugehörigen Konstanten a und b. Dabei ist für das untersuchte Beispiel, wie in Abb. 2.11 dargestellt, bereits intuitiv klar, dass $Y = X + 0{,}5$ die Geradengleichung ist, die den Trend am besten wiedergibt: $a = 1$ und $b = 0{,}5$.

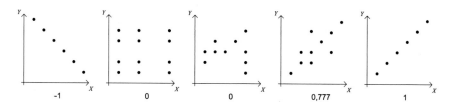

Abb. 2.12 Graphisch dargestellt sind die gemeinsamen Wahrscheinlichkeitsverteilungen von je zwei Zufallsgröße X und Y, wobei eine Gleichverteilung für die abgebildeten Punkte unterstellt wird:[15] Die beiden im zweiten Diagramm dargestellten Zufallsgrößen sind voneinander unabhängig. Das dritte Diagramm zeigt ein unkorreliertes Paar. Beim ersten Diagramm ist $r(X, Y) = -1$, beim vierten Diagramm ist $r(X, Y) = 0{,}777$, und für das fünfte Diagramm gilt $r(X, Y) = 1$ Eine Skalierung bei den Diagrammen wurde weggelassen, da die Korrelationskoeffizienten skalierungsinvariant sind

Wie gut eine durch die Parameter a und b festgelegte Geradengleichung einen gegebenenfalls bestehenden Trend widerspiegelt, lässt sich allgemein durch eine Untersuchung von derjenigen Zufallsgröße feststellen, die den Approximationsfehler widerspiegelt:

$$D = Y - aX - b$$

Je enger die Zufallsgröße D um den Nullpunkt konzentriert ist, desto besser ist die Approximation. Daher versuchen wir konkret, den Erwartungswert $E(D^2)$ zu minimieren, was zu einer elementar lösbaren Optimierungsaufgabe führt. Unter Verwendung der sogenannten **Kovarianz**

$$Cov(X, Y) = E((X - E(X)) \cdot (Y - E(Y)) = E(XY) - E(X)E(Y),$$

kann nämlich das folgende Resultat formuliert werden: Die von den Parametern a und b abhängende Funktion $E(D^2) = E((Y - aX - b)^2)$ erreicht ihr Minimum für die beiden als **Regressionskoeffizienten** bezeichneten Werte[16]

$$a = Cov(X, Y) \big/ Var(X) \text{ und } b = E(Y - aX).$$

---

[15] Eine solche Wahrscheinlichkeitsverteilung lässt sich stets durch eine Lostrommel realisieren, wobei jeder Punkt einem Los entspricht, auf dem die Werte der *beiden* Zufallsgrößen X und Y vermerkt sind. Bei einer statistischen Untersuchung entspricht jeder Punkt einem Mitglied der Grundgesamtheit, das zwei Merkmalswerte X und Y aufweist.

[16] Zunächst ist für eine Zufallsgröße Z und eine konstante Zahl b

$$E\big((Z - b)^2\big) = E(Z^2) - E(Z)^2 + (E(Z) - b)^2,$$

so dass das Minimum für $b = E(Z)$ angenommen wird. Der Ausdruck $E((Y - aX - b)^2)$ nimmt daher bei festem Wert a sein Minimum für $b = E(Y - aX)$ an. Dafür gilt

Dabei wird b wird auch **Regressionskonstante** genannt. Die durch die angeführten Werte a und b beschriebene Approximationsgerade wird als **Regressionsgerade** von Y bezüglich X bezeichnet.

Aufgrund des Multiplikationsgesetzes für unabhängige Zufallsgrößen ist die Kovarianz für zwei unabhängige Zufallsgröße X und Y stets gleich 0. Die Umkehrung gilt natürlich nicht, weil – wie schon dargelegt – die Gleichung $E(X)\cdot E(Y) = E(XY)$ auch für nicht unabhängige Zufallsgrößen erfüllt sein kann. Insbesondere ist damit die Bedingung $Cov(X,Y) = 0$ *kein* Nachweis für die Unabhängigkeit. Zum Zweck einer sprachlichen Differenzierung nennt man die beiden Zufallsgrößen X und Y im Fall von $Cov(X,Y) = 0$ **unkorreliert**. Als Maß dafür, wie stark ein Paar von Zufallsgrößen (X, Y) die Eigenschaft der Unkorreliertheit verletzt, hat sich der sogenannte **Korrelationskoeffizient**[17]

$$r(X,Y) = \frac{Cov(X,Y)}{\sqrt{Var(X) \cdot Var(Y)}}$$

bewährt. Der Korrelationskoeffizient ist für alle Zufallsgrößen X und Y mit nicht entarteten Verteilungen, das heißt für $Var(X) \cdot Var(Y) \neq 0$, in einer in Bezug auf X und Y symmetrischen Weise definiert. Sein Wert bleibt bei einer affin linearen Transformation der beiden Zufallsgrößen unverändert, also beispielsweise beim

---

$$0 \leq E\big((Y - aX - b)^2\big) = E\big((Y - aX)^2\big) - E(Y - aX)^2$$

$$= E(Y)^2 - 2aE(XY) + a^2 E(X)^2 - E(Y^2) + 2aE(X)E(Y) - a^2 E(X)^2$$

$$= Var(Y) + a^2 Var(X) - 2a\, Cov(X,Y)$$

$$= Var(Y) + \Big(a\sqrt{Var(X)} - Cov(X,Y)\Big/ \sqrt{Var(X)}\Big)^2 - Cov(X,Y)^2\big/ Var(X),$$

wobei nun offensichtlich ist, dass das Minimum wie behauptet für

$$a = Cov(X,Y)\big/ Var(X)$$

angenommen wird. Für diesen Wert a nimmt der Ausdruck $E((Y - aX - b)^2)$ den Wert

$$0 \leq Var(Y) - Cov(X,Y)^2\big/ Var(X)$$

an, was zugleich $Cov(X,Y)^2 \leq Var(X) \cdot Var(Y)$ zeigt.

[17] Der Begriff **Korrelation** geht auf den Naturforscher Francis Galton (1822–1911) zurück, einem Halb-Cousin von Charles Darwin. In Darlegungen über Vererbungslehre prägte er 1888 den Begriff *co-relation* zur Beschreibung einer größenmäßigen Beziehung zwischen den in zwei aufeinanderfolgenden Generationen gemessenen Werten eines Merkmals. Galton hatte bereits 1877 den Begriff *reversion* geprägt, den er später in Regression umtaufte (*regressus* ist das lateinische Wort für Rückkehr). Als Regression zur Mitte bezeichnete er den Effekt, dass Werte, die bei einem Merkmal der Elterngeneration gemessen werden, in der Folgegeneration tendenziell einer Veränderung hin zum Durchschnitt unterliegen. Der Korrelationskoeffizient in allgemeiner Form als Maß für die Korrelation wurde erst 1899 von Karl Pearson eingeführt.

Übergang von X zu X' mit $X = cX' + d$ und $c > 0$. Der Betrag eines Korrelationskoeffizienten kann maximal gleich 1 sein.[18]

Wegen $Cov(X, X) = Var(X)$ handelt es sich bei der Kovarianz um eine Verallgemeinerung der Varianz. Im hier ausschließlich betrachteten Fall, dass die Zufallsgrößen X und Y endliche Wertebereiche besitzen, erhält man für die Kovarianz die explizite Formel

$$Cov(X, Y) = \sum_{x,y} P(X = s \text{ und } Y = t) \cdot (s - E(X)) \cdot (t - E(Y)).$$

Aus dieser Formel ist nun ersichtlich, wie die Kovarianz durch die gemeinsame Wahrscheinlichkeitsverteilung der beiden Zufallsgrößen X und Y beeinflusst wird: Ein Ereignis, bei dem beide Zufallsgrößen X und Y *gemeinsam* ihren jeweiligen Erwartungswert überschreiten, bewirken eine Erhöhung der Kovarianz. Gleiches gilt für gemeinsame Unterschreitungen des jeweiligen Erwartungswertes. Hingegen verringern gegenläufige Über- und Unterschreitungen den Wert der Kovarianz bis hin in den Bereich der negativen Zahlen.

Auch wenn die Kovarianz und der Korrelationskoeffizient in Bezug auf die Zufallsgrößen X und Y symmetrisch definiert sind, so galt das nicht für die ursprüngliche Problemstellung, das heißt die Suche nach einer affin linearen Trendcharakterisierung $Y = aX + b + D$ mit einem möglichst kleinen Erwartungswert $E(D^2)$. In Bezug auf diese nicht-symmetrische Behandlung[19] der beiden Zufallsgrößen X und Y ist der Wert des Korrelationskoeffizienten ein Maß dafür, wie gut, das heißt wie genau und wie sicher, sich die Werte der Zufallsgröße Y durch die Werte der Zufallsgröße X mittels einer affin linearen Transformation $aX + b$ prognostizieren lassen. Dies liegt daran, dass die Kenngröße

$$\frac{1}{Var(Y)} \min_{a,b} E\left((Y - aX - b)^2\right)$$

die Güte einer bestmöglichen Approximation durch eine Geradengleichung $Y = aX + b$ charakterisiert, wobei ein Wert nahe 0 für eine gute Approximationsmöglichkeit steht. Aus den Überlegungen in Fußnote 14 geht nun hervor, dass die gerade definierte Kenngröße immer zwischen 0 und 1 liegt und gleich

$$1 - r(X, Y)^2$$

ist. Ist dieser Ausdruck gleich 1, so spiegelt das den Fall wider, in dem keine affin lineare Approximation möglich ist.

---

[18] Den Nachweis findet man am Ende von Fußnote 15.

[19] Zwar lässt sich eine Geradengleichung der Form $Y = aX + b$ mit $a \neq 0$ problemlos nach X auflösen, allerdings verändert sich bei der entsprechenden Umformung der Gleichung $Y = aX + b + D$ zu $X = Y/a - b/a - D/a$ das Optimalitätskriterium.

Wir beziehen nun die maximal erreichbare Approximationsgüte direkt auf den Korrelationskoeffizienten $r(X, Y)$ statt auf $1 - r(X, Y)^2$. Dabei ergibt sich das folgende Bild:

- Für unkorrelierte – und damit insbesondere auch für alle voneinander unabhängige – Zufallsgrößen X und Y ist wegen $r(X, Y) = 0$ überhaupt keine affin lineare Approximation möglich.[20]
- In den beiden anderen Extremfällen mit $r(X, Y) = 1$ beziehungsweise $r(X, Y) = -1$ sind affin lineare Approximationen ohne jegliche zufallsbedingte Störung möglich.

Der auch als **Bestimmtheitsmaß** bezeichnete Wert $r(X, Y)^2$ ist daher ein Maß dafür, wie gut, das heißt wie genau und wie sicher, eine der beiden Zufallsgrößen aus der anderen mittels einer affin linearen Transformation berechnet werden kann. Graphisch dargestellte Beispiele zu verschiedenen Werten des Korrelationskoeffizienten findet man in Abb. 2.12.

Fassen wir zusammen:

- Eine auch **Korrelationsanalyse** genannte Bestimmung und Auswertung des Korrelationskoeffizienten liefert wertvolle *Hinweise* auf kausale Beziehungen zwischen den beiden untersuchten Zufallsgrößen. Es muss allerdings betont werden, dass allein mit der Berechnung solcher Parameter kein *direkter* kausaler Einfluss und schon gar keine Richtung für einen solchen kausalen Einfluss nachgewiesen werden kann. So ist es beispielsweise möglich, dass eine festgestellte Korrelation zwischen zwei Zufallsgrößen dadurch zustande kommt, dass beide Zufallsgrößen ursächlich durch weitere, als **Hintergrund-Variablen** bezeichnete Größen *gemeinsam* beeinflusst werden. Dies zu beurteilen, ist nur inhaltlich innerhalb des konkreten Anwendungsfalles möglich.
- Der Korrelationskoeffizient $r(X, Y)$ ist ein Maß dafür, wie gut die größenmäßige Beziehung zwischen den Werten der zwei Zufallsgrößen X und Y mit einer Geradengleichung, charakterisiert werden kann. Dabei spiegelt sich eine ausnahmslos affin lineare Beziehung zwischen den beiden Zufallsgrößen in den Werten -1 oder 1 des Korrelationskoeffizienten wider.
  Da die Definition des Korrelationskoeffizienten die beiden Zufallsgrößen X und Y symmetrisch berücksichtigt, macht der Korrelationskoeffizient eine Aussage über die ungerichtete Beziehung zwischen den beiden als gleichberechtigt angesehenen Zufallsgrößen X und Y.

---

[20] Das heißt konkret, dass der Ausdruck $E((Y - aX - b)^2)$ nicht über das Maß hinaus minimiert werden kann, wie es mit $a = 0$ und $b = E(Y)$ trivialerweise möglich ist.

- Im Fall eines betragsmäßig nahe bei 1 liegenden Korrelationskoeffizienten kann die Größenbeziehung mittels einer Geradengleichung qualitativ gut charakterisiert werden, das heißt, gravierende Abweichungen sind relativ unwahrscheinlich.

Soll die Approximation mit einer Regressionsgeraden erfolgen, muss zunächst die Symmetrie zwischen den beiden Zufallsgrößen X und Y gebrochen werden, indem man sich dafür entscheidet, welche der beiden Zufallsgrößen wertmäßig durch die Werte der anderen Zufallsgröße approximiert werden soll.

Die Entscheidung zwischen beiden Alternativen fällt besonders in solchen Anwendungsfällen leicht, in denen ein kausaler Einfluss höchstens in einer Richtung stattfinden kann, da die andere Richtung bereits aufgrund der Chronologie der Ereignisse ausscheidet. Beispielsweise kann in der Genetik jeder genetische Einfluss von der Nachkommen- auf die Elterngeneration ausgeschlossen werden.

Eine prinzipielle Vorstellung davon, wie zwei auf Basis desselben Zufallsexperimentes definierte Zufallsgrößen miteinander in Verbindung stehen können, vermittelt Abb. 2.13.

Zufallsvektoren und ihre Kenndaten
Der Zusammenhang mehrerer Zufallsgrößen $X_1, \ldots, X_n$ lässt sich auch dadurch untersuchen, dass man diese Zufallsgrößen als Koordinaten einer als **Zufallsvektor** $\mathbf{X} = (X_1, \ldots, X_n)^T$ bezeichneten, mehrdimensionalen Zufallsvariablen auffasst. Ein derart konstruierter Zufallsvektor kann dann mit Kenndaten, bei denen es sich um Verallgemeinerungen von Erwartungswert und Varianz handelt, charakterisiert werden. Diese Kenndaten geben dann auch den gesuchten Aufschluss über die größenmäßige Beziehung der Koordinaten.

Natürlich reicht es nicht, ausschließlich nur die Kenngrößen der einzelnen Koordinaten zu berechnen – damit wäre ja nichts gewonnen, da man dann aus der vorgenommenen Konstruktion keine zusätzliche Information erhielte. Allerdings ist durchaus eine Reduktion auf den eindimensionalen Fall möglich, wenn man nicht nur die Koordinaten, sondern *alle* möglichen Richtungen betrachtet. Dazu untersucht man mit Techniken der Linearen Algebra alle Zufallsgrößen, die aus dem Zufallsvektor $\mathbf{X}$ durch ein Skalarprodukt mit einem konstanten, zeilenweise geschriebenem Richtungsvektor $\mathbf{d}^T = (d_1, \ldots, d_n)$ entstehen. So erhält man alle möglichen Linearkombinationen der Zufallsgrößen $X_1, \ldots, X_n$ wie zum Beispiel $X_1 + 3X_2 + 5X_3$ in der allgemeinen Form $\mathbf{d}^T \cdot \mathbf{X}$:
Der Erwartungswert dieser Zufallsgröße $\mathbf{d}^T \cdot \mathbf{X}$ ist gleich

$$E(\mathbf{d}^T \cdot \mathbf{X}) = \sum_{i=1}^{n} d_i E(X_i) = \mathbf{d}^T \cdot \mathbf{E}(\mathbf{X}),$$

wobei für die letzte Identität der Erwartungswert $\mathbf{E}(\mathbf{X})$ des Zufallsvektors koordinatenweise definiert wird:

$$\mathbf{E}(\mathbf{X}) = (E(X_1), \ldots, E(X_n))^T$$

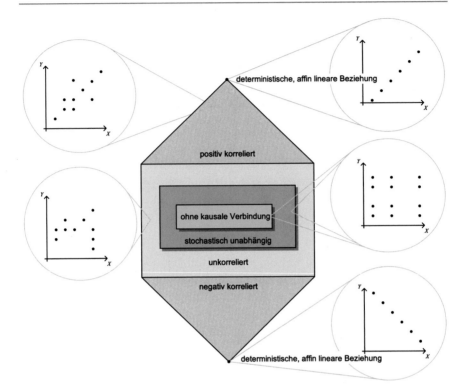

Abb. 2.13 Schematische Darstellung, wie Beziehungen zwischen zwei Zufallsgrößen X und Y möglich sind. Bei den fünf beispielhaft dargestellten Wahrscheinlichkeitsverteilungen wird eine Gleichverteilung für die abgebildeten Punkte unterstellt

Speziell für das mittlere Beispiel der rechten Seite ist ohne Kenntnis der Definition der beiden Zufallsgrößen keine genaue Zuordnung möglich: Einerseits denkbar sind kausal unbeeinflusste Zufallsgrößen wie bei zwei Würfelergebnissen. Andererseits kann aber auch ein ungerichtet wirkender Einfluss vorliegen wie beim schon erörterten Beispiel eines Würfelergebnisses und der mit einem anderen Würfelergebnis gebildeten Summe, wobei nur der bei der Division durch 6 entstehende Rest berücksichtigt wird

Die Varianz der Zufallsgröße $\mathbf{d} \cdot \mathbf{X}^T$ ist gleich

$$Var(\mathbf{d}^T \cdot \mathbf{X}) = Cov(\mathbf{d}^T \mathbf{X}, \mathbf{d}^T \mathbf{X}) = Cov\left(\sum_{i=1}^{n} d_i X_i, \sum_{j=1}^{n} d_j X_j\right)$$

$$= \sum_{i=1}^{n}\sum_{j=1}^{n} d_i d_j Cov(X_i, X_j) = \mathbf{d}^T \left(Cov(X_i, X_j)\right)_{i,j} \mathbf{d}.$$

Die am Ende der Rechnung verwendete Matrix wird **Kovarianzmatrix** genannt und in der Regel mit $\Sigma_{\mathbf{X}}$ bezeichnet. Die Definition der Kovarianzen von beliebigen Paaren der Zufallsgrößen $X_1, \ldots, X_n$ erlebt auf diese Weise, diesmal ohne Bezug zu Regressionsgeraden, eine erneute Motivation.

Wie schon im eindimensionalen Fall $n = 1$ lassen sich die Kenndaten eines affin linear transformierten Zufallsvektors $\mathbf{Y} = \mathbf{AX} + \mathbf{b}$ einfach aus denen des ursprünglichen Zufallsvektors $\mathbf{X}$ berechnen. Dabei sei $\mathbf{A} = (a_{ij})_{i,j}$ eine $n \times n$-Matrix und $\mathbf{b} = (b_i)_i$ ein n-dimensionaler Vektor:

$$\mathbf{E}(\mathbf{AX} + \mathbf{b})_i = E\left(\sum_{j=1}^{n} a_{ij}X_j + b_i \right) = \sum_{j=1}^{n} a_{ij}E(X_j) + b_i = (\mathbf{AE}(\mathbf{X}) + \mathbf{b})_i$$

$$(\Sigma_{\mathbf{AX+b}})_{ij} = Cov\big((\mathbf{AX} + \mathbf{b})_i, (\mathbf{AX} + \mathbf{b})_j\big) = Cov\left(\sum_k a_{ik}X_k, \sum_l a_{jl}X_l \right)$$

$$= \sum_k \sum_l a_{ik} Cov(X_k, X_l) a_{jl} = (\mathbf{A}\Sigma_{\mathbf{X}}\mathbf{A}^T)_{ij}$$

Aus diesen beiden Identitäten für die Koordinaten beziehungsweise für die Matrixkoeffizienten ergeben sich sofort die beiden Transformationsgesetzmäßigkeiten

$$\mathbf{E}(\mathbf{AX} + \mathbf{b}) = \mathbf{AE}(\mathbf{X}) + \mathbf{b}$$

$$\Sigma_{\mathbf{AX+b}} = \mathbf{A}\Sigma_{\mathbf{X}}\mathbf{A}^T$$

Aufgaben

1. Stellen Sie die Formel für die Regressionsgerade von X bezüglich Y auf und überzeugen Sie sich davon, dass dadurch in der Regel eine andere Gerade im Koordinatenkreuz beschrieben wird als durch die Regressionsgerade von Y bezüglich X.

2. Beweisen Sie für zwei Zufallsgrößen X und Y sowie zwei reelle Zahlen a und b die Formeln

$$Cov(X, 1) = 0, \quad Cov(aX + b, Y) = a \cdot Cov(X, Y)$$

3. Beweisen Sie für Zufallsgrößen $X_1, \ldots, X_n$ und reelle Zahlen $a_1, \ldots, a_n$ die Summenformel

$$Var\left(\sum_{i=1,\ldots,n} a_i X_i \right) = \sum_{i=1,\ldots,n} a_i^2 \cdot Var(X_i) + 2 \sum_{1 \le i < j \le n} a_i a_j Cov(X_i, X_j).$$

Folgern Sie für paarweise unkorrelierte Zufallsgrößen $X_1, \ldots, X_n$ die Formel

$$Var\left(\sum_{i=1,\ldots,n} X_i \right) = \sum_{i=1,\ldots,n} Var(X_i).$$

4. Beweisen Sie für zwei Zufallsgrößen X und Y sowie zwei reelle Zahlen a und b mit $a > 0$ die Formel

$$r(aX + b, Y) = r(X, Y).$$

5. Ein Würfel wird n-mal gewürfelt. Die dabei erzielten Häufigkeiten der sechs möglichen Ergebnisse werden mit $X_1, \ldots, X_6$ bezeichnet. Wie groß ist die Kovarianz $\mathrm{Cov}(X_i, X_j)$ zu zwei verschiedenen Würfelergebnissen i und j? Hinweis: Beginnen Sie mit dem Fall $n = 1$. Für $n > 1$ können die Häufigkeiten als Summe von n unabhängigen Zufallsgrößen dargestellt werden.

6. Francis Galton (siehe Fußnote 20) publizierte 1889 eine Untersuchung, in der die Körpergrößen von erwachsenen Menschen aus zwei aufeinanderfolgenden Generationen verglichen wurden. Demnach haben große Eltern tendenziell überdurchschnittlich große Kinder und kleine Eltern tendenziell unterdurchschnittlich große Kinder. Dabei wird der Abstand zum Mittelwert, den wir mit 1,71 m generationsübergreifend als konstant annehmen, auf durchschnittlich 2/3 des Wertes der Vorgeneration reduziert. Gesucht ist die zu diesem verbal beschriebenen Sachverhalt korrespondierende Regressionsgerade, welche die Körpergröße der Nachkommengeneration in Abhängigkeit der Elterngeneration darstellt.

2.7　Zufallsgrößen im groben Überblick

Welche Aussagen über eine Zufallsgröße können allein aus der Kenntnis von deren Erwartungswert und Standardabweichung abgeleitet werden?

Wird zum Beispiel ein Würfel n-mal geworfen, so liefern diese n voneinander unabhängigen Zufallsexperimente als Würfelpunktsumme eine Zufallsgröße, die – wie wir in Abschn. 2.5 gesehen haben – den Erwartungswert $3{,}5 \cdot n$ und die Standardabweichung

$$\sqrt{n} \cdot \sqrt{\frac{35}{12}}$$

besitzt. Natürlich wäre es wünschenswert, daraus direkt gewisse Aussagen über die Wahrscheinlichkeitsverteilung der Würfelpunktsumme beziehungsweise der durchschnittlichen Wurfhöhe herleiten zu können. Zum Beispiel könnte man danach fragen, ob bei $n = 5000$ Würfen eine durchschnittliche Wurfhöhe von über 3,9 als de facto völlig unwahrscheinlich ausgeschlossen werden kann.

Wir gehen dazu von einer beliebigen Zufallsgröße X aus und schauen uns an, welche Konsequenzen es hat, wenn große Abweichungen der Zufallsgröße X zu ihrem Erwartungswert $E(X)$ auftreten. Konkret geben wir einen Abstand $\delta > 0$ vor, um dann die Wahrscheinlichkeit zu untersuchen, dass die Zufallsgröße X um mindestens δ vom Erwartungswert $E(X)$ abweicht:

$$p = P\left(|X - E(X)| \geq \delta\right)$$

Wenn wir nun ausgehend von den Werten $x_1, x_2, \ldots, x_n$, welche die Zufallsgröße X annehmen kann, die Varianz berechnen, so erhalten wir allein durch die Summanden zu x_i mit $|x_i - E(X)| \geq \delta$ einen Mindestwert für die Varianz:

$$\text{Var}(X) = P(X = x_1) \cdot (x_1 - E(X))^2 + \ldots + P(X = x_n) \cdot (x_n - E(X))^2$$
$$\geq P\left(|X - E(X)| \geq \delta\right) \delta^2 = p\delta^2$$

Dividieren wir beide Seiten durch δ^2, so erhalten wir in Abhängigkeit der Varianz eine obere Schranke für die Wahrscheinlichkeit p, dass solche Abweichungen auftreten:

$$P(|X - E(X)| \geq \delta) = p \leq \frac{Var(X)}{\delta^2}$$

Eine geringfügig andere Form dieser Aussage erhält man, wenn man die Abweichung δ als Vielfaches der Standardabweichung σ_X ausdrückt. So ergibt sich für $\delta = k\sigma_X$:

$$P(|X - E(X)| \geq k\sigma_X) \leq \frac{1}{k^2}$$

Diese nach Pafnuti Lwowitsch Tschebyschow benannte **Ungleichung von Tschebyschow** (1821–1894) beinhaltet Obergrenzen dafür, wie wahrscheinlich es höchstens sein kann, dass der Wert einer Zufallsgröße X von ihrem Erwartungswert $E(X)$ eine vorgegebene Abweichung übersteigt. Insbesondere kann zum Beispiel eine Abweichung von mindestens der zweifachen Standardabweichung höchstens mit der Wahrscheinlichkeit 1/4 auftreten ($k = 2$). Und eine Abweichung, die mindestens die dreifache Standardabweichung erreicht, kann sogar nur mit der Wahrscheinlichkeit von höchstens 1/9 auftreten ($k = 3$). Anzumerken bleibt, dass die Ungleichung von Tschebyschow für kleine Werte $k \leq 1$ keine nicht-trivialen Aussagen liefert.

Auch wenn die Aussagen der Ungleichung von Tschebyschow nur sehr grob sind, so kann die zu Beginn dieses Kapitels aufgeworfene Frage doch bereits beantwortet werden: Bei 5000 Würfelversuchen ergibt sich ein Erwartungswert von $5000 \cdot 3,5 = 17.500$ und eine Standardabweichung von

$$\sqrt{5000} \cdot \sqrt{\tfrac{35}{12}} \approx 120{,}76.$$

Folglich kann bei den 5000 Würfen eine durchschnittliche Wurfhöhe von 3,9 entsprechend einer Gesamtzahl von $5000 \cdot 3,9 = 19.500$ Würfelpunkten praktisch kaum eintreten: Denn diese Differenz zum Erwartungswert in Höhe von $5000 \cdot 0,4 = 2000$ Würfelpunkten entspricht der 16,56-fachen Standardabweichung, so dass die Wahrscheinlichkeit für eine solche oder noch größere Abweichung höchstens $1/16{,}56^2 = 0{,}0036$ betragen kann. Übrigens ist die Wahrscheinlichkeit in Wahrheit sogar noch viel geringer. Wie sich diese Wahrscheinlichkeit mit einfachen Berechnungen ungefähr bestimmen lässt, werden in Abschn. 2.11 erörtern.

Obwohl die mit der Ungleichung von Tschebyschow erhaltenen Aussagen oft nur sehr grob sind, wollen wir die gerade für eine Versuchsreihe von 5000 Würfelversuchen gemachte Argumentation auch noch allgemein darlegen: Sind $X = X_1$,

$X_2, \ldots X_n$ voneinander unabhängige, identisch verteilte Zufallsgrößen, dann entspricht der in der Versuchsreihe ermittelte Durchschnittswert der Zufallsgröße

$$\frac{1}{n}(X_1 + \ldots + X_n).$$

Diese Zufallsgröße besitzt den Erwartungswert

$$E\left(\frac{1}{n}(X_1 + \ldots + X_n)\right) = \frac{1}{n}E(X_1 + \ldots + X_n) = E(X)$$

sowie die Varianz

$$Var\left(\frac{1}{n}(X_1 + \ldots + X_n)\right) = \frac{1}{n^2}Var(X_1 + \ldots + X_n) = \frac{1}{n}Var(X).$$

Mittels der Ungleichung von Tschebyschow erhält man daher die Aussage

$$P\left(\left|\frac{1}{n}(X_1 + \ldots + X_n) - E(X)\right| \geq \delta\right) \leq \frac{Var(X)}{n\delta^2}.$$

Wie schon im Fall der in 5000 Versuchen ermittelten Würfelsumme kann mit dieser Ungleichung die Wahrscheinlichkeit für Abweichungen, die zwischen dem in der Versuchsreihe ermittelten Durchschnitt und dem Erwartungswert $E(X)$ auftreten, nach oben abgeschätzt werden. Offensichtlich wird dabei die einen vorgegebenen Wert δ übersteigende Abweichung mit länger werdender Versuchsreihe immer unwahrscheinlicher.

Aufgaben

1. Geben Sie mit Hilfe der Ungleichung von Tschebyschow ein Intervall der Form $[E(X) - t, E(X) + t]$ an, welches einen Wert der Zufallsgröße X mit der Wahrscheinlichkeit von 0,50 enthält. Konstruieren Sie entsprechende Intervalle zu den Wahrscheinlichkeiten 0,90; 0,95 und 0,99.

2. Ein Astragal, ein in der Antike zum Würfeln verwendeter Tierknöchel, kann auf vier Seiten zum Liegen kommen. Aufgrund seiner unsymmetrischen Form sind die Wahrscheinlichkeiten dafür unbekannt. Ein Exemplar eines Astragals wird daher 10.000-mal geworfen, und es wird gezählt, wie oft die vier möglichen Ergebnisse eintreten. Die dabei gemessenen relativen Häufigkeiten sollen als Schätzung für die unbekannten Wahrscheinlichkeiten verwendet werden. Geben Sie für den gemachten Fehler eine obere Grenze an, der in Bezug auf eine fest ausgewählte Seite höchstens mit einer Wahrscheinlichkeit von 0,01 überschritten wird.

2.8   Das Gesetz der großen Zahlen

Kann ein Würfel, mit dem in 6000 Würfen nur 700 Sechsen erzielt werden, noch als symmetrisch gelten?

Bei der Erläuterung des Begriffes der Wahrscheinlichkeit haben wir an die Erfahrungstatsache eines Gesetzes der großen Zahlen angeknüpft. Konkret haben wir uns von der Vorstellung leiten lassen, dass die Wahrscheinlichkeit eines Ereignisses der empirisch im Rahmen von Versuchsreihen messbare Wert ist, auf den sich die relativen Häufigkeiten des zu messenden Ereignisses trendmäßig hinbewegen. Basierend auf dieser Idee haben wird dann grundlegende Gesetzmäßigkeiten für Wahrscheinlichkeiten formuliert, mit denen ein mathematisches Modell zur Behandlung solcher Wahrscheinlichkeiten erstellt wurde. In speziellen Fällen, in denen die Ereignisse des Zufallsexperimentes wie beim Wurf eines idealen Würfels Symmetrien erkennen ließen, wurde dieses Modell flankiert durch spezielle Annahmen über die Symmetrie der Wahrscheinlichkeiten.

Wie in genereller Hinsicht am Ende des ersten Teiles erläutert (siehe Abb. 1.4), kann ein solches mathematisches Modell nachträglich nur dann seine Rechtfertigung erhalten, wenn es imstande ist, empirisch beobachtbare Phänomene zu erklären. Dazu gehört beim Modell für Wahrscheinlichkeiten natürlich in erster Linie die Erfahrungstatsache des bereits mehrfach erwähnten Gesetzes der großen Zahlen. Und tatsächlich kann dieses Gesetz der großen Zahlen mit den Formeln erklärt werden, die wir bereits aus den Grundannahmen des mathematischen Modells hergeleitet haben. Mit diesen Formeln werden wir jetzt den Trend innerhalb einer Versuchsreihe untersuchen, in dem ein Zufallsexperiment unabhängig wiederholt wird. Konkret gehen wir von einem Zufallsexperiment aus, bei dessen Ausgang wir nur danach unterscheiden, ob ein bestimmtes Ereignis A eingetreten ist oder nicht. Ein solches Experiment wird übrigens **Bernoulli-Experiment** genannt.

Passend zu einem solchen Bernoulli-Experiment kann man dann eine Zufallsgröße X definieren, die genau dann gleich 1 ist, wenn das Ereignis A eintritt und ansonsten gleich 0 ist. Führt man nun eine Versuchsreihe durch, in der das dem Ereignis A zugrunde liegende Zufallsexperiment unabhängig voneinander n-mal wiederholt wird, so lassen sich die dabei beobachtbaren Ereignisse durch n Zufallsgrößen $X_1, X_2, ..., X_n$ beschreiben: Dabei weisen wir der Zufallsgröße X_k genau dann den Wert 1 zu, wenn das Ereignis A im k-ten Einzelexperiment eintritt. Andernfalls soll der Wert von X_k gleich 0 sein.

Die relative Häufigkeit $R_{A,n}$ mit der das Ereignis A innerhalb der n Versuche eintritt, ergibt sich damit durch die Gleichung

$$R_{A,n} = \tfrac{1}{n}(X_1 + \ldots + X_n).$$

Eine Analyse dieser Zufallsgröße beginnt mit einer Untersuchung der einzelnen Summanden:

$$E(X_k) = (1-p) \cdot 0 + p \cdot 1 = p$$
$$Var(X_k) = (1-p) \cdot 0^2 + p \cdot 1^2 - p^2 = p(1-p) \,.$$

Mit den Additionsformeln für Erwartungswert und Varianz können wir nun deren Werte für die relative Häufigkeit $R_{A,n}$ bestimmen. Ohne Einschränkung gültig ist die Additionsformel für Erwartungswerte. Daher gilt $E(R_{A,n}) = p$. Bei der Varianz ist die entsprechende Additionsformel anwendbar, weil die summierten Zufallsgrößen voneinander unabhängig sind:

$$Var(R_{A,n}) = \tfrac{1}{n^2} Var(X_1 + \ldots + X_n) = \tfrac{1}{n^2} np(1-p) = \tfrac{1}{n} p(1-p)$$

Damit erhält man nun – wie schon zum Abschluss des letzten Kapitels – mit Hilfe der Ungleichung von Tschebyschow eine Aussage darüber, wie wahrscheinlich es höchstens ist, dass die relative Häufigkeit stark von der Wahrscheinlichkeit p des Ereignisses A abweicht:

$$P\left(\,\left|\,R_{A,n} - p\,\right| \geq \delta\right) \leq \frac{p(1-p)}{n\delta^2}$$

Um die Interpretation noch etwas zu erleichtern, werden wir die Ungleichung in zweierlei Hinsicht modifizieren. Zunächst gilt für jede beliebige Wahrscheinlichkeit p stets $p(1-p) \leq \tfrac{1}{4}$. Außerdem wird die maximale Abweichung δ mittels $\delta = 1/\sqrt[3]{n}$ mit der Länge der Versuchsreihe sukzessive verkleinert. Man erhält dann:

$$P\left(\,\left|\,R_{A,n} - p\,\right| \geq \frac{1}{\sqrt[3]{n}}\right) \leq \frac{1}{4\sqrt[3]{n}}.$$

Da in dieser letzten Ungleichung bei wachsender Versuchsreihenlänge n beide Brüche beliebig klein werden, erkennt man sofort, dass bei genügendem Fortschreiten der Versuchsreihe jede vorgegebene positive Abweichung zwischen relativer Häufigkeit $R_{A,n}$ und der Wahrscheinlichkeit p beliebig unwahrscheinlich wird. Man spricht in einem solchen Fall auch von einer **stochastischen Konvergenz** der relativen Häufigkeit $R_{A,n}$ gegen die Wahrscheinlichkeit p. Dies ist – nun aber in einer präzisen Formulierung – genau der Trend, den wir als **Gesetz der großen Zahlen** bezeichnet haben und als empirisch beobachtbare Erfahrungstatsache zur Grundlegung unserer Überlegungen verwendet haben. Wichtig dabei ist, dass die nun erkannte stochastische Konvergenz letztlich einzig auf der Basis der grundlegenden Gesetzmäßigkeiten für Wahrscheinlichkeiten hergeleitet wurde, wobei maßgeblich die für unabhängige Zufallsexperimente gültigen Gesetzmäßigkeiten verwendet wurden.

Erstmals wurden solche Zusammenhänge durch Jakob Bernoulli (Abb. 2.14) um 1690 erkannt. In seinem erst postum 1713 veröffentlichten Werk *Ars conjectandi* – die Kunst des Vermutens – stellte Bernoulli explizite und damit zugleich sehr präzise Berechnungen darüber an, welche relativen Häufigkeiten sich in Versuchsreihen in Abhängigkeit der theoretischen Wahrscheinlichkeiten mutmaßlich ergeben. Dabei legte Bernoulli bei der Interpretation seiner Resultate das Hauptaugenmerk darauf, Messfehler abschätzen zu können, die bei der empirischen Messung unbekannter Wahrscheinlichkeiten möglich sind.

In Bezug auf das in der Eingangsfrage beschriebene Würfelexperiment liefert die Tschebyschow'sche Ungleichung übrigens eine Antwort. Wird im Sinne eines Hypothesentests die Symmetrie und damit $p = 1/6$ als Null-Hypothese unterstellt, so ergibt sich daraus

$$P\left(\,\left|\,R_{A,n} - p\,\right| \geq \delta\right) \leq \frac{5}{36}\frac{1}{n\delta^2}.$$

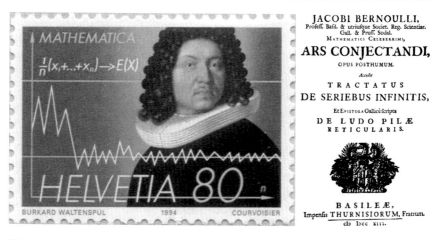

Abb. 2.14 Jakob Bernoulli und das Titelblatt seines Buchs *Ars conjectandi*. Die graphische Gestaltung der 1994 erschienen Briefmarke erinnert an das Gesetz der großen Zahlen

Bei $n = 6000$ Würfen entsprechen 700 Sechsen einer Abweichung von 300 Sechsen zum Erwartungswert 1000. Für $\delta = 300/6000 = 1/20$ erhält man aus der letzten Ungleichung

$$P\left(\left| R_{A,n} - \tfrac{1}{6} \right| \geq \tfrac{1}{20} \right) \leq \tfrac{5}{36} \tfrac{400}{600} = \tfrac{1}{108} \, .$$

Damit ist bei 6000 Würfen die Wahrscheinlichkeit für eine „Ausreißer"-Serie mit höchstens 700 Sechsen oder mindestens 1300 Sechsen kleiner oder gleich 1/108. Ein solches „Ausreißer"-Ergebnis ist für einen symmetrischen Würfel also a priori sehr unwahrscheinlich. Es ist daher plausibel, die Beobachtung eines solchen Ergebnisses nicht als eine zufällige Ergebnis-Anomalie zu werten, sondern stattdessen auf eine Asymmetrie des Würfels zu schließen, durch welche die Sechs benachteiligt ist.

Das vermeintliche „Gesetz des Ausgleichs"

Haben wir beim Spiel *Mensch ärgere dich nicht* lange vergeblich auf die ersehnte Sechs gewartet, so sind wir versucht zu glauben, dass unsere Chancen, nun endlich eine Sechs zu erzielen, aufgrund der Pechsträhne gestiegen sind. Auch im Spielkasino lässt sich Ähnliches beobachten: Wird beim Roulette zehnmal hintereinander eine rote Zahl ausgespielt, setzt kaum noch jemand auf „Rot", denn schließlich „muss" sich dieses Übergewicht ja nun langsam ausgleichen, und das scheint nur dadurch möglich zu sein, dass nun die schwarzen Zahlen im Übermaß ausgespielt werden.

Auch wenn weder der Würfel noch der Roulette-Kessel über ein „Gedächtnis" verfügen, so scheint gerade das Gesetz der großen Zahlen einen Beleg für die oft vermutete Tendenz zu einem Ausgleich darzustellen. Dabei werden Skeptiker sicher nicht mit dem Hinweis darauf zu überzeugen sein, dass das Gesetz der großen Zahlen mittels der Tschebyschow'schen Ungleichung gerade auf Basis der unterstellten Unabhängigkeit zwischen den einzelnen Zufallsexperimenten der Versuchsreihe hergeleitet wurde.

Klarheit entsteht erst, wenn die betreffenden Aussagen eindeutig danach getrennt werden, ob sie sich auf absolute und relative Häufigkeiten beziehen. Konkret: Nach zehn roten Zahlen beim Roulette reichen bei den nächsten zehn Ausspielungen beispielsweise sechs rote und vier schwarze Zahlen, um das relative Übergewicht von „Rot" zu „Schwarz" von 10:0 auf 16:4 = 8:2 zu reduzieren, obwohl dabei gleichzeitig das *absolute* Übergewicht von 10 auf 12 *steigt*. Das heißt, auch ohne absoluten „Ausgleich" kann der dem Gesetz der großen Zahlen zugrunde liegende Trend durchaus zustande kommen. Dazu reicht es bereits vollkommen, dass das Übergewicht nicht mehr so stark ausfällt wie zuvor.

Im Übrigen ist ein „Ausgleich" im Sinne einer trendmäßigen „Konvergenz" der absoluten Häufigkeiten überhaupt nicht zu erwarten. So besitzt die Anzahl, mit der ein Ereignis mit der Wahrscheinlichkeit p bei n unabhängigen Versuchen eintritt, als Zufallsgröße die Standardabweichung $\sqrt{np(1-p)}$. Da dieser Wert mit der Länge der Versuchsreihe größer wird, *wächst* auch die durchschnittliche Abweichung der absoluten Häufigkeit zu ihrem Erwartungswert np. Das vermeintliche „Gesetz des Ausgleichs" ist damit ein reines Hirngespinst.

2.9   Wahrscheinlichkeiten im mathematischen Modell

Zur Jahrhundertwende im Jahr 1900 formulierte der berühmte Mathematiker David Hilbert (1862–1943) 23 Probleme. Als sechstes Problem regte er die Axiomatisierung physikalischer Disziplinen an, darunter die Wahrscheinlichkeitsrechnung. Gehört die Wahrscheinlichkeitsrechnung überhaupt nicht zur Mathematik?

Bereits zum Ende von Abschn. 2.3 wurde darauf hingewiesen, dass die Gesetze der Wahrscheinlichkeitsrechnung auf der Basis rein mathematischer Objekte definiert werden können. Obwohl diese Konstruktion zum Verständnis statistischer Anwendungen entbehrlich ist, soll sie nun doch noch kurz vorgestellt werden, da ihre Kenntnis bei der Lektüre weiterführender Fachliteratur leider meist vorausgesetzt wird. Leser sollten sich aber keinesfalls durch die vielen Begriffe und Fakten von der Lektüre der weiteren Kapitel abschrecken lassen, wo die mathematisch-formalisierte Terminologie nur in Ausblicken verwendet wird. Nicht-Mathematikern wird empfohlen, dieses Kapitel zu überspringen.

Ereignisse finden innerhalb des rein mathematischen Modells ihre Entsprechung in Teilmengen einer bestimmten **Grundmenge** Ω, die als Menge aller möglichen Ergebnisse ω des Zufallsexperimentes interpretierbar ist und daher

auch als **Ergebnismenge** bezeichnet wird. Die Ergebnisse werden oft auch als
Elementarereignisse bezeichnet.

Dass jedem Ereignis eine Teilmenge der Grundmenge Ω entspricht, hat
folgenden Hintergrund: Jede solche Teilmenge umfasst genau jene Ergebnisse,
die für das betreffende Ereignis „günstig" sind. Zum Beispiel kann man für den
Wurf eines Würfels einfach die Ergebnismenge $\Omega = \{1, 2, 3, 4, 5, 6\}$ nehmen. Das
Ereignis, eine gerade Zahl zu werfen, entspricht dann der Teilmenge $\{2, 4, 6\}$.
Das sichere Ereignis wird durch die Grundmenge Ω und das unmögliche Ereignis
durch die leere Menge repräsentiert.

Bei den Modellen sind in ihrer allgemeinsten Form ausdrücklich auch Grundmengen Ω mit unendlich vielen Elementen zugelassen. Diese Erweiterung des
Modells macht selbst dann Sinn, wenn ausschließlich Zufallsexperimente mit
endlich vielen möglichen Ergebnissen untersucht werden sollen. Grund ist, dass
Wahrscheinlichkeitsmodelle mit unendlichen Ergebnismengen gut geeignet sind,
approximative Aussagen über Zufallsexperimente mit sehr großer Ergebnis-
anzahl zu machen. Dies sollte eigentlich nicht überraschen: Auch in der Physik
wird beispielsweise die Masse einer Materiemenge meist als kontinuierlich ver-
änderbare Zahl interpretiert, wohl wissend, dass dieses Modell, das unendlich
viele Zwischenstufen zulässt, aufgrund der atomaren Struktur von Materie nicht
realistisch ist.

Ihre wohl wichtigste Anwendung finden nicht endliche Grundmengen Ω bei
der Untersuchung von Versuchsreihen, welche aus einer beliebig langen Folge von
Einzelversuchen bestehen. Dabei ergibt sich die gedanklich unendlich fortgesetzte
Folge in natürlicher Weise als dasjenige Objekt, das alle endlichen Versuchsreihen
beinhaltet.

Die für Ereignisse möglichen **Operationen** „und", „oder" und „nicht" entsprechen bei dem rein mathematischen Modell den Mengenoperationen *Durchschnitt, Vereinigung* und *Komplement.* Beispielsweise entsteht aus zwei
Ereignissen A und B mit der Durchschnittsbildung das Ereignis $A \cap B$, das genau
jene Ergebnisse umfasst, die für beide Ereignisse *A und B* günstig sind.

Den Rahmen, innerhalb dessen die Mengenoperationen stattfinden, bildet eine
Menge **F,** welche diejenigen Teilmengen der Grundmenge Ω enthält, die als Ereignisse interpretiert werden sollen. Oft, nämlich bei endlichen oder auch sogenannt
abzählbar unendlichen Grundmengen Ω (wie beispielsweise im Fall der ganzen
Zahlen $\Omega = Z$), kann als Teilmengensystem **F** „einfach" die Menge *aller* Teilmengen der Grundmenge Ω genommen werden.

Soll in völliger Allgemeinheit auch der Fall einer Grundmenge Ω, die wie im
Fall des reellen Zahlenstrahls $\Omega = R$ nicht abzählbar unendlich groß ist, abgedeckt
werden, wird es leider deutlich komplizierter: Ein System von Teilmengen **F** der
Grundmenge Ω wird als **σ-Algebra** bezeichnet, wenn es einerseits die Grund-
menge Ω enthält und andererseits unter den drei genannten Mengenoperationen
abgeschlossen ist. Damit ist gemeint, dass für zwei beliebige Mengen A und B des
Teilmengensystems **F** auch die Mengen $A \cap B$, $A \cup B$ und zum Teilmengensystem
F gehören müssen. Im Fall der Vereinigung wird zusätzlich gefordert, dass die

Abgeschlossenheit auch für die Vereinigung von abzählbar vielen Mengen erfüllt sein muss.

Wahrscheinlichkeiten entsprechen innerhalb des rein mathematischen Modells per Definition solchen Abbildungen $P: \mathbf{F} \to \mathrm{R}$, welche die folgenden Eigenschaften erfüllen, die im Wesentlichen denen aus Abschn. 2.3 entsprechen:

$$P(A) \geq 0 \quad \text{für alle Mengen } A \in \mathbf{F}$$

$$P(\Omega) = 1$$

$$P\left(\sum_{i=1}^{\infty} A_i\right) = \sum_{i=1}^{\infty} P(A_i) \quad \text{für beliebige, disjunkte Mengen } A_1, A_2, \ldots \in \mathbf{F}$$

So steht zum Beispiel die Gleichung $P(\Omega) = 1$ für die Aussage, dass das sichere Ereignis die Wahrscheinlichkeit 1 besitzt. Speziell für das Beispiel eines symmetrischen Würfels spiegelt sich die Wahrscheinlichkeit, eine gerade Zahl zu werfen, im Modell in der Identität $P(\{2, 4, 6\}) = \frac{1}{2}$ wider.

Der Tatsache, dass „nur" die in der Menge $\mathbf{F}$ enthaltenen Mengen (und nicht etwa alle Teilmengen der Grundmenge Ω) durch eine Wahrscheinlichkeit gemessen werden, trägt man auch dadurch Rechnung, dass diese zum Teilmengensystem $\mathbf{F}$ gehörenden Menge als **messbar** bezeichnet werden.[21]

Das mathematische Äquivalent zur Modellierung eines Zufallsexperimentes umfasst damit stets.

- eine Grundmenge Ω von Ergebnissen,
- ein die möglichen Ereignisse widerspiegelndes Teilmengensystem $\mathbf{F}$, das eine σ-Algebra bildet, sowie
- eine Abbildung $P: \mathbf{F} \to \mathrm{R}$, welche die drei gerade angeführten Eigenschaften erfüllt, die auch als **Kolmogorow'sche Axiome** der Wahrscheinlichkeit bezeichnet werden. Eine solche Abbildung wird auch als **Wahrscheinlichkeits maß**[22] bezeichnet.

Die Gesamtheit der drei mathematischen Objekte $(\Omega, \mathbf{F}, P)$ wird auch **Wahrscheinlichkeitsraum** genannt.

---

[21] Die Verwendung eines Teilmengensystems messbarer Mengen ist deshalb unverzichtbar, weil es Grundmengen gibt, bei denen nicht alle Teilmengen in einer der Intuition entsprechenden Weise messbar sein können. Beispielsweise kann eine Kugel in eine endliche Zahl überschneidungsfreier Mengen zerlegt werden, die nach Drehung und Verschiebung zu einer Kugel mit doppeltem Durchmesser zusammengesetzt werden können. Auch wenn diese als Banach-Tarski-Paradoxon bekannte Zerlegung sehr exotisch ist – die populären Apfelmännchen-Figuren sind dazu vergleichsweise überschaubar –, so wird doch klar, dass der übliche Rauminhalt nicht für alle dreidimensionalen Teilmengen definiert werden kann.

[22] Werden die Anforderungen dahingehend abgeschwächt, dass auf die Bedingung $P(\Omega) = 1$ verzichtet wird, spricht man von einem **Maß**.

Eine direkte Folgerung aus den Axiomen ist beispielsweise die Eigenschaft $P(\emptyset)=0$, das heißt, die Wahrscheinlichkeit des unmöglichen Ereignisses ist gleich 0. Die Umkehrung gilt allerdings für nicht endliche Grundmengen nicht unbedingt.[23]

Die Flexibilität des mathematischen Konzepts offenbart sich unter anderem bei der Modellierung kombinierter Zufallsexperimente, wie sie insbesondere auch in Versuchsreihen auftreten. Dabei findet insbesondere die unabhängige Durchführung von zwei Zufallsexperimenten, die mathematisch durch die Grundmengen Ω_1 und Ω_2 sowie die Teilmengensysteme $\mathbf{F}_1$ und $\mathbf{F}_2$ modelliert werden, ihr mathematisches Äquivalent: Als neue Grundmenge bildet man das kartesische Produkt $\Omega = \Omega_1 \times \Omega_2$. Als Teilmengensystem werden alle Mengen genommen, die als abzählbare Vereinigung von Mengen des Typs $A_1 \times A_2$ mit $A_1 \in \mathbf{F}_1$ und $A_2 \in \mathbf{F}_2$ darstellbar sind. Die Wahrscheinlichkeiten werden bei dieser formalen Konstruktion mittels $P(A_1 \times A_2) = P(A_1) \cdot P(A_2)$ sowie dem Additionsgesetz definiert.

Eine **Zufallsgröße** ist nun innerhalb des rein mathematischen Modells nichts anderes als eine reellwertige Abbildung X: $\Omega \to$ R, die jedem Ergebnis $\omega \in \Omega$ des Zufallsexperimentes eine reelle Zahl $X(\omega)$ zuordnet und dabei die Eigenschaft besitzt, dass das Urbild eines Intervalls zur σ-Algebra $\mathbf{F}$ gehört.[24,25] Dabei wird ein Bild $X(\omega)$, das heißt ein „ausgewürfelter" Wert, auch als **Realisierung** der Zufallsgröße X bezeichnet. Bei Zufallsgrößen, die übereinstimmende Definitionsbereiche besitzen, lassen sich die im Bildbereich R möglichen Rechenoperationen auf die Zufallsgrößen selbst übertragen – ganz so, wie man es aus der Analysis von Funktionen her kennt:

$$(X + Y)(\omega) = X(\omega) + Y(\omega).$$

Mathematisch ausreichend charakterisiert wird eine Zufallsgröße X bei einer endlichen Grundmenge durch die Wahrscheinlichkeiten der Form $P(X=t)$ beziehungsweise allgemein durch die sogenannte **Verteilungsfunktion** $F_X(t) = P(X \le t)$, wobei der Ausdruck auf der rechten Seite abkürzend steht für

$$P(X \le t) = P(\{\omega \in \Omega \mid X(\omega) \le t\}).$$

Für das Beispiel eines Würfels ist der Graph der Verteilungsfunktion in Abb. 2.15 dargestellt. Allgemein ist die Verteilungsfunktion einer Zufallsgröße deshalb so

---

[23] In solchen Fällen kann es sogenannte **Nullmengen** geben, das sind nicht leere Mengen $A \subset \Omega$ mit $P(A)=0$. Beispiele sind endliche Mengen, wenn für die Grundmenge $= \Omega[0, 1]$ durch $P([a, b]) = b - a$ ein Wahrscheinlichkeitsmaß festgelegt wird.

[24] Diese sehr technische Zusatzbedingung stellt sicher, dass man, wie wir es gleich tun wollen, Wahrscheinlichkeiten der Form $P(X \le t)$ definieren kann.

[25] In naheliegender Verallgemeinerung lassen sich auch Zufallsvektoren, das heißt mehrdimensionale Zufallsvariablen, $\mathbf{X} = (X_1, ..., X_n)$: $\Omega \to$ R^n definieren.
In allgemeinster Form nennt man Abbildungen f: $\Omega_1 \to \Omega_2$ zwischen den Grundmengen Ω_1 und Ω_2 von zwei Wahrscheinlichkeitsräumen messbar, wenn jedes Urbild einer in Ω_2 messbaren Menge eine in Ω_1 messbare Menge ist.

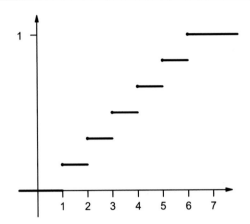

Abb. 2.15 Dargestellt ist der Graph der Verteilungsfunktion F_X, der sich für die Zufallsgröße X ergibt, die das Wurfergebnis eines symmetrischen Würfels modelliert. Erkennbar sind vier, auch allgemein für jede andere Verteilungsfunktion F_X gültige Eigenschaften: F_X ist monoton steigend mit

$$\lim_{t \to -\infty} F_X(t) = 0, \ \lim_{t \to \infty} F_X(t) = 1 \text{ und}$$

$$\lim_{\substack{\varepsilon \to 0 \\ \varepsilon > 0}} F_X(t + \varepsilon) = F_X(t) \text{ für alle } t \in \mathrm{P}.$$

Die letzte Eigenschaft wird **rechtsseitige Stetigkeit** genannt

aussagekräftig, weil aus ihr die Wahrscheinlichkeiten für alle maßgeblichen Wertebereiche, darunter insbesondere Intervalle, ausgerechnet werden können:

$$P(X \in (a,b]) = F_X(b) - F_X(a)$$
$$P(X \in [a,b]) = F_X(b) - \lim_{\substack{\varepsilon \to 0 \\ \varepsilon > 0}} F_X(a - \varepsilon)$$

Das zu einer gegebenen Wahrscheinlichkeit p gehörende Urbild t der Verteilungsfunktion wird übrigens als p-**Quantil** der Verteilung bezeichnet. Bei einer umkehrbaren Verteilungsfunktion entspricht das der Bedingung $F_X(t) = P(X \le t) = p$. Bei einer nicht umkehrbaren Verteilungsfunktionen definiert man den kleinsten Wert t mit $F_X(t) \ge p$ als p-Quantil. Das Quantil kann damit als Schwellenwert interpretiert werden. In der Statistik werden insbesondere nahezu extreme Quantile verwendet, etwa zu Wahrscheinlichkeiten wie $p = 0{,}01$; $0{,}05$; $0{,}10$; $0{,}90$; $0{,}95$ und $0{,}99$.

Wie jede Wahrscheinlichkeit lassen sich natürlich auch die gerade erörterten Wahrscheinlichkeiten $P(X \in (a,b])$ als Erwartungswert interpretieren. Explizit geht dies am einfachsten mit einer Zufallsgröße, die mit der Wahrscheinlichkeit $P(X \in (a,b])$ den Wert 1 annimmt und sonst gleich 0 ist. Eine universelle Methode, eine solche Zufallsgröße zu konstruieren, erhält man, wenn man die Funktionswerte der Zufallsgröße X mittels einer „Ausfilterung" transformiert. Es ist nämlich

$$P(X \in (a,b]) = E\big(1_{(a,b]}(X)\big),$$

wobei $1_{(a,b]}$ die sogenannte **Indikatorfunktion** zum Intervall $(a,b]$ bezeichnet, deren Funktionswerte im Intervall gleich 1 und außerhalb gleich 0 sind. Handelt es sich zum Beispiel bei X um die Zufallsgröße, die den Wurf eines symmetrischen Würfels modelliert, dann entspricht die auf das Intervall (2,4] bezogene Funktionswert-„Filterung" dem Vorgang, bei dem die Würfelseiten mit im Intervall (2,4] liegenden Werten, also 3 und 4, mit „1" und die anderen Seiten mit „0" überschrieben werden.

Die gerade beschriebene Interpretation der Wahrscheinlichkeit $P(X \in (a,b])$ macht es auch plausibel, warum Familien von Erwartungswerten wie die Momente $E(X^k)$ (für $k = 1, 2, \ldots$) einerseits und die Funktionswerte der charakteristischen Funktion $\varphi_X(t) = E(e^{itX})$ (für $t \in \mathbb{R}$) andererseits so wichtig sind: Approximiert man – im begrenzten Rahmen des Möglichen – Intervall-Indikatorfunktionen durch Polynome beziehungsweise durch periodische Funktionen, so erhält man daraus Approximationen der Verteilungsfunktion auf Basis der Momente beziehungsweise der charakteristischen Funktion.

Noch eine weitere Eigenschaft vieler Verteilungsfunktionen spielt eine äußerst wichtige Rolle: Lässt sich im Fall einer nicht endlichen Grundmenge $\Omega = \mathbb{R}$ die Verteilungsfunktion in der Form

$$P(X \leq t) = \int_{-\infty}^{t} f(u) \, du$$

darstellen, dann wird die Funktion f **Dichte** der Zufallsgröße X genannt. Auch bei der Definition des Erwartungswertes einer solchen Zufallsgröße tritt dann – soweit existent[26] – ein Integral anstelle der Summe, wie sie bei einer Zufallsgröße mit endlichem Wertebereich verwendet wird:

$$E(X) = \int_{-\infty}^{\infty} t \cdot f(t) \, dt$$

Eine Zufallsgröße, zu der sich eine Dichte angeben lässt, besitzt automatisch auch eine stetige Verteilungsfunktion – die Umkehrung gilt allerdings nicht.[27] Eine Zufallsgröße mit stetiger Verteilungsfunktion wird auch als **stetige Zufallsgröße** bezeichnet, wobei sich die Stetigkeit auch durch die Eigenschaft

---

[26] Beispiele für Zufallsgrößen ohne existierenden Erwartungswert lassen sich bereits bei der abzählbar unendlichen Grundmenge $= \Omega \mathbb{N}$ finden, was Daniel Bernoulli (1700 – 1782) schon 1738 erkannte. Das als **St. Petersburger Paradoxon** bekannte Beispiel fragt nach einem gerechten Einsatz für das Spiel, bei dem man mit der Wahrscheinlichkeit 1/2 einen Gewinn von 1, mit der Wahrscheinlichkeit von 1/4 einen Gewinn von 2, mit der Wahrscheinlichkeit von 1/8 den Gewinn von 4 und allgemein mit der Wahrscheinlichkeit von $1/2^k$ einen Gewinn in Höhe von 2^{k-1} erhält. Die Antwort ist, dass kein endlicher Wert ausreicht, für den eine solch lukrative Gewinnchance zu einem fairen Preis angeboten werden könnte.

[27] Gegenbeispiele wie die sogenannte Cantor-Verteilung sind allerdings relativ exotisch.

$P(X=t)=0$ für alle Werte $t \in \mathbb{R}$ charakterisieren lässt. Solche Zufallsgrößen, deren Werte quasi kontinuierlich über ein Intervall des Zahlenstrahls oder sogar den gesamten Zahlenstrahl verteilt sind, bilden gewissermaßen das Gegenstück zu Zufallsgrößen, die man als **diskrete Zufallsgrößen** bezeichnet: Diese Klasse von Zufallsgrößen beinhaltet per Definition alle Zufallsgrößen mit endlichem oder abzählbar unendlichem Wertebereich. Insbesondere enthalten sind damit alle Zufallsgrößen, die ausschließlich ganzzahlige Werte annehmen.

Im Abschn. 2.12 werden wir das wichtigste Beispiel einer stetigen Zufallsgröße genauer erörtern. Dabei werden die gerade angeführten Begriffe deutlicher werden.

Aufgaben

1. Zeigen Sie: Die Menge der abzählbaren Vereinigungen von offenen und abgeschlossenen Intervallen bildet eine σ-Algebra zur Grundmenge der reellen Zahlen. Man spricht von der **Borel'schen σ-Algebra**.

2. Leiten Sie für eine Zufallsgröße, deren Dichte gegeben ist, die Formel für die Varianz her.

3. Geben Sie einen Wahrscheinlichkeitsraum $(\Omega, \mathbf{F}, P)$ an, der das Zufallsexperiment des Wurfs eines Paares symmetrischer Würfel beschreibt.

4. Beweisen Sie auf Basis der Kolmogorow'schen Axiome für zwei beliebige Ereignisse A und B die auch als **allgemeines Additionsgesetz** bezeichnete Gleichung

$$P(A \cup B) = P(A) + P(B) - P(A \cap B)$$

   samt der Folgerung

$$P(A \cup B) \leq P(A) + P(B).$$

   Wie lautet die entsprechende Gesetzmäßigkeit für drei Ereignisse?

5. Beweisen Sie für zwei unabhängige Zufallsgrößen X und Y mit endlichem Wertebereich die sogenannte **Faltungsformel**, mit der die Wahrscheinlichkeitsverteilung der Zufallsgröße $X+Y$ berechnet werden kann:

$$P(X + Y = t) = \sum_{s} P(X = s) \cdot P(Y = t - s)$$

   Versuchen Sie, eine analoge Faltungsformel für den Fall aufzustellen, bei dem die Werte der beiden unabhängigen Zufallsgrößen X und Y über den gesamten Zahlenstrahl $\mathbb{R}$ verteilt sind und durch Dichten f_X und f_Y charakterisiert werden.

6. Eine **Gleichverteilung** einer Zufallsgröße im Intervall $[a, b]$ wird durch diejenige Dichte definiert, die innerhalb des Intervalls den Wert $1/(b-a)$ annimmt und außerhalb 0. Beweisen Sie $E(X)=(a+b)/2$.

2.10   Das starke Gesetz der großen Zahlen

Das Gesetz der großen Zahlen erlaubt, wie wir im letzten Kapitel gesehen haben, eine empirische Messung der Wahrscheinlichkeit eines Ereignisses. Dazu wird das betreffende Zufallsexperiment im Rahmen einer Versuchsreihe unabhängig voneinander wiederholt. Die gesuchte Wahrscheinlichkeit ergibt sich dann näherungsweise durch die in der Versuchsreihe gemessene relative Häufigkeit des Ereignisses. Abweichungen, die eine vorgegebene Schranke übersteigen, werden dabei beliebig unwahrscheinlich, sofern die Versuchsreihe genügend lang ist.

Bezieht sich diese Charakterisierung „beliebig unwahrscheinlich" nur auf die besagte Länge der Versuchsreihe oder sogar auch auf den gesamten weiteren Verlauf der Versuchsreihe?

Vielleicht klingt die Frage im ersten Moment etwas haarspalterisch. Daher soll zunächst erörtert werden, was das Gesetz der großen Zahlen in der bisherigen Formulierung besagt und was nicht.

Ausgegangen wird wieder von einem Zufallsexperiment, bei dem ein Ereignis A mit der Wahrscheinlichkeit $p = P(A)$ eintritt. Um diese Wahrscheinlichkeit empirisch zu ermitteln, wird eine Versuchsreihe veranstaltet, bei der das zugrunde liegende Experiment n-mal unabhängig voneinander wiederholt wird. Die Qualität der Approximation der Wahrscheinlichkeit p durch die empirisch gemessene relative Häufigkeit $R_{A,n}$ lässt sich dann, wie schon erörtert, mit der Ungleichung von Tschebyschow abschätzen:

$$P\left(\left|R_{A,n} - p\right| \ge \delta\right) \le \frac{p(1-p)}{n\delta^2} \overset{!}{\le} p_{\max}$$

Dabei ist die letzte Ungleichung folgendermaßen zu verstehen: Sind eine Toleranzgrenze $\delta > 0$ sowie eine Höchstwahrscheinlichkeit $p_{\max}$ beliebig vorgegeben, kann stets eine Versuchsreihenlänge n gefunden werden, so dass nach diesen n Versuchen der Approximationsfehler $|R_{A,n} - p|$ die Toleranzgrenze δ maximal mit der vorgegebenen Höchstwahrscheinlichkeit $p_{\max}$ überschreitet. Ebenso wird ersichtlich, dass die Wahrscheinlichkeit für „Ausreißer" im gleichen Maße begrenzt bleibt, wenn die Versuchsreihe verlängert wird, das heißt, wenn beispielsweise $n+1$, $2n$ oder noch mehr Experimente durchgeführt werden. Allerdings bezieht sich das einen Ausreißer charakterisierende Ereignis stets auf *eine* einzelne (genügend große) Versuchsreihenlänge. Insbesondere ist es also durchaus möglich, dass eine nicht ausreißende, aus n Experimenten bestehende, Versuchsreihe bei einer Verlängerung auf $2n$ Experiment noch zum Ausreißer wird, in dem die Toleranzgrenze δ dann übertroffen wird. Prinzipiell wäre es sogar denkbar, dass jede unendlich lange Versuchsreihe immer wieder die vorgegebene Toleranzgrenze δ überschreiten würde, so lange nur solche Ausreißer-Ereignisse immer seltener und damit – bezogen auf *eine feste* Versuchslänge – immer unwahrscheinlicher würden. Glücklicherweise kann dieses Szenario aber ausgeschlossen werden, wozu allerdings eine etwas aufwändigere Argumentation notwendig ist. Sie wird uns das sogenannte **starke Gesetz der großen Zahlen** liefern. Es besagt, dass für beliebige Vorgaben einer Toleranzgrenze $\delta > 0$ sowie einer Höchstwahrscheinlichkeit p_{max} stets eine Versuchsreihenlänge n gefunden werden kann, so dass abgesehen von seltenen Versuchsreihen-Ausreißern, deren Wahrscheinlichkeit die vorgegebene Höchstwahrscheinlichkeit p_{max} nicht übersteigt, *sämtliche* Approximationsfehler $| R_{A,n} - p |$, $| R_{A,n+1} - p |$, $| R_{A,n+2} - p |$, ... höchstens gleich der Toleranzgrenze δ sind.

Wie im letzten Kapitel werden wir eine leicht verallgemeinerte Aussage beweisen, die Erwartungswerte von Zufallsgrößen zum Gegenstand hat. Dazu legen wir eine Zufallsgröße X zugrunde, deren zugehöriges Zufallsexperiment in einer Versuchsreihe unabhängig voneinander wiederholt wird. Die entsprechenden Ergebnisse werden mit $X = X_1, X_2, X_3, \ldots$ bezeichnet. Ziel wird es wieder sein, die Güte der Approximation des Erwartungswertes $E(X)$ durch in der Versuchsreihe gemessenen Mittelwerte

$$\tfrac{1}{n}(X_1 + X_2 + \ldots + X_n)$$

zu untersuchen. Dazu gehen wir von einer beliebig vorgegebenen Toleranzgrenze δ aus. Ist Y eine beliebige Zufallsgröße, so erhalten wir zunächst mit einer Argumentation, die analog ist zur Herleitung der Ungleichung von Tschebyschow in Abschn. 2.7, die Ungleichung

$$E\big((Y - E(Y))^4\big) \geq P(|Y - E(Y)| \geq \delta) \cdot \delta^4.$$

Unter Verwendung der am Ende von Abschn. 2.5 im Ausblick *Mathematischer Ausblick: weitere Kenngrößen* definierten vierten Kumulante $\kappa_4(Y)$ erhält man daraus die folgende Abschätzung für die Wahrscheinlichkeit, dass die Zufallsgröße Y von ihrem Erwartungswerte $E(Y)$ mehr als δ abweicht:

$$P(|Y - E(Y)| \geq \delta) \leq \delta^{-4}\big(3\,Var(Y)^2 + \kappa_4(Y)\big)$$

In ihrem Aufbau ähnelt diese Abschätzung offenkundig stark der analog hergeleiteten Ungleichung von Tschebyschow. Die neue Abschätzung ist allerdings in solchen Fällen besser geeignet, in denen es darum geht, die Wahrscheinlichkeit für sehr große Abweichungen $|Y - E(Y)|$ zu untersuchen. Wie schon beim Beweis des Gesetzes der großen Zahlen, das zur Unterscheidung zum starken Gesetz der großen Zahlen auch als **schwaches Gesetz der großen Zahlen** bezeichnet wird, wählt man nun für die Zufallsgröße Y speziell den in unserer Versuchsreihe gemessenen Durchschnitt

$$Y = \tfrac{1}{n}(X_1 + X_2 + \ldots + X_n).$$

Aufgrund der Semi-Invarianz genannten Rechenregeln für die Varianz und die vierte Kumulante erhält man dafür

$$P\left(\left|\tfrac{1}{n}(X_1 + \ldots. + X_n) - E(X)\right| \geq \delta\right) \leq \delta^{-4}\left(\tfrac{3}{n^4}n^2 Var(X)^2 + \tfrac{1}{n^4}n\kappa_4(X)\right)$$

$$= \delta^{-4}n^{-2}\left(3\,Var(X)^2 + \tfrac{1}{n}\kappa_4(X)\right) \leq \frac{c(X)}{n^2\delta^4}$$

Dabei hängt die für die letzte Ungleichung eingeführte Konstante $c(X)$ nicht von der Versuchslänge n sondern nur von der Zufallsgröße X ab. Die Wahrscheinlichkeit, dass eine Versuchsreihe ab der erreichten Mindestlänge n *irgendwann* im Sinne einer Verletzung der Ungleichung

$$\left| \tfrac{1}{m}(X_1 + \dots + X_m) - E(X) \right| < \delta$$

ausreißt (und zwar für *irgendeine* Versuchslänge $m \geq n$),[28] ist damit höchstens gleich

$$\sum_{m=n,\,n+1,\dots} P\left(\left| \tfrac{1}{m}(X_1 + \dots + X_m) - E(X) \right| \geq \delta \right) \leq \frac{c(X)}{\delta^4} \sum_{m=n}^{\infty} \frac{1}{m^2} \xrightarrow[n\to\infty]{} 0$$

Die zuletzt formulierte Konvergenz gegen 0 folgt direkt aus der Konvergenz der zur Abschätzung nach oben verwendeten Reihe.[29] Mit dieser Konvergenz ist zugleich die gewünschte Aussage bewiesen: Für eine beliebig vorgegebene Toleranzgrenze $\delta > 0$ sowie eine ebenfalls beliebig vorgegebene Höchstwahrscheinlichkeit $p_{\max}$ kann stets eine Versuchsreihenlänge n gefunden werden, so dass abgesehen von seltenen Versuchsreihen-Ausreißern, deren Wahrscheinlichkeit die vorgegebene Höchstwahrscheinlichkeit $p_{\max}$ nicht übersteigt, *sämtliche* Approximationsfehler

$$\left| \tfrac{1}{n}(X_1 + \dots + X_n) - E(X) \right|, \ \left| \tfrac{1}{n+1}(X_1 + \dots + X_{n+1}) - E(X) \right|, \dots$$

höchstens gleich der Toleranzgrenze δ sind.

Es bleibt anzumerken, dass das starke Gesetz der großen Zahlen üblicherweise in einer etwas anderen, geringfügig schärferen Form formuliert wird. Gegenstand dieser Variante ist das Ereignis, das alle Versuchsreihenverläufe[30] ω umfasst, für welche die Folge der darin gemessenen Mittelwerte

$$\tfrac{1}{n}(X_1 + X_2 + \dots + X_n)(\omega)$$

---

[28] Soll das betreffende Ereignis formal charakterisiert werden, muss zunächst eine Ergebnismenge Ω konstruiert werden, die den möglichen Verläufen der (unendlichen) Versuchsreihe entspricht. Dann ist

$$\bigcup_{m=n,\,n+1,\dots} \left\{ \omega \in \Omega \ \middle| \ \left| \tfrac{1}{m}(X_1(\omega) + \dots + X_m(\omega)) - E(X) \right| \geq \delta \right\}$$

das Ereignis, dass zumindest einer der nach Versuchsreihen der Länge n, $n+1$, ... gemessenen Durchschnitte um mindestens δ vom Erwartungswert $E(X)$ abweicht. Wegen $P(A_n \cup A_{n+1} \cup \dots) \leq P(A_n) + P(A_{n+1}) + \dots$ für beliebige Ereignisse A_n, A_{n+1}, ... folgt die angegebene Obergrenze für die Wahrscheinlichkeit.

[29] Wer es explizit mag, kann die folgende Abschätzung verwenden:

$$\sum_{m=n}^{\infty} \tfrac{1}{m^2} \leq \int_{n-1}^{\infty} \tfrac{1}{t^2}\,dt = \left[-\tfrac{1}{t} \right]_{n-1}^{\infty} = \tfrac{1}{n-1}$$

[30] Damit ist ein auf die unendliche Versuchsreihe bezogenes Ergebnis gemeint, das für jedes einzelne Teilexperiment der Versuchsreihe ein Ergebnis beinhaltet.

nicht gegen den Erwartungswert $E(X)$ konvergiert. Dieses Ereignis der Nicht-Konvergenz besitzt, so besagt die modifizierte Formulierung des starken Gesetzes der großen Zahlen, die Wahrscheinlichkeit 0. Das Ereignis, über deren Wahrscheinlichkeit eine Aussage getroffen wird, nimmt also – abweichend von der schon bewiesenen Version – direkten Bezug auf die unendliche Versuchsreihe.

Auch wenn das Ereignis der Nicht-Konvergenz die Wahrscheinlichkeit 0 besitzt, ist es *nicht unmöglich:* So sind bei der unendlichen, aus lauter Einsen bestehenden, Würfelserie alle empirisch beobachtbaren Mittelwerte gleich 1. Die Folge der Mittelwerte konvergiert damit *nicht* gegen 3,5. Trotzdem ist diese Einser-Wurfserie theoretisch genauso denkbar wie jede andere Folge von Ergebnissen, und damit alles andere als unmöglich.

Herleiten lässt sich die zweite Version des starken Gesetzes der großen Zahlen durch ein paar formale Überlegungen, die üblicherweise in Form eines als **Lemma von Borel-Cantelli** bezeichneten Satzes zusammengefasst werden.[31]

Das starke Gesetz der großen Zahlen untermauert nochmals die Bedeutung der theoretischen Begriffe *Wahrscheinlichkeit* und *Erwartungswert* für den Bereich der empirischen Datenerhebung: Man stelle sich dazu einfach einmal hypothetisch vor, dass Versuchsreihen nur dem schwachen, aber nicht dem starken Gesetz der großen Zahlen genügen würden. „Ausreißer" könnten damit im Verlauf

---

[31] Zur Abkürzung bezeichnet man mit N die Menge jener Versuchsreihenverläufe $\omega \in \Omega$, für die keine Konvergenz vorliegt sowie mit D_m die Zufallsgröße, die dem Approximationsfehler entspricht, der sich bei einer Versuchsreihe mit m Experimenten ergibt:

$$D_m = \left| \tfrac{1}{m}(X_1 + \dots + X_m) - E(X) \right|$$

Ein Versuchsreihenverlauf $\omega \in \Omega$ gehört genau dann zur Menge N der Versuchsreihenverläufe ohne Konvergenz, wenn es eine Distanz $1/k$ gibt, die mit fortschreitender Versuchslänge m immer wieder erreicht oder überschritten wird:

$$N = \bigcup_{k=1}^{\infty} \left\{ \omega \in \Omega \mid D_m(\omega) \geq \tfrac{1}{k} \text{ für unendlich viele } m \right\}$$

Damit gibt es eine Distanz $= \delta 1/k_0$ mit

$$P\left(\{\omega \in \Omega \mid D_m(\omega) \geq \delta \text{ für unendlich viele } m\}\right) \geq \tfrac{1}{2}P(N),$$

denn im Fall von $P(N)=0$ ist dies trivial, und ansonsten bilden die Wahrscheinlichkeiten

$$P\left(\left\{\omega \in \Omega \mid D_m(\omega) \geq \tfrac{1}{k} \text{ für unendlich viele } m\right\}\right)$$

für $k = 1, 2, 3, \dots$ eine monoton steigende Folge mit $P(N)$ als Grenzwert.
    Unabhängig von einem beliebig groß gewählten Wert n gilt aber

$$\{\omega \in \Omega \mid D_m(\omega) \geq \delta \text{ für unendlich viele } m\} \subset \bigcup_{m=n}^{\infty} \{\omega \in \Omega \mid D_m(\omega) \geq \delta\},$$

so dass wegen

$$\tfrac{1}{2}P(N) \leq P\left(\bigcup_{m=n}^{\infty} \{\omega \in \Omega \mid D_m(\omega) \geq \delta\}\right) \leq \sum_{m=n}^{\infty} P\left(\{\omega \in \Omega \mid D_m(\omega) \geq \delta\}\right) \xrightarrow[n \to \infty]{} 0$$

wie gewünscht $P(N)=0$ folgt.

einer Versuchsreihe immer wieder auftreten. Gesichert wäre einzig, dass solche „Ausreißer" immer seltener werden müssten. Eine nachhaltige Stabilisierung von Beobachtungswerten hin zu einem theoretischen Idealwert – ob Wahrscheinlichkeit oder Erwartungswert – würde also nicht vorliegen. Es gäbe sogar eine positive Wahrscheinlichkeit für eine Nicht-Konvergenz. Und damit wird klar, dass eigentlich erst das starke Gesetz der großen Zahlen genau jene Aussage beinhaltet, die man intuitiv vielleicht bereits vom schwachen Gesetz erhofft hat!

Es ist daher schon etwas verwunderlich, dass zwischen den Entdeckungen beider Ausprägungen des Gesetzes der großen Zahlen über zweihundert Jahre lagen: Nachdem Jakob Bernoulli die erste Version des schwachen Gesetzes, die er als „goldenes Theorem" bezeichnete, um 1690 erkannt hatte (die Veröffentlichung erfolgte erst 1713 postum), dauerte es bis 1909, bis Émile Borel[32] (1871–1956) die erste, für eine Serie von Münzwürfen gültige, Version des starken Gesetzes der großen Zahlen entdeckte. Die erste allgemeinere Version wurde 1917 von Francesco Paolo Cantelli (1875–1966) bewiesen. Da die zugehörige mathematische Argumentation nicht übermäßig schwierig ist, kann man mit gutem Grund mutmaßen, dass zuvor wohl niemand die Notwendigkeit gesehen hat, die Gültigkeit solcher Aussagen zu untersuchen.

Der Begriff „Gesetz der großen Zahlen" geht übrigens auf Siméon-Denis Poisson (1781–1840) zurück, der ihn 1835 erstmals gebrauchte. Der begriffliche Zusatz „stark" für die Borel-Cantelli-artigen Verallgemeinerungen wurde 1928 von Aleksandr Jakowlewitsch Chintischin (1894–1959) eingeführt.

Konvergenzbegriffe der Wahrscheinlichkeitsrechnung

Es wurde bereits darauf hingewiesen, dass die dem (schwachen) Gesetz der großen Zahlen entsprechende Aussage auch als stochastische Konvergenz bezeichnet wird. Offenkundig handelt es sich auch beim starken Gesetz der großen Zahlen um eine Art von Konvergenz, nämlich um eine solche, die mit der Wahrscheinlichkeit 1 stattfindet. Da es darüber hinaus in der Wahrscheinlichkeitsrechnung noch diverse andere Arten von Konvergenz gibt, ist es zweifelsohne sinnvoll, diesbezüglich zumindest einen kurzen Ausblick zu geben.

Konvergenz ist generell eine Eigenschaft von Folgen. Handelt es sich um eine Folge von Zahlen $x_1, x_2, \ldots$, so ist die Sache relativ einfach: Eine Konvergenz gegen einen Grenzwert x liegt bekanntlich genau dann vor, wenn zu jeder beliebig klein vorgegebenen Abweichung $\varepsilon > 0$ sämtliche Differenzen $|x_n - x|$ ab einem von ε abhängenden Mindestwert $n_0(\varepsilon)$, das heißt für alle Werte $n \geq n_0(\varepsilon)$, kleiner als ε sind.

Etwas schwieriger wird es bereits bei Folgen von reellwertigen *Funktionen*, wo man insbesondere zwischen der gleichmäßigen Konvergenz und der punktweisen Konvergenz unterscheidet. Wir erinnern daran, dass sich der Unterschied darauf bezieht, ob der von ε abhängige Mindestwert $n_0(\varepsilon)$ jeweils einheitlich für den gesamten Definitionsbereich oder nur jeweils abgestimmt auf ein einzelnes Element des Definitionsbereiches gefunden werden kann. Für Funktionen gebräuchlich sind sogar noch weitere Konvergenzarten, denen Abstandsbegriffe

---

[32] Neben seinen bedeutenden Beiträgen zu verschiedenen mathematischen Disziplinen war Émile Borel langjähriges Mitglied der französischen Abgeordnetenkammer und 1925 sogar kurzzeitig Marineminister – im Kabinett des Premierministers und Mathematiker-Kollegen Paul Painlevé (1863–1933).

zwischen zwei Funktionen f und g zugrunde liegen, die sich aus einer Integration von $|f-g|^p$ ergeben.

Da es sich bei Zufallsgrößen mathematisch-formal um reellwertige Funktionen $X \colon \Omega \to \mathrm{R}$ handelt, orientieren sich die Konvergenzüberlegungen für Zufallsgrößen an jenen für Funktionen. Allerdings resultiert die entscheidende Schwierigkeit, die dabei zu berücksichtigen ist, aus der stochastischen Unsicherheit, der die zu formulierenden Aussagen naturgemäß unterworfen sind. Ausgegangen wird von einer Folge von Zufallsgrößen $X_1, X_2, \ldots$ und der gegebenenfalls als Limes zu charakterisierenden Zufallsgröße X. Formal muss eine Ereignismenge Ω samt σ-Algebra und Wahrscheinlichkeitsmaß P vorliegen (oder konstruiert werden), auf deren Basis sich die genannten Zufallsgrößen $X, X_1, X_2, \ldots$ als reellwertige Funktionen $\Omega \to \mathrm{R}$ auffassen lassen.

Von einer **stochastischen Konvergenz** oder auch **Konvergenz in Wahrscheinlichkeit**, abgekürzt durch

$$X_n \xrightarrow[P]{} X,$$

spricht man, falls für jedes $\varepsilon > 0$

$$\lim_{n \to \infty} P(|X_n - X| > \varepsilon) = 0$$

gilt. Die Definition der stochastischen Konvergenz stellt also Anforderungen an die Wahrscheinlichkeiten solcher Ereignisse $\{\omega \in \Omega \mid |X_n(\omega) - X(\omega)| > \varepsilon\}$, die jeweils auf Basis *eines einzelnen* Folgengliedes X_n definiert sind: Eine Abweichung, die den beliebig vorgegebenen Höchstwert $\varepsilon > 0$ überschreitet, muss mit Fortschreiten der Reihe beliebig unwahrscheinlich werden. Wir kennen solche Sachverhalte bereits vom schwachen Gesetz der großen Zahlen. Dessen Aussage, die für eine Folge von identisch verteilten und voneinander unabhängigen Zufallsgrößen $Y = Y_1, Y_2, \ldots$ gilt, lässt sich nun kurz wie folgt formulieren:

$$\frac{1}{n}(Y_1 + \ldots + Y_n) \xrightarrow[P]{} E(Y)$$

Von einer **fast sicheren Konvergenz** oder auch **Konvergenz mit Wahrscheinlichkeit 1**, abgekürzt durch

$$X_n \xrightarrow[f.s.]{} X,$$

spricht man, wenn eine punktweise Konvergenz vorliegt, wobei allerdings Ausnahmen mit der Wahrscheinlichkeit 0 zugelassen sind:

$$P\left(\left\{\omega \in \Omega \;\middle|\; \lim_{n \to \infty} X_n(\omega) = X(\omega)\right\}\right) = 1$$

Äquivalent zu dieser Bedingung ist – wozu wieder wie in Fußnote 31 argumentiert werden kann – die für jedes $\varepsilon > 0$ zu erfüllende Bedingung

$$\lim_{n \to \infty} P\left(\sup_{m \geq n} |X_m - X| > \varepsilon\right) = 0.$$

Die letzte Bedingung verdeutlicht sehr schön den Unterschied zwischen der stochastischen Konvergenz und der fast sicheren Konvergenz: Ein „Ausreißer" im Sinne der stochastischen Konvergenz liegt vor, wenn der vorgegebene Höchstabstand ε bei der aktuell betrachteten Versuchslänge n überschritten wird. Dagegen reicht es für einen „Ausreißer" im Sinne der fast sicheren Konvergenz bereits aus, wenn bei *irgendeiner* Versuchslänge m oberhalb des aktuell betrachteten Wertes n der Höchstabstand ε übertroffen wird.

Die zur Definition der fast sicheren Konvergenz verwendete Anforderung orientiert sich am starken Gesetz der großen Zahlen. Dessen Aussage, die für eine Folge von identisch verteilten und voneinander unabhängigen Zufallsgrößen $Y = Y_1, Y_2, \ldots$ gilt, kann nun in der folgenden Weise formuliert werden:

$$\frac{1}{n}(Y_1 + \ldots + Y_n) \underset{f.s.}{\longrightarrow} E(Y).$$

Offensichtlich impliziert die fast sichere Konvergenz immer auch die schwache Konvergenz. Wichtig ist aber auch noch eine weitere, deutlich schwächere Form der Konvergenz, die sogenannte **Verteilungskonvergenz**, **Konvergenz nach Verteilung** oder auch **schwache Konvergenz**, die mit

$$X_n \underset{d}{\longrightarrow} X$$

abgekürzt wird (d steht für *distribution*, dem englischen Wort für Verteilung): Diese liegt genau dann vor, wenn in jedem Stetigkeitspunkt t der Verteilungsfunktion F_X eine punktweise Konvergenz der Verteilungsfunktionen

$$F_{X_n}(t) \to F(t)$$

vorliegt. Von einer starken Verteilungskonvergenz spricht man übrigens, wenn die Konvergenz der Verteilungsfunktionen gleichmäßig ist.

Eine Konvergenz der Verteilungsfunktionen kann im Anwendungsfall äußerst praktisch sein, und zwar insbesondere dann, wenn komplizierte Verteilungen, wie sie in Versuchsreihen auftreten, durch einfach zu berechnende Grenzverteilungen näherungsweise berechnet werden können. Den wichtigsten Spezialfall werden wir im nächsten Kapitel kennenlernen. Man sollte aber stets bedenken, dass die Konvergenz einer Verteilungsfunktion *nicht* zur Folge hat, dass die Werte der Zufallsgröße $X_n(\omega)$ auch nur teil- oder ansatzweise irgendein Konvergenzverhalten zeigen! Die Werte $X_n(\omega)$ müssen also keineswegs ein sich auf lange Dauer stabilisierendes Verhalten aufweisen.[33]

Weitere Konvergenzarten wie die sogenannte **Konvergenz im p-ten Mittel**, für welche die Bedingung

$$\lim_{n \to \infty} E(|X_n - X|^p) = 0$$

erfüllt sein muss, werden wir nicht verwenden und seien daher hier nur der Vollständigkeit halber am Rande erwähnt.

---

[33] Ein anschauliches Beispiel, das in Abschn. 1.16 meines Buches *Glück, Logik und Bluff: Mathematik im Spiel – Methoden, Ergebnisse und Grenzen* detailliert erörtert wird, ist das Spiel Monopoly. Konkret betrachten wir die Folge der Zufallsgrößen $X_1, X_2, \ldots$, welche die Positionen einer Spielfigur widerspiegeln, die ausgehend vom Feld „Los" Wurf für Wurf erreicht werden. Die Wahrscheinlichkeitsverteilung für die nach dem n-ten Wurf erreichte Feldnummer X_n konvergiert – so lässt sich zeigen – gegen eine ganz bestimmte Verteilung (diese hat übrigens unter anderem die Eigenschaft, dass die Wahrscheinlichkeit des „Opernplatzes" die der „Parkstraße" um 48 % übersteigt). Die für eine konkrete Würfelsequenz ω entstehende Folge von Feldnummern $X_1(\omega), X_2(\omega), \ldots$ selbst zeigt aber keinerlei Konvergenzverhalten, da die Spielfigur mit jedem Zug wieder erneut bewegt wird.

Würfelspiele, bei denen auch die durch konkrete Würfelsequenzen ω entstehende Folge von Feldnummern $X_1(\omega), X_2(\omega), \ldots$ fast sicher konvergiert, sind klassische Start-Ziel-Würfelspiele wie das Leiterspiel.

Aufgaben

1. Durch das n-malige Werfen einer symmetrischen Münze werde der Wert $X_n(\omega)$ einer Zufallsgröße X_n folgendermaßen definiert: Bei einer geraden Anzahl von geworfenen „Zahl"-Ereignissen ist der Wert gleich 0, ansonsten gleich 1. In welcher Hinsicht liegt eine Konvergenz gegen die Gleichverteilung vor? Das heißt, liegt eine schwache, stochastische oder gar fast sichere Konvergenz vor?

2. Setzt man beim Roulette auf „Rot", gewinnt man mit der Wahrscheinlichkeit von 18/37 den doppelten Einsatz. Ergänzend ändern wir die normale Spielregel dahingehend, dass beim Komplementärereignis nur die Hälfte des Einsatzes verloren wird. Wir wollen nun die Spielweise analysieren, bei der ausgehend vom Startkapital $X_0 = 1$ in jedem Spiel das gesamte Kapital auf „Rot" gesetzt wird. Dazu definieren wir eine Folge $(X_n)_n$ von Zufallsgrößen dadurch, dass der Wert der Zufallsgröße X_n gleich dem Kapital nach n Spielen ist.

   Besitzt die so definierte Folge einen Limes und wenn ja, auf Basis von welchen Konvergenzbegriffen. Welches Grenzwertverhalten zeigt der Erwartungswert $E(X_n)$?

3. Beweisen Sie, dass für zwei stochastisch konvergente Folgen von Zufallsgrößen $(X_n)_n$ und $(Y_n)_n$, die auf dem gleichen Maßraum definiert sind, der Limes der Summen gleich der Summe der beiden Limites ist.

4. Beweisen Sie die zu Aufgabe 3 analoge Aussage für Produkte.

5. Beweisen Sie die zu Aufgaben 3 und 4 analogen Aussagen für den Fall von zwei mit Wahrscheinlichkeit 1 konvergenten Folgen von Zufallsgrößen.

6. Suchen Sie zwei Folgen von Zufallsgrößen, die beide nach Verteilung konvergieren, ohne dass ihre Summen verteilungskonvergent sind.

2.11   Der Zentrale Grenzwertsatz

Ein Zufallsexperiment wird im Rahmen einer Versuchsreihe unabhängig voneinander wiederholt. Gesucht sind Aussagen über die relativen Häufigkeiten für ein Ereignis, das innerhalb des Einzelexperimentes beobachtet werden kann.

Zwar macht die Ungleichung von Tschebyschow, die zum Beweis des Gesetzes der großen Zahlen verwendet wurde, Aussagen darüber, wie schnell und sicher die Trendbildung bei den relativen Häufigkeiten der erzielten Treffer in einer Versuchsreihe mindestens vonstattengeht. Allerdings sind diese Aussagen im Vergleich zum tatsächlichen Voranschreiten des Trends sehr grob. Insofern sind präzisere Angaben darüber wünschenswert, wie wahrscheinlich bestimmte Trefferhäufigkeiten innerhalb der Versuchsreihe sind. Dazu werden wir sowohl exakte Formeln als auch verbesserte Näherungsformeln herleiten, die sehr allgemein gelten und denen eine höchst wichtige Gesetzmäßigkeit der Wahrscheinlichkeitsrechnung und Statistik zugrunde liegt.

Zur Herleitung solcher Formeln gehen wir von einem Bernoulli-Experiment aus, dem das Ereignis A samt zugehöriger Wahrscheinlichkeit $p = P(A)$ zugrundeliegt. Das Zufallsexperiment wird in einer Versuchsreihe n-mal unabhängig voneinander wiederholt. Wir interessieren uns nun dafür, wie wahrscheinlich in Bezug auf das Ereignis A die möglichen Trefferhäufigkeiten $k = 0$, 1, ..., n sind.

Im konkreten Fall fragen wir also beispielsweise danach, wie wahrscheinlich es ist, in $n = 5$ Würfelversuchen genau $k = 2$ Sechsen zu werfen. Dabei können die beiden Treffer durch unterschiedliche Verläufe der Versuchsreihe zustande kommen, zum Beispiel durch

Treffer, Nicht-Treffer, Treffer, Nicht-Treffer, Nicht-Treffer

oder

Nicht-Treffer, Treffer, Nicht-Treffer, Treffer, Nicht-Treffer

und so weiter. Jeder einzelne dieser Verläufe besitzt die Wahrscheinlichkeit

$$p \cdot p \cdot (1 - p) \cdot (1 - p) \cdot (1 - p) = p^2(1 - p)^3,$$

wobei für das konkrete Beispiel des Ereignisses, mit einem Würfel eine Sechs zu werfen, $p = 1/6$ gilt. Die möglichen Verläufe der Versuchsreihe, in denen genau $k = 2$ Treffer vorkommen, entsprechen den Möglichkeiten, zwei aus fünf Zahlen 1, 2, 3, 4, 5 auszuwählen. Dafür gibt es insgesamt 10 Möglichkeiten:

$$1 - 2, 1 - 3, 1 - 4, 1 - 5, 2 - 3, 2 - 4, 2 - 5, 3 - 4, 3 - 5, 4 - 5$$

Auch allgemein gibt es bei n Einzelversuchen für das Erreichen von genau k Treffern so viele Verläufe von Versuchsreihen, wie es Möglichkeiten gibt, k Zahlen aus insgesamt n Zahlen auszuwählen – nämlich entsprechend den Nummern von denjenigen Versuchen, die zu einem Treffer führen. Wie sich eine solche Anzahl allgemein berechnen lässt, wurde bereits in Abschn. 2.2 erörtert. Demgemäß ist die Wahrscheinlichkeit, in fünf Würfen genau zwei Sechsen zu werfen, gleich

$$\binom{5}{2} \cdot \left(\frac{1}{6}\right)^2 \cdot \left(\frac{5}{6}\right)^3 = 10\frac{5^3}{6^5} \approx 0,161.$$

Die Wahrscheinlichkeiten für die relativen Häufigkeiten von erzielten Sechsen in 6, 30, 60 oder 120 Würfen sind in Abb. 2.16 graphisch dargestellt. Wir wollen im Folgenden untersuchen, wie der dort visuell erkennbare Trend mathematisch präzise charakterisiert werden kann.

Dazu kehren wir wieder zurück zur allgemeinen Situation eines Bernoulli-Experiments mit der Trefferwahrscheinlichkeit $p = P(A)$ für das Ereignis A und der Nicht-Treffer-Wahrscheinlichkeit $q = 1 - p$. Bei n unabhängigen Versuchen ist die Wahrscheinlichkeit für genau k Treffer, was der relativen Häufigkeit $R_{A,n} = k/n$ entspricht, gleich

$$P\left(R_{A,n} = \tfrac{k}{n}\right) = \binom{n}{k} p^k q^{n-k}.$$

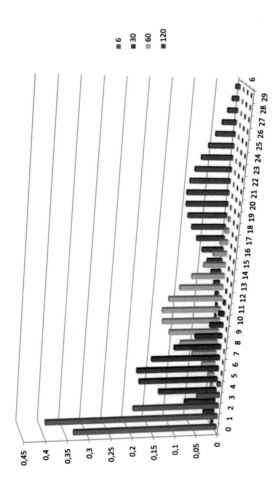

Abb. 2.16 Binomialverteilungen für $n = 6$, 30, 60 und 120 Versuche zur Trefferwahrscheinlichkeit $p = 1/6$: Wie wahrscheinlich sind bei n Würfen die möglichen Häufigkeiten von Sechsen?

Aufgrund des in dieser Formel enthaltenen Binomialkoeffizienten wird die Wahrscheinlichkeitsverteilung für die (absoluten) Häufigkeiten auch **Binomialverteilung** genannt. Die Tatsache, dass eine Zufallsgröße X binomialverteilt ist, wird oft mit $X \sim Bin(n, p)$ abgekürzt. Damit gilt insbesondere

$$n \cdot R_{A,n} \sim Bin(n,p).$$

Zwar kann mit der letzten Formel die in Abb. 2.16 erkennbare Trendbildung innerhalb einer Versuchsreihe im Prinzip rechnerisch völlig exakt nachvollzogen werden. Allerdings geht die absolute Exaktheit zu Lasten der Übersichtlichkeit: Noch nicht einmal der Erwartungswert $E(n \cdot R_{A,n}) = pn$, dessen Wert wegen $E(R_{A,1}) = p$ und der Additivität für Erwartungswerte völlig offensichtlich ist, kann unmittelbar aus der Binomialformel abgelesen werden. Ebenso ist nicht direkt ersichtlich, welcher Wert einer Zufallsgröße $R_{A,n}$ die höchste Wahrscheinlichkeit besitzt. Schließlich ist die Formel der Binomialverteilung für große Werte k und n rechnerisch schwer anzuwenden. Ein Beispiel dazu ist die Wahrscheinlichkeit, nach der in der Eingangsfrage von Abschn. 2.8 gefragt wurde: Die Wahrscheinlichkeit, dass in 6000 Würfen eines symmetrischen Würfels höchstens 700 Sechsen geworfen werden, ist gleich

$$P(R_{A,6000} \leq 700/6000) = \sum_{k=0}^{700} \binom{6000}{k} \cdot \left(\frac{1}{6}\right)^k \cdot \left(\frac{5}{6}\right)^{6000-k}.$$

Diese Formel sieht nicht nur sehr kompliziert aus. Ohne Computer ist es völlig aussichtslos, Ausdrücke wie zum Beispiel den letzten Summanden, nämlich

$$\frac{6000!}{700! \cdot 5300!} \cdot \frac{5^{5300}}{6^{6000}},$$

berechnen zu wollen. Zwar gibt es deutlich praktikablere Verfahrensweisen, mit denen die Summanden nacheinander jeweils aus dem Wert des unmittelbar vorausgehenden Summanden berechnet werden können.[34] Trotzdem verdeutlicht das Beispiel den Bedarf für eine einfach handzuhabende Approximationsformel.

Eine solche Approximationsformel gibt es in der Tat, die, wie bereits bemerkt, sehr universell gültig ist. Die Approximationsformel gilt nicht nur für

---

[34] Eine solche, rekursiv genannte, Berechnungsweise kann mittels der Formel

$$P\left(R_{A,n} = \frac{k}{n}\right) = \binom{n}{k} p^k q^{n-k} = \frac{p(n-k+1)}{qk} P\left(R_{A,n} = \frac{k-1}{n}\right)$$

erfolgen. Der darin enthaltene Faktor zeigt auch, dass die Wahrscheinlichkeiten für Werte k mit $k \leq pn + p$ ansteigen und dann wieder fallen:

$$\frac{p(n-k+1)}{(1-p)k} = \frac{pn+p-k+(1-p)k}{(1-p)k} = \frac{pn+p-k}{(1-p)k} + 1$$

Die maximale Wahrscheinlichkeit wird also für einen ganzzahligen Wert k erreicht, dessen Abstand zum Erwartungswert pn kleiner als 1 ist.

beliebige Wahrscheinlichkeiten p, sondern weit über Binomialverteilungen, also Wahrscheinlichkeiten der Form $P(R_{A,n} \leq x)$, hinaus. Zum Beispiel ist die Approximationsformel ebenso für die Summe von Würfelergebnissen anwendbar oder generell für jede Summe $S = X_1 + \ldots + X_n$ von untereinander gleichverteilten und unabhängigen Zufallsgrößen $X_1, \ldots, X_n$ und sogar noch deutlich darüber hinaus. Eine Visualisierung des zugrunde liegenden Trends zeigt Abb. 2.17 anhand von drei Zufallsgrößen: Zu jeder der drei Zufallsgrößen sind farblich differenziert die Häufigkeitsverteilungen zu jeweils vier Versuchsanzahlen dargestellt. Dabei wurden die Versuchsanzahlen so gewählt, dass die in gleicher Farbe dargestellten Häufigkeitsverteilungen ungefähr gleiche Standardabweichungen aufweisen.

Folgender Trend wird sich zeigen: Eine sich auf den Wert der summierten Zufallsgröße S beziehende Wahrscheinlichkeit wie $P(S \leq x)$ hängt für eine genügend große Versuchsanzahl n nur davon ab, wie groß der Wert x in Relation zum Erwartungswert und zur Standardabweichung der Summe S ist. Konkret maßgebend ist nur der Wert $x' = (x - E(S))/\sigma(S)$, aus dem die Näherung für die Wahrscheinlichkeit $P(S \leq x)$ berechnet werden kann. Dabei spiegelt der normalisierte Wert x' wider, wie stark der eigentliche Wert x vom Erwartungswert $E(S)$ abweicht, und zwar gemessen relativ zur Standardabweichung $\sigma(S) > 0$. Für jede zugrunde liegende Wahrscheinlichkeitsverteilung der Zufallsgrößen $X_1, \ldots, X_n$ erhält man dann mit Hilfe von diesem normalisierten Wert x' eine universelle Approximation für die Wahrscheinlichkeit $P(S \leq x) = P(X_1 + \ldots + X_n \leq x)$. Sie basiert auf einer einzigen Funktion Φ, die daher eine eminent wichtige Rolle in der Wahrscheinlichkeitsrechnung und Statistik, aber auch darüber hinaus, spielt:

$$P(S \leq x) \approx \Phi(x') = \Phi\left(\tfrac{x - E(S)}{\sigma(S)}\right)$$

Zugunsten einiger Erläuterungen von Folgerungen stellen wir die Details darüber, wie die Funktion Φ definiert ist und welche Eigenschaften sie besitzt, noch etwas zurück. Als erste Folgerung ergibt sich eine Approximation für die Wahrscheinlichkeit dafür, dass der Wert der summierten Zufallsgröße S in einem bestimmten Intervall liegt:

$$P(a \leq S \leq b) \approx \Phi\left(\tfrac{b - E(S)}{\sigma(S)}\right) - \Phi\left(\tfrac{a - E(S)}{\sigma(S)}\right)$$

Bezieht man dieses Resultat auf die ursprüngliche Folge $X_1, X_2, \ldots$ von identisch verteilten und voneinander unabhängigen Zufallsgrößen mit dem Erwartungswert $m = E(X_j)$ und der Standardabweichung $\sigma = \sigma(X_j) > 0$, dann erhält man die als **Zentraler Grenzwertsatz** bezeichnete Grenzwerteigenschaft:

$$P(a \leq X_1 + \ldots + X_n \leq b) \xrightarrow{n \to \infty} \Phi\left(\tfrac{b - nm}{\sigma\sqrt{n}}\right) - \Phi\left(\tfrac{a - nm}{\sigma\sqrt{n}}\right)$$

Äquivalent dazu ist die Approximation, deren Genauigkeit mit steigender Versuchsanzahl n beliebig gut wird:

$$P(nm + a\sigma\sqrt{n} \leq X_1 + \ldots + X_n \leq nm + b\sigma\sqrt{n}) \approx \Phi(b) - \Phi(a)$$

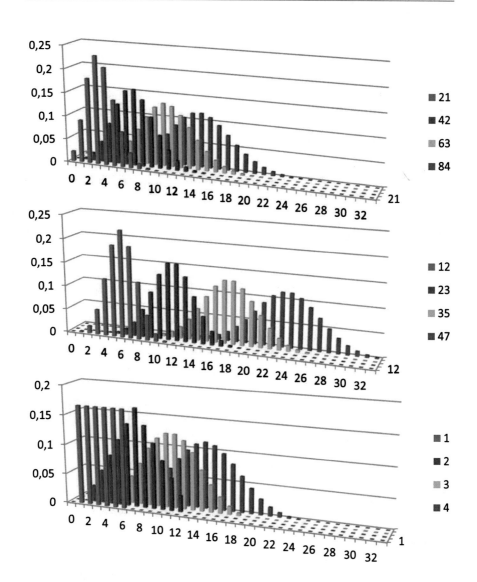

Abb. 2.17 Häufigkeitsverteilungen für das Ereignis „Zahl" beim Münzwurf (oben, $p=\frac{1}{2}$), für eine Sechs beim Würfeln (Mitte, $p=1/6$) und für die Augensumme beim Würfeln (unten). Jeweils für vier verschiedene Versuchsanzahlen

Dabei kann die Wahrscheinlichkeit auf der linken Seite auch umgeformt werden:

$$P\left(a \leq \frac{X_1+\ldots+X_n-nm}{\sigma\sqrt{n}} \leq b\right) \approx \Phi(b) - \Phi(a)$$

Tab. 2.2 Einige Werte der (Standard-)Normalverteilung. Zu einem negativen Argument $-x$ kann man die Identität $\Phi(-x) = 1 - \Phi(x)$ verwenden

x	$\Phi(x)$	x	$\Phi(x)$	x	$\Phi(x)$	x	$\Phi(x)$	x	$\Phi(x)$	x	$\Phi(x)$
0,00	0,50000	0,50	0,69146	1,00	0,84134	1,50	0,93319	2,00	0,97725	2,50	0,99379
0,05	0,51994	0,55	0,70884	1,05	0,85314	1,55	0,93943	2,05	0,97982	2,55	0,99461
0,10	0,53983	0,60	0,72575	1,10	0,86433	1,60	0,94520	2,10	0,98214	2,60	0,99534
0,15	0,55962	0,65	0,74215	1,15	0,87493	1,65	0,95053	2,15	0,98422	2,65	0,99598
0,20	0,57926	0,70	0,75804	1,20	0,88493	1,70	0,95543	2,20	0,98610	2,70	0,99653
0,25	0,59871	0,75	0,77337	1,25	0,89435	1,75	0,95994	2,25	0,98778	2,75	0,99702
0,30	0,61791	0,80	0,78814	1,30	0,90320	1,80	0,96407	2,30	0,98928	2,80	0,99744
0,35	0,63683	0,85	0,80234	1,35	0,91149	1,85	0,96784	2,35	0,99061	2,85	0,99781
0,40	0,65542	0,90	0,81594	1,40	0,91924	1,90	0,97128	2,40	0,99180	2,90	0,99813
0,45	0,67364	0,95	0,82894	1,45	0,92647	1,95	0,97441	2,45	0,99286	2,95	0,99841

Kommen wir nun noch zum Spezialfall, welcher der Eingangsfrage zugrunde liegt. Dabei sind die Zufallsgrößen X_1, X_2, … durch ein Serie von Bernoulli-Experimenten zum Ereignis A mit der Trefferwahrscheinlichkeit $p = P(A)$ definiert. Für die Wahrscheinlichkeit, dass die relative Trefferhäufigkeit für das Ereignis A in einem bestimmten Bereich liegt, ergibt sich:

$$P\left(p + a\sqrt{\frac{p(1-p)}{n}} \le R_{A,n} \le p + b\sqrt{\frac{p(1-p)}{n}}\right) \xrightarrow{n \to \infty} \Phi(b) - \Phi(a)$$

Zwar lassen sich die exakten Wahrscheinlichkeiten im Spezialfall einer Binomialverteilung einfach mit einem Computer, etwa mit einem Tabellen-kalkulationsprogramm wie EXCEL, berechnen. Aber in vergangenen, vor-digitalen Zeiten, in denen in Büchern abgedruckte Tabellen die einzige Möglichkeit eröffneten, Approximationen praktisch durchzuführen, waren universell gültige Gesetzmäßigkeiten wie der Zentrale Grenzwertsatz auch für numerische Anwendungen unverzichtbar. Und zu diesem Zweck reicht bereits die Tabellierung einer einzigen Funktion aus, nämlich der Funktion Φ wie in Tab. 2.2. Den dort angegebenen Namen **Normalverteilung** werden wir später noch erläutern.

Als erste quantitative Anwendung wollen wir uns davon überzeugen, dass der Zentrale Grenzwertsatz deutlich schärfere Aussagen liefert als Ungleichung von Tschebyschow, die allerdings nicht nur approximativ sondern allgemein für alle, auch kurze Versuchslängen n gilt. So erhält man zum Beispiel für der Fall $a = -2$ und $b = 2$ mit der Tschebyschow'schen Ungleichung für *alle* Versuchsanzahlen n die grobe Abschätzung

$$P\left(p - 2\sqrt{\frac{p(1-p)}{n}} \le R_{A,n} \le p + 2\sqrt{\frac{p(1-p)}{n}}\right) \ge 1 - \tfrac{1}{4} = \tfrac{3}{4}.$$

Dazu im Vergleich liefert der Zentrale Grenzwertsatz eine deutlich schärfere Aussage, allerdings nur für eine genügend *große* Anzahl n von Versuchen:

$$P\left(p - 2\sqrt{\tfrac{p(1-p)}{n}} \leq R_{A,n} \leq p + 2\sqrt{\tfrac{p(1-p)}{n}}\right) \approx \Phi(2) - \Phi(-2) = 0{,}954\ldots$$

Natürlich können wir nun auch für die Sequenz mit 6000 Würfelergebnissen, die uns in Abschn. 2.8 und zu Beginn dieses Kapitels beschäftigt hat, die gesuchten Wahrscheinlichkeiten mit dem Zentralen Grenzwertsatz approximieren. Dabei lassen sich die Aussagen von Abschn. 2.8 mit den verbesserten Methoden des Zentralen Grenzwertsatzes deutlich verschärfen. Konkret muss nämlich bereits eine Anzahl von Sechsen, die um mindestens 75 vom Erwartungswert 1000 abweicht, als Indiz für eine Asymmetrie des Würfels gewertet werden – mit der Tschebyschow-Ungleichung konnte eine solche Schlussfolgerung erst ab einer wesentlich größeren Abweichung von mindestens 300 begründet werden.

In jedem einzelnen der $n = 6000$ voneinander unabhängigen Würfelversuche beträgt die Treffer-Wahrscheinlichkeit für eine Sechs $p = 1/6$ und die Varianz $\sigma^2 = 5/36$. Die Wahrscheinlichkeit dafür, dass die insgesamt erzielte Anzahl von Sechsen um weniger als 75 von der zu erwartenden Anzahl 1000 abweicht, ist daher gleich

$$\sum_{k=926}^{1074}\binom{6000}{k}\cdot\left(\frac{1}{6}\right)^{k}\cdot\left(\frac{5}{6}\right)^{6000-k} \approx \Phi(a) - \Phi(-a),$$

wobei der Parameter a so zu wählen ist, dass

$$a\frac{\sqrt{5}}{6}\sqrt{6000} = 74{,}5$$

gilt. Dieser vorgegebene Wert 74,5 trägt dem Umstand Rechnung, dass die Lücke der Länge 1, die zwischen den beiden Bereichen *ganzzahliger* Werte $\{0, 1, \ldots, 74\}$ und $\{75, 76, 77, \ldots\}$ klafft, bei der Approximation mittels kontinuierlich festlegbarer Integrationsgrenzen am besten in der Mitte aufgeteilt wird – man nennt dies **Stetigkeitskorrektur**. Für den solchermaßen festgelegten Wert $a = 2{,}5807557\ldots$ ergibt sich dann für die Wahrscheinlichkeit eine Approximation von $0{,}990141\ldots$, was dem exakten Wert von $0{,}990146\ldots$ mit hoher Präzision entspricht. Dabei ist allerdings anzumerken, dass die Zahlen hier nur deshalb so genau angegeben wurden, um die gute Qualität der Approximation zu zeigen. In der statistischen Praxis kann man sich meist auf zwei oder drei Nachkommastellen beschränken, um derart eine Wahrscheinlichkeit von 0,99 oder 0,995 zu verifizieren.

Berechnungen zu Arbuthnots Test

Bei der systematischen Erörterung von Arbuthnots Test in Abschn. 1.4 musste die Berechnung des Ablehnungsbereiches noch offen bleiben. Dies kann nun nachgeholt werden.

Unter der Hypothese eines gleichwahrscheinlichen Geschlechts bei Neugeborenen beträgt die Wahrscheinlichkeit, dass die männlichen Neugeborenen in mindestens m von insgesamt 82 Jahren überwiegen:

$$\sum_{k=m}^{82} \binom{82}{k} \cdot \left(\frac{1}{2}\right)^{82}$$

Wir approximieren nun diesen Wert für $m = 53$ mittels der Normalverteilung:

$$\sum_{k=53}^{82} \binom{82}{k} \cdot \left(\frac{1}{2}\right)^{82} \approx 1 - \Phi\left(\frac{52{,}5-41}{\sqrt{82}\cdot\frac{1}{2}}\right) = 1 - \Phi(2{,}5399\ldots) = 0{,}0055$$

Unter der Hypothese gleichwahrscheinlicher Geschlechter bei Neugeborenen besitzt damit das Übergewicht eines Geschlechts, das bei den 82 Jahrgängen mindestens 53-mal oder höchstens 29-mal eintritt, eine Wahrscheinlichkeit von 0,011. Ein entsprechend abgegrenzter Ablehnungsbereich hat daher eine Sicherheit von knapp 99 %, da durchschnittlich nur jede hundertste derartige Testreihe ein solchermaßen ausgefallenes Ergebnis liefern würde, sofern die Hypothese stimmt.

Als letzte quantitative Anwendung wollen wir uns noch ansehen, welche Aussagen der Zentrale Grenzwertsatz approximativ für die in n Würfen durchschnittlich erzielte Augensumme $(X_1 + \ldots + X_n)/n$ macht:

$$P\left(3{,}5 + a\sqrt{\tfrac{35}{12n}} \leq \tfrac{1}{n}(X_1 + \ldots + X_n) \leq 3{,}5 + b\sqrt{\tfrac{35}{12n}}\right) \approx \Phi(b) - \Phi(a)$$

Mit dieser Approximation lassen sich die in Abschn. 2.7 gemachten Überlegungen für $n = 5000$ Würfe deutlich verschärfen. Konkret ergibt sich für $a = -b = 2{,}576$ die Approximation

$$P\left(\left|\tfrac{1}{5000}(X_1 + \ldots + X_{5000}) - 3{,}5\right| \leq 0{,}0622\right) \approx 0{,}995 - 0{,}005 = 0{,}99.$$

Wegen $0{,}0622 \cdot 5000 = 311$ liegt damit die in 5000 Würfen erzielte Würfelsumme mit einer Wahrscheinlichkeit von 0,99 im Bereich von

$$5000 \cdot 3{,}5 - 311 = 17189 \quad \text{bis} \quad 5000 \cdot 3{,}5 + 311 = 17811.$$

Ein „Ausreißer"-Ergebnis, das nicht in diesem, gegenüber Abschn. 2.7 deutlich verengten, Bereich liegt, ist daher bei einem symmetrischen Würfel sehr unwahrscheinlich. Es ist deshalb plausibel, ein entsprechendes Ergebnis der

Versuchsreihe als Indiz dafür zu werten, dass der verwendete Würfel überhaupt nicht symmetrisch ist.

Die große Bedeutung des Zentralen Grenzwertsatzes reicht aber selbstverständlich über quantitative Anwendungen, wie wir sie gerade gesehen haben, weit hinaus, weil mit ihm ganz allgemein Trends bei wiederholten Experimenten charakterisiert werden können. Dafür ist es allerdings notwendig, sich mit der Normalverteilungsfunktion Φ näher zu beschäftigen, deren mathematische Details bisher quasi wie bei einer „Black Box" ausgeblendet wurden. Der Grund dafür ist schlicht, dass die Definition der Funktion alles andere als elementar ist:

$$\Phi(x) = \frac{1}{\sqrt{2\pi}} \int_{-\infty}^{x} e^{-\frac{1}{2}t^2} dt$$

Bei der Definition handelt es sich um ein Integral. Ein solches Integral kann als Fläche unterhalb eines Funktionsgraphen interpretiert werden. Dabei wird zur Berechnung des Funktionswertes $\Phi(x)$ beim Zahlenstrahl der links des Arguments x liegende Teil zugrunde gelegt, wie es Abb. 2.18 zeigt. Das Integral in seiner speziellen Form ist ein Beispiel für eine Definition auf Basis einer so genannten Dichte, was im Ausblick des Abschn. 2.9 bereits kurz erwähnt wurde. Dabei bezeichnet die Dichte den Integranden, allerdings inklusive des Faktors vor dem Integral.

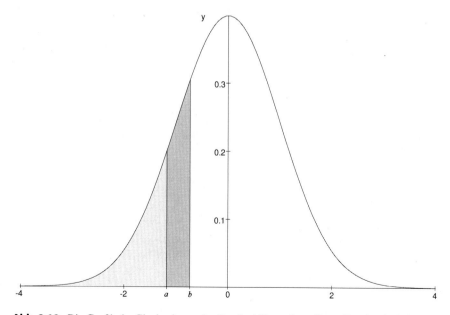

Abb. 2.18 Die Gauß'sche Glockenkurve der Standard-Normalverteilung. Das der dunkelgrauen Fläche entsprechende Integral kann als Differenz $\Phi(b) - \Phi(a)$ berechnet werden. Die Symmetrie der Glockenkurve hat die Gleichung $\Phi(-x) + \Phi(x) = 1$ zur Folge

Abb. 2.18 zeigt außerdem, wie der Graph der Dichte im Detail aussieht: Die integrierte Funktion ist überall positiv. Ihr Graph ist symmetrisch zur y-Achse. Dort, das heißt für den Wert 0, erreicht der Integrand sein Maximum. Für betragsmäßig große Werte nähert sich schließlich der Integrand sehr schnell und beliebig nahe dem Wert 0 an. Schließlich ist die Gesamtfläche unterhalb des Graphen der Dichte, also des Integranden samt Faktor vor dem Integral, gleich 1. Allerdings ist diese letzte Eigenschaft keineswegs elementar nachzuprüfen. Den Graphen der Funktion Φ werden wir im nächsten Kapitel noch kennenlernen (siehe Abb. 2.23). Er ist aber in seiner Gestalt weniger prägnant als der Graph der Dichte, wie er in Abb. 2.18 dargestellt ist.

Vermutlich haben wir alle den in Abb. 2.18 dargestellten Graphen bereits oft abgebildet gesehen. Es ist die nach Carl Friedrich Gauß (1777–1855, Abb. 2.19) benannte **Gauß'sche Glockenkurve.** Bei der Funktion Φ, für die jeder Funktionswert $\Phi(x)$ der Fläche unterhalb der Glockenkurve links vom Argument x entspricht, handelt es sich streng genommen um die so genannte **Standard-Normalverteilung,** da jede Funktion der Form $F(x) = \Phi((x-m)/\sigma)$ ebenfalls als Normalverteilung bezeichnet wird. Eine solche Normalverteilung, wie sie in Abb. 2.20 zu sehen ist, wird eindeutig durch die beiden Parameter m und σ charakterisiert, wobei σ positiv und m eine beliebige reelle Zahl ist. Wir werden im nächsten Kapitel sehen, dass man die beiden Parameter m und σ als Erwartungswert und Standardabweichung interpretieren kann. Unter allen Normalverteilungen bildet die Standard-Normalverteilung den durch den Erwartungswert $m = 0$ und die Standardabweichung $\sigma = 1$ eindeutig charakterisierten Spezialfall.

Hinzuweisen ist noch auf die Ähnlichkeit der Glockenkurve zur Gestalt der in Abb. 2.17 violett dargestellten Häufigkeitsverteilungen. Natürlich beruht diese Ähnlichkeit auf dem Zentralen Grenzwertsatz.

Abb. 2.19 Carl Friedrich Gauß auf einer alten Banknote mit der nach ihm benannten Glockenkurve. Auf die zugrunde liegende Funktion stieß Gauß bei der Auswertung astronomischer und geodätischer Messreihen und dem dabei notwendigen Fehlerausgleich

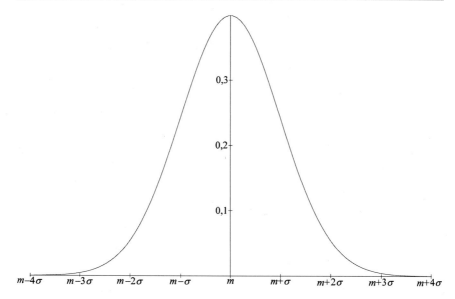

Abb. 2.20 Nochmals die Normalverteilung, nun zum Erwartungswert m und zur Standardabweichung σ

Dass die Normalverteilung das Prädikat „normal" mehr als verdient, beruht nicht nur auf der großen Bedeutung der Approximationsmöglichkeit, wie sie in Beispielen demonstriert wurde. Vielmehr lässt sich die Normalverteilung bei vielen Naturphänomenen beobachten. Der tiefere Grund dafür liegt in einer mathematischen Gesetzmäßigkeit, die in ihrer Allgemeinheit noch etwas über die hier formulierte Version des Zentralen Grenzwertsatzes hinausgeht. Unter bestimmten Umständen ergibt sich nämlich selbst dann eine Normalverteilung als Grenzwert, wenn die summierten Zufallsgrößen X_1, X_2, ... zwar unabhängig, aber nicht identisch verteilt sind – es reicht zum Beispiel, wenn alle Standardabweichungen eine gemeinsame Obergrenze besitzen.

Diese Verallgemeinerung des Zentralen Grenzwertsatzes erlaubt nun eine Erklärung, warum Merkmalswerte, die wir in der Natur beobachten können, oft normalverteilt sind wie zum Beispiel die Körpergröße Erwachsener. In der Regel wird ein solcher Wert mit hoher Komplexität durch viele – im Detail unbekannte und daher scheinbar zufällig bestimmte – Einzelfaktoren beeinflusst, deren Zusammenspiel ähnlich einer Durchschnittsbildung funktioniert. Im Beispiel der Körpergröße Erwachsener eines Geschlechts handelt es sich bei diesen Einflüssen zunächst um genetische Vorbestimmungen, aber auch um Umweltfaktoren wie insbesondere die Reichhaltigkeit der Ernährung, wobei eine Differenzierung nach den Ernährungsbestandteilen und den verschiedenen Abschnitten der Wachstumsphase möglich ist. Bei einer genügend kleinteiligen Untergliederung führt Letzteres zu einer hohen Zahl von Einflussfaktoren. Last but not least kommt noch eine kleine Messungenauigkeit dazu.

Zwar sind die Einflussfaktoren kaum unabhängig voneinander, weil die
Ernährungsparameter in den verschiedenen Lebensabschnitten einer einzelnen Person sicherlich miteinander korrelieren. Vorstellbar wäre aber für jeden
maßgeblichen Ernährungsbestandteil ein Hauptfaktor, der die mittlere Ernährung
widerspiegelt, und weitere, die die Abweichung von diesem Mittelwert in den
Lebensabschnitten charakterisieren. Insgesamt entsteht auf diese Weise eine
Situation, die in ihren Eigenschaften den idealen Voraussetzungen des Zentralen
Grenzwertsatzes zumindest ähnelt, nämlich viele Zufallseinflüsse, von denen
jeder einzelne nur einen geringen Einfluss hat und die insgesamt gemittelt werden.
Und tatsächlich finden wir bei Erwachsenen normalverteilte Körpergrößen. Nur
dort, wo ein einzelnes Merkmal wie zum Beispiel das Geschlecht einen sehr
starken Einfluss auf den Merkmalswert besitzt, muss die betrachtete Grundgesamtheit differenziert werden. Man erhält daher zwei Normalverteilungen für
Körpergrößen, eine für erwachsene Männer und eine für erwachsene Frauen.

Das Phänomen sehr plastisch beschreibt Bartel Leendert van der Waerden
(1903–1996) in seinem 1957 erschienenen Buch *Mathematische Statistik:*

> Lebhaft erinnere ich mich noch, wie mein Vater mich als Knaben an den Rand der Stadt
> führte, wo am Ufer die Weiden standen und mich 100 Weidenblätter willkürlich pflücken
> ließ. Nach Aussonderung der beschädigten Spitzen blieben noch 89 unversehrte Blätter
> übrig, die wir dann zu Hause, nach abnehmender Größe geordnet, wie Soldaten in Reih
> und Glied stellten. Dann zog mein Vater durch die Spitzen eine gebogene Linie und sagte:
> „Dies ist die Kurve von Quételet. Aus ihr siehst du, wie die Mittelmäßigen immer die
> große Mehrheit bilden und nur wenige nach oben und unten zurückbleiben."

Der erwähnte belgische Mathematiker, Astronom und Sozialwissenschaftler
Adolphe Quételet (1796–1874) war übrigens der Erste, der die Notwendigkeit für
statistische Untersuchungen zur Erforschung gesellschaftlicher Erscheinungen
propagierte. Dabei erkannte er insbesondere auch die Bedeutung der Normalverteilung. Aus heutiger Sicht erscheinen einige von Quételets Thesen über „mittlere
Menschen" allerdings etwas skurril.

Es bleibt nachzutragen, dass sich die Bezeichnung „Normalverteilung" erst
relativ spät, nämlich in den Siebziger Jahren des neunzehnten Jahrhunderts, eingebürgert hat.

Die große Verbreitung der Normalverteilung zusammen mit der Eigenschaft,
dass eine Normalverteilung durch nur zwei Parameter bestimmt wird, ermöglicht für viele Situationen prinzipielle Aussagen. Beispielsweise besitzen 68 %
der Bevölkerung einen Intelligenzquotienten, der höchstens um eine Standardabweichung vom Mittelwert 100 abweicht. Und 95 % der Bevölkerung besitzen
einen Intelligenzquotienten, der höchstens um die doppelte Standardabweichung
vom Wert 100 abweicht.

Da solche Eigenschaften universell gültig sind, ist es relativ einfach möglich,
bei einem mutmaßlich normalverteilten Merkmalswert von empirisch ermittelten
Stichprobendaten auf die Grundgesamtheit zu schließen. Notwendig sind „nur"
Aussagen über Erwartungswert und Standardabweichung, wie sie für die Grundgesamtheit gelten, also für diejenige Zufallsgröße, die dem Merkmalswert eines

zufällig aus der Grundgesamtheit ausgelosten Mitglieds entspricht. Konkret: Welche Kombinationen der beiden Parameterwerte lassen es überhaupt zu, dass das empirisch beobachtete Stichprobenergebnis nicht völlig unwahrscheinlich ist? Wie eine derartige Schlussweise im Detail funktioniert und welche Sicherheit damit verbunden ist, werden wir in Teil 3 erörtern.

Wie bestimmt man einen Wert der Normalverteilung?
Wurde in vor-digitalen Zeiten ein Normalverteilungswert $\Phi(x)$ oder ein Normalverteilungsquantil $\Phi^{-1}(p)$ zu einer Wahrscheinlichkeit p benötigt, dann entnahm man den Wert einer Tabelle, die man in einem entsprechend ausgerichteten Buch finden konnte. Längst geht es einfacher, da diverse Softwarepakete die beiden Funktionen bereits implementiert haben. Zum Beispiel bietet das Tabellenkalkulationsprogramm EXCEL die Funktionen

- NORMVERT(x; 0; 1; WAHR) und
- NORMINV(p; 0; 1),

während es in der Programmiersprache R die Funktionen

- `pnorm(x)` und
- `qnorm(p)`

sind. Die Dichte ist mittels NORMVERT(x; 0; 1; FALSCH) beziehungsweise `dnorm(x)` abrufbar.

Aber was ist, wenn man wirklich alles selbst berechnen oder programmieren muss? Eine Möglichkeit besteht darin, zunächst innerhalb der Definition der Funktion Φ die Exponentialfunktion als Potenzreihe darzustellen. Dann kann das Integral aus einer Stammfunktion dieser Potenzreihe berechnet werden:

$$e^{-\frac{1}{2}t^2} = \sum_{n=0}^{\infty} \frac{(-1)^n}{2^n n!} t^{2n}$$

$$\Phi(x) = \frac{1}{2} + \frac{1}{\sqrt{2\pi}} \sum_{n=0}^{\infty} \frac{(-1)^n}{2^n n!(2n+1)} x^{2n+1}$$

Die Potenzreihe für die Funktion Φ ist überall konvergent und liefert für die ausschließlich interessierenden Argumente mit Beträgen bis 4 eine vierstellige Genauigkeit auf Basis der ersten 30 Summanden.

Ein Buch, das das „Warum" für statistische Funktionalitäten in seinem Titel trägt, kann die mathematischen Hintergründe des Zentralen Grenzwertsatzes sicher nicht übergehen. Für Interessierte soll daher der Abschluss des Kapitels genutzt werden, einen groben Einblick in die keineswegs einfachen Techniken zu geben, die dem Zentralen Grenzwertsatz argumentativ zugrunde liegen.

Wie werden zunächst demonstrieren, wie man von den Binomialkoeffizienten zur Funktion Φ gelangt. Anschließend geben wir einen vollständigen, allgemeiner gültigen, elementaren, dafür aber über einen Umweg geführten Beweis des Zentralen Grenzwertsatzes.

Wen solche Details nicht interessieren, kann die Lektüre problemlos mit dem nächsten Kapitel fortsetzen, ohne das Verständnis späterer Kapitel zu gefährden.

Bei der ersten Approximation beschränken wir uns auf Binomialverteilungen. Ausgehend von der Wahrscheinlichkeit p und der Komplementärwahrscheinlichkeit $q = 1 - p$ sind bei den Summanden der Binomialverteilung

$$P\left(R_{A,n} \leq \tfrac{k}{n}\right) = \sum_{j=0}^{k} \binom{n}{j} p^j q^{n-j}$$

sicherlich die Fakultäten am schwierigsten abzuschätzen, die den Binomialkoeffizienten zugrunde liegen. Wir führen zunächst eine ungefähre Abschätzung der Fakultäten durch und approximieren dann darauf aufbauend die einzelnen Summanden der Summe.

Die Funktion des natürlichen, das heißt zur Basis e gebildeten, Logarithmus $\ln x$ ist in ihrem Definitionsbereich der positiven reellen Zahlen monoton wachsend. Damit gilt, wie in Abb. 2.21 zur Verdeutlichung graphisch dargestellt, für jede natürliche Zahl k.

$$\ln k \leq \int_{k}^{k+1} \ln x \; dx \leq \ln(k + 1).$$

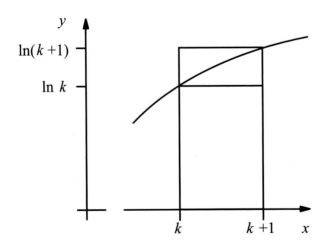

Abb. 2.21 Das graphisch als Fläche unter dem Funktionsgraphen $y = \ln x$ dargestellte Integral liegt in den Grenzen von k bis $k+1$ wertmäßig zwischen $\ln k$ und $\ln(k+1)$

Summiert man nun diese beiden Ungleichungen für $k = 1, 2, \ldots, n - 1$, so erhält man für $n \geq 1$ wegen $\ln n! = \ln n + \ln(n - 1) + \ldots + \ln 1$:

$$\ln n! - \ln n = \sum_{k=1}^{n-1} \ln k \leq \int_1^n \ln x\, dx \leq \sum_{k=1}^{n-1} \ln(k + 1) = \ln n! - \ln 1 = \ln n!$$

Wir multiplizieren nun die Ungleichungskette mit -1, addieren dann $\ln n!$ und erhalten auf diese Weise:

$$\ln n \geq \ln n! - \int_1^n \ln x\, dx \geq 0$$

Bezeichnet man die in der Mitte stehende Differenz zwischen dem Logarithmus $\ln n!$ und dem Integral mit c_n, so gilt $\ln n \geq c_n \geq 0$ und.

$$\ln n! = \int_1^n \ln x\, dx + c_n = [x \ln x - x]_1^n + c_n = n \ln n - n + 1 + c_n.$$

Durch Anwendung der Exponentialfunktion erhält man nun

$$n! = \exp(n \ln n - n + 1 + c_n) = \frac{n^n}{e^n} C_n \quad \text{mit} \quad C_n = \exp(1 + c_n) \in [e, en].$$

In diesem Zusammenhang bleibt anzumerken, dass mit aufwändigeren Überlegungen die Approximation noch deutlich verbessert werden kann:

$$C_n \in \left[\sqrt{2\pi n}\, e^{\frac{1}{12n+1}}, \sqrt{2\pi n}\, e^{\frac{1}{12n}} \right]$$

Die dazugehörige Approximation wird **Stirling'sche Formel** genannt:

$$n! = \sqrt{2\pi n}\, \frac{n^n}{e^n} D_n \approx \sqrt{2\pi n}\, \frac{n^n}{e^n}$$

Dabei konvergiert der den Fehler der Stirling'schen Approximation beschreibende Faktor D_n für $n \to \infty$ gegen 1. Aber Vorsicht: Die Differenz zwischen der Fakultät $n!$ und ihrer Stirling'schen Approximation konvergiert *nicht* gegen 0.

Auf Grundlage der Stirling'schen Formel können nun auch Binomialkoeffizienten abgeschätzt werden. Für eine Wahrscheinlichkeit der Binomialverteilung erhält man auf diesem Weg

$$P\left(R_{A,n} = \frac{k}{n}\right) = \binom{n}{k} p^k q^{n-k}$$

$$= \frac{\left(\frac{n}{e}\right)^n \sqrt{2\pi n}\, D_n}{\left(\frac{k}{e}\right)^k \sqrt{2\pi k}\, D_k \left(\frac{n-k}{e}\right)^{n-k} \sqrt{2\pi (n-k)}\, D_{n-k}} p^k q^{n-k}$$

$$= \frac{1}{\sqrt{2\pi pqn}} \left(\frac{pn}{k}\right)^{k+1/2} \left(\frac{qn}{n-k}\right)^{n-k+1/2} D_{n,k}$$

Für die letzte Identität wurden die drei Faktoren D_n, D_k und D_{n-k} zu einem Faktor $D_{n',k}$ zusammengefasst.

Aufgrund der Tschebyschow'schen Ungleichung sind nur solche Wahrscheinlichkeiten interessant, bei denen die Treffer-Anzahl k höchstens um „einige wenige" Vielfache von $\sqrt{n}$ vom Erwartungswert pn abweicht. Für diese Wertepaare (n, k) ist aber für den Grenzfall $n \to \infty$ ebenfalls $k \to \infty$ sowie $(n - k) \to \infty$, was die Konvergenz $D_{n',k} \to 1$ sichert.

Eine besonders einfache Situation tritt ein, wenn die Treffer-Anzahl k gleich (oder annähernd gleich) dem Erwartungswert pn ist. Wegen $k = pn$ und folglich auch $n - k = qn$ ergibt sich

$$P\left(R_{A,n} = \tfrac{k}{n}\right) \approx \frac{1}{\sqrt{2\pi pqn}}.$$

Wir hatten bereits in Fußnote 34 festgestellt, dass die Wahrscheinlichkeit $P(R_{A,n} = k/n)$ für eine zum Erwartungswert pn benachbarte Ganzzahl k maximal wird. Nun erkennen wir, dass das zugehörige Maximum für lange Versuchsreihen mit einer einheitlichen, nur in offensichtlicher Weise von der Wahrscheinlichkeit p abhängenden Formel berechenbar ist. Diese Tatsache ist bereits das erste Indiz für ein wesentlich allgemeiner gültiges Prinzip, gemäß dem alle diese Wahrscheinlichkeiten für große Werte n durch eine einheitliche Formel approximiert werden können.

Um dies tun zu können, wird zunächst eine Treffer-Anzahl k durch ihre Abweichung vom Erwartungswert pn charakterisiert, wobei diese Abweichung als Vielfaches der Standardabweichung dargestellt wird:

$$k = k(t) = pn + t\sigma\sqrt{n} = pn + t\sqrt{pqn}$$
$$n - k = n - pn - t\sigma\sqrt{n} = qn - t\sigma\sqrt{n} = qn - t\sqrt{pqn}$$

Diese Darstellung einer Treffer-Anzahl k erlaubt es nun, die für die Wahrscheinlichkeit $P(R_{A,n} = k/n)$ hergeleitete Approximationsformel zu vereinfachen. Dazu wird der natürliche Logarithmus zur Potenz $(pn/k)^{k+\frac{1}{2}}$ mittels der zugehörigen Potenzreihe[35] approximiert, wobei die Summanden mit negativen n-Potenzen für eine genügend große Versuchsanzahl n vernachlässigt werden können:

$$\ln\left(\left(\tfrac{pn}{k}\right)^{k+\frac{1}{2}}\right) = -(k+\tfrac{1}{2})\ln\left(\tfrac{k}{pn}\right) = -\left(pn + t\sqrt{pqn} + \tfrac{1}{2}\right)\ln\left(1 + t\sqrt{\tfrac{q}{pn}}\right)$$

$$= -\left(pn + t\sqrt{pqn} + \tfrac{1}{2}\right)\left(t\sqrt{\tfrac{q}{pn}} - \tfrac{1}{2}t^2\tfrac{q}{pn} + \ldots\right)$$

$$\approx -t\sqrt{pqn} + \tfrac{1}{2}t^2 q - t^2 q = -t\sqrt{pqn} - \tfrac{1}{2}t^2 q$$

---

[35] Die bereits in Fußnote 10 verwendete Potenzreihe für den natürlichen Logarithmus konvergiert nur im Intervall (0,2]. Diese Einschränkung bleibt aber folgenlos, wenn die Versuchsanzahl n in Abhängigkeit von t groß genug gewählt wird.

Setzt man diese und die dazu symmetrische Näherung, bei der die Wahrscheinlichkeiten p und q vertauscht sind, in die Approximationsformel für die Wahrscheinlichkeit $P(R_{A,n} = k/n)$, so ergibt sich:

$$P\left(R_{A,n} = \tfrac{k}{n}\right) \approx \frac{1}{\sqrt{2\pi pqn}} \left(\frac{pn}{k}\right)^{k+\frac{1}{2}} \left(\frac{qn}{n-k}\right)^{n-k+\frac{1}{2}}$$

$$\approx \frac{1}{\sqrt{2\pi pqn}} e^{-t\sqrt{pqn}-\frac{1}{2}t^2 q} \cdot e^{t\sqrt{pqn}-\frac{1}{2}t^2 p} = \frac{1}{\sqrt{2\pi n}\sigma} e^{-\frac{1}{2}t^2}$$

Dieses, auch **Lokaler Grenzwertsatz von Moivre-Laplace** genannte, Ergebnis ist ein Resultat ganz klassischer Natur über Grenzwerte, das ohne jede Verwendung der speziell innerhalb der Wahrscheinlichkeitstheorie definierten Konvergenzbegriffe auskommt (siehe Kasten *Konvergenzbegriffe der Wahrscheinlichkeitsrechnung*, am Ende von Abschn. 2.10).

Der Erste, der solche Approximationen durchführte, war übrigens Abraham de Moivre (1667–1754). Allerdings konzentrierte er sich bei seinen Untersuchungen auf den Fall $p = \frac{1}{2}$, bei dem sich die Formeln der Binomialverteilung vereinfachen:

$$P\left(n \cdot R_{A,n} = k\right) = \frac{1}{2^n} \binom{n}{k}$$

De Moivre approximierte diese Wahrscheinlichkeit für Werte k, die nahe dem Erwartungswert $n/2$ liegen. Im Zuge dieser Untersuchungen leitete de Moivre auch die Stirling'sche Formel her, ohne aber den Faktor C_n explizit bestimmen zu können. Dies gelang erst Stirling, als ihn de Moivre mit seinem Problem konfrontierte.

Für den allgemeinen Fall, der sich nicht auf die Summe binomialverteilter Zufallsgrößen beschränkt, bedarf es universeller Techniken, die über die Approximation von Fakultäten hinausgehen. Einen Schlüssel dazu stellen die vielfältigen Kenngrößen dar, die man einer Zufallsgrößen X zuordnen kann: Momente, Kumulanten, die charakteristische Funktion (siehe Kasten *Mathematischer Ausblick: weitere Kenngrößen*, am Ende von Abschn. 2.5) sowie, falls es sich um eine Zufallsgröße mit ganzzahligen Werten handelt, die erzeugende Funktion (Abschn. 2.5, Aufgabe 2). Ihnen zugrunde liegen ausnahmslos zu bestimmen Funktionen f und allgemeiner zu parameterabhängigen Funktionsscharen f_t gebildete Erwartungswerte $E(f_t(X))$, nämlich die Momente $E(X^n)$, die charakteristische Funktion $E(e^{itX})$, die erzeugende Funktion $E(t^X)$ sowie die Kumulanten als Koeffizienten der Potenzreihe von $\ln(E(e^{itX}))$.

Eine Kenngröße ist dann besonders vorteilhaft nutzbar, wenn sie zwei entscheidende Eigenschaften besitzt: Die Kenngröße einer Summe von zwei unabhängigen Zufallsgrößen muss einfach aus den Kenngrößen der beiden addierten Zufallsgrößen berechenbar sein. Außerdem bedarf es einer Umkehrung zur Kenngrößenberechnung, das heißt, aus genügend vielen Kenngrößenwerten muss die Wahrscheinlichkeitsverteilung der Zufallsgröße rekonstruierbar sein.

Meist werden zum Beweis des Zentralen Grenzwertsatzes charakteristische Funktionen verwendet. Die Tradition dieses Ansatzes geht bereits auf Laplace zurück, der bei der Approximation der Binomialverteilung den „mittleren"

Binomialkoeffizienten $\binom{2n}{n}$ als konstanten Term der Funktion $\left(e^{-it} + e^{it}\right)^{2n}$

erkannte, der sich aus dieser Funktion mittels Integration von $-\pi$ bis π „heraus-filtern" lässt. Die anderen Summanden sind nämlich alle Winkelfunktionen, deren Integrale über volle Perioden verschwinden. Diese Idee ist sogar universell ver-wendbar. Grundlage ist die schon erwähnte Umkehrformel, mit der die Wahr-scheinlichkeitsverteilung einer Zufallsgröße aus ihrer charakteristischen Funktion berechnet werden kann. Im Fall der für den Zentralen Grenzwertsatz zu tätigenden Approximation reicht es sogar, die charakteristische Funktion nur in einem kleinen Bereich um 0 zu untersuchen, was mittels der kumulantenerzeugenden Funktion sehr einfach möglich ist. Die für diese Reduktion notwendige Argumentation ist aber im Detail alles andere als einfach. Von einer Darlegung wird daher hier abgesehen.

Stattdessen werden wir einen „elementaren", das heißt ohne charakteristische Funktionen auskommenden, Beweis des Zentralen Grenzwertsatzes geben, der 1922 von Jarl Waldemar Lindeberg (1876–1932) gefunden wurde. Auch dieser Beweis verwendet Erwartungswerte der Form $E(f(X))$, allerdings für Funktionen f, bei denen es sich um Indikatorfunktionen $1_{(a,b]}$ zu einem Intervall $(a,b]$ oder glatte Approximationen davon handelt.

Ausgegangen wird von einer Folge von identisch verteilten und voneinander unabhängigen Zufallsgrößen $X = X_1, X_2, \ldots$ mit dem Erwartungswert $m = E(X)$ und der Standardabweichung $\sigma = \sigma_X$, so dass wir nach einer affin linearen Trans-formation der Form $X_j' = (X_j - m)/\sigma$ ohne Beschränkung der Allgemeinheit sogar $E(X_j) = 0$ und $Var(X_j) = 1$ annehmen können.

Zur Approximation der Wahrscheinlichkeiten

$$P\left(a < \tfrac{1}{\sqrt{n}}(X_1 + \ldots + X_n) \le b\right)$$

verwenden wir eine weitere Folge von identisch verteilten Zufallsgrößen $Y = Y_1, Y_2, \ldots$ mit $E(Y_j) = 0$ und $Var(Y_j) = 1$, die untereinander, aber auch zu den Zufallsgrößen $X_1, X_2, \ldots$, unabhängig sind. Weitere Details dieser Zufallsgrößen $Y_1, Y_2, \ldots$ werden wir erst später in einer Weise festlegen, welche die gesuchte Approximation ermöglichen wird.

Wie bereits erwähnt, verwendet der Beweis Erwartungswerte der Form $E(1_{(a,b]}(X))$ auf Basis der Indikatorfunktion $1_{(a,b]}$:

$$P\left(a < \tfrac{1}{\sqrt{n}}(X_1 + \ldots + X_n) \le b\right) = E\left(1_{(a,b]}\left(\tfrac{1}{\sqrt{n}}(X_1 + \ldots + X_n)\right)\right)$$

Um Hilfsmittel der Analysis anwenden zu können, werden wir die auf der rechten Seite stehende Indikatorfunktion durch genügend glatte Funktionen approximieren. Für eine solch glatte Funktion f werden wir dann Summen der Form

$$E\left(f\left(\tfrac{1}{\sqrt{n}}(Y_1 + \ldots + Y_{j-1} + X_j \ldots + X_n)\right)\right)$$

dahingehend untersuchen, wie stark sich dieser Erwartungswert ändert, wenn der Index j um 1 erhöht wird – entsprechend der Ersetzung des einzelnen Summanden X_j durch Y_j. Eine solche Ersetzung eines einzelnen Summanden verändert bei großen Werten n das Argument so wenig, dass die Änderung mit einer Taylor-Approximation der Funktion f genügend gut abgeschätzt werden kann.

Zu diesem Zweck werden wir zunächst Erwartungswerte der Form $E(f(U+V))$ untersuchen, wobei U und V voneinander unabhängige Zufallsgrößen sind und f eine dreimal differenzierbare Funktion mit beschränkter dritter Ableitung $f^{(3)}$ ist. Um zu sehen, wie der Erwartungswert $E(f(U+V))$ durch die Eigenschaften eines einzelnen Summanden V beeinflusst wird, wollen wir ihn mit dem Erwartungswert $E(f(U+W))$ vergleichen, wobei die drei Zufallsgrößen U, V und W als voneinander unabhängig mit $E(V)=E(W)$ und $E(V^2)=E(W^2)$ vorausgesetzt werden: Zunächst erhalten wir aufgrund des Satzes von Taylor für einzelne Funktionswerte u, v und w die beiden Gleichungen

$$f(u+v) = f(u) + f'(u)v + \tfrac{1}{2!}f''(u)v^2 + \tfrac{1}{3!}f^{(3)}(\zeta_1)v^3$$
$$f(u+w) = f(u) + f'(u)w + \tfrac{1}{2!}f''(u)w^2 + \tfrac{1}{3!}f^{(3)}(\zeta_2)w^3,$$

wobei $\zeta_1 \in [u,\ u+v]$ und $\zeta_2 \in [u,\ u+w]$ geeignet gewählte Zwischenwerte sind. Nach einer Subtraktion der beiden Gleichungen

$$f(u+v) - f(u+w) = f'(u)(v-w) + \tfrac{1}{2!}f''(u)\left(v^2 - w^2\right)$$
$$+ \tfrac{1}{3!}f^{(3)}(\zeta_1)v^3 - \tfrac{1}{3!}f^{(3)}(\zeta_2)w^3$$

bildet man den Erwartungswert. Auf diese Weise ergibt sich wegen

$$E\left(f'(U)(V-W)\right) = E\left(f'(U)\right)(E(V) - E(W)) = 0$$
$$E\left(f''(U)\left(V^2 - W^2\right)\right) = E\left(f''(U)\right)\left(E(V^2) - E(W^2)\right) = 0$$

die nicht mehr von der Zufallsgrößen U abhängende Abschätzung

$$\left| E(f(U+V)) - E(f(U+W)) \right| \le \frac{\|f^{(3)}\|_\infty}{6}\left(E(|V|^3) + E(|W|^3)\right).$$

Dabei bezeichnet $\|f^{(3)}\|_\infty$ das Maximum der als beschränkt vorausgesetzten dritten Ableitung der Funktion f. Außerdem ist die Abschätzung natürlich nur dann sinnvoll, wenn die beiden Erwartungswerte $E(|V|^3)$ und $E(|W|^3)$ endlich sind, was zwar im Fall von endlichen Wertebereichen selbstverständlich ist, ansonsten aber vorausgesetzt werden muss.

Ersetzt man nun Schritt für Schritt jeweils einen einzelnen Summanden X_j der Summe $X_1 + X_2 + \ldots + X_n$ durch die gleich indizierte Zufallsgröße Y_j, so erhält man nach n Schritten

$$E\left(f\left(\tfrac{1}{\sqrt{n}}(X_1 + \ldots + X_n)\right)\right) - E\left(f\left(\tfrac{1}{\sqrt{n}}(Y_1 + \ldots + Y_n)\right)\right)$$
$$\le n\frac{\|f^{(3)}\|_\infty}{6}\left(\tfrac{1}{\sqrt{n^3}}E(|X|^3) + \tfrac{1}{\sqrt{n^3}}E(|Y|^3)\right) = \frac{\|f^{(3)}\|_\infty}{6\sqrt{n}}\left(E(|X|^3) + E(|Y|^3)\right).$$

Wählt man jetzt für die Funktion f eine genügend gute und genügend glatte Approximation der Indikatorfunktion zum Intervall $(a,b]$, so wird für eine genügend große Anzahl n die Näherung

$$P\left(a < \tfrac{1}{\sqrt{n}}(X_1 + \ldots + X_n) \le b\right) \approx P\left(a < \tfrac{1}{\sqrt{n}}(Y_1 + \ldots + Y_n) \le b\right)$$

plausibel. Insbesondere deutlich wird die Universalität der Normalverteilungsfunktion Φ, da das Grenzwertverhalten der letzten Wahrscheinlichkeiten nicht von der Wahrscheinlichkeitsverteilung der Zufallsgröße X abhängt. Das Wichtigste ist damit bereits gezeigt!

Wir werden nun mit Hilfe von geeignet ausgewählten, das heißt rechentechnisch einfach zu untersuchenden, Zufallsgrößen Y_1, Y_2, ... die gewünschte Approximation konkretisieren.[36] Die Details bedürfen allerdings einer großen Sorgfalt. Wir grenzen dazu zunächst die Indikatorfunktion $1_{(a,b]}$ durch zwei ausreichend glatte Funktionen genügend eng ein. Konkret konstruieren wir zu einem beliebig klein vorgegebenen Wert $\varepsilon > 0$ mit $\varepsilon < (b - a)/2$ zwei dreimal differenzierbare Funktionen f_1 und f_2 mit den folgenden Eigenschaften:

$$1_{(a+\varepsilon,b-\varepsilon]} \le f_1 \le 1_{(a,b]} \le f_2 \le 1_{(a-\varepsilon,b+\varepsilon]}$$

$$\left\| f_1^{(3)} \right\|_\infty = \left\| f_2^{(3)} \right\|_\infty = \tfrac{105}{2\varepsilon^3}.$$

Abb. 2.22 verdeutlicht sofort, um was es bei dieser Approximation geht.

Obwohl es abgesehen vom Faktor 105/2 mehr als plausibel ist, dass solche Funktionen existieren, wollen wir die Details nicht übergehen. Wir konstruieren dazu zunächst eine dreimal stetig differenzierbaren Funktion $h: \mathrm{R} \to \mathrm{R}$ mit den Eigenschaften.

* $0 \le h(x) \le 1$,
* $h(x) = 0$ für $x \le 0$,
* $h(x) = 1$ für $x \ge 1$ und
* $\| h^{(3)} \|_\infty = 105/2$.

Für den einzig interessanten Bereich des Intervalls $[0,1]$ erhält man eine solche Funktion zumindest bis auf einen Faktor durch Integration der Funktion $t^3(1 - t^3)$:

$$h_0(x) = \int_0^x t^3(1 - t)^3 dt = \int_0^x \left(-t^6 + 3t^5 - 3t^4 + t^3\right) dt$$

$$= \left[-\tfrac{1}{7}t^7 + \tfrac{1}{2}t^6 - \tfrac{3}{5}3t^5 + \tfrac{1}{4}t^4\right]_0^x = -\tfrac{1}{7}x^7 + \tfrac{1}{2}x^6 - \tfrac{3}{5}3x^5 + \tfrac{1}{4}x^4$$

---

[36] Eine interessante Variante des hier gegebenen Beweises ergibt sich, wenn die Zufallsgrößen Y_1, Y_2, ... auf Basis eines Bernoulli-Experimentes realisiert werden. Dann kann der Zentrale Grenzwertsatz auf seinen Spezialfall des Satzes von Moivre-Laplace zurückgeführt werden.

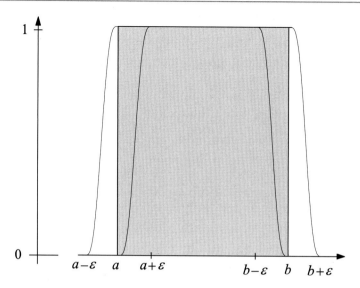

Abb. 2.22 Die Indikatorfunktion $1_{(a,b)}$ wird durch zwei glatte Funktionen eingeschlossen

Wegen $h_0(1) = 1/140$ kann man $h(x) = 140 h_0(x)$ für $x \in [0,1]$ definieren. Dafür findet man

$$h^{(3)}(x) = 140(-x^6 + 3x^5 - 3x^4 + x^3)^{(2)} = 140(-30x^4 + 60x^3 - 36x^2 + 6x).$$

Diese Funktion nimmt im Intervall $[0,1]$ ihr betragsmäßiges Maximum im relativen Minimum $x = \frac{1}{2}$ an, wovon man sich mit einem Funktionsplotter oder mittels einer analytischen Kurvendiskussion überzeugen kann: $\|h^{(3)}\|_\infty = 105/2$.

Mit Hilfe der konstruierten Funktion h lassen sich nun die beiden gewünschten, dreimal stetig differenzierbaren Funktionen f_1 und f_2 abschnittsweise durch die Funktionswerte 0, 1 sowie

$$h(1 + (x - a)/\varepsilon), h((x - a)/\varepsilon), 1 - h(1 + (x - b)/\varepsilon) \text{ und } 1 - h((x - b)/\varepsilon)$$

definieren.

Um das Grenzverhalten der Wahrscheinlichkeit

$$E\left(f\left(\tfrac{1}{\sqrt{n}}(Y_1 + \ldots + Y_n)\right)\right)$$

für $n \to \infty$ zu berechnen, konkretisiert man die Auswahl der Zufallsgrößen $Y_1, \ldots,$ Y_n. Naheliegenderweise nimmt man dafür standardnormalverteilte Zufallsgrößen, wie wir sie im nächsten Kapitel im Detail erörtern werden. Dort werden wir auch sehen, dass die Zufallsgröße Summe unabhängiger normalverteilter Zufallsgrößen wieder normalverteilt ist. Daher ist die Zufallsgröße

$$\tfrac{1}{\sqrt{n}}(Y_1 + \ldots + Y_n)$$

standardnormalverteilt. Für sie gilt

$$E\left(f_2\left(\tfrac{1}{\sqrt{n}}(Y_1 + \ldots + Y_n)\right)\right)$$
$$\leq E\left(1_{(a-\varepsilon,b+\varepsilon]}\left(\tfrac{1}{\sqrt{n}}(Y_1 + \ldots + Y_n)\right)\right) = P\left(a - \varepsilon < \tfrac{1}{\sqrt{n}}(Y_1 + \ldots + Y_n) \leq b + \varepsilon\right)$$
$$= \Phi(b + \varepsilon) - \Phi(a - \varepsilon) \leq \Phi(b) - \Phi(a) + 2\|\Phi'\|_\infty \varepsilon$$

und folglich

$$P\left(a < \tfrac{1}{\sqrt{n}}(X_1 + \ldots + X_n) \leq b\right) = E\left(1_{(a,b]}\left(\tfrac{1}{\sqrt{n}}(X_1 + \ldots + X_n)\right)\right)$$
$$\leq E\left(f_2\left(\tfrac{1}{\sqrt{n}}(X_1 + \ldots + X_n)\right)\right)$$
$$\leq E\left(f_2\left(\tfrac{1}{\sqrt{n}}(Y_1 + \ldots + Y_n)\right)\right) + \frac{\|f_2^{(3)}\|_\infty}{6\sqrt{n}}\left(E(|X|^3) + E(|Y|^3)\right)$$
$$\leq \Phi(b) - \Phi(a) + \frac{35}{4\varepsilon^3\sqrt{n}}\left(E(|X|^3) + E(|Y|^3)\right) + 2\|\Phi'\|_\infty \varepsilon.$$

Entsprechend beweist man die analoge Abschätzung nach unten:

$$P\left(a < \tfrac{1}{\sqrt{n}}(X_1 + \ldots + X_n) \leq b\right) \geq E\left(f_1\left(\tfrac{1}{\sqrt{n}}(X_1 + \ldots + X_n)\right)\right)$$
$$\geq \Phi(b) - \Phi(a) - \frac{35}{4\varepsilon^3\sqrt{n}}\left(E(|X|^3) + E(|Y|^3)\right) - 2\|\Phi'\|_\infty \varepsilon$$

Insgesamt erhält man also

$$P\left(a < \tfrac{1}{\sqrt{n}}(X_1 + \ldots + X_n) \leq b\right) - (\Phi(b) - \Phi(a))$$
$$\leq 2\varepsilon\|\Phi'\|_\infty + \frac{35}{4\varepsilon^3\sqrt{n}}\left(E(|X|^3) + E(|Y|^3)\right)$$
$$= \frac{1}{\sqrt[8]{n}}\left(\frac{2}{\sqrt{2\pi}} + \frac{35}{4}\left(E(|X|^3) + \frac{4}{\sqrt{2\pi}}\right)\right),$$

wobei für die letzte Identität neben den konkreten Eigenschaften von standard-normalverteilten Zufallsgrößen auch die noch ausstehende Festlegung des Parameters ε eingeflossen ist, der die Approximationsgüte steuert: $\varepsilon = n^{-1/8}$. Die so insgesamt erzielte Abschätzung zeigt wie gewünscht, dass die Approximation mit steigender Versuchslänge n beliebig genau wird.

Aufgaben

1. Versuchen Sie mit einer EXCEL-Tabelle, eine zu Abb. 2.16 äquivalente Darstellung zu erstellen.
   Hinweis: Eine Formel, die verwendet werden kann, findet sich in Fußnote 34.
2. Verallgemeinern Sie den Beweis des Zentralen Grenzwertsatzes auf Folgen von voneinander unabhängigen, aber nicht unbedingt identisch verteilten

Zufallsgrößen X_1, X_2, ... mit endlichen Erwartungswerten und endlichen Standardabweichungen, welche die Bedingung

$$\frac{\sum\limits_{j=1}^{n} E(|X_j - E(X_j)|^3)}{\left(\sum\limits_{j=1}^{n} \sigma(X_j)^2\right)^{3/2}} \xrightarrow[n\to\infty]{} 0$$

erfüllen. Zeigen Sie dafür

$$\lim_{n\to\infty} P\left(a < \frac{\sum\limits_{j=1}^{n} X_j - \sum\limits_{j=1}^{n} E(X_j)}{\sqrt{\sum\limits_{j=1}^{n} \sigma(X_j)^2}} \leq b\right) = \Phi(b) - \Phi(a)$$

und damit für genügend große Werte n

$$P\left(\sum_{j=1}^{n} E(X_j) + a\sqrt{\sum_{j=1}^{n} \sigma(X_j)^2} < \sum_{j=1}^{n} X_j \leq \sum_{j=1}^{n} E(X_j) + b\sqrt{\sum_{j=1}^{n} \sigma(X_j)^2}\right)$$
$$\approx \Phi(b) - \Phi(a).$$

Anmerkung: Die Voraussetzung ist insbesondere dann erfüllt, wenn die absoluten zentralen Momente dritter Ordnung $E(|X - X_j|^3)$ eine gemeinsame obere Schranke und die Standardabweichungen $\sigma(X_j)$ eine gemeinsame untere, positive Schranke besitzen.

3. Berechnen Sie alle Momente einer standardnormalverteilten Zufallsgröße. Zeigen Sie dazu analog zur Berechnung des zweiten Moments der Normalverteilung in Abschn. 2.13 mittels partieller Integration

$$\frac{1}{\sqrt{2\pi}} \int_{-\infty}^{\infty} t^k e^{-t^2/2} dt = (k-1) \frac{1}{\sqrt{2\pi}} \int_{-\infty}^{\infty} t^{k-2} e^{-t^2/2} dt.$$

4. Gegeben sind voneinander unabhängige, standardnormalverteilte Zufallsgrößen Y_1, ..., Y_n. Folgern Sie aus den Ergebnissen von Aufgabe 2:

$$E(Y_1^2 + \ldots + Y_n^2) = n \quad \text{und} \quad Var(Y_1^2 + \ldots + Y_n^2) = 2n$$

Anmerkung: Solche Quadratsummen treten insbesondere dann in Erscheinung, wenn die Längen von Zufallsvektoren, deren Koordinaten voneinander unabhängige, standardnormalverteilte Zufallsgrößen sind, betrachtet werden. Weit häufiger sind in der Praxis allerdings diejenigen Fälle, in denen solche Quadratsummen approximativen Charakter haben.

2.12   Die Normalverteilung

Wie kann die Normalverteilung als Wahrscheinlichkeitsverteilung einer Zufallsgröße interpretiert werden?

Zweifellos ist der Zentrale Grenzwertsatz eines der wichtigsten Resultate der Wahrscheinlichkeitsrechnung. Zugleich ist er ein Prototyp von mehreren ähnlichen Sachverhalten. Daher ist es angebracht, die dem Zentralen Grenzwertsatz zugrunde liegende Approximationsformel in prinzipieller Hinsicht zu würdigen. Dabei wird sich zeigen, dass dem zur Approximation verwendeten Integral die Verteilung einer Zufallsgröße zugrunde liegt, deren mögliche Werte kontinuierlich den ganzen Zahlenstrahl einnehmen. Weil wir die Terminologie der Zufallsgrößen im Rahmen unserer elementaren Einführung – abseits einiger Ausblicke – bewusst nur auf den einfachen Fall einer Zufallsgröße mit endlichem Wertebereich beschränkt haben, begnügen wir uns wieder mit einem kurzen Überblick.

In Abschn. 2.5 haben wir eine Zufallsgröße zunächst informell als Vorschrift aufgefasst, mit der jedem Ergebnis ω eines Zufallsexperimentes eine Zahl $X(\omega)$ zugeordnet wird. Dabei war der Wertebereich der Zufallsgröße in der Regel endlich. Der Übergang zu einer Zufallsgröße mit einem kontinuierlichen Wertebereich bereitet auf dem informellen Niveau keine großen Schwierigkeiten. Zwar kommt als Zufallsexperiment weder ein einzelner Würfelwurf noch ein anderes, ähnlich einfaches Experiment infrage. Denkbar ist aber eine unendliche Sequenz solcher Zufallsexperimente, bei denen zum Beispiel die Dezimalziffern des Wertes $X(\omega)$ nacheinander bestimmt werden. Sollte man dieses Verfahren tatsächlich einmal konkret realisieren, kann man die Sequenz abbrechen, sobald eine genügende Genauigkeit erreicht ist.

Schwierigkeiten entstehen aber bei der mathematischen Beschreibung: Eine Zufallsgröße X mit endlichem Wertebereich wird weitgehend durch die Wahrscheinlichkeiten der Form $P(X=t)$ charakterisiert. Dies funktioniert aber bei Zufallsgrößen mit kontinuierlichem Wertebereich nicht, da dann die Wahrscheinlichkeiten $P(X=t)$ allesamt gleich 0 sein können, wie es bereits beim einfachen Beispiel einer im Intervall [0,1] gleichverteilten Zufallsgröße der Fall ist. Stattdessen kann aber, wie schon in Abschn. 2.9 als Ausblick beschrieben, jede Zufallsgröße X durch die Wahrscheinlichkeiten der Form $P(X \leq t)$ charakterisiert werden, die in ihrer Gesamtheit die Verteilungsfunktion der Zufallsgröße X definieren: $F_X(t) = P(X \leq t)$. Als Spezialfall lässt sich eine Zufallsgröße derart definieren, dass ihre Verteilungsfunktion gleich der Funktion Φ ist, die wir vom Zentralen Grenzwertsatz her kennen und deren Graph in Abb. 2.23 schwarz dargestellt ist:

$$P(X \leq t) = \Phi(t)$$

Eine solche Zufallsgröße X heißt standardnormalverteilt. Die Standard-Normalverteilung und analog jede andere Normalverteilung sind daher wirklich Verteilungsfunktionen.

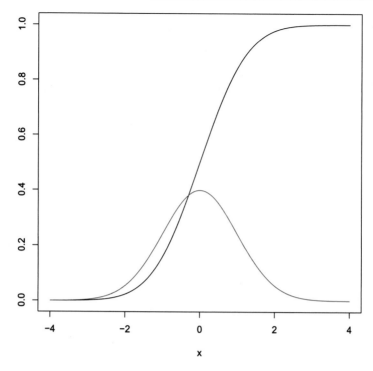

Abb. 2.23 Der Graph der Standard-Normalverteilung Φ (schwarz) sowie der als Glockenkurve bezeichnete Graph der Dichte (rot)

Wir wollen uns nun noch ein paar sehr wichtige Eigenschaften der Normalverteilung ansehen:

- Was sind die maßgeblichen Eigenschaften der Funktion Φ, aufgrund der sie als Verteilungsfunktion einer Zufallsgröße aufgefasst werden kann?
- Die Standard-Normalverteilung besitzt den Erwartungswert 0 und die Standardabweichung 1.
- Die Summe von zwei voneinander unabhängigen, normalverteilten Zufallsgrößen ist wieder eine normalverteilte Zufallsgröße.

Leider ist der mathematische Hintergrund dieser drei fundamentalen Eigenschaften alles andere als elementar. Aufgrund der Integral-basierten Definition der Normalverteilung müssen nämlich diverse Sätze der Integrationstheorie angewendet werden. Allerdings kann das weitere Kapitel übersprungen werden, ohne das Verständnis der Lektüre von Teil 3 zu gefährden. Für mathematisch Interessierte werden sich allerdings Einblicke in typische Techniken ergeben, die auch auf andere Zufallsgrößen mit kontinuierlichem Wertebereich übertragbar sind.

Bereits in Abschn. 2.9 wurde darauf hingewiesen, dass bei Zufallsgrößen mit kontinuierlichem Wertebereich nicht jede Menge von Ergebnissen sinnvoll als Ereignis interpretiert werden kann. Möglich ist aber eine Beschränkung auf Intervalle und abzählbare Vereinigungen von Intervallen. Diese Problematik des mathematischen Formalismus ist allerdings für die Praxis unbedeutend.

Als Nächstes wollen wir uns ansehen, wie eine standardnormalverteilte Zufallsgröße X tatsächlich konstruiert werden kann. Dies ist einfacher, als man vielleicht zunächst denkt. Man geht dazu von einer im offenen Intervall $(0,1)$ gleichverteilten Zufallsgröße Z aus, für die übrigens in den meisten Programmiersprachen eine Realisierung implementiert ist. Für jede Zahl t aus dem offenen Intervall $(0,1)$ gilt daher $P(Z \leq t) = t$. Das Einzige, was noch zu tun ist, ist eine Transformation mit der zur Standard-Normalverteilung gehörenden Quantilsfunktion Φ^{-1}:

$$X = \Phi^{-1}(Z)$$

Aufgrund der Monotonie der Verteilungsfunktion Φ folgt wie gewünscht:

$$P(X \leq t) = P\left(\Phi^{-1}(Z) \leq t\right) = P(Z \leq \Phi(t)) = \Phi(t)$$

Die gerade verwendete Monotonie ist neben den beiden Eigenschaften

$$\lim_{t \to -\infty} \Phi(t) = 0 \text{ und } \lim_{t \to \infty} \Phi(t) = 1$$

dafür entscheidend, dass es sich bei der Funktion Φ tatsächlich um die Verteilungsfunktion einer Zufallsgröße handelt. Als weitere Anforderung dafür, dass eine Funktion die Verteilungsfunktion einer Zufallsgröße ist, kommt nur noch die bei der Funktion Φ offensichtliche Stetigkeit hinzu, wobei eine rechtsseitige Stetigkeit sogar ausreichen würde, wie sie zum Beispiel bei Verteilungsfunktionen zu Zufallsgrößen mit endlichem Wertebereich gegeben ist.

Übrigens beruht die in Kurzform geschriebene Eigenschaft $\Phi(\infty) = 1$ auf dem Integralwert

$$\int_{-\infty}^{\infty} e^{-\frac{1}{2}t^2} dt = \sqrt{2\pi},$$

dessen Berechnung keineswegs trivial ist. Der schönste Beweis verwendet den Trick, das Quadrat des Integrals, das sich geometrisch als Volumen des aus der Glockenkurve entstehenden Rotationskörpers auffassen lässt, mittels einer Transformation in Polarkoordinaten zu berechnen:

$$\left(\int_{-\infty}^{\infty} e^{-t^2/2} dt\right)^2 = \int_{-\infty}^{\infty} e^{-s^2/2} ds \cdot \int_{-\infty}^{\infty} e^{-t^2/2} dt = \int_{-\infty}^{\infty} \int_{-\infty}^{\infty} e^{-(s^2+t^2)/2} ds\, dt$$

$$= \int_{0}^{2\pi} \int_{0}^{\infty} r\, e^{-r^2/2} dr\, d\theta = \int_{0}^{2\pi} \left[-e^{-r^2/2}\right]_{0}^{\infty} d\theta = \int_{0}^{2\pi} 1\, d\theta = 2\pi$$

Zur Transformation in Polarkoordinaten wurde dabei $s = r \cos \theta$ und $t = r \sin \theta$ verwendet. Wem eine Plausibilität reicht, kann stattdessen das erste Doppelintegral mittels des Umfangs $U(r)$ eines Kreises mit Radius r geometrisch interpretieren:

$$\int\limits_{-\infty}^{\infty} \int\limits_{-\infty}^{\infty} e^{-(s^2+t^2)/2} \, ds \, dt = \int\limits_{0}^{\infty} U(r) \, e^{-r^2/2} dr = 2\pi \int\limits_{0}^{\infty} r \, e^{-r^2/2} dr = 2\pi \left[-e^{-r^2/2} \right]_{0}^{\infty} = 2\pi$$

Bei einer normalverteilten Zufallsgröße X ist eine Wahrscheinlichkeit der Form $P(X=t)$ stets gleich 0. Eine solche Wahrscheinlichkeit enthält damit keine maßgebliche Information über die Zufallsgröße. Als Ausweg bieten sich Wahrscheinlichkeiten der Form $P(X \in (x-\varepsilon, x])$ für kleine Werte $\varepsilon > 0$ an. Für einen genügend kleinen Wert $\varepsilon > 0$ erhält man auf Basis der Dichte die Näherung

$$P(X \in (x - \varepsilon, x]) = \frac{1}{\sqrt{2\pi}} \int\limits_{x-\varepsilon}^{x} e^{-\frac{1}{2}t^2} dt \approx \frac{1}{\sqrt{2\pi}} e^{-\frac{1}{2}x^2} \varepsilon.$$

Diese Gleichung kann als „Motivationsbrücke" verwendet werden, um Erwartungswert und Standardabweichung auch für Zufallsgrößen mit kontinuierlichem Wertebereich zu definieren. Wie in Abschn. 2.9 als Ausblick bereits erläutert, tritt ein Integral anstelle der Summe, die für den Erwartungswert $E(X)$ einer Zufallsgröße X mit endlichem Wertebereich zu berechnen ist. Wie aber genau sieht die Analogie zur Definition

$$E(X) = \sum_{k} P(X = k) \, k$$

aus? Dabei denken wir auch an den etwas allgemeineren Fall einer Zufallsgröße X, deren Werte mit einer Funktion f wie zum Beispiel $f(x) = x^2$ transformiert werden:

$$E(f(X)) = \sum_{k} P(X = k) f(k)$$

Dazu analog kann man für eine normalverteilte Zufallsgröße und für jede andere Zufallsgröße vorgehen, deren Verteilungsfunktion auf einer Dichte beruht. Man approximiert zu diesem Zweck die Dichte mit Treppenfunktionen, also mit Funktionen, die jeweils in bestimmten Intervallen konstant sind. Auf diese Weise gelangt man zu einer Definition auf Basis eines Integrals, wobei wir, um eine einfache Notation zu ermöglichen, alle Intervalle mit einer einheitlich kleinen Länge $\varepsilon > 0$ wählen:

$$E(f(X)) = \lim_{\varepsilon \to 0} \sum_{t \in \mathbb{Z} \cdot \varepsilon} f(t) P(X \in (t - \varepsilon, t]) = \lim_{\varepsilon \to 0} \sum_{t \in \mathbb{Z} \cdot \varepsilon} f(t) \, e^{-t^2/2} \varepsilon = \int\limits_{-\infty}^{\infty} f(t) \, e^{-t^2/2} dt$$

Die erste Identität der voranstehenden Gleichungskette gilt universell, das heißt auch für Zufallsgrößen mit endlichem oder abzählbar unendlichem Wertebereich. Die beiden weiteren Identitäten sind analog ebenso für jede andere Zufallsgröße anwendbar, für die eine Dichte existiert.

Wir beginnen damit, den Erwartungswert einer standardnormalverteilten Zufallsgröße zu berechnen. Wegen der Symmetrie der Glockenkurve um den Nullpunkt erwarten wir das Ergebnis 0, was sich tatsächlich auch rechnerisch ergibt:

$$E(X) = \frac{1}{\sqrt{2\pi}} \int\limits_{-\infty}^{\infty} t\, e^{-t^2/2} dt = \frac{1}{\sqrt{2\pi}} \left(\int\limits_{-\infty}^{0} t\, e^{-t^2/2} dt + \int\limits_{0}^{\infty} t\, e^{-t^2/2} dt \right) = 0$$

Den Wert 1 für die Varianz erhalten wir aus dem zweiten Moment $E(X^2)$, das mittels partieller Integration berechnet werden kann:

$$E(X^2) = \frac{1}{\sqrt{2\pi}} \int\limits_{-\infty}^{\infty} t^2\, e^{-t^2/2} dt = \frac{1}{\sqrt{2\pi}} \lim_{T \to \infty} \int\limits_{-T}^{T} (-t)(-t\, e^{-t^2/2}) dt$$

$$= \frac{1}{\sqrt{2\pi}} \lim_{T \to \infty} \left(\left[(-t)e^{-t^2/2} \right]_{-T}^{T} - \int\limits_{-T}^{T} (-1)\, e^{-t^2/2} dt \right)$$

$$= \frac{1}{\sqrt{2\pi}} \lim_{T \to \infty} \left(\int\limits_{-T}^{T} e^{-t^2/2} dt \right) = 1$$

Eine standard-normalverteilte Zufallsgröße X, das heißt eine Zufallsgröße mit $P(X \leq t) = \Phi(t)$, hat damit den Erwartungswert 0 und die Standardabweichung 1. Jede andere normalverteilte Zufallsgröße Y geht mittels einer Transformation $Y = \sigma X + m$ aus einer standard-normalverteilten Zufallsgröße X hervor, wobei m eine reelle Zahl und σ eine positive Zahl ist. Wegen $E(Y) = \sigma \cdot E(X) + m = m$ und $\sigma_Y = \sigma \sigma_X = \sigma$ wird jede Normalverteilung eindeutig durch die Angabe ihres Erwartungswertes *und* ihrer Standabweichung charakterisiert, was sich in der gebräuchlichen Notation $Y \sim N(m, \sigma)$ widerspiegelt. Die Verteilungsfunktion ist gleich

$$P(Y \leq x) = P(\sigma X + m \leq x) = P\left(X \leq \tfrac{x-m}{\sigma} \right) = \Phi\left(\tfrac{x-m}{\sigma} \right)$$

$$= \frac{1}{\sqrt{2\pi}} \int\limits_{-\infty}^{(x-m)/\sigma} e^{-t^2/2} dt = \frac{1}{\sqrt{2\pi}\sigma} \int\limits_{-\infty}^{x} e^{-\frac{(u-m)^2}{2\sigma^2}} du$$

Die wichtigste Eigenschaft von normalverteilten Zufallsgrößen hängt eng mit dem Zentralen Grenzwertsatz zusammen: Die Summe von zwei unabhängigen, normalverteilten Zufallsgrößen ist wieder normalverteilt.

Warum ist die Aussage plausibel? Dazu stellen wir uns jede der beiden Normalverteilungen als Approximation der Verteilung vor, die sich für die Summe einer genügend langen Sequenz von untereinander unabhängigen Zufallsgrößen ergibt. Dabei können wir die Unabhängigkeit der Zufallsgrößen zusätzlich ebenfalls sequenzübergreifend annehmen. Summieren wir nun die Zufallsgrößen aus beiden

Sequenzen, dann wird auch die zugehörige Verteilung durch eine Normalverteilung approximiert.

Für einen formalen Beweis gehen wir von zwei voneinander unabhängigen normalverteilten Zufallsgrößen X und Y aus. Nach einer geeigneten Transformation können wir uns auf eine standardnormalverteilte Zufallsgröße X und den einer normalverteilten Zufallsgröße Y mit dem Erwartungswert $E(Y) = 0$ und der Standardabweichung $\sigma = \sigma_Y$ beschränken.

Wir erinnern uns zunächst an die **Faltungsformel** für zwei unabhängige Zufallsgrößen X und Y, die beide nur einen endlichen Wertebereich besitzen (siehe Aufgabe 5 in Abschn. 2.9):

$$P(X + Y = t) = \sum_s P(X = s) \cdot P(Y = t - s)$$

Die analoge Faltungsformel für die Dichte der Zufallsgröße $X + Y$ lautet:

$$\psi(t) = \frac{1}{\sqrt{2\pi}} \frac{1}{\sqrt{2\pi}\sigma} \int_{-\infty}^{\infty} e^{-s^2/2} e^{-(t-s)^2/(2\sigma^2)} ds.$$

Dieser Ausdruck lässt sich aber noch umformen:

$$\psi(t) = \frac{1}{2\pi\sigma} \int_{-\infty}^{\infty} e^{-\frac{1}{2\sigma^2}(\sigma^2 s^2 + t^2 - 2ts + s^2)} ds = \frac{1}{2\pi\sigma} \int_{-\infty}^{\infty} e^{-\frac{1}{2\sigma^2}\left(\left(s\sqrt{\sigma^2+1} - t/\sqrt{\sigma^2+1}\right)^2 - \frac{t^2}{\sigma^2+1} - t^2\right)} ds$$

$$= \frac{1}{2\pi\sqrt{\sigma^2+1}} e^{-\frac{t^2}{2(\sigma^2+1)}} \int_{-\infty}^{\infty} e^{-\frac{u^2}{2}} du = \frac{1}{\sqrt{2\pi}\sqrt{\sigma^2+1}} e^{-\frac{t^2}{2(\sigma^2+1)}},$$

wobei der vorletzten Identität die Transformation

$$u = \frac{1}{\sigma}\left(s\sqrt{\sigma^2+1} - t/\sqrt{\sigma^2+1}\right)$$

zugrunde liegt.

Aufgaben

1. Erzeugen Sie mit EXCEL oder einer Programmiersprache wie R standardnormalverteilte Zufallszahlen, indem sie im Intervall [0,1] gleichverteilten Zufallszahlen entsprechend transformieren. Überprüfen Sie Ihr Ergebnis durch eine Histogrammdarstellung.

2.13 Elementarer Weg zur Normalverteilung

Im vorletzten Kapitel haben wir den Zentralen Grenzwertsatz als eine sehr weitgehend gültige Gesetzmäßigkeit kennengelernt. Um ihn anwenden zu können, benötigt man Werte der Normalverteilung. Die numerische Berechnung dieser

Werte nutzt die zur Definition verwendete Integralformel, die zum Beispiel mit einer Potenzreihen-Entwicklung konkret berechenbar wird. Elementar ist das aber sicher nicht.

Gibt es auch eine elementare Möglichkeit, Normalverteilungswerte zu bestimmen?

Um den Zentralen Grenzwertsatz numerisch anwenden zu können, bedarf es diverser Funktionswerte $\Phi(x)$ der Normalverteilungsfunktion Φ. Klassisch wurden dazu Tabellen verwendet, wie wir sie als Tab. 2.2 in Abschn. 2.11 kennengelernt haben. Seit die Normalverteilungsfunktion in vielen Programmiersprachen und Softwarepaketen implementiert ist, geht es sogar noch viel einfacher.

Bei der Bestimmung eines Normalverteilungswertes $\Phi(x)$ haben wird also bisher nur die Wahl zwischen „nicht elementar" und „ganz einfach", nämlich zwischen der Bewältigung der Integralformel und dem blinden Vertrauen auf Dritte ohne Chance, damit das eigene Verständnis zu fördern. Als alternativen Mittelweg wollen wir uns gleich ansehen, wie man elementar und trotzdem ohne Rückgriff auf fremde Quellen einen Normalverteilungswert $\Phi(x)$ bestimmen kann. Dies ist auch insofern wichtig, weil es weitere, ähnlich gelagerte Fälle von Grenzverteilungen gibt, die wir zum Teil noch kennenlernen werden. Dabei können die auf ihnen beruhenden statistischen Methoden letztlich nur dann verstanden werden, wenn man weiß, wie die verwendeten Verteilungswerte zustande kommen.

Wir wollen zwei Möglichkeiten zur Bestimmung von Normalverteilungswerten erörtern, nämlich in der Hauptsache eine empirisch-experimentelle Methode und als En-Passant-Ausblick ein rein rechnerisches Verfahren. Der Ausgangspunkt beider Ansätze ist allerdings identisch: Gemäß dem Zentralen Grenzwertsatz approximiert die Normalverteilung die Wahrscheinlichkeitsverteilung von Summen gleichverteilter, voneinander unabhängigen Zufallsgrößen, sofern nur die Zahl der Summanden groß genug ist. Da die Grenzverteilung nicht von der Wahrscheinlichkeitsverteilung abhängt, welche die einzelnen Summanden einheitlich aufweisen, können wir zur Approximation auch eine Summe mit ganz speziell gewählten Summanden verwenden.

In Bezug auf Abb. 2.17 heißt das, dass wir zum Beispiel mit einem einzelnen Trend, wie er in einem der drei Histogramme erkennbar ist, den Trend von allen anderen Situationen approximieren, die dem Zentralen Grenzwertsatz unterliegen. Das schließt selbstverständlich die Trends der beiden anderen Histogramme ein. Für eine näherungsweise *Berechnung* bietet sich der Fall des Münzwurfs an, das heißt die in Abb. 2.17 oben dargestellte Binomialverteilung zur Wahrscheinlichkeit $p = \frac{1}{2}$, weil dann die Formeln der Binomialverteilung etwas einfacher sind, wie wir in Abschn. 2.11 gesehen haben. Mit genügend Geduld kann man aber auch *rein empirisch* vorgehen. Dabei kann man zum Beispiel eine Versuchsserie mit einem der Würfelexperimente durchführen, die den beiden anderen Histogrammen von Abb. 2.17 zugrunde liegen: Wie viele Sechsen werden geworfen? Wie hoch ist die insgesamt erzielte Augensumme?

Zwei Schwierigkeiten liegen auf der Hand:

• Ist ein verwendeter Spielwürfel wirklich genügend präzise in seiner Symmetrie?
• Und ist der Aufwand einer langen Würfelserie nicht zu hoch für eine beispielhafte Verdeutlichung?

Die erste Schwierigkeit lässt sich überwinden. Dazu gibt es zwei Möglichkeiten:

Zwar werden übliche Spielwürfel relativ preiswert hergestellt, so dass die absolute Symmetrie nicht unbedingt gegeben ist, nicht zuletzt deshalb, weil sie für die angestrebten Zwecke der Unterhaltung und des Zeitvertreibs auch gar nicht nötig ist. Qualitativ deutlich hochwertiger sind allerdings die in Spielkasinos verwendeten Würfel. Ihre Ecken sind nicht abgerundet, wodurch die Symmetrie der Geometrie produktionstechnisch einfacher sicherzustellen ist. Außerdem sind die Würfelaugen nicht ausgehöhlt. Dadurch bleibt – anders als bei einem Spielwürfel – der Schwerpunkt des Würfels exakt in der Mitte.[37]

Eine Alternative besteht darin, zwar einen üblichen, leicht asymmetrischen Spielwürfel zu verwenden, den Erzeugungsprozess der Zufallszahlen aber qualitativ zu verbessern. Dazu verwendet man für die Generierung einer Zufallszahl mehrere Würfelergebnisse, indem man die einzelnen Ergebnisse addiert und dann nur den Rest bei der Division durch 6 wertet. Nimmt man zum Beispiel fünf Würfe als Grundlage einer Zufallszahl, dann führt die Würfelsequenz 3–6–3–4–1 zur Summe 17, die als 5 gewertet wird. Die Sequenz 3–6–3–4–2 mit der Summe 18 zählt als 6. Man kann sich leicht überlegen, dass die Wahrscheinlichkeiten sich bei diesem Vorgehen deutlich dem Idealwert 1/6 annähern (siehe Kasten).

Wie man bei schiefen Würfeln die Chancen ausgleicht

Wir gehen von einem Spielwürfel aus, der nur annähernd symmetrisch ist, so dass die Wahrscheinlichkeiten nur ungefähr gleich 1/6 sind. Um qualitative bessere Ergebnisse zu erhalten, würfeln wir zur Erzeugung jeder Zufallszahl mehrfach, addieren die dabei erzielten Ergebnisse und berücksichtigen von dieser Summe schließlich nur den Rest, der bei der Division durch 6 entsteht. Im Ergebnis entspricht diese Verfahrensweise der Verwendung eines Sechs-Felder-Würfelrundkurses, auf dem ein Spielstein jeweils um das Ergebnis des aktuell erzielten Würfelwurfes vorgerückt wird, um nach dem letzten Wurf das dann erreichte Feld als Zufallsergebnis zu werten.

In der Zahlentheorie, die sich als mathematische Teildisziplin mit den Eigenschaften ganzer Zahlen beschäftigt, nennt man solche Operationen

---

[37] Außerdem sind Spielkasino-Würfel zur Verhinderung von Manipulationen aus einem transparenten Material hergestellt und mit einer Kennzeichnung versehen.

Modulo-Arithmetik. Zahlenwerte werden dabei zyklisch interpretiert, wie man es von Uhrzeiten her kennt.

Beim Würfeln auf dem 6-Felder-Rundkurs haben die beiden Würfel-ergebnisse 3-1 dieselbe Wirkung wie 4-6, denn $3 + 1 = 4$ und $4 + 6 = 10$ ergeben bei der Division durch 6 den gleichen Rest, nämlich 4. In Formelschreibweise notiert man diesen Sachverhalt abkürzend als $3 + 1 \equiv 4 + 6 \equiv 4 \bmod 6$.

Um zu erkennen, wie stark eine solche Verfahrensweise die Wahrschein-lichkeiten zwischen den einzelnen Ergebnissen ausgleicht, untersuchen wir etwas allgemeiner die Situation von zwei voneinander unabhängigen Zufallsgrößen X und Y mit ganzen Werten. Dabei werden wir ausgehend von den Wahrscheinlichkeitsverteilungen, die beide Zufallsgrößen in Bezug auf die bei der Division durch n entstehenden Restklassen besitzen, die ent-sprechende Wahrscheinlichkeitsverteilung der Summe $X + Y$ bestimmen. Konkret wollen wir uns ansehen, wie sich bei einer solchen **Modulo-**Addition die „Symmetrie-Störungen", das heißt die Abweichungen von der Gleichverteilung, sukzessive verringern. Dazu gehen wir bei den Werten der Wahrscheinlichkeitsverteilungen von X und Y von folgenden Darstellungen aus ($j = 0, 1, ..., n - 1$):

$$P(X \equiv k \bmod n) = \tfrac{1}{n}(1 + d_k)$$
$$P(Y \equiv k \bmod n) = \tfrac{1}{n}(1 + e_k)$$

Offensichtlich erfüllen die Werte $d_0, ..., d_{n-1}, e_0, ..., e_{n-1}$, welche die Abweichungen von der Gleichverteilung charakterisieren, die Eigenschaften

$$\sum_{k=0}^{n-1} d_k = \sum_{k=0}^{n-1} e_k = 0.$$

Außerdem bezeichnen wir mit D und E die größten Absolutbeträge unter diesen Abweichungen:

$$D = \max_{k=0,...,n-1} |d_k| \,, \ E = \max_{k=0,...,n-1} |e_k|$$

Nun erhalten wir für die modulo n gebildete Summe $X + Y$ die folgende Wahrscheinlichkeitsverteilung, wobei wir die Modulo-Arithmetik auch auf die Indizes übertragen:

$$P(X + Y \equiv k \bmod n) = \sum_{j=0}^{n-1} P(X \equiv j \bmod n) \cdot P(Y \equiv k - j \bmod n)$$

$$= \frac{1}{n^2} \sum_{j=0}^{n-1} (1 + d_j + e_{k-j} + d_j e_{k-j})$$

$$= \frac{1}{n} \left(1 + \frac{1}{n} \sum_{j=0}^{n-1} d_j e_{k-j} \right)$$

Die Abweichung der durch Modulo-Summation erzielten Verteilung zur Gleichverteilung kann daher folgendermaßen nach oben abgeschätzt werden:

$$\left| \frac{1}{n} \sum_{j=0}^{n-1} d_j e_{k-j} \right| \leq DE$$

Ausgehend von einer durch $D < 1$ beschränkten Asymmetrie erhält man damit nach m Zufallsexperimenten pro generierter Zufallszahl eine Wahrscheinlichkeitsverteilung, deren Asymmetrie durch D^m begrenzt wird. Bei genügend langen Versuchsreihen gleichen sich daher die Wahrscheinlichkeiten für die n Restklassen beliebig nahe einander an. Für den Fall eines Würfels bedeutet dies konkret: Ist die Symmetrie des Würfels nicht derart stark verletzt, dass eine Seite die Wahrscheinlichkeit von $2/6 = 1/3$ erreicht oder überschreitet (was in der Praxis nicht mal annähernd zu erwarten ist), kann auf dem beschriebenen Weg der Ausgleich der Wahrscheinlichkeiten beliebig genau sichergestellt werden. Für praktische Zwecke reichen wenige Würfe.

Dass bei stark asymmetrischen Wahrscheinlichkeiten von 1/3 das Verfahren nicht mehr klappen muss, zeigt ein „Würfel", der mit den Wahrscheinlichkeiten von jeweils 1/3 die Werte 2, 4 und 6 anzeigt. Nach dem beschriebenen Verfahren wird nie ein ungerader Wert entstehen!

Es ist zwar gut, dass die Qualitätsproblematik überwunden werden konnte. Die Aussicht auf ein stundenlanges Würfeln ist trotzdem Anlass genug, nach Alternativen zu suchen, selbstverständlich in Form eines Computerprogrammes. Wie aber kann ein Würfelexperiment mit einem Computer simuliert werden? Dass diese Frage keinesfalls banal ist, liegt schlicht daran, dass ein Computer im Allgemeinen deterministisch arbeitet, das heißt, anders als ein Würfel startend von der gleichen Anfangssituation – bestehend aus Programm und Input – immer die gleichen Ergebnisse liefert.

Wie aber kommt nun der Zufall in den Computer? Ein Würfel ist ja offensichtlich nicht eingebaut. Zwei Möglichkeiten bieten sich an:

- Außerhalb des Computers werden Zufallsexperimente durchgeführt, wobei die Ergebnisse für den Computer registriert und aufgezeichnet werden. Will man sich die Arbeit sparen, kann man auch auf Roulette-Permanenzen von Spielkasinos zurückgreifen und diese gegebenenfalls transformieren. Die derart erhaltene Liste sogenannter **Zufallszahlen** kann man dann für die verschiedensten Untersuchungen verwenden. In diesem Sinne enthält zum Beispiel ein 1955 erschienenes Buch mit dem Titel *A Million Random Digits with 100,000 Normal Deviates* eine Million Zufallsziffern.
- Der Computer selbst erzeugt die Zufallszahlen, obwohl sich Berechnung und Zufall eigentlich auszuschließen scheinen. Es gibt allerdings Rechenprozesse, deren Ergebnisse für den unvoreingenommenen Betrachter keiner erkennbaren Regel folgen und sich statistisch wie zufällige Zahlen verhalten. Man spricht deshalb auch von **Pseudo-Zufallszahlen.**

In den letzten Jahrzehnten wird in der Praxis generell nur noch die zweite Methode verwendet, denn bei ihr ist der Aufwand deutlich geringer. So besitzt heute eigentlich jede moderne Programmiersprache einen Befehl, mit dem solche Pseudo-Zufallszahlen erzeugt werden können. Beispielsweise erhält man durch `Math.floor(100*Math.random()+1)` in JavaScript und `INT(100*RND(1))+1` in BASIC gleichverteilte, ganze Pseudo-Zufallszahlen zwischen 1 und 100.

Die Rechenverfahren zur Erzeugung von Pseudo-Zufallszahlen basieren meist auf der sogenannten Modulo-Arithmetik ganzer Zahlen, wie wir sie schon im Kasten *Wie man bei schiefen Würfeln die Chancen ausgleicht* (Abschn. 2.13) kennengelernt haben. Allen diesen Verfahren gemein ist, dass sie jeweils auf einer Formel basieren, mit der bestimmte Daten Schritt für Schritt transformiert werden, wobei in jedem Schritt eine Pseudo-Zufallszahl entsteht. Wir wollen uns dies zunächst am Beispiel einer Formel ansehen, die *viel* zu einfach ist, um etwas wirklich Zufälliges zu produzieren. Trotzdem ist die Formel aber dazu geeignet ist, die prinzipielle Funktionswiese einer solchen Pseudo-Zufallszahlen-Erzeugung zu verdeutlichen.

Beginnend mit dem Startwert $x_1 = 15$ generieren wir eine Zahlenfolge $x_1, x_2, x_3,$ … mittels der Formel

$$x_{n+1} \equiv 42x_n \bmod 101 \, ,$$

wobei das durch „mod" abgekürzte Wort *modulo* wie schon im letzten Kasten für den Sachverhalt steht, dass vom Produkt $42x_n$ so lange die Zahl 101 abgezogen wird, bis das Ergebnis im Bereich von 0 bis 100 liegt. Beispielsweise ergibt sich aus der ersten Zahl $x_1 = 15$ der Folgewert $x_2 = 42 \cdot 15 - 6 \cdot 101 = 24$. Dadurch, dass das abzuziehende Vielfache von 101 im Verlauf der Zahlenfolge stark schwankt, sind Regelmäßigkeiten in der Zahlenfolge nur schwer erkennbar:

```
15 24 99  17  7 92 26 82 10 16
66 45 72  95 51 21 74 78 44 30
48 97 34  14 83 52 63 20 32 31
90 43 89   1 42 47 55 88 60 96
93 68 28  65  3 25 40 64 62 79
86 77  2  84 94  9 75 19 91 85
35 56 29   6 50 80 27 23 57 71
53  4 67  87 18 49 38 81 69 70
11 58 12 100 59 54 46 13 41  5
 8 33 73  36 98 76 61 37 39 22
```

Grund dafür, dass die angegebene Formel alle Zahlen von 1 bis 100 erzeugt, ist übrigens der sogenannte kleine Satz von Fermat.[38] Danach gibt es für jede Primzahl p eine Zahl a, so dass die Zahlen $1, a, a^2, a^3, \ldots, a^{p-1}$ bei der Division durch p jeden möglichen Rest mit Ausnahme der 0 bilden. Im Beispiel ist $p = 101$ und $a = 42$. Um wirklich praktisch verwendbare Pseudo-Zufallszahlen zu erzeugen, müssen sehr große Primzahlen verwendet werden; gebräuchlich sind Werte im Milliardenbereich und darüber. Ist eine Primzahl p festgelegt, gibt es für die mögliche Auswahl der Zahl a meist sehr viele Möglichkeiten, damit die erzeugte Sequenz wirklich alle Zahlen von 1 bis $p - 1$ erreicht. Einschränkungen ergeben sich aber auch dadurch, dass die erzeugten Zahlen einen zumindest augenscheinlichen zufälligen Charakter haben sollen. Das heißt insbesondere, dass auf Zahlen einer bestimmten Größenordnung immer Zahlen des gesamten Größenspektrums folgen müssen, um so bei aufeinanderfolgenden Zahlen das einer stochastischen Unabhängigkeit entsprechende Verhalten zu erzielen. Dadurch scheiden unter anderem relativ kleine Werte für a aus.

Um Pseudo-Zufallszahlen zu erhalten, die universell einsetzbar sind, wird die generierte Zahlenfolge meist gleichverteilt in den Bereich zwischen 0 und 1 transformiert. Dies geschieht mit einer Division durch p. Aus einem so erhaltenen Zufallswert y, der als **Standardzufallszahl** bezeichnet wird, kann dann eine konkret benötige Zufallszahl ermittelt werden. Zum Beispiel erhält man mit `INT(6*y+1)`, das ist der ganze Anteil der zwischen 1 und 7 liegenden Dezimalzahl $6y + 1$, ein simuliertes Würfelergebnis.

---

[38] Mehr noch als durch seine schon erwähnten Beiträge zur Begründung der Wahrscheinlichkeitsrechnung ist Pierre de Fermat durch seine zahlentheoretischen Untersuchungen bekannt. So wurde der große Satz von Fermat, der von Fermat selbst nur als Vermutung ausgesprochen wurde, erst 1993 bewiesen, nach über 300 Jahren mit vergeblichen Bemühungen.

Kombinierte Zufallsfolgen

Die zwei entscheidenden Kriterien für die Qualität einer Folge von Standardzufallszahlen sind die Gleichverteilung im Intervall von 0 bis 1 sowie die weitgehende Unabhängigkeit aufeinanderfolgender Zahlen.

Bei dem beschriebenen Standardverfahren wird zu einer sehr großen Primzahl p im Verlauf einer Periode der Länge $p-1$ jede der Zahlen $1/p$, $2/p$, ..., $(p-1)/p$ genau einmal erzeugt. Die erste Eigenschaft kann damit als erfüllt angesehen werden. Die zweite Anforderung muss allerdings für eine konkrete Konstruktion explizit geprüft werden. Immerhin lässt sich die Unabhängigkeit aufeinander folgender Zahlen in einem kontrollierten Rahmen dadurch erreichen, dass mehrere Folgen von Pseudo-Zufallsfolgen in zyklischer Reihenfolge zu einer Gesamtfolge kombiniert werden. Sind dabei die einzelnen Perioden zueinander teilerfremd, dann umfasst die Gesamtfolge alle Kombinationen von aufeinanderfolgenden Einzelwerten.

Einfach erzeugen lassen sich solche Folgen mit zueinander teilerfremden Perioden mit sogenannten Sophie-Germain-Primzahlen p_1, p_2, ... wie zum Beispiel 999521, 999611, 999623, 999653, 999671, 999749 und 1000151, welche die Eigenschaft besitzen, dass auch die Zahlen $2p_i + 1$ prim sind. Dadurch kann für einen Zufallsgenerator zu einer solchen Primzahl $2p_i + 1$ jeder Multiplikator a genommen werden, der nicht in der gleichen Restklasse wie $-1, 0$ und 1 liegt. Grund ist, dass die Periode ein Teiler von $2p_i$ sein muss, so dass nur die Perioden $1, 2, p_i$ oder $2p_i$ infrage kommen, wobei die ersten beiden Möglichkeiten aufgrund der für den Multiplikator a ausgeschlossenen Restklassen -1 und 1 ausscheiden.

Mit einem solchen Multiplikator erhält man zunächst Einzelfolgen der Periode p_i oder $2p_i$. Mischt man die zu den verschiedenen Primzahlen $2p_i + 1$ generierten Folge in zyklischer Abfolge, so ergibt sich daraus eine Folge mit einer Periode von $p_1 p_2 ...$ oder $2p_1 p_2 ...$

Mit einer Folge von Zufallszahlen lassen sich nun Zufallsexperimente und daraus gebildete Sequenzen, wie wir sie im letzten Kapitel untersucht haben, leicht und schnell durchführen. Sogar mehrfach wiederholte Sequenzen von simulierten Münzwürfen und Würfelversuchen sind kein Problem. Auf diese Weise lassen sich entsprechend zu den in Abb. 2.17 dargestellten Wahrscheinlichkeiten relative Häufigkeiten für die möglichen Ergebnisse einer Versuchsserie empirisch ermitteln, und zwar genügend genau, wenn nur die Versuchsserie genügend häufig wiederholt wird.

Wir wollen uns diese Situation noch etwas detaillierter ansehen. Dazu wiederholen wir das Zufallsexperiment, das der zu untersuchenden Zufallsgröße X zugrunde liegt, in einer Versuchsreihe genügend oft. Basierend auf den n Ergebnissen der Versuchsreihe bilden wir die Summe der identisch verteilten, voneinander unabhängigen Zufallsgrößen $X = X_1$, ..., X_n. Dabei normieren wir die

Summe derart, dass wir als Erwartungswert 0 und als Standardabweichung 1 erhalten:

$$S = \frac{X_1 + \ldots + X_n - n \cdot E(X)}{\sqrt{n}\sigma_X}$$

In Bezug auf die Praxis denken wir bei den Zufallsgrößen $X = X_1, \ldots, X_n$ insbesondere an Bernoulli-verteilte 0–1-Zufallsgrößen und erzielte Würfelaugen in einer Würfelsequenz. Unabhängig davon gilt aber aufgrund des Zentralen Grenzwertsatzes völlig allgemein die Approximation $P(S \leq t) \approx \Phi(t)$. Um nun auf dieser Basis einen Funktionswert $\Phi(t)$ rein empirisch zu bestimmen, müssen wir also die aus n Zufallsexperimenten bestehende Versuchsserie genügend oft wiederholen und dabei die relative Häufigkeit des Eintritts des Ereignisses $S \leq t$ ermitteln. Wir ermitteln also bei m Versuchsserien mit den Ergebnissen $S = S_1, \ldots, S_m$ für eine genügend große Anzahl m den Anteil der Versuchsserien, bei denen das Ereignis $S_i \leq t$ eintritt. Die derart ermittelte relative Häufigkeit für das Ereignis $S \leq t$ ist dann eine genügend exakte Näherung für die Wahrscheinlichkeit $P(S \leq t)$ und damit ebenso für den gesuchten Funktionswert $\Phi(t)$. Dass dieses Verfahren funktioniert, ist schlicht eine Folge des Gesetzes der großen Zahlen, angewendet auf das Ereignis $S \leq t$.

Das empirische Ermitteln einer Verteilungsfunktion

Das hier zur Ermittlung eines einzelnen Normalverteilungswertes $\Phi(t)$ beschriebene Verfahren besteht im Kern darin, für eine geeignet gewählte Zufallsgröße S die Wahrscheinlichkeit $P(S \leq t)$ empirisch zu ermitteln. Wie sieht es aber aus, wenn man auf diese Weise *alle* Wahrscheinlichkeiten dieser Form $P(S \leq t)$ *simultan* ermitteln will, das heißt die gesamte Verteilungsfunktion $F_S(t) = P(S \leq t)$. Dabei beschränken wir uns bewusst *nicht* auf die spezielle Zufallsgröße S, die wir zur empirischen Bestimmung der Normalverteilungsfunktion verwendet haben und bei der es sich um eine transformierte Summe von voneinander unabhängigen, identisch verteilten Zufallsgrößen handelte.

Wir gehen daher allgemein von voneinander unabhängigen, identisch verteilten Zufallsgrößen $Y = Y_1, \ldots, Y_m$ aus, mit denen wir simultan die gesamte Verteilungsfunktion $F_Y(t) = P(Y \leq t)$ empirisch ermitteln wollen. Wir zählen dazu für *jedes* beliebig vorgegebene Argument t abhängig vom Versuchsserienverlauf ω, wie viele der Ungleichungen $Y_1(\omega) \leq t, \ldots, Y_m(\omega) \leq t$ erfüllt sind. Maßgebend ist dabei die relative Häufigkeit:

$$\frac{1}{m} \cdot \#\{k = 1, \ldots, m \,|\, Y_k(\omega) \leq t\}.$$

Offensichtlich kann dieser Quotient nur die Werte 0, $1/m$, $2/m$, ..., 1 annehmen. Außerdem hängt er sowohl vom Argument t wie auch vom zufälligen Versuchsserienverlauf ω ab. Formal ergibt sich für jedes

Argument t eine Zufallsgröße $F_m(t)$, deren Wert abgesehen vom Argument t durch den zufälligen Versuchsserienverlauf ω bestimmt wird:

$$(F_m(t))(\omega) = \tfrac{1}{m} \cdot \#\{k = 1, \dots, m \,|\, Y_k(\omega) \leq t\}$$

Die Gesamtheit der Zufallsgrößen $F_m(t)$, die sich für alle Argumente t ergeben, wird **empirische Verteilungsfunktion** genannt. Jede einzelne Zufallsgröße $m \cdot F_m(t)$ ist binomialverteilt zur Wahrscheinlichkeit $P(Y \leq t)$. Außerdem konvergiert die für ein festes Argument t gebildete Folge der Zufallsgrößen $F_m(t)$ nach dem starken Gesetz der großen Zahlen für $m \to \infty$ mit Wahrscheinlichkeit 1 gegen den entsprechenden Wert der Verteilungsfunktion $F_Y(t) = P(Y \leq t)$.

Wie aber sieht das simultane Konvergenzverhalten aus, bei dem die Folgen der Zufallsgrößen $F_m(t)$ für alle Argumente t gleichzeitig betrachtet werden? Konkret: Konvergieren die Funktionen F_m gleichmäßig? Maßgebend dafür ist die Folge der Zufallsgrößen D_m, welche die für alle Argumente t gebildeten Abweichungen zum Grenzwert bestmöglich, das heißt in kleinstmöglicher Weise, nach oben begrenzt:

$$D_m(\omega) = \sup_{t \in \mathbb{R}} |(F_m(t))(\omega) - F_Y(t)|$$

Die minimale Abweichungsobergrenze $D_m(\omega)$ hängt nicht nur von der Versuchsanzahl m, sondern auch vom zufälligen Versuchsserienverlauf ω ab. Was aber passiert nun mit den Zufallsgrößen D_m, wenn die Versuchsanzahl m genügend groß ist?

Eine Antwort gibt das **Theorem von Glivenko-Cantelli**, das häufig auch als **Hauptsatz der Mathematischen Statistik** bezeichnet wird. Es besagt, dass für $m \to \infty$ die gemeinsame Abweichungsobergrenze D_m fast sicher gegen 0 konvergiert. Das heißt: Bei einem fest gewählten Versuchsverlauf ω konvergieren die empirisch ermittelten Verteilungsfunktionen $t \mapsto F_m(t)$ (ω) für $m \to \infty$ gleichmäßig gegen die Verteilungsfunktion F_Y, jedenfalls mit Ausnahme von „exotischen" Versuchsreihenverläufen, die insgesamt die Wahrscheinlichkeit 0 besitzen. Daher eignet sich die empirische Verteilungsfunktion dazu, die gesuchte Verteilungsfunktion $F_Y(t) = P(Y \leq t)$ simultan für alle Argumente t zu approximieren.

Wird ein experimentelles Verfahren auf der Basis von Zufallszahlen durchgeführt, spricht man von einer **Monte-Carlo-Methode.** Ihr Vorteil liegt darin, dass mit einem universellen Ansatz relativ einfach und schnell ungefähre Ergebnisse erzielt werden können, deren Genauigkeit für die Praxis meist völlig reicht. Die Einfachheit des Verfahrens erlaubt es, sofern erforderlich, mehrere Simulationen unter verschiedenen Bedingungen durchzuführen, um anschließend die Ergebnisse miteinander zu vergleichen. Auf diese Art kann der Einfluss von Parametern, welche die unterschiedlichen Bedingungen charakterisieren, auf das Ergebnis analysiert werden.

Da sich Monte-Carlo-Methoden ohne Computer kaum durchführen lassen, überrascht es nicht, dass Monte-Carlo-Methoden ungefähr so alt sind wie die ersten Computer. Obwohl die theoretischen Grundlagen, also insbesondere das Gesetz der großen Zahlen, schon lange bekannt waren, erfolgte erst 1949 die erste Publikation über Monte-Carlo-Methoden. Begründet wurde die Monte-Carlo-Methode wohl schon drei Jahre früher, nämlich 1946 durch Stanislaw Ulam (1909–1984), der damals in Los Alamos am Manhattan-Projekt zur Entwicklung von Nuklearwaffen tätig war. Ulam berichtete später, dass er während einer krankheitsbedingten Auszeit auf die Idee gekommen sei, als er sich mit der Gewinnwahrscheinlichkeit beim Kartenspiel Canfield Solitaire beschäftigt habe. Die Idee würde von John von Neumann (1903–1957) aufgegriffen und weiterentwickelt, um Kernreaktionen zu analysieren.

Die wohl großartigste Idee in Bezug auf Monte-Carlo-Methoden ist es, solche Verfahren auch auf Bereiche auszudehnen, die im Prinzip keinem Zufallseinfluss unterworfen sind. So lassen sich zum Beispiel Flächen oder Rauminhalte, etwa von Kreisen, Kugeln oder anderen Figuren und Körpern, dadurch bestimmen, dass man zufällig Punkte innerhalb eines genügend großen Quadrates beziehungsweise Würfels generiert und dann zählt, wie viel anteilig davon im zu messenden Objekt liegen. Mit steigender Länge der Versuchsreihe erhält man so Ergebnisse, deren statistische Abweichungen immer geringer, das heißt kleiner und unwahrscheinlicher, werden.

Aufgaben

1. Führen Sie eine Simulation durch, in der Sie Sequenzen von Münzwürfen und Würfelversuchen bestimmter Längen vielfach wiederholen, um die Ergebnisse ähnlich zu Abb. 2.17 darzustellen.
2. Überzeugen Sie sich bei einem Ihnen zugänglichen Zufallszahlengenerator davon, dass zwei aufeinanderfolgende Zufallszahlen stochastisch unabhängig zu sein scheinen. Eine Möglichkeit besteht darin, die erzeugte Sequenz der Zufallszahlen in Paare einzuteilen und diese in einem Einheitsquadrat als Punkte darzustellen. Sind Muster erkennbar?
3. Bestimmen Sie die den Wert von π, indem Sie von den Paaren nach Aufgabe 2 den Anteil ermitteln, dessen Abstand zum Nullpunkt kleiner 1 ist.

2.14 Testgrößen und ihre Untersuchung mit Monte-Carlo-Verfahren

Bisher haben wir die Symmetrie-Eigenschaft eines Würfels stets nur partiell untersucht, nämlich entweder in Bezug auf die relative Häufigkeit eines Ergebnisses wie der Sechs oder in Bezug auf die durchschnittlich erzielten Würfelaugen. Wie aber lässt sich ein Symmetrie-Test umfassend konzipieren, der jede denkbare

Asymmetrie aufdeckt? Dabei wäre es natürlich wünschenswert, die Kriterien für das Verwerfen der Symmetrie mathematisch elementar begründen zu können.

Symmetrie-Aspekte eines Würfels haben wir in Beispielen in den Abschn. 2.7 und 2.8 erörtert – sowie mit verbesserten Methoden auf Basis des Zentralen Grenzwertsatzes in Abschn. 2.11. Testgrundlage war die in einer Versuchsserie ermittelte relative Häufigkeit der erzielten Sechsen beziehungsweise der Durchschnitt der erzielten Würfelaugen. Bewertet wurde ein solches Prüfergebnis in Form seines Abstands zum jeweiligen Erwartungswert von 1/6 beziehungsweise 3½, und zwar in Relation zur zugehörigen Standardabweichung. Das Normalverteilungsquantil dieses Verhältnisses erlaubt dann die gewünschte Einschätzung.

Bei einem umfassenden Test der Symmetrie müssen wir bei n voneinander unabhängigen Würfelresultaten die sechs Häufigkeiten $N_1, \ldots, N_6$ der einzelnen Werte dahingehend bewerten, ob sie mit der Hypothese eines symmetrischen Würfels vereinbar sind. Maßgeblich dafür ist ein Abstand, diesmal nicht zwischen der Häufigkeit von Sechsen und ihrem Erwartungswert $n/6$, sondern zwischen dem 6-Tupel der Häufigkeiten $(N_1, \ldots, N_6)$ und dem 6-Tupel ihrer Erwartungswerte $(n/6, \ldots, n/6)$. Analog zum eindimensionalen Fall, bei dem wir die Differenz zwischen Mittelwert und Erwartungswert quadriert haben, bietet es sich an, den euklidischen Abstand zwischen den beiden 6-Tupeln zu verwenden. Ebenfalls in Analogie zum eindimensionalen Fall teilen wir das Quadrat des Abstands durch die Versuchsanzahl n, um derart das zu erwartende Wachstum des Zählers auszugleichen. Konkret wählen wir den folgenden Wert als Grundlage eines Symmetrie-Kriteriums:

$$\frac{\left(N_1 - \frac{n}{6}\right)^2}{\frac{n}{6}} + \frac{\left(N_2 - \frac{n}{6}\right)^2}{\frac{n}{6}} + \ldots + \frac{\left(N_6 - \frac{n}{6}\right)^2}{\frac{n}{6}}$$

Der berechnete Wert ist ein Beispiel für eine Testgröße, bei der es sich um einen auf Basis der Testergebnisse berechneten Wert handelt – analog zum Hypothesentest in Abschn. 1.3, bei dem der Testgrößen-Wert der Anzahl von Jahrgängen mit männlichem Übergewicht entsprach. Da die Testgröße wieder, nämlich analog zur Definition der Varianz, mit quadrierten Differenzen berechnet wird, führen asymmetrische Testreihen-Resultate zu einer Vergrößerung des Wertes.

Allerdings muss ein asymmetrisches Testreihen-Resultat nicht zwangsläufig die Folge einer Asymmetrie des Würfels sein. Ebenso denkbar ist eine zufällige Abweichung beim Testergebnis. Daher wird es unser Ziel sein, eine rein zufällige Kausalität auszuschließen. Dazu werden wir ermitteln, wie wahrscheinlich es ist, dass ein empirisches Resultat durch eine rein zufällige Abweichung bei einem in Wirklichkeit symmetrischen Würfel zustande kommt. Wir erhalten auf diese Weise einen Mindestwert, ab dem wir einen Testgrößen-Wert als ein hinreichendes Indiz für eine in Wahrheit gar nicht vorhandene Würfel-Symmetrie ansehen wollen. Mit anderen Worten, wie sie in der Statistik üblich sind: Die Null-Hypothese eines symmetrischen Würfels wird verworfen. Ab welchem Mindestwert die Symmetrie verworfen werden kann, wird – abhängig von der angestrebten Sicherheit, dabei keinen Fehler zu machen – Ziel unserer weiteren Überlegungen sein.

Die gerade vorgestellte Testgröße geht auf den Statistiker Karl Pearson (1857–1936) zurück, der sie erstmals 1900 vorgeschlagen hat. Sie wird mit χ^2 bezeichnet, gesprochen **Chi-Quadrat.**

Selbstverständlich kann auch zu einer Hypothese, die eine nicht symmetrische Situation zum Inhalt hat, eine analoge Testgröße für eine empirische Prüfung aufgestellt werden. Bei diesem allgemeinen Fall gehen wir von einem Experiment aus, für dessen insgesamt s Ergebnisse wir die Wahrscheinlichkeiten p_1, ..., p_s annehmen. Wird nun dieses Zufallsexperiment in einer Testreihe n-mal unabhängig voneinander wiederholt, so definiert man die als **Pearson'sche Stichprobenfunktion** bezeichnete Testgröße durch

$$\chi^2 = \frac{(N_1 - p_1 n)^2}{p_1 n} + \ldots + \frac{(N_s - p_s n)^2}{p_s n},$$

wobei N_1, ..., N_s wieder die Häufigkeiten bezeichnen, mit denen die s Ergebnisse in den n Experimenten eingetreten sind. Der zugehörige Test von derjenigen Hypothese, gemäß der die Wahrscheinlichkeiten p_1, ..., p_s die unbekannte Wahrscheinlichkeitsverteilung beschreiben, wird **Pearson'scher Anpassungstest** beziehungsweise **χ^2-Test** genannt.

Wie schon der Spezialfall zur Symmetrieprüfung des Würfels reagiert auch die allgemeine Form der χ^2-Testgröße auf jede Abweichung des „Ist"-Ergebnisses vom „Soll"-Trend mit einer Vergrößerung des Testgrößen-Wertes. Dabei wurde die Normierung der Summanden so vorgenommen, dass die Quadratwurzel eines einzelnen Summanden für sich allein betrachtet bei einer großen Anzahl N annähernd standardnormalverteilt ist – eine wirkliche Standardnormalverteilung würde sich ergeben, wenn im Nenner jeweils $p_j(1 - p_j)\,n$ statt $p_j n$ stehen würde.

In der Praxis rechentechnisch etwas einfacher zu handhaben ist übrigens die folgende, völlig äquivalente Form der χ^2-Testgröße:

$$\chi^2 = \frac{N_1^2}{p_1 n} + \ldots + \frac{N_s^2}{p_s n} - n$$

Diese einfachere, dafür funktional weniger deutliche Form erklärt sich dadurch, dass jeder Summand der ursprünglichen χ^2-Testgrößen-Darstellung in der folgenden Weise umgeformt werden kann, so dass die anschließende Summation unter Berücksichtigung von $p_1 + \ldots + p_s = 1$ und $N_1 + \ldots + N_s = n$ die gewünschte Vereinfachung erbringt:

$$\frac{\left(N_j - p_j n\right)^2}{p_j n} = \frac{N_j^2 - 2p_j n N_j + p_j^2 n^2}{p_j n} = \frac{N_j^2}{p_j n} - 2N_j + p_j n$$

Wir kommen nun zum eigentlichen Clou der χ^2-Testgröße. Es handelt sich um die beiden folgenden Invarianz-Eigenschaften, zu denen wir eine Begründung im nächsten Kasten nachtragen werden:

- Ist die Anzahl N der durchgeführten Versuche groß genug, hängt die Verteilung der χ^2-Testgröße *nicht* von den konkreten Werten der Wahrscheinlichkeiten $p_1, \ldots, p_s$ ab, sondern nur von der Zahl der sogenannten **Freiheitsgrade**[39] $s-1$: Dabei müssen die Wahrscheinlichkeiten $p_1, \ldots, p_s$ als von Null verschieden vorausgesetzt werden; außerdem ist der Konvergenzfortschritt an eine ausreichende Größe der Werte $np_1, \ldots, np_s$ gebunden.
- Die Verteilung der χ^2-Testgröße ist bei genügend großen Werten n annähernd gleich derjenigen Verteilung, die sich ergibt, wenn die Quadrate von $s-1$ voneinander unabhängigen, standardnormalverteilten Zufallsgrößen addiert werden.

Vor allem der ersten Eigenschaft, gemäß der die Verteilung der χ^2-Testgröße bei genügend langen Versuchsreihen invariant gegenüber Änderungen der Wahrscheinlichkeiten ist, verdankt die χ^2-Testgröße ihre große Bedeutung. Nur aufgrund dieses Umstandes können nämlich universelle Tabellen der entsprechenden Verteilungen erstellt werden, die nur nach der Anzahl der Freiheitsgrade differenziert werden müssen. Offen bleibt dagegen, wie man die Wahrscheinlichkeiten dieser Verteilungen numerisch bestimmen kann, um dann insbesondere Grenzen der Ablehnungsbereiche, das heißt die Mindestwerte für das Verwerfen der Null-Hypothese, abzuleiten. Die in Statistikbüchern beschriebene Möglichkeit, komplizierte Integralberechnungen durchzuführen, wollen wir nur in einem kurzen Ausblick von Abschn. 2.16 skizzieren.

Allerdings wissen wir dank der Überlegungen, die wir im letzten Kapitel angestellt haben, dass man die Verteilung der χ^2-Testgröße auch elementar in experimenteller Weise bestimmen kann, ganz nach dem Motto „Probieren geht über Studieren". Gemäß diesem universellen, letztlich ebenso für jede andere Testgröße verwendbaren Verfahren haben wir das Folgende zu tun: Wir führen zum Beispiel 1000 Wurfserien mit je 1000 Würfen durch. Viel schneller geht es natürlich mit einem Computerprogramm, so dass man derart am besten mindestens 100.000 Serien à 100.000 Würfen simuliert, zumal der Computer auch die lästige Erfassung und Auswertung der Testergebnisse abwickelt. Die auf diese Weise empirisch gemessene Verteilung des Merkmals „Wert der χ^2-Stichprobenfunktion", bei der es sich um eine empirische Verteilungsfunktion handelt, nehmen wir dann zur Approximation der gesuchten Verteilung.

Um eine 99-%ige Sicherheit für unseren Symmetrie-Test zu erhalten, suchen wir unter den veranstalteten Testreihen den einprozentigen Anteil mit maximalen χ^2-Werten heraus. Beispielsweise kann das zufallsabhängige Ergebnis lauten, dass 10 von 1000 veranstalteten Testreihen einen χ^2-Wert von mehr als 14,8 aufweisen, während bei 10.000 veranstalteten Testreihen der einprozentige Ausreißer-Anteil durch 15,2 abgegrenzt wird. Bei noch mehr Testreihen wird sich dann dieser Wert auf jeden Fall der Zahl 15,09 annähern.

---

[39] Der Name Freiheitsgrad erklärt sich daraus, dass bei s möglichen Ergebnissen des Zufallsexperimentes $s-1$ Wahrscheinlichkeiten im Wesentlichen frei vorgegeben werden können.

Tab. 2.3 χ^2-Verteilung $p = P(\chi^2 \leq x)$ zu den Freiheitsgraden $f = 1, \ldots, 10$: Tabelliert sind die Quantile x zu $p = 0{,}95$ etc.

Freiheitsgrade	Werte der Verteilung		
	0,95	0,99	0,995
1	3,84	6,63	7,88
2	5,99	9,21	10,60
3	7,82	11,34	12,84
4	9,49	13,28	14,86
5	11,07	15,09	16,75
6	12,59	16,81	18,55
7	14,07	18,48	20,28
8	15,51	20,09	21,96
9	16,92	21,67	23,59
10	18,31	23,21	25,19

Mit genügend Ausdauer erhält man derart alle Daten, die man für die praktische Durchführung von χ^2-Tests braucht (siehe Tab. 2.3). Daher kann man die Null-Hypothese, dass der zu prüfende Würfel symmetrisch ist, verwerfen, wenn die χ^2-Testgröße mindestens den Wert 15,09 erreicht. Den Wert 15,09 finden wir in der Tabellenzeile zu fünf Freiheitsgraden – entsprechend den sechs möglichen Wurfergebnissen. Die Wahrscheinlichkeit eines Irrtums, nämlich einen symmetrischen Würfel als unsymmetrisch einzustufen, ist bei einem solchen Vorgehen gleich 0,01.

Statt auf eine Tabelle der χ^2-Verteilung greift man heute in der Regel auf eine Software wie EXCEL oder R zurück. Um zu einem Wert Quantil x den Wert der Verteilungsfunktion $p = P(\chi^2 \leq x)$ zu erhalten oder umgekehrt, verwendet man in EXCEL die beiden folgenden Funktionen:

- $p = \text{CHIQU.VERT}(x; f; \text{WAHR})$
- $x = \text{CHIQU.INV}(p; f)$

In R lauten die analogen Funktionen wie folgt:

- ```p = pchisq(x,f)```
- ```x = qchisq(p,f)```

Die Verteilung der χ^2-Testgröße
Wir wollen die χ^2-Testgröße untersuchen und insbesondere zeigen, dass ihre Verteilung bei langen Versuchsreihen nur von der Freiheitsgrad-Anzahl $s - 1$, nicht aber von den konkreten Werten der Wahrscheinlichkeiten $p_1, \ldots, p_s$ abhängt, solange diese Wahrscheinlichkeiten nur größer als 0 sind.

Nichts zu zeigen ist im Fall $s = 1$, für den die Testgröße χ^2 offensichtlich konstant gleich 0 ist.

Im Fall $s > 1$ beginnen wir damit, die beiden zu den Wahrscheinlich-keiten p_1 und p_2 gehörenden Ergebnisse bei der Zählung der Häufigkeiten zusammenzulegen, um so die Anzahl der Freiheitsgrade um 1 auf $s - 2$ zu verringern. Konkret werden wir zunächst untersuchen, in welcher Beziehung die beiden zugehörigen χ^2-Testgrößen zueinander stehen. Dazu bilden wir

$$\chi_{s-1}^2 = \frac{(N_1 + N_2)^2}{(p_1 + p_2)\,n} + \sum_{k=3}^{s} \frac{N_k^2}{p_k n} - n$$

und definieren zum Zweck des Vergleichs die Differenz

$$\Delta = \chi^2 - \chi_{s-1}^2 = \frac{N_1^2}{p_1 n} + \frac{N_2^2}{p_2 n} - \frac{(N_1 + N_2)^2}{(p_1 + p_2)\,n}.$$

Dabei lässt sich der letzte Differenzausdruck noch umformen:

$$\Delta = \frac{p_2(p_1 + p_2)N_1^2 + p_1(p_1 + p_2)N_2^2 - p_1 p_2(N_1 + N_2)^2}{p_1 p_2(p_1 + p_2)\,n}$$

$$= \frac{p_2^2 N_1^2 + p_1^2 N_2^2 - 2p_1 p_2 N_1 N_2}{p_1 p_2(p_1 + p_2)n} = \frac{N_1 + N_2}{n\,(p_1 + p_2)} \cdot \frac{(p_2 N_1 - p_1 N_2)^2}{p_1 p_2(N_1 + N_2)}$$

Bei der zuletzt erreichten Umformung konvergiert der erste Bruch fast sicher gegen 1, während sich der zweite Bruch am besten auf Basis einer Versuchsorganisation interpretieren lässt, bei der jedes der n Zufallsexperi-mente in bis zu zwei Stufen abgewickelt wird: Zunächst wird eine zufällige Entscheidung gemäß der Wahrscheinlichkeitsverteilung $(p_1 + p_2, p_3, \ldots, p_s)$ herbeigeführt, wobei im Fall eines der insgesamt $N_1 + N_2$ Treffer der zusammengelegten Kategorie im Anschluss eine weitere Zufallsent-scheidung stattfindet, bei der die beiden Unterkategorien mit den bedingten Wahrscheinlichkeiten $p_1' = p_1/(p_1 + p_2)$ und $p_2' = p_2/(p_1 + p_2)$ getroffen werden. Definiert man zu jeder der Zufallsentscheidungen der zweiten Stufe eine Zufallsgröße, die den Wert p_2 beim Treffer der ersten Unterkategorie und den Wert $-p_1$ beim Treffer der zweiten Unterkategorie annimmt, dann erhält man $N_1 + N_2$ Zufallsgrößen

$$Z_1, Z_2, \ldots, Z_{N_1 + N_2},$$

mit denen der Zähler des zweiten Bruchs von Δ berechnet werden kann:

$$N_1 p_2 - N_2 p_1 = Z_1 + \cdots + Z_{N_1 + N_2}$$

Aufgrund der Definition der Zufallsgrößen $Z_1, Z_2, \ldots$ erhält man

$$E(Z_1) = \cdots = E(Z_{N_1+N_2}) \quad = \frac{p_1}{p_1+p_2}p_2 - \frac{p_2}{p_1+p_2}p_1 = 0 \quad \text{und}$$

$$Var(Z_1) = \cdots = Var(Z_{N_1+N_2}) \quad = \frac{p_1}{p_1+p_2}p_2^2 + \frac{p_2}{p_1+p_2}p_1^2 - 0^2 = p_1p_2.$$

Da die Zufallsgrößen $Z_1, Z_2, \ldots$ voneinander unabhängig sind, erhalten wir für die Zufallsgröße $p_2N_1 - p_1N_2$ die folgenden Kenngrößen:

$$E(p_2N_1 - p_1N_2) = E(Z_1 + \cdots + Z_{N_1+N_2}) = 0$$

$$Var(p_2N_1 - p_1N_2) = Var(Z_1 + \cdots + Z_{N_1+N_2}) = (N_1 + N_2)p_1p_2$$

Nun liegen uns alle Details vor, die wir für die angekündigte Interpretation des zweiten Bruchs benötigen, wie er in der letzten Umformung der Differenz Δ auftauchte: Aufgrund der Summendarstellung lässt sich der Zähler wegen des Zentralen Grenzwertsatzes mit einer Standardnormalverteilung approximieren. Insbesondere hängt damit die Verteilung der χ^2-Testgröße nicht von den beiden Wahrscheinlichkeiten p_1 und p_2 ab und aus Symmetriegründen ebenfalls nicht von den anderen Wahrscheinlichkeiten, sondern nur von der Anzahl der Freiheitsgrade.

Zwar reicht diese Folgerung bereits als Grundlage dafür aus, die Verteilung der χ^2-Testgröße für einen gegebenen Freiheitsgrad $s-1$ empirisch mit einer Simulation auf Basis einer einzigen Wahrscheinlichkeitsverteilung $p_1, \ldots, p_s$ zu ermitteln. Darüber hinaus ist es *plausibel*, dass die Verteilungsfunktion $P(\chi^2 \leq t)$ zur Testgröße χ^2 mit steigender Versuchszahl n gegen die Verteilungsfunktion einer Summe von $s-1$ Quadraten von voneinander unabhängigen und standardnormalverteilten Zufallsgrößen konvergiert.[40]

Zwar sind alle Zufallsgrößen $Z_1, Z_2, \ldots$ unabhängig zu den Ergebnissen des ersten Teilexperiments und ebenso zum Wert der daraus gebildeten Chi-Quadrat-Testgröße. Das gilt aber nicht für die *Anzahl* $N_1 + N_2$ der auszuwertenden Zufallsgrößen $Z_1, Z_2, \ldots$ Dies bleibt allerdings im Grenzprozess ohne Auswirkung, weil die Zahl der Experimente in der zweiten Stufe ohne Veränderung der asymptotischen Verteilung erhöht werden kann, zum Beispiel auf n. Per vollständiger Induktion folgt auf diese Weise, dass die Verteilungsfunktion $P(\chi^2 \leq t)$ gegen eine Verteilung der Summe von $s-1$ Quadraten von voneinander unabhängigen und standardnormalverteilten Zufallsgrößen konvergiert.

---

[40] Von der Verteilungskonvergenz der Summanden kann aber nicht darauf geschlossen werden, dass auch die Summe verteilungskonvergent ist: Ist beispielsweise $U_1, U_2, \ldots$ eine Folge von unabhängigen Zufallsgrößen mit den beiden gleichwahrscheinlichen Werten -1 und 1 und ist außerdem $V_n = (-1)^n U_n$, dann sind die Folgen $(U_n)_n$ und $(V_n)_n$ offensichtlich verteilungskonvergent, während die Folge $(U_n + V_n)_n$ nicht verteilungskonvergent ist.

Aufgaben

1. Zeigen Sie unter Verwendung von Aufgabe 3 des letzten Kapitels, dass die χ^2-Verteilung bei nicht zu kleinen f Freiheitsgraden durch eine Normalverteilung mit dem Erwartungswert f und der Standardabweichung $\sqrt{2f}$ approximiert werden kann.

2. Beweisen Sie **Fishers Approximation** der Chi-Quadrat-Verteilung für eine Zufallsgröße $\sqrt{2S}$ mit einer zu f Freiheitsgraden χ^2-verteilten Zufallsgröße S. Verwenden Sie dazu ausgehend von der Darstellung

$$\sqrt{2S} = \sqrt{2f} \cdot \sqrt{1 + \frac{S-f}{\sqrt{2f}}\sqrt{\frac{2}{f}}}$$

eine Taylor-Entwicklung, deren Anwendbarkeit zu begründen ist. Zeigen Sie auf diese Weise, dass die Verteilung der Zufallsgröße

$$\sqrt{2S} - \sqrt{2f}$$

gegen eine Standardnormalverteilung konvergiert.

3. Ermitteln Sie mit Hilfe einer Tabelle, eines Statistik-Programmes oder eines Tabellenkalkulationsprogrammes das 0,99-Quantil der χ^2-Verteilung zu $f = 1000$ Freiheitsgraden. Vergleichen Sie diesen Wert mit der Approximation gemäß Aufgabe 1.

4. Erstellen Sie ein Computerprogramm, das die Werte von Tab. 2.3 mittels einer Monte-Carlo-Simulation näherungsweise ermittelt. Verwenden Sie dazu einmal 1000 Blöcke mit je 1000 Versuchen und einmal 10.000 Blöcke mit je 10.000 Versuchen.

5. Beweisen Sie für die Chi-Quadrat-Verteilung zu $f = 2$ Freiheitsgraden die Identität

$$P(\chi^2 \leq t) = 1 - e^{-t/2}.$$

Lösungen: In Abschn. 4.9 wird Aufgabe 3 mit R gelöst.

2.15 Resümee der Wahrscheinlichkeitsrechnung

Was sind die beiden wichtigsten Resultate der Wahrscheinlichkeitsrechnung?

Bekanntlich gibt es einen Hauptsatz der Differential- und Integralrechnung. Die Thermodynamik kennt sogar zwei Hauptsätze, und in der Algebra gibt es sowohl einen Fundamentalsatz der Algebra als auch einen Hauptsatz der Galois-Theorie. Und auch für den Bereich der Mathematischen Statistik ist die Bezeichnung eines Hauptsatzes sogar gebräuchlich, wenn es um die Konvergenz empirischer Verteilungsfunktionen geht (siehe Kasten *Das empirische Ermitteln einer Verteilungsfunktion* in Abschn. 2.13).

Allerdings hat sich eine entsprechende, allgemein gebräuchliche Benennung für die Disziplin der Wahrscheinlichkeitsrechnung nicht etabliert, obwohl es kaum einen Dissens darüber geben dürfte, welche Resultate diese Bezeichnung verdienen würden:

- Das wichtigste Resultat ist zweifelsohne das Gesetz der großen Zahlen. Insbesondere in seiner starken Form besagt es letztlich, dass unsere intuitive Vorstellung einer Wahrscheinlichkeit tatsächlich dem entspricht, was im formalen Modell als Wahrscheinlichkeit definiert wurde:
Mit Wahrscheinlichkeit 1 konvergieren die relativen Häufigkeiten eines Ereignisses, dessen zugrunde liegendes Zufallsexperiment im Rahmen einer Versuchsreihe unabhängig wiederholt wird, gegen die Wahrscheinlichkeit des Ereignisses. Die geringfügige Einschränkung „mit Wahrscheinlichkeit 1" ist dabei unvermeidbar, auch wenn sie aufgrund des Selbstbezugs ein wenig an das Abenteuer des Barons von Münchhausen erinnert, der sich bekanntlich an seinen eigenen Stiefeln aus dem Sumpf zog: Das sich auf Versuchsreihenverläufe beziehende Konvergenz-Ereignis, das durch die Konvergenz der relativen Häufigkeiten gegen die Wahrscheinlichkeit charakterisiert wird, besitzt also die Wahrscheinlichkeit 1. Außerhalb des Konvergenz-Ereignisses liegende Versuchsreihenverläufe wie beispielsweise eine nur aus Sechsen bestehende Serie von Würfelergebnissen sind möglich, besitzen aber insgesamt nur die Wahrscheinlichkeit 0.

- Das zweite Hauptresultat ist sicher der Zentrale Grenzwertsatz. Mit ihm wird deutlich, warum die Normalverteilung bei der Messung vieler Merkmalshäufigkeiten in Erscheinung tritt, nämlich überall dort, wo sich die Wirkungen von mehreren, voneinander unabhängigen Zufallseinflüssen addieren. Zugleich ist der Zentrale Grenzwertsatz das Muster für ähnlich gelagerte Szenarien, in denen die Wahrscheinlichkeitsverteilung von Testgrößen durch relativ universelle, das heißt nur von wenigen Parametern abhängenden, Integralformeln angenähert werden kann. Im vorherigen Kapitel haben wir eine solche Situation bei der Untersuchung der χ^2-Testgröße kennengelernt, auch wenn wir die dazugehörenden Integralformeln bewusst ausgeklammert haben.
Beiden Hauptresultaten gemeinsam ist, dass sie – obwohl zu ihrer Herleitung nur die grundlegenden Eigenschaften von Wahrscheinlichkeiten verwendet wurden – tief liegende Aussagen über komplexe Situationen machen, nämlich über den Verlauf von Versuchsreihen. Die große Bedeutung der beiden Resultate ist selbstverständlich auch der Grund dafür, dass die mathematischen Beweisführungen trotz einiger im Detail schwierigen Argumentationen hier bewusst nicht unterschlagen wurden, da nur auf diesem Weg der Charakter von logischen Folgerungen aus den grundlegenden Eigenschaften des Wahrscheinlichkeitsbegriffs deutlich wird. Die in der gegebenen Beweisführung offen gebliebenen Lücken betreffen übrigens weniger die konkrete Argumentationskette als bewusst ausgeklammerte Grundlagen, insbesondere in Bezug auf die formale Charakterisierung von Zufallsgrößen mit nicht endlichem Wertebereich.

2.16   Nur ohne Scheu vor Integralen: die Berechnung der χ^2-Verteilung

Im vorletzten Kapitel wurde ein empirischer Weg zur Bestimmung der Chi-Quadrat-Verteilung beschrieben. Ist eine mathematische Berechnung wirklich so kompliziert?

Ja! Wer es nicht glaubt, kann sich gerne im weiteren Kapitel davon überzeugen. Zugleich vermittelt das Kapitel Einblicke in die übliche Methodik der Wahrscheinlichkeitsrechnung und Statistik. Das Kapitel kann aber ohne Weiteres überschlagen werden.

Will man die Bestimmung der χ^2-Verteilung nicht empirisch vornehmen, so müssen die Wahrscheinlichkeiten der Form

$$P(\chi^2 \leq t) = P(Y_1^2 + \ldots + Y_f^2 \leq t)$$

berechnet werden. Zu untersuchen sind also Ereignisse, die auf Basis des f-dimensionalen Zufallsvektors $\mathbf{Y} = (Y_1, \ldots, Y_f)^T$ definiert sind, wobei die Koordinaten $Y_1, \ldots, Y_f$ voneinander unabhängig und standardnormalverteilt sind.[41] Ist das zu untersuchende Ereignis als kartesisches Produkt von Intervallen definiert, so kann deren Wahrscheinlichkeit direkt auf Basis der (eindimensionalen) Normalverteilung berechnet werden. Beispielsweise ist im einfachsten nicht-trivialen Fall von $f = 2$ Freiheitsgraden.

$$P(Y_1 \leq t_1 \text{ und } Y_2 \leq t_2) = P(Y_1 \leq t_1) \cdot P(Y_2 \leq t_2) = \Phi(t_1) \cdot \Phi(t_2).$$

Da eine solche Berechnung nur für Ereignisse funktioniert, deren Wertebereich im zweidimensionalen Fall einem Rechteck beziehungsweise allgemein

---

[41] Bei der Verteilung eines solchen Zufallvektors spricht man von einer **multivariaten Standardnormalverteilung**. Ein Zufallsvektor $\mathbf{X}$ heißt **multivariat normalverteilt**, wenn er durch eine affin lineare Transformation der Form $\mathbf{X} = \mathbf{A}\mathbf{Y} + \mathbf{b}$ aus einem multivariat standardnormalverteilten Zufallsvektor $\mathbf{Y}$ hervorgeht ($\mathbf{A}$ ist eine $f \times f$-Matrix und $\mathbf{b}$ ein f-dimensionaler Vektor). In Bezug auf die Koordinaten $Y_1, \ldots, Y_f$ spricht man auch von einer **gemeinsamen Normalverteilung**.

Gemäß den Definitionen und Überlegungen am Ende von Abschn. 2.6 ist

$$\mathbf{E}(\mathbf{Y}) = \mathbf{0}, \ \Sigma_{\mathbf{Y}} = \mathbf{I}, \ \mathbf{E}(\mathbf{X}) = \mathbf{b}, \ \Sigma_{\mathbf{X}} = \mathbf{A}\mathbf{A}^T.$$

Eine geometrische Eigenschaft der multivariaten Standardnormalverteilung wird erkennbar, wenn man zu zwei beliebig vorgegebenen Zeilenvektoren $\mathbf{c}^T = (c_1, \ldots, c_f)$ und $\mathbf{d}^T = (d_1, \ldots, d_f)$ die Kovarianz der Linearkombinationen $\mathbf{c}^T \cdot \mathbf{Y}$ und $\mathbf{d}^T \cdot \mathbf{Y}$ berechnet. Die Kovarianz dieser beiden Zufallsgrößen ist gleich

$$Cov(\mathbf{c}^T\mathbf{Y}, \mathbf{d}^T\mathbf{Y}) = Cov(\sum_i c_i Y_i, \sum_j d_j Y_j) = \sum_i \sum_j c_i d_j Cov(Y_i, Y_j) = \sum_i c_i d_i = \mathbf{c}^T\mathbf{d}.$$

Insbesondere sind die beiden Zufallsgrößen $\mathbf{c}^T \cdot \mathbf{Y}$ und $\mathbf{d}^T \cdot \mathbf{Y}$ damit genau dann unkorreliert zueinander, wenn die beiden Vektoren $\mathbf{c}$ und $\mathbf{d}$ senkrecht aufeinander stehen.

einem Produkt von Intervallen entspricht, ist eine Umformung zu einem mehrdimensionalen Integral sinnvoll:

$$P(Y_1 \leq t_1 \text{ und } Y_2 \leq t_2) = \frac{1}{2\pi} \int\limits_{-\infty}^{t_2} \left(\int\limits_{-\infty}^{t_1} e^{-s_1^2/2} ds_1 \right) e^{-s_2^2/2} ds_2$$

$$= \frac{1}{2\pi} \int\limits_{(-\infty, t_1] \times (-\infty, t_2]} e^{-(s_1^2 + s_2^2)/2} d(s_1, s_2)$$

Die mit der letzten Identität[42] erhaltene Integraldarstellung auf Basis einer zweidimensionalen Dichte funktioniert auch für ein beliebiges Ereignis B, dessen
Wertebereich keinem Rechteck entspricht. Die Wahrscheinlichkeit $P((Y_1, Y_2) \in B)$
kann daher geometrisch als Volumen interpretiert werden: Der zugehörige
Körper erstreckt sich im dreidimensionalen Koordinatensystem senkrecht oberhalb des in der Grundebene gelegenen Integrationsbereichs B und wird nach oben
durch die in Abb. 2.24 dargestellte Fläche begrenzt, die sich als Funktionsgraph
des Integranden ergibt. Dabei handelt es sich um eine Rotationsfläche, weil der
Integrand nur von der Distanz zum Nullpunkt abhängt. Dass die Fläche durch die
Rotation der Gauß'schen Glockenkurve um die vertikale Achse entsteht, erkennt
man, wenn man den Integranden auf der durch die Gleichung $s_2 = 0$ beschriebenen
Ebene betrachtet.

Analog kann auch im Fall von mehr als zwei Freiheitsgraden vorgegangen
werden.[43]

Um die Werte der χ^2-Verteilung zu berechnen, muss zur Hyperkugel mit
Radius $\sqrt{t}$

$$B = \left\{ (s_1, \ldots, s_f) \in R^f \mid s_1^2 + \ldots + s_f^2 \leq t \right\}$$

---

[42] Diese letzte Identität beruht auf dem **Integralsatz von Fubini**. Auf der Ebene der mittels
Treppenfunktionen approximierten Integrale entspricht dieser Satz einer zeilen- beziehungsweise
spaltenweise durchgeführten Bildung von Zwischensummen.

[43] Die Invarianz unter Rotationen ist auch die Ursache dafür, dass sich die Unabhängigkeit der
den Koordinatenachsen entsprechenden Zufallsgrößen $Y_1, \ldots, Y_f$ auf Linearkombinationen
$\mathbf{c}^T \cdot \mathbf{Y}$ und $\mathbf{d}^T \cdot \mathbf{Y}$ überträgt, sofern die beiden Richtungsvektoren $\mathbf{c}$ und $\mathbf{d}$ senkrecht zueinander
stehen. Aus den Überlegungen aus Fußnote 41 folgt damit, dass speziell für den Fall von Linear-
kombinationen zu multivariaten Standardnormalverteilungen Unkorreliertheit und Unabhängigkeit äquivalent sind.
Für eine Ausdehnung dieser Äquivalenz auf Linearkombinationen, die zu Koordinaten von
multivariaten Normalverteilungen gebildet werden, müssen Zufallsgrößen $\mathbf{c}^T \cdot \mathbf{Y}$ und $\mathbf{d}^T \cdot \mathbf{Y}$ zu
affin linear transformierten Vektoren $\mathbf{X} = \mathbf{AY} + \mathbf{b}$ untersucht werden. Dabei bleiben konstante
Vektoren $\mathbf{b}$ sowieso ohne Einfluss auf Korrelation und Unabhängigkeit. Außerdem sind wegen
$\mathbf{c}^T \cdot (\mathbf{AY}) = (\mathbf{c}^T \mathbf{A}) \cdot \mathbf{Y}$ für eine $f \times f$-Matrix $\mathbf{A}$ keine weiteren, nicht zuvor bereits abgedeckten
Situationen hinzugekommen.

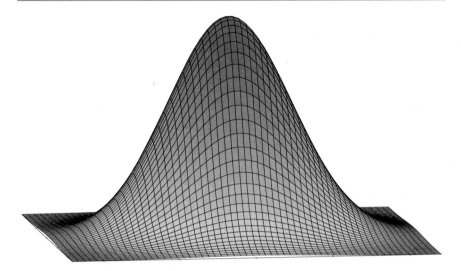

Abb. 2.24   Die Dichte der zweidimensionalen Standardnormalverteilung

das Integral

$$P(\chi^2 \leq t) = (2\pi)^{-f/2} \int_B e^{-(s_1^2 + \ldots + s_f^2)/2} d(s_1, \ldots, s_f)$$

berechnet werden. Dieses Integral kann aufgrund seines rotationssymmetrischen Integranden mittels einer Variablentransformation in Polarkoordinaten vereinfacht werden. Aber auch ohne explizite Durchführung der Transformation ist es direkt plausibel, dass sich das Integral auf Basis der Oberfläche $O_f(s)$ der f-dimensionalen Hyperkugel B mit Radius s folgendermaßen umformen lässt:

$$P(\chi^2 \leq t) = (2\pi)^{-f/2} \int_0^{\sqrt{t}} O_f(s) e^{-s^2/2} ds = (2\pi)^{-f/2} O_f(1) \int_0^{\sqrt{t}} s^{f-1} e^{-s^2/2} ds$$

$$= \frac{O_f(1)}{(2\pi)^{f/2}} \int_0^t s^{(f-1)/2} e^{-s/2} \frac{1}{2\sqrt{s}} ds = \frac{O_f(1)}{2(2\pi)^{f/2}} \int_0^t s^{f/2-1} e^{-s/2} ds$$

Auf die explizite Berechnung der Konstanten soll hier verzichtet werden. Natürlich sind die beiden ersten Werte, nämlich $O_2(1) = 2\pi$ und $O_3(1) = 4\pi$, aus der Elementargeometrie bestens bekannt. Der nächste Wert lautet $O_4(1) = 2\pi^2$. Allgemein sind diese Konstanten durch Werte der **Gamma-Funktion**, die als eine Verallgemeinerung der Fakultät auf reelle Zahlen verstanden werden kann, darstellbar.

Abschließend bleibt anzumerken, dass die Pearson'sche Stichprobenfunktion auf Basis der Begriffsbildungen zu multivariaten Normalverteilungen eine weitere Deutung erhält. Zunächst kann man den Wert der Testgröße

$$\chi^2 = \frac{(N_1 - p_1 n)^2}{p_1 n} + \ldots + \frac{(N_s - p_s n)^2}{p_s n}$$

als Quadrat der Länge des Zufallsvektors

$$\frac{1}{\sqrt{n}} \left(\frac{N_1 - p_1 n}{\sqrt{p_1}}, \ldots, \frac{N_s - p_s n}{\sqrt{p_s}} \right)$$

auffassen. Da die s Koordinaten dieses Zufallsvektors stets die Summe 0 besitzen, liegt er in einer Hyperebene, das heißt in einem $(s-1)$-dimensionalen Unterraum. Innerhalb dieser Hyperebene lässt sich eine Verteilungskonvergenz gegen eine $(s-1)$-dimensionale Standardnormalverteilung nachweisen.

Statistische Methoden

3

3.1 Die Problemstellungen der Mathematischen Statistik

In welcher Weise kann von den Ergebnissen einer Stichprobenuntersuchung auf die Grundgesamtheit geschlossen werden?

In den generellen Überlegungen in Abschn. 1.2 haben wir dargelegt, dass sich die Statistik mit Häufigkeitsverteilungen beschäftigt, mit der Merkmalswerte innerhalb einer fest vorgegebenen Grundgesamtheit auftreten. Dabei dienen die Methoden der Mathematischen Statistik dem Ziel, Erkenntnisse über solche Häufigkeitsverteilungen mittels der Untersuchung einer Stichprobe – statt der Grundgesamtheit – zu erhalten.

Um Stichprobenuntersuchungen mit den mathematischen Überlegungen, die wir im zweiten Teil des Buches angestellt haben, auswerten zu können, legen wir gedanklich dasjenige Zufallsexperiment zugrunde, bei dem zufällig mit gleichverteilten Wahrscheinlichkeiten ein einzelnes Mitglied aus der Grundgesamtheit ausgewählt wird, um dann mit dessen Merkmalswert den Wert einer Zufallsgröße zu definieren. Die auf die Grundgesamtheit bezogene Häufigkeitsverteilung eines Merkmals kann derart als Wahrscheinlichkeitsverteilung einer Zufallsgröße interpretiert werden. Gleichzeitig erscheinen die Ergebnisse einer Stichprobenuntersuchung als Folge von Werten, die für diese Zufallsgröße im Rahmen einer Versuchsreihe realisiert, das heißt „ausgewürfelt", werden (siehe Abb. 3.1).

Basierend auf dieser mathematischen Interpretation kann man nun die für die Mathematische Statistik zentrale Aufgabenstellung, die auch als **Einstichprobenproblem** bezeichnet wird, neu formulieren: Gegeben ist eine Zufallsgröße X, deren Verteilung überhaupt nicht oder zumindest nicht vollständig bekannt ist. Wird das zugrunde liegende Zufallsexperiment im Rahmen einer Versuchsreihe mehrfach, unabhängig voneinander wiederholt, so entspricht diese Situation einer endlichen Folge von identisch verteilten, voneinander unabhängigen Zufallsgrößen $X = X_1, \ldots, X_n$, für die in der durchgeführten Versuchsreihe abhängig von deren

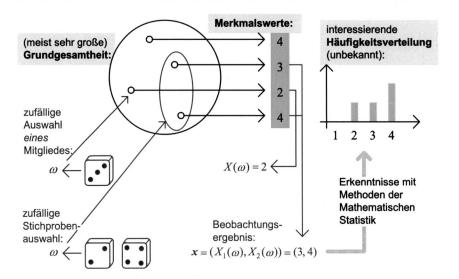

Abb. 3.1 Gedankliche Grundlage einer statistischen Methode ist das Zufallsexperiment, bei dem mit gleichverteilten Wahrscheinlichkeiten ein einzelnes Mitglied aus der Grundgesamtheit ausgelost wird (blau). Darauf aufbauend wird versucht, aus den Merkmalswerten einer zufällig ausgewählten Stichprobe (rot) Erkenntnisse über die unbekannte Häufigkeitsverteilung der Merkmale (grün) in der Grundgesamtheit (gelb) zu erhalten

Verlauf ω die Ergebnisse $X_1(\omega)$, …, $X_n(\omega)$ realisiert, also „ausgewürfelt", werden. Auf Basis dieser Beobachtungswerte sind nun Aussagen über die Wahrscheinlichkeitsverteilung der Zufallsgröße X gesucht.

Eine solche Problemstellung kehrt im Prinzip die in der Wahrscheinlichkeitsrechnung verwendete Untersuchungsrichtung um:

- Gegenstand der Wahrscheinlichkeitsrechnung ist es, ausgehend von – zumindest im Prinzip – bekannten Wahrscheinlichkeiten elementarer Ereignisse zu untersuchen, wie wahrscheinlich bestimmte Versuchsergebnisse sind. Insbesondere kann damit von der Häufigkeitsverteilung innerhalb einer Grundgesamtheit auf die Wahrscheinlichkeiten von Stichprobenergebnissen geschlossen werden. Ein wichtiger Spezialfall betrifft die Charakterisierung von Stichprobenergebnissen, die gemäß dem Gesetz der großen Zahlen annähernd sicher eintreten.
- Die Mathematische Statistik verwendet dieselben mathematischen Methoden dazu, in umgekehrter Richtung aus Versuchsergebnissen Rückschlüsse auf die Verteilung zu ziehen (siehe Abb. 3.2). Konkret werden beispielsweise zu einem Stichprobenergebnis jene Zusammensetzungen der Grundgesamtheit gesucht, mit welchen das Stichprobenergebnis plausibel erklärt werden kann. Dabei ist selbstverständlich das gegebenenfalls vorhandene Vorwissen über die Verteilung, etwa den Wertebereich oder den Typ der Verteilung betreffend,

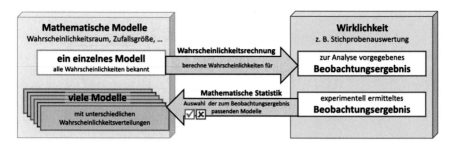

Abb. 3.2 Mit Methoden der Wahrscheinlichkeitsrechnung lassen sich, ausgehend von bekannten Werten für die Wahrscheinlichkeiten elementarer Ereignisse, Wahrscheinlichkeiten für komplexere Situationen berechnen, beispielsweise für bestimmte Beobachtungsergebnisse von Stichprobenuntersuchungen. Die Methoden der Mathematischen Statistik ermöglichen es, umgekehrt von einem Stichprobenergebnis auf diejenigen Szenarien zu schließen, welche das beobachtete Ergebnis plausibel erklären können

bestmöglich zu berücksichtigen. Dies ist zugleich eine der Ursachen dafür, dass es eine ganze Palette von statistischen Methoden gibt, darunter relativ universelle, aber ebenso gezielt auf spezielle Situationen ausgerichtete Methoden.

Die beschriebene Formalisierung auf Basis des mathematischen Modells der Wahrscheinlichkeitsrechnung ist so allgemein, dass sie sowohl den eigentlich interessierenden Fall einer Stichprobenuntersuchung (siehe Abb. 3.3) abdeckt als auch viele klassische Lehrbuchbeispiele wie eine Wurfserie mit einem auf Symmetrie zu prüfenden Würfel. Die Sprechweise innerhalb der Mathematischen Statistik orientiert sich dabei am wichtigsten Anwendungsfall: So bezeichnet man eine Folge von identisch verteilten, voneinander unabhängigen Zufallsgrößen $X = X_1, \ldots, X_n$ generell als **Stichprobe** – bisher haben wir bei solchen Folgen meist von einer Versuchsreihe gesprochen. Entsprechend wird die Menge $\mathscr{X}$ aller möglichen **Beobachtungsergebnisse** $x = (X_1(\omega), \ldots, X_n(\omega))$ **Stichprobenraum** genannt.

Als technisches Hilfsmittel zur Lösung des gestellten Problems wird jeweils eine sogenannte **Stichprobenfunktion** verwendet, die oft auch als **Teststatistik**, manchmal auch einfach als **Statistik** und – insbesondere im Fall eines Hypothesentests – als **Testgröße** oder **Prüfgröße** bezeichnet wird. Dabei handelt es sich um eine Zufallsgröße T, deren Werte aus den einzelnen Ergebnissen der Stichprobe $X_1, \ldots, X_n$ berechnet werden:

$$T = t(X_1, \ldots, X_n)$$

Jedem Beobachtungsergebnis $x = (X_1(\omega), \ldots, X_n(\omega))$, das in der Praxis je nach Anwendungsfall durch die Stichprobenauswahl beziehungsweise den Versuchsreihenverlauf ω bestimmt wird, ist damit ein Wert der Stichprobenfunktion

$$T(\omega) = t(X_1(\omega), \ldots, X_n(\omega))$$

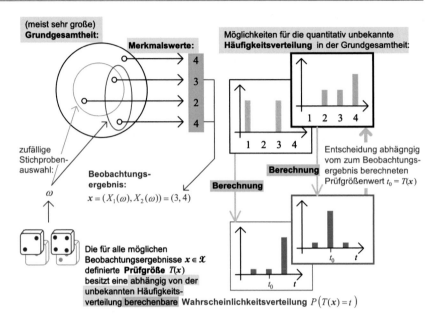

Abb. 3.3 Wird die Prüfgröße T geschickt gewählt, kann mit großer Sicherheit von dem zu einem konkreten Beobachtungsergebnis x ermittelten Prüfwert $t_0 = T(x)$ (rot) auf die unbekannte Häufigkeitsverteilung (grün) geschlossen werden

zugeordnet. Da der Wert $T(\omega)$ nur soweit von der Stichprobenauswahl beziehungsweise von dem Versuchsreihenverlauf ω abhängt, wie dadurch das Beobachtungsergebnis $x = (X_1(\omega), \dots, X_n(\omega))$ beeinflusst wird, kann man T auch als eine vom zufälligen Beobachtungsergebnis x abhängende Zufallsgröße ansehen, womit T als eine auf dem Stichprobenraum $\mathcal{X}$ definierte Zufallsgröße interpretierbar wird.

Wie die Stichprobenfunktion im Einzelfall konstruiert wird, hängt ganz von der jeweiligen Problemstellung ab: Will man beispielsweise den Erwartungswert $E(X)$ ermitteln, bietet es sich sicherlich an, den Durchschnitt der realisierten Stichprobenergebnisse $X_1(\omega), \dots, X_n(\omega)$ zu bilden. Das heißt, man verwendet die Prüfgröße

$$T = \frac{1}{n}(X_1 + \dots + X_n).$$

Dieser Ansatz ist sinnvoll, weil der Mittelwert T gemäß dem Gesetz der großen Zahlen – zumindest bei genügend großer Versuchsanzahl n – mit hoher Wahrscheinlichkeit annähernd gleich dem gesuchten Erwartungswert $E(X)$ ist. Andere Situationen verlangen nach anderen Konstruktionen: So ist, wie wir bereits in Abschn. 2.14 gesehen haben, die χ^2-Testgröße bestens zur Prüfung der Symmetrie eines Würfels geeignet.

Wie in der Wahrscheinlichkeitsrechnung sind auch die umgekehrten Aussagen der Mathematischen Statistik aufgrund des Zufallseinflusses immer mit einer

Unsicherheit behaftet. Um diese Unsicherheit einerseits so gering wie möglich zu halten und andererseits quantitativ bewerten zu können, gibt es verschiedene methodische Ansätze, die zunächst in groben Zügen vorgestellt werden:

- **Hypothesentests:**

  Hypothesentests haben wir bereits im ersten Teil erörtert, und zwar sowohl am Beispiel von Arbuthnots Test als auch im allgemeinen Kontext. Die Schlussweise erinnert an einen mathematischen Widerspruchsbeweis. Ausgangspunkt ist eine Annahme – eben die Hypothese – über die Wahrscheinlichkeitsverteilung der empirisch zu untersuchenden Zufallsgröße. Ziel ist es, einen Widerspruch zwischen der Hypothese und einem empirischen Versuchsergebnis herzuleiten, um so die Hypothese verwerfen zu können. Passend zu diesem Ziel wird als Hypothese meist die Negierung der eigentlichen Vermutung verwendet. Mit der statistischen Widerlegung der Hypothese erfährt dann die Vermutung ihre Bestätigung.

  Der empirische Teil des Hypothesentests umfasst eine Versuchsreihe des betreffenden Zufallsexperimentes, wobei eine Widerlegung auf Basis eines vermeintlichen „Ausreißer"-Ergebnisses angestrebt wird. Dabei bezieht sich der „Ausreißer"-Charakter auf den Fall, dass die Hypothese richtig ist. Konkret wird für diesen Fall der richtigen Hypothese *vor* der Testdurchführung für die zu verwendende Prüfgröße ein Bereich von „Ausreißer"-Werten ermittelt, die insgesamt nur mit einer sehr geringen Wahrscheinlichkeit auftreten, so dass ein solchermaßen „ausreißendes" Testergebnis als fundierter Beleg für eine in Wahrheit falsche Hypothese gewertet werden kann.

  Gegenstand der Mathematischen Statistik ist es, für die verschiedensten Anwendungsfälle möglichst aussagekräftige Tests zu planen, das heißt, Hypothesen und Prüfgrößen so zu konstruieren, dass fehlerhafte Entscheidungen relativ unwahrscheinlich sind.

- **Schätzformeln:**

  Statt der indirekten Schlussweise eines Hypothesentests kann man auch direkt vorgehen. Dabei wird ein Parameter der gesuchten Wahrscheinlichkeitsverteilung – wie zum Beispiel eine einzelne Merkmalswahrscheinlichkeit, der Erwartungswert oder die Varianz – auf Basis der Beobachtungsergebnisse einer Stichprobe geschätzt. Konkret wird der Wert einer eigens dafür konstruierten Stichprobenfunktion als Schätzwert verwendet, zum Beispiel die relative Häufigkeit eines Ereignisses zur Schätzung der betreffenden Wahrscheinlichkeit und der Durchschnitt von Beobachtungswerten als Schätzwert des zugehörigen Erwartungswertes.

  Gegenstand der Mathematischen Statistik ist es nun, die Qualität solcher Schätzformeln zu bewerten. Dies geschieht durch Angaben darüber, wie genau solche Schätzungen sind und wie (un)wahrscheinlich größere Abweichungen zwischen dem zufallsabhängigen Schätzwert und dem wirklichen Wert sind.

  Eine Sonderform solcher Schätzformeln liefert jeweils die *beiden* Grenzen eines Intervalls, das als Konfidenz- oder Vertrauensintervall bezeichnet wird und in dem der gesuchte Parameter mit einer vorgegebenen, hohen

Wahrscheinlichkeit liegt. Dabei bezieht sich die Wahrscheinlichkeit natürlich *nicht* auf den festen (aber unbekannten) Parameterwert, sondern auf die zufallsabhängigen Intervallgrenzen.

Schätzformeln für Parameter sind besonders dann von hoher Bedeutung, wenn gewisse Kenntnisse über die qualitativen Eigenschaften der gesuchten Verteilung vorliegen. Ist es beispielsweise aufgrund des Zentralen Grenzwertsatzes bekannt – oder aufgrund anderer Umstände sehr plausibel –, dass die gesuchte Verteilung sich annähernd wie eine Normalverteilung verhält, so brauchen nur zwei Parameter, nämlich Erwartungswert und Standardabweichung, geschätzt zu werden, um die gesamte Verteilung zu bestimmen.

- **Überprüfung auf Abhängigkeit und identische Verteilungen:**
  Zweifellos ist die Erforschung von kausalen Einflüssen eine Hauptaufgabe der angewandten Wissenschaften. Indizien für solche – wie auch immer wirkende – Einflüsse ergeben sich aus der Untersuchung von zwei (oder mehr) Zufallsgrößen:

  Einerseits möglich ist die Untersuchung, ob die Wahrscheinlichkeitsverteilungen von zwei Zufallsgrößen – etwa die Körpergrößen von zufällig ausgewählten Männern beziehungsweise Frauen – verschieden sind. Ist das in signifikanter Weise der Fall, ist dies ein gewichtiger Hinweis darauf, dass die Umstände, die beiden Stichprobenentnahmen zugrunde liegen, dafür die Ursache sind. Fragestellungen dieser Art werden als **Zweistichprobenprobleme** bezeichnet (siehe auch Abb. 3.4). Ein Test, der speziell die Identität zweier Verteilungen zum Gegenstand hat, wird als **Homogenitätstest** bezeichnet. In der Regel erfolgen bei Zweistichprobentests die Stichprobenentnahmen unabhängig voneinander, so dass auch die dadurch definierten Zufallsgrößen unabhängig voneinander sind.

  Ebenso möglich ist eine Untersuchung dahingehend, ob zwischen zwei auf Basis des gleichen Zufallsexperimentes definierten Zufallsgrößen – etwa von Körpergröße und -gewicht zufällig ausgewählter Versuchspersonen – eine stochastische Abhängigkeit besteht und wenn ja, in welcher Weise diese ausgeprägt ist: Ist es bei höheren Werten der ersten Zufallsgröße eher wahrscheinlich, dass auch die Werte der zweiten Zufallsgröße größer sind? Oder liegt ein größenmäßig eher gegenläufig verlaufender Trend vor? Oder existiert überhaupt kein solcher Trend? Da bei solchen Problemen zu jedem Mitglied der Stichprobe Werte von zwei Zufallsgrößen ermittelt werden, spricht man auch von einer **verbundenen Stichprobe**[1] (siehe auch Abb. 3.4).

In den weiteren Kapiteln werden wir Beispiele für die drei gerade kurz vorgestellten Klassen von Methoden vorstellen.

---

[1]Auch wenn die untersuchte Zufallsvariable zweidimensional ist, handelt es sich eigentlich um ein Einstichprobenproblem. Meist werden aber *beide* zuletzt genannten Problemklassen als Zweistichprobenprobleme bezeichnet, wobei begrifflich zwischen verbundenen und **unverbundenen Stichproben** differenziert wird.

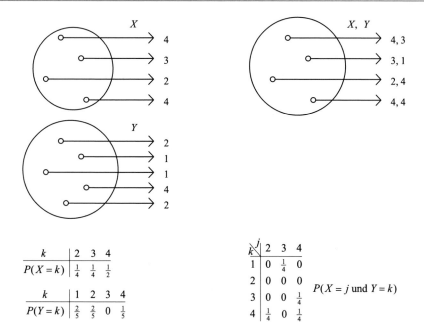

Abb. 3.4 Zwei Zufallsgrößen X und Y: Links definiert auf Basis von zwei (unverbundenen) Stichproben und rechts auf Basis einer verbundenen Stichprobe. Die links dargestellte Situation wird durch Wahrscheinlichkeitsverteilungen von zwei (reellwertigen, das heißt eindimensionalen) Zufallsgrößen beschrieben. Das rechts abgebildete Szenario wird durch die Wahrscheinlichkeitsverteilung eines zweidimensionalen Zufallsvektors charakterisiert

Übrigens sind die prinzipiellen Unterschiede zwischen den Verfahren der drei Klassen gar nicht so groß, wie sie vielleicht auf den ersten Blick erscheinen:

- Die Verfahren der dritten Klasse sind ohnehin eher durch die verfolgten Ziele und die dazu verwendeten Kenngrößen wie zum Beispiel die Korrelation charakterisiert. Dagegen können sie im Hinblick auf die prinzipielle Methodik zum Teil auf die ersten beiden Klassen aufgeteilt werden.
- Allen statistischen Verfahren gemein ist, dass sie letztlich einer Stichprobenfunktion entsprechen, für die ein Wert „ausgewürfelt" wird: Dabei kann selbst die Entscheidung über die Verwerfung einer Hypothese als eine Stichprobenfunktion aufgefasst werden, die nur die Werte 0 und 1 annimmt. Und auch die Grenzen eines Konfidenzintervalles können als Wert einer zweidimensionalen Stichprobenfunktion aufgefasst werden.
- Für die Stichprobenfunktion, die den Test charakterisiert, sind Voraussagen zu suchen, die für bestimmte Parameterbereiche der unbekannten Wahrscheinlichkeitsverteilung mit hoher Wahrscheinlichkeit gültig sind, um so umgekehrt aus konkreten Stichprobenergebnissen auf die Parameter der Wahrscheinlichkeitsverteilung schließen zu können.

3.2   Mathematische Statistik als formales Modell

In Abschn. 2.9 wurden im Rahmen eines Ausblicks wahrscheinlichkeitstheoretische Begriffe wie Ereignis, Wahrscheinlichkeit und Zufallsgröße vollständig auf Basis mathematischer Objekte wie Zahlen, Mengen und Funktionen definiert. Wie ist Vergleichbares für statistische Fragestellungen zu Stichprobenuntersuchungen möglich?

Aus reiner Anwendungssicht ist es eigentlich nicht notwendig, statistische Aussagen und Fragestellungen vollständig zu mathematisieren, ganz analog zur Wahrscheinlichkeitstheorie, wo informelle Deutungen von Begriffen wie Ereignis, Wahrscheinlichkeit und Zufallsgröße oft völlig ausreichen. Da wir in den weiteren Kapiteln auf die Formalisierung statistischer Begriffe nicht zurückgreifen werden, kann das Kapitel problemlos überschlagen werden. Allerdings ist der Sprachgebrauch in der weiterführenden Fachliteratur durchaus üblich ist. Außerdem ist eine Auseinandersetzung mit dem zugrunde liegenden Blickwinkel hilfreich für das Verständnis der Mathematischen Statistik, weil bei ihren Methoden die gemeinsame Struktur besser erkennbar wird. Das spricht dafür, die Lektüre zumindest zu versuchen, zumal das Kapitel kurz ist.

Wir beginnen damit, nach den Gemeinsamkeiten einer Stichprobenuntersuchung zu suchen: Was wissen wir vor der Untersuchung? Was erfahren wir durch die Stichprobenergebnisse? Was wissen wir nicht, ist aber Gegenstand unseres Interesses? Und wie hängen die unbekannten Fakten mit unserem A-Priori-Wissen und den Stichprobenergebnissen zusammen?

Spätestens mit der Testplanung kennen bereits die Größe der Stichprobe und die möglichen Werte der Untersuchung: Fragen wir k Personen nach einem binären Merkmal wie „Verheiratet?", so lässt sich das Stichprobenergebnis durch eine ganze Zahl von 0 bis k charakterisieren, nämlich entsprechend der Anzahl der Verheirateten. Fragen wir nach der Zahl der Kinder, erhalten wir ein Ergebnis, das einem k-dimensionalen Vektor mit nicht negativen, ganzzahligen Koordinaten entspricht. Ermitteln wir die Körpergröße unter k erwachsenen Frauen, erhalten wir einen k-dimensionalen Vektor mit reellwertigen Koordinaten. Nicht nur diese drei Beispiele lassen sich gemeinsam von einem formalen Modell abdecken:

- Erster Teil des Modells ist eine Menge $\mathscr{X}$, die alle möglichen Ergebnisse der Stichprobenuntersuchung enthält. In den drei gerade dargelegten Beispielen waren die Ergebnisse Vektoren, wie es auch sonst oft, aber nicht zwangsläufig der Fall ist. Es gilt dann $\mathscr{X} \subseteq R^n$ für eine geeignete Dimension n, wobei im ersten Beispiel des binären Merkmals $n = 1$ ausreicht, da das Stichprobenergebnis durch die Zahl der positiven Antworten charakterisiert wird. Anknüpfend an den Sprachgebrauch des letzten Kapitels wird die Menge $\mathscr{X}$ allgemein als Stichprobenraum bezeichnet.
- Die Grundgesamtheit, aus der wir die Stichprobe entnehmen, ist kein expliziter Bestandteil des formalen Modells. Allerdings spiegelt sich der Einfluss, den die Zusammensetzung der Grundgesamtheit auf das Stichprobenergebnis hat, in einem formalen Parameter ϑ wider, der als **Zustand** der Grundgesamtheit

interpretiert werden kann. Passend dazu wird die Menge Θ, die alle möglichen Zustände umfasst, in das formale Modell aufgenommen. Im Fall einer endlichen Grundgesamtheit kann die Häufigkeitsverteilung der erfassten Merkmalswerte als Zustand gewertet werden. Bei einem normalverteilten Merkmalswert reichen die beiden Parameter des Erwartungswertes m und der Standardabweichung σ, um den Zustand $\vartheta = (m, \sigma)$ zu charakterisieren. Bei einem binären Merkmal ist bereits ein einzelner Wert ausreichend, nämlich die Wahrscheinlichkeit $\vartheta = p$ dafür, dass ein Mitglied der Grundgesamtheit den binären Wert „wahr" besitzt. Die Beispiele erklären, warum die Menge Θ als **Verteilungsannahme** bezeichnet wird.

- Auch die Zufallsgrößen, die den Merkmalswerten der einzelnen Stichprobenmitglieder entsprechen, sind im formalen Modell nur indirekt ein Bestandteil, nämlich in Form der Wahrscheinlichkeitsverteilungen dieser Zufallsgrößen. Konkret sind jedem Ereignis A, bei dem es sich um eine Teilmenge des Stichprobenraumes $\mathcal{X}$ handelt, Wahrscheinlichkeiten zugeordnet. Dabei hängen die Wahrscheinlichkeiten $P_\vartheta(A)$ des Ereignisses A vom Zustand ϑ ab. Da man nicht unbedingt jeder A Teilmenge des Stichprobenraumes $\mathcal{X}$ sinnvoll eine Wahrscheinlichkeit zuordnen kann, bedarf es einer zum Stichprobenraum $\mathcal{X}$ definierten σ-Algebra **F**. Nur für diejenigen Teilmengen A des Stichprobenraumes $\mathcal{X}$, die zu diesem *einen* Mengensystem **F** gehören, ist die *Vielfalt* der Wahrscheinlichkeiten $P_\vartheta(A)$ definiert, nämlich zu jedem Zustand $\vartheta \in \Theta$ eine Wahrscheinlichkeit.

Die Aufgabe statistischer Methoden besteht nun darin, aus einem konkret erzielten Stichprobenergebnis $x \in \mathcal{X}$ Rückschlüsse auf den möglichen Zustand $\vartheta \in \Theta$ zu ziehen, welche das Stichprobenergebnis x plausibel erklären können.

Die dargelegte Beschreibung der Ausgangssituation lässt sich formal zusammenfassen mit Hilfe von vier Objekten, nämlich:

- Eine Menge $\mathcal{X}$, die Stichprobenraum genannt wird und deren Elemente interpretiert werden können als mögliche Ergebnisse einer Stichprobenuntersuchung.
- Eine Menge Θ, die man als Verteilungsannahme bezeichnet und deren Elemente als Zustände der Grundgesamtheit aufgefasst werden können.
- Eine σ-Algebra **F**, die als Teilmengensystem zum Stichprobenraum $\mathcal{X}$ als Menge aller Ereignisse interpretierbar ist, die auf das Stichprobenergebnis bezogen sind. Im einfachsten Fall umfasst das Teilmengensystem **F** alle Teilmengen des Stichprobenraums $\mathcal{X}$.
- Eine indexierte Menge $\{P_\vartheta \,|\, \vartheta \in \Theta\}$, deren Elemente Wahrscheinlichkeitsmaße sind, und zwar dergestalt, dass ein darin enthaltenes Maß P_ϑ jeder zum Teilmengensystem **F** gehörenden Teilmenge A eine Wahrscheinlichkeit $P_\vartheta(A)$ zuordnet.

Diese Gesamtheit $(\mathcal{X}, \mathbf{F}, \{P_\vartheta \,|\, \vartheta \in \Theta\})$ wird als **statistischer Raum** oder statistisches Modell bezeichnet. In völliger Allgemeinheit dient ein solcher statistischer Raum als Ausgangspunkt dazu, eine Methode der Mathematischen

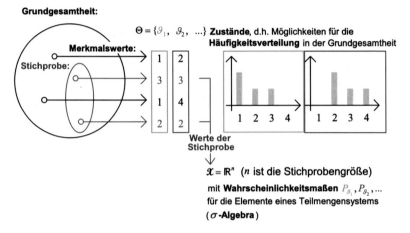

Abb. 3.5 Statistischer Raum: seine Komponenten und deren Ursprung

Statistik zu konzipieren und zu untersuchen. Alle Objekte, die dabei eine Rolle spielen, können rein mathematisch begründet werden.

Auf diesem völlig abstrakten Niveau besteht eine Methode der Mathematischen Statistik darin, von einer konkreten Stichprobenbeobachtung, das heißt von einem Element $x \in \mathcal{X}$, auf diejenigen Verteilungen P_ϑ zu schließen, die plausibel zum gemachten Beobachtungsergebnis x passen. Im Detail basiert eine solche Methode auf Prüfgrößen, bei denen es sich um Zufallsgrößen handelt, die auf dem Stichprobenraum $\mathcal{X}$ definiert sind (siehe Abb. 3.5).

Zum Beispiel kann die durch einen Hypothesentest herbeigeführte Entscheidung aufgefasst werden als eine Zufallsgröße der Form $\mathcal{X} \to \{0, 1\}$, die jedem Stichprobenergebnis $x \in \mathcal{X}$ eine binäre Entscheidung über das Verwerfen der Hypothese zuordnet. Dabei wird die Zufallsgröße abhängig von der Hypothese konstruiert, die sich durch eine Eigenschaft $\vartheta \in \Theta_0$ auf Basis einer Teilmenge $\Theta_0 \in \Theta$ charakterisieren lässt.

Ganz ähnlich entspricht eine Schätzformel einer Abbildung $T: \mathcal{X} \to \Xi$. Ziel der Schätzung ist ein Kenngrößenwert $\tau(\vartheta)$, der jedem Parameter $\vartheta \in \Theta_0$ zugeordnet ist: $\tau: \Theta \to \Xi$, $\vartheta \mapsto \tau(\vartheta)$. Insofern liefert die Schätzformel für jedes Stichprobenergebnis $x \in \mathcal{X}$ einen Schätzwert $T(x) \in \Xi$, der zur Menge Ξ möglicher Kenngrößenwerte gehört. Liegt zum Beispiel eine Verteilungsannahme in Form einer angenommen Normalverteilung vor, dann entspricht eine Schätzung des Erwartungswertes m der Funktion $\tau(m, \sigma) = m$.

Gemeinsam ist allen statistischen Methoden, dass sie durch eine auf dem Stichprobenraum definierte Abbildung charakterisiert werden, die man daher unter geeigneten Bedingungen als Statistik bezeichnet.

Meist ergeben sich die Werte im Stichprobenraum $\mathcal{X}$ als n-dimensionale Vektoren in Form von Realisierungen von derjenigen Zufallsgröße, welche die

Merkmalswerte eines Stichprobenmitgliedes widerspiegelt: $x = (X_1(\omega), ..., X_n(\omega))$. In den oben angeführten Beispielen entsprach der für ein Stichprobenmitglied ermittelte Merkmalswert der Anzahl der Kinder beziehungsweise der Körpergröße. Der Stichprobenraum kann aber ebenso aus den mit einer Zufallsgröße T transformierten Beobachtungsergebnissen $T(X_1(\omega), ..., X_n(\omega))$ bestehen. Im eben angeführten Beispiel des Bernoulli-Experimentes, bei dem eine zufällig ausgewähltes Mitglied der Grundgesamtheit gefragt wird, ob es verheiratet ist, entspricht $T(X_1(\omega), ..., X_n(\omega))$ der Anzahl der verheirateten Stichprobenmitglieder. Es ist $\mathscr{X} = \{0, 1, ..., n\}$ mit der σ-Algebra, deren Mengensystem aus allen 2^{n+1} Teilmengen besteht. Der statistische Raum ergibt sich schließlich, wenn man als Menge von Wahrscheinlichkeitsmaßen die Binomialverteilungen hinzunimmt, die für alle Wahrscheinlichkeiten $p \in [0, 1]$ definiert sind:

$$P_p(A) = \sum_{j \in A} \binom{n}{j} p^j (1 - p)^{n-j} \quad \text{für } A \subseteq \{0, 1, ..., n\}$$

3.3 Hypothesentest: ein Beispiel aus der Qualitätssicherung

Der Produzent eines in Serie hergestellten Produktes garantiert eine Qualität, bei welcher der Anteil fehlerhafter Stücke maximal 1,5 % beträgt. Der Käufer benötigt für seine Bedürfnisse eine Qualität, bei der die Fehlerrate 3 % nicht übersteigen darf. Im Kaufvertrag wird daher vereinbart, dass Lieferungen mit einer Fehlerrate von über 1,5 % zurückgewiesen werden, wobei diese Rate anhand einer dafür repräsentativen Stichprobe ermittelt wird.

Die Problemstellung macht deutlich, dass wir nach unserem Exkurs in die mathematischen Grundlagen nun wieder zum Bereich konkreter Anwendungen zurückgekehrt sind. Dabei sind Stichprobenerhebungen und deren statistische Auswertungen gerade bei qualitätssichernden Produktprüfungen unverzichtbar, da in diesem Bereich Vollerhebungen oft nicht nur am quantitativ bedingten Aufwand scheitern, nämlich dann, wenn eine Prüfung nicht zerstörungsfrei möglich ist. Daher wurden für solche Anwendungsfälle diverse Methoden mit zugehörigen Tabellen entwickelt, die in ihrer Gesamtheit als **statistische Qualitätskontrolle** bezeichnet werden.

Mathematisch ist das gestellte Problem aufs Engste mit Arbuthnots Test verbunden. Wieder – und wie allgemein in der Mathematischen Statistik üblich – muss die auf der zufälligen Stichprobenauswahl beruhende Ungewissheit so gut es geht überwunden werden. Dabei sind – und das ist die Besonderheit der aktuellen Problemstellung – die Interessen und Risiken der beiden Vertragsparteien gegeneinander abzuwägen. Dadurch entsteht – abweichend von vielen anderen Szenarien eines Hypothesentests – eine weitgehend symmetrische Situation:

- Das Risiko des Produzenten, kurz **Produzentenrisiko,** besteht darin, dass eine in ihrer Gesamtheit qualitativ genügend gute Lieferung aufgrund einer für den Produzenten ungünstigen Stichprobenauswahl als fehlerhaft zurückgewiesen wird.
- Dieses Risiko entspricht einem Fehler 1. Art, sofern die Null-Hypothese darin besteht, dass die Lieferung eine genügende Qualität aufweist: Aufgrund der konkreten Stichprobenauswahl wird etwas „gesehen", was nicht vorhanden ist.
- Das Risiko des Käufers, oft als **Konsumentenrisiko** bezeichnet, besteht darin, dass eine qualitativ zu schlechte Lieferung aufgrund einer für den Käufer ungünstigen Stichprobenauswahl nicht als schlecht erkannt und daher nicht zurückgewiesen wird.
- In diesem Fall wird die Null-Hypothese, gemäß der die Lieferung eine genügende Qualität aufweist, nicht verworfen, obwohl sie in Wahrheit falsch ist, was somit einem Fehler 2. Art entspricht: Aufgrund der konkreten Stichprobenauswahl wird etwas „übersehen", was vorhanden ist.

Wie aber sollte nun die Stichprobenprüfung und die anschließende Entscheidungsregel organisiert werden, damit die Risiken der beiden Beteiligten entsprechend ihrer Interessenlage begrenzt werden? Um den **Stichprobenplan,** wie die Testplanung im Bereich der statistischen Qualitätskontrolle genannt wird, in seinen quantitativen Details zunächst noch offen zu halten, gehen wir von einem allgemeinen Ansatz aus: Es wird eine Stichprobe von n Untersuchungseinheiten zufällig ausgewählt und dann darauf untersucht, ob davon mindestens k Stücke fehlerhaft sind. Die Lieferung wird zurückgewiesen, sofern diese Mindestanzahl von k fehlerhaften Stücken innerhalb der Stichprobe erreicht oder überschritten wird.

Mit p bezeichnen wir die Wahrscheinlichkeit, dass ein einzelnes, zufällig ausgewähltes Teil fehlerhaft ist. Mittels der Binomialverteilung erhält man dann für die Wahrscheinlichkeit, die Null-Hypothese nicht zu verwerfen und damit die Lieferung anzunehmen, den Wert[2]

---

[2] Die Wahrscheinlichkeit p ist gleich dem relativen Anteil der fehlerhaften Teile in der als Grundgesamtheit fungierenden Lieferung. Da sich die Grundgesamtheit und damit die relative Häufigkeit fehlerhafter Teile ändert, sobald ein Stück zur Prüfung entnommen wird, ist die Qualität von zwei zufällig ausgewählten Stücken nur dann stochastisch voneinander unabhängig, wenn das geprüfte Stück wieder in die Grundgesamtheit zurückgelegt wird. Andernfalls ergibt sich eine Situation wie bei einem Stapel von Spielkarten: Nach der Ziehung eines Asses verringert sich die Wahrscheinlichkeit, nochmals ein Ass zu ziehen.

Gerade im Bereich der Qualitätsprüfung ist das **Zurücklegen** eines geprüften Stückes praktisch oft nicht realisierbar, etwa wenn es sich um eine zerstörende Prüfung handelt. Allerdings ist ein reales Zurücklegen nach einer Untersuchung auch überhaupt nicht notwendig. Vielmehr reicht es aus, die Stichprobenauswahl derart zu organisieren, dass dabei jedes Mitglied der Grundgesamtheit gegebenenfalls auch mehrfach gezogen werden kann, wobei dann eine einmalige Prüfung reicht.

Alternativ lassen sich in Abhängigkeit der Ausschussrate p auch Formeln für diejenige Wahrscheinlichkeitsverteilung berechnen, die sich ergibt, wenn ausgewählte Stücke *nicht* zurückgelegt

$$L(p) = \sum_{j=0}^{k-1} \binom{n}{j} p^j (1-p)^{n-j}.$$

Entsprechend ist die Wahrscheinlichkeit, dass die Null-Hypothese verworfen und damit die Lieferung zurückgewiesen wird, gleich

$$M(p) = 1 - L(p) = \sum_{j=k}^{n} \binom{n}{j} p^j (1-p)^{n-j}.$$

Aufgrund des Zentralen Grenzwertsatzes können die Wahrscheinlichkeiten $L(p)$ und $M(p)$ bei genügend großen Stichproben mittels der Normalverteilung approximiert werden. Bei fest gewählten Werten für den Stichprobenumfang n und das „Rückweisungsminimum" k hängen beide Wahrscheinlichkeiten $L(p)$ und $M(p)$ nur von der unbekannten Wahrscheinlichkeit p ab, die dem Ausschussanteil in der Gesamtlieferung entspricht: Dabei wird die Wahrscheinlichkeit $L(p)$, die Null-Hypothese *nicht* zu verwerfen und damit die Lieferung anzunehmen, als **Testcharakteristik** oder **Operationscharakteristik** des Tests bezeichnet. Die Wahrscheinlichkeit $M(p)$, die Null-Hypothese zu verwerfen und damit die Lieferung zurückzuweisen, nennt man **Gütefunktion**. Für Wahrscheinlichkeiten p, bei denen die Hypothese in Wahrheit nicht richtig ist, spricht man bei $M(p)$ auch von der **Macht**[3] des Tests. Je größer diese Macht-Werte sind, desto besser funktioniert der Hypothesentest in dem Sinn, dass mit ihm eine falsche Hypothese als falsch erkannt wird.

Wie aber soll nun konkret geprüft werden? Das heißt, wie sollten die beiden im Stichprobenplan noch offen gelassenen Parameter, nämlich der Stichprobenumfang n und das „Rückweisungsminimum" k, gewählt werden? Intuitiv ist klar, welche Eigenschaften erfüllt sein müssen (siehe Abb. 3.6):

- Weist die Lieferung eine genügende Qualität in dem Sinne auf, dass der Ausschuss-Anteil höchstens $p_+ = 0{,}015$ beträgt, dann soll die Lieferung nur in seltenen Ausnahmefällen abgewiesen werden. Das heißt, „Ausreißer"-Stichproben, bei denen das Rückweisungsminimum k überschritten wird, dürfen dann nur mit einer kleinen Wahrscheinlichkeit von beispielsweise $\alpha = 0{,}05$ möglich sein: $L(p) \geq 1 - \alpha$ für $p \leq p_+$.
- Eine qualitativ zu schlechte Lieferung mit einem Ausschuss-Anteil von mindestens $p_- = 0{,}03$ soll dagegen nur ausnahmsweise, das heißt mit einer kleinen Wahrscheinlichkeit von zum Beispiel $\beta = 0{,}10$ den zu vereinbarenden Stichprobentest bestehen: $L(p) \leq \beta$ für $p \geq p_-$.

---

werden. Je größer die Grundgesamtheit im Vergleich zur Stichprobe ist, desto weniger unterscheiden sich die Wahrscheinlichkeitsverteilungen mit und ohne Zurücklegen. Insofern wird das Problem des Zurücklegens in der Praxis oft einfach ignoriert.

[3] Die Macht wird oft auch **Teststärke** oder – in Anlehnung an die im Englischen übliche Bezeichnung – **Power** genannt.

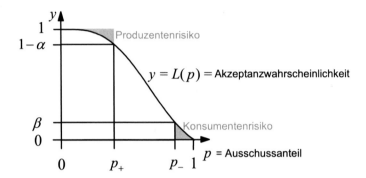

Abb. 3.6 Dargestellt ist ein typischer Graph der für einen Stichprobenplan geltenden Operationscharakteristik $L(p)$. Jeder Funktionswert entspricht der Wahrscheinlichkeit, dass die Lieferung aufgrund der Stichprobenuntersuchung angenommen wird. Zu erkennen ist, wie diese Akzeptanzwahrscheinlichkeit von dem sich für die Gesamtlieferung ergebenden Ausschussanteil p abhängt: Bei einer hohen Qualität mit $p \leq p_+$ ist das Produzentenrisiko höchstens gleich α, und bei einer niedrigen Qualität mit $p \geq p_-$ ist das Konsumentenrisiko höchstens gleich β

Man kann nun eine minimale Stichprobengröße n, welche beide formulierten Anforderungen erfüllt, dadurch finden, dass man für die beiden Ausschuss-Anteile p_+ und p_- nach denjenigen Werten n und k sucht, für welche die beiden Anforderungen so gerade eben noch erfüllt werden[4]:

$$L(p_+) = 1 - \alpha \quad \text{und} \quad L(p_-) = \beta$$

Um aus diesen *zwei* Bedingungen die *beiden* den Stichprobenplan festlegenden Parameter n und k konkret zu berechnen, approximiert man die Binomialverteilung durch die Normalverteilung, was sich nachträglich als zulässig herausstellen wird, da die notwendige Stichprobengröße n keinesfalls zu klein ausfällt. Grundlage der Berechnung sind die beiden Quantile der Normalverteilung $t_{1-\alpha} = \Phi^{-1}(1 - \alpha)$ und $t_\beta = \Phi^{-1}(\beta)$, die angeben, welche Vielfachen der Standardabweichung zu den Wahrscheinlichkeiten $1 - \alpha$ und β gehören: $\Phi(t_{1-\alpha}) = 1 - \alpha$ und $\Phi(t_\beta) = \beta$. Konkret für die gerade angeführten Beispielwerte $\alpha = 0{,}05$ und $\beta = 0{,}10$ sind die beiden Quantile gleich $t_{1-\alpha} = 1{,}65$ und $t_\beta = -1{,}30$. Für das Rückweisungs-Minimum k, das im Sinne einer Stetigkeitskorrektur zur besseren Approximation mit der Normalverteilung durch den Wert $k - \frac{1}{2}$ ersetzt wird, gilt somit

$$np_+ + t_{1-\alpha}\sqrt{n}\sqrt{p_+(1 - p_+)} = k - \frac{1}{2} = np_- + t_\beta\sqrt{n}\sqrt{p - (1 - p_-)}.$$

---

[4] In der statistischen Qualitätskontrolle wird ein Ausschussanteil p_+, der eine gerade noch ausreichenden Qualität widerspiegelt, mit **AQL** *(acceptable quality level)* bezeichnet. Der Ausschussanteil p_-, ab dem die Qualität als unzureichend angesehen wird, wird mit **LTPD** *(lot tolerance percent defective)* oder **LQ** *(limiting quality)* bezeichnet.

Aus dieser Gleichung erhält man nun zunächst die Stichprobengröße

$$n = \left(\frac{t_{1-\alpha}\sqrt{p_+(1-p_+)} - t_\beta\sqrt{p_-(1-p_-)}}{p_- - p_+} \right)^2,$$

was im hier konkret untersuchten Beispiel zur Stichprobengröße $n = 793$ führt. Mit Hilfe der Doppel-Gleichung für den Wert $k - \frac{1}{2}$ findet man schließlich noch $k = 18$ als Wert für das Rückweisungsminimum.

Um die beiden beispielhaft vorgegebenen Irrtumswahrscheinlichkeiten, das heißt 5 % für das Produzentenrisiko und 10 % für das Konsumentenrisiko, zu erreichen, muss also eine Stichprobe von 793 Stücken daraufhin untersucht werden, ob es mindestens 18 fehlerhafte Stücke gibt. Bezogen auf die Stichprobe entspricht das einer Fehlerrate von 2,27 %.

Abschließend bleibt noch anzumerken, dass das gerade erörterte Beispiel aus der Qualitätssicherung in zweierlei Hinsicht etwas untypisch für Hypothesentests ist:

- Es wurde schon darauf hingewiesen, dass Verwerfung und Annahme der Null-Hypothese in Bezug auf die Risiken, denen die Beteiligten ausgesetzt sind, einigermaßen symmetrisch zueinander sind. Dies ist bei vielen Hypothesentests gänzlich anders, etwa wenn es um einen Nachweis dafür geht, dass ein Medikament keine Nebenwirkungen hat.
- Die Wahrscheinlichkeiten für Fehler 1. und 2. Art konnten *simultan* begrenzt werden. Dies war aber nur deshalb möglich, weil Zustände der Grundgesamtheit, die einem Fehleranteil zwischen $p_- = 0{,}015$ und $p_+ = 0{,}03$ entsprechen, bei der Testplanung nicht in Betracht gezogen wurden.

Aufgaben

1. Nach den Mendel'schen Regeln der Vererbung kann die Wahrscheinlichkeitsverteilung eines Merkmals, das nur durch ein einziges Gen bestimmt wird, in der Gesamtpopulation vorausgesagt werden. Demnach beträgt die Wahrscheinlichkeit ¼ für die rezessive Ausprägung und ¾ für die dominante Ausprägung. Wie groß ist die Fehlerwahrscheinlichkeit, wenn man bei einer Stichprobe von nur 15 Pflanzen die häufigere Blütenfarbe als dominant erklärt? Welche beiden Fehlentscheidungen sind möglich? Ist die Wahrscheinlichkeit von einem der beiden möglichen Fehler größer?

2. Zwei Spieler halten verdeckt je vier Spielkarten in ihren Händen. Dabei ist es nicht ausgeschlossen, dass ein Spieler einen Spielkartenwert mehrfach besitzt. Allerdings sind die Karten so verteilt, dass es in Bezug auf die festgelegte Rangfolge unmöglich ist, dass eine Karte des einen Spielers gleichwertig zu einer Karte seines Gegners ist.

Über insgesamt 100 Runden wird nun bei beiden Spielern eine Karte nach gründlichem Mischen zufällig ausgelost und aufgedeckt. Der Spieler mit der höherwertigen Karte gewinnt die Runde. Danach werden die beiden Karten wieder in den Vorrat des betreffenden Spielers zurückgelegt.

Nach Abschluss der 100 Runden werden Ihnen die Regeln und die Ergebnisse des Spiels, nicht aber die ausgespielten Karten mitgeteilt: Wie oft muss ein Spieler in 100 Spielrunden gewinnen, damit sein Kartenblatt mit einer Fehlerwahrscheinlichkeit von maximal 0,01 als echt chancenreicher angesehen werden kann? Wieso kann für diese spezielle Testentscheidung die Wahrscheinlichkeit eines Fehlers 2. Art auf weniger als $0,896$ beschränkt werden?

Lösungen: In Abschn. 4.9 werden die Aufgaben 1 und 2 mit R gelöst.

3.4   Hypothesentests – die Grundlagen

Gibt es eine allgemeine Form eines Hypothesentests?

Die klassische Untersuchung von Arbuthnot zum Nachweis, dass das Geschlecht eines Neugeborenen nicht gleichwahrscheinlich verteilt ist, hat uns im einführenden Teil 1 dazu gedient, die Idee eines Hypothesentests zu erläutern. Erörtert wurde dabei insbesondere die mathematische Begründung der verwendeten Argumentation. Dank der zwischenzeitlich dargelegten mathematischen Grundlagen sind wir jetzt in der Lage, auch kompliziertere Situationen wie das im letzten Kapitel erörterte Problem der Wareneingangsprüfung zu untersuchen. Um dies systematisch tun zu können, werden wir nun einen allgemeinen Rahmen beschreiben, in dem ein Hypothesentest durchgeführt werden kann. Dabei konkretisieren wir die Überlegungen des Überblicks in Abschn. 3.1.

Gegenstand des Tests ist eine empirisch beobachtbare Zufallsgröße, über deren Wahrscheinlichkeitsverteilung auf Basis von Stichprobenergebnissen Erkenntnisse erzielt werden sollen. Bei der Konzeption des Tests zu berücksichtigen ist das vorhandene Vorwissen über die zu untersuchende Zufallsgröße X und deren Wahrscheinlichkeitsverteilung. Dabei kann es sich zum Beispiel um Angaben über den Wertebereich der Zufallsgröße handeln, etwa in Form von möglichen Minimal- und Maximalwerten oder auch in Form der Aussage, dass alle Werte ganzzahlig sind. Denkbar sind aber auch weit detailliertere Kenntnisse, etwa dergestalt, dass sich Körpergrößen erwachsener Personen ungefähr normalverteilt verhalten. Letztlich kann ein solches Vorwissen mathematisch stets dadurch charakterisiert werden, dass die unbekannte Wahrscheinlichkeitsverteilung der Zufallsgröße X von einem wertmäßig unbekannten, gegebenenfalls mehrdimensionalen Parameter ϑ bestimmt wird. Konkret ist dabei anzugeben, welche Menge Θ die Gesamtheit der möglichen Werte des Parameters ϑ widerspiegelt und in welcher Weise der Parameter ϑ die Verteilung der Zufallsgröße X bestimmt.

Aus Sicht des Anwenders lässt sich die Menge Θ als Menge der möglichen Zustände der Wirklichkeit interpretieren, aus denen der wahre Zustand ϑ ermittelt werden soll.

Um die gemachten Überlegungen etwas ihrer Abstraktion zu berauben, sehen wir uns zunächst einige Beispiele an:

- Beschreibt die Zufallsgröße X den Ausgang eines Bernoulli-Experimentes, so ist die Wahrscheinlichkeit des zugrunde liegenden Ereignisses eigentlich die einzig sinnvolle Wahl für den Parameter ϑ. Ohne weiteres Vorwissen ist in diesem Fall die Menge der zulässigen Parameter gleich dem Intervall $\Theta = [0, 1]$.

- Handelt es sich bei X um eine normalverteilte Zufallsgröße, nimmt man als Parameter ϑ am besten das aus Erwartungswert und Standardabweichung gebildete Wertepaar $\vartheta = (m, \sigma)$, da beide Werte zusammen die Verteilung der Zufallsgröße X vollständig bestimmen. Folglich entspricht der Parameter-bereich der Halbebene $\Theta = R \times R^+$.

- Auf Basis des Vorwissens, dass die Zufallsgröße X normalverteilt mit bekannter Standardabweichung ist, wählt man als Parameter ϑ den Erwartungswert m. Der Parameterbereich umfasst in diesem Fall den Zahlenstrahl der reellen Zahlen: $\Theta = R$.

- Wird die Zufallsgröße X durch den Wurf eines unter Umständen asym-metrischen Würfels bestimmt, ist der Parameter ϑ gleich dem Vektor $(p_1, \ldots, p_6)$, dessen sechs Koordinaten den Wahrscheinlichkeiten der möglichen Würfel-ergebnisse entsprechen.

- Wird in einer endlichen Grundgesamtheit ein quantitatives Merkmal stich-probenartig untersucht, dann basiert, wie schon in Abschn. 3.1 beschrieben, das zugehörige mathematische Modell auf einer Zufallsgröße X, die den Merkmals-wert eines zufällig ausgewählten Mitgliedes der Grundgesamtheit wider-spiegelt. Als Parameter ϑ bietet sich dann die relative Häufigkeitsverteilung der Merkmalswerte an, die wertmäßig mit der Wahrscheinlichkeitsverteilung der Zufallsgröße X übereinstimmt.

Nachdem wir uns anhand der gerade angeführten Beispiele davon überzeugen konnten, dass der beschriebene Ansatz anscheinend genügend allgemein ist, können wir nun daran gehen, Hypothesentests auf Basis des Parameters ϑ zu beschreiben. Wir beginnen damit, die meist mit H_0 bezeichnete Null-Hypo-these in der Form $\vartheta \in \Theta_0$ zu charakterisieren, wobei Θ_0 eine geeignete Teil-menge der Gesamtmenge Θ aller möglichen Parameterwerte ist. Mit Hilfe der komplementären Menge $\Theta_1 = \Theta - \Theta_0$ lässt sich dann die meist mit H_1 bezeichnete Alternativhypothese mit der Aussage $\vartheta \in \Theta_1$ charakterisieren.[5]

Bei Arbuthnots Test ist $\Theta_0 = \{½\}$ und $\Theta_1 = [0, ½) \cup (½, 1]$, wobei der Para-meter ϑ einfach der Wahrscheinlichkeit entspricht, dass ein Neugeborenes männ-lich ist.

Der eigentliche Test besteht nun darin, mittels einer **Prüfgröße** T eine Ent-scheidung für oder gegen die Ablehnung der Null-Hypothese $\vartheta \in \Theta_0$ zu treffen. Dieses Vorgehen einer Entscheidungsfindung ist eigentlich nur dann sinnvoll, wenn die Wahrscheinlichkeitsverteilung der zur Entscheidung verwendeten

---

[5] In der Literatur ist es zum Teil üblich, ohne Verwendung eines Parameters  die Null- und Alternativhypothese direkt auf zwei Mengen von Wahrscheinlichkeitsverteilungen zu beziehen.

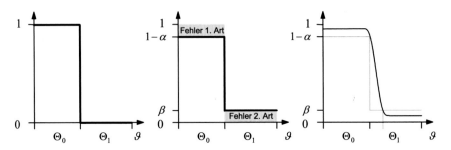

Abb. 3.7 Schematisch dargestellt ist jeweils der Graph der Operationscharakteristik $L(\vartheta) = P\left(T_\vartheta \in \mathscr{T}_0\right)$. Ihr Wert ist gleich der Wahrscheinlichkeit, dass die Hypothese *nicht* verworfen wird. Der linke Teil zeigt den Fall eines idealen, absolut fehlerfreien und damit maximal „trennscharfen" Tests. Auch die in der Mitte dargestellte Situation ist noch idealisiert, wenn sie auch bereits die unvermeidlichen Fehlentscheidungen berücksichtigt. Rechts dargestellt ist eine eher realistische Situation mit einer stetigen Funktion $L(\vartheta)$. Sind in einem solchen Fall die Parameterbereiche Θ_0 und Θ_1 unmittelbar benachbart, ist es nicht möglich, Fehler 1. und 2. Art *gleichzeitig* durch beliebig klein vorgegebene Schranken α und β zu begrenzen

Prüfgröße $T = T_\vartheta$ vom Parameter ϑ abhängt. Dies ist in der Regel aber bereits dadurch sichergestellt, dass die Prüfgröße T auf Basis einer Stichprobe zur Zufallsgröße X gebildet wird. Das heißt, die Werte der Prüfgröße T werden aus den Ergebnissen einer Stichprobe $X = X_1, \ldots, X_n$ berechnet, wobei diese Zufallsgrößen untereinander unabhängig sind und alle die gleiche, vom Parameter abhängende ϑ Verteilung besitzen:

$$T = T_\vartheta = t(X_1, \ldots, X_n)$$

Die Entscheidung, die Null-Hypothese zu verwerfen, wird nun abhängig gemacht vom Prüfwert $T(x)$, der mit dem zur konkreten Stichprobenauswahl ω gehörenden Beobachtungsergebnis $x = (X_1(\omega), \ldots, X_n(\omega))$ „ausgewürfelt" wird. Dabei wird für die Entscheidung ein **Ablehnungsbereich** $\mathscr{T}_1$ vorgegeben, der genau diejenigen T-Werte beinhaltet, bei denen die Null-Hypothese verworfen werden soll: $T(x) \in \mathscr{T}_1$. Mit $\mathscr{T}_0$ werden wir das auch **Annahmebereich** genannte Komplement zur Menge $\mathscr{T}_1$ bezeichnen, das heißt die Menge der *nicht* zur Verwerfung der Null-Hypothese führenden T-Werte.[6] Handelt es sich beim Ablehnungs- und Annahmebereich um zwei halbseitig unendliche Intervalle, etwa in der Form $(-\infty, c]$ und (c, ∞), so wird die trennende Zahl c **kritischer Wert** genannt.

Die Qualität des Tests, das heißt die Wahrscheinlichkeit für Fehlentscheidungen, hängt nun entscheidend davon ab, wie die Testgröße T und der Ablehnungsbereich T_1 im Detail konstruiert sind (siehe Abb. 3.7):

---

[6]Es ist zwar nicht unüblich, im Fall einer nicht verworfenen Null-Hypothese von einer **Annahme der Null-Hypothese** zu sprechen. Dieser Sprachgebrauch ist aber oft eher irreführend. Zu bevorzugen sind Begriffe wie **Beibehaltung** oder **Nicht-Verwerfung der Null-Hypothese**.

- Zum einen darf für $\vartheta \in \Theta_0$, das heißt bei einer in Wahrheit richtigen Null-Hypothese, der Test nur in seltenen Ausnahmefällen zur Verwerfung der Null-Hypothese führen. In diesem Fall $\vartheta \in \Theta_0$ darf also die Ablehnungsbereich $\mathscr{T}_1$ nur unwahrscheinliche „Ausreißer"-Werte der Prüfgröße T enthalten. Konkret wird zur Begrenzung der Wahrscheinlichkeit ein kleiner Wert α von beispielsweise $\alpha = 0{,}05$ oder $\alpha = 0{,}01$ vorgegeben. Die im letzten Kapitel eingeführte Operationscharakteristik $L(\vartheta) = P\bigl(T_\vartheta \in \mathscr{T}_0\bigr)$, die alle Wahrscheinlichkeiten für eine Nicht-Verwerfung der Null-Hypothese umfasst, muss dann für jeden Parameter $\vartheta \in \Theta_0$, das heißt bei richtiger Null-Hypothese, mindestens gleich $1 - \alpha$ sein:

$$\inf_{\vartheta \in \Omega_0} P(T_\vartheta \in \mathscr{T}_0) \geq 1 - \alpha$$

Dabei steht „inf" für Infimum.[7] Die Zahl α nennt man **Signifikanzniveau** des Tests. Ist zum Beispiel $\alpha = 0{,}05$, so wird eine in Wahrheit richtige Null-Hypothese mit einer Wahrscheinlichkeit von mindestens $0{,}95$ *nicht* verworfen, weil das Prüfergebnis mit dieser Sicherheit nicht im Ablehnungsbereich liegt. Damit kann im Umkehrschluss die Null-Hypothese bei einem im Ablehnungsbereich liegenden Prüfergebnis mit gutem Grund verworfen werden.

- Zum anderen sollte für $\vartheta \in \Theta_1$, das heißt bei einer in Wahrheit nicht richtigen Null-Hypothese, der Test möglichst oft zur Verwerfung der Hypothese führen, vor allem dann, wenn die Null-Hypothese „deutlich" verletzt ist.

Die Operationscharakteristik $L(\vartheta) = P\bigl(T_\vartheta \in \mathscr{T}_0\bigr)$, das heißt die Wahrscheinlichkeit für eine Nicht-Verwerfung der Null-Hypothese, muss also für Parameter $\vartheta \in \Theta_1$ möglichst klein sein. Das ist gleichbedeutend damit, dass die Macht $M(\vartheta) = 1 - L(\vartheta)$ möglichst groß ist. In der Praxis ist dies insbesondere dann sehr wichtig, wenn der Parameter ϑ „deutlich" außerhalb der Parametermenge Θ_0 liegt.

In der schon eingeführten Terminologie von Fehlern 1. und 2. Art können die beiden Anforderungen wie folgt zusammengefasst werden: Fehler 1. Art *müssen* in Bezug auf ihre Wahrscheinlichkeit strikt begrenzt sein, und Fehler 2. Art *sollten* möglichst unwahrscheinlich sein, insbesondere in Fällen einer drastischen Fehlentscheidung,.

Dass die Qualitätsanforderungen an einen Test asymmetrisch gestellt werden, trägt den Kompromissen Rechnung, die – wie in Abb. 3.7 dargestellt – bei der Konzeption eines Hypothesentests meist unvermeidlich sind. Man kann die Auswirkungen einer Fehlentscheidung allerdings dann begrenzen, wenn Null- und Alternativhypothese so formuliert werden, dass ein Fehler 2. Art längst nicht

---

[7] Beim Infimum handelt es sich um eine Verallgemeinerung des Minimum-Begriffes, der auch für eine unendliche Menge anwendbar ist. Beispielsweise ist das Infimum des offenen Intervalls (1, 2) gleich 1. Allgemein ist das Infimum einer Menge reeller Zahlen gleich der größten Zahl, die kleiner oder gleich ist zu jeder in der Menge enthaltenen Zahl. Entsprechend verallgemeinert der Begriff des Supremums das Maximum.

so schlimme Gefahren beinhaltet wie ein Fehler 1. Art. Dies wird oft dadurch erreicht, dass die Null-Hypothese gemäß dem etablierten Wissensstand formuliert wird, der durch den Test gegebenenfalls erweitert werden soll.[8] Bei einer solchen Testplanung kann nämlich die Null-Hypothese auch ohne explizite Bestätigung durch den Test *weiterhin* aufrecht erhalten werden, während die Verwerfung der Null-Hypothese fundiert begründet sein muss. Beispielsweise wird man auf den Einsatz eines neuen Medikamentes verzichten, sofern die Null-Hypothese, gemäß der das neue Präparat *nicht* besser wirkt als bereits bekannte Mittel, nicht mit genügender Sicherheit verworfen werden kann. Gleiches gilt bei der Untersuchung von zwei Merkmalen, für die man vor dem Test keine fundierten Hinweise für eine kausale Verbindung besessen hat. Auch in dieser Situation wird man die bisher vertretene Sichtweise beibehalten, sofern die Null-Hypothese, dass es *keine* stochastische Abhängigkeit zwischen den beiden Merkmalen gibt, nicht mit genügender Sicherheit verworfen werden kann. Diese Vorgehensweise findet aber dann ihre Grenze, wenn sie mit einem hohen Risiko verbunden ist. So darf man sich bei einem Test der Nebenwirkungen eines neuen Medikaments keinesfalls damit zufriedengeben, dass die Null-Hypothese einer *nicht* vorhandenen Nebenwirkung nicht verworfen wird.

In dubio pro reo

Im Zweifel für den Angeklagten, so die deutsche Übersetzung, lautet eines der wesentlichen Prinzipien einer rechtsstaatlichen Strafprozessführung. Auch wenn eine juristische Beweisführung und ein statistischer Hypothesentest eine völlig unterschiedliche Natur aufweisen – von methodischen Überlappungen wie bei genetischen „Fingerabdrücken" einmal abgesehen –, so ist das grundsätzliche Dilemma doch identisch: Wie ein Hypothesentest kann ein Strafprozess in zweierlei Hinsicht zu einer falschen Entscheidung führen. Einerseits kann ein in Wahrheit Schuldiger mangels einer eindeutigen Beweislage frei gesprochen werden, und andererseits kann ein Unschuldiger zu Unrecht verurteilt werden, wobei es de facto nicht möglich ist, beide Fehlerarten zugleich auszuschließen. In welchem Verhältnis die Häufigkeiten der beiden Fehlerarten stehen, wird durch die Anforderung an die Beweislast – entsprechend der Entscheidungsregel eines Hypothesentests – bestimmt, die für eine Verurteilung vorhanden sein muss. Dabei ist es ein Eckpfeiler rechtsstaatlicher Prinzipien, einen Unschuldigen vor einer Verurteilung zu schützen.

Da auf rein mathematischer Ebene in Bezug auf die Mengen Θ_0, Θ_1, $\mathscr{T}_0$ und $\mathscr{T}_0$ eine Symmetrie zwischen Null- und Alternativhypothese besteht, ist es aus Sicht der Problemformulierung nicht zwangsläufig, welche

---

[8] Dieser Ansatz hat auch den Begriff der Null-Hypothese motiviert. *Null* steht dabei für eine nicht eingetretene Veränderung, etwa in Bezug auf den vor dem Test erreichten Stand an Erkenntnis.

Fehlurteile einem Fehler 1. beziehungsweise 2. Art entsprechen. Nur die Tradition der Hypothesentests, gemäß der ein Fehler 1. Art auf jeden Fall strikt beschränkt bleiben muss, führt dazu, dass die Verurteilung eines Unschuldigen eher als Fehler 1. Art interpretiert werden kann, während ein Fehler 2. Art dem Freispruch eines in Wahrheit Schuldigen entspricht.[9] Demgemäß lautet die Null-Hypothese: „Der Angeklagte ist nicht schuldig."

Weniger eindeutig ist übrigens die Abwägung zwischen den Fehlern bei einer binären Klassifikation wie einem Labor- oder Schnelltest, wie wir es in Abschn. 2.4 erörtert haben. Bei einem Falsch-Negativ-Ergebnis besteht die Gefahr, dass eine heilende Therapie unterbleibt und bei einer ansteckenden Krankheit weitere Infektionen erfolgen. Dagegen ist ein Falsch-Positiv-Testergebnis womöglich der Anlass für eine Therapie mit der Gefahr von Nebenwirkungen.

Trotz der binären Entscheidungen in allen drei Fällen dürfen die drastischen Unterschiede nicht übersehen werden: Die letzte Situation ist rein auf Basis von Wahrscheinlichkeiten formulierbar – es reichen drei Werte. Ziel eines Tests ist es, einen einzelnen Patienten zu untersuchen. Der Hypothesentest beruht auf Annahmen über Wahrscheinlichkeitsverteilungen. Ziel des Tests ist es, eine Aussage über die Wahrscheinlichkeiten zu treffen. Und die Rechtsprechung beinhaltet a priori keine stochastischen Elemente, selbst wenn nachträglich statistische Untersuchungen über Fehlurteile möglich sind.

Bei der Formulierung der Null-Hypothese sollte unbedingt der angestrebte Erkenntnisgewinn berücksichtigt werden. Dabei sind insbesondere die beiden am häufigsten gebrauchten Typen von Hypothesen, nämlich $\vartheta = \vartheta_0$ und $\vartheta \leq \vartheta_0$, gegeneinander abzuwägen. Welcher Typ einer Hypothese besser geeignet ist, hängt von der konkreten Fragestellung ab:

- Die erste Form des Tests, bei der man die Null-Hypothese H_0: $\vartheta = \vartheta_0$ gegen die Alternativhypothese H_1: $\vartheta \neq \vartheta_0$ testet, wird als **zweiseitige Alternative** bezeichnet. Dieser Testansatz wird insbesondere dann verwendet, wenn es darum geht, *irgendeine* Änderung gegenüber dem Ist-Stand statistisch zu untermauern.

---

[9] Die Tradition eines unsymmetrischen Blickwinkels, gemäß der es primär gilt, einen Fehler 1. Art zu vermeiden, bewirkt, dass ein Fehler 1. Art meist durch Aussagen wie „etwas sehen, was nicht vorhanden ist" oder „etwas Falsches behaupten" charakterisiert wird. Hingegen stehen für einen Fehler 2. Art Aussagen wie „etwas nicht sehen, was vorhanden ist" oder „etwas Richtiges nicht behaupten". Dabei entspricht das gesehene beziehungsweise übersehene „Etwas" inhaltlich der Alternativhypothese.

- Entsprechend wird der Test zwischen den beiden Hypothesen H_0: $\vartheta \leq \vartheta_0$ und H_1: $\vartheta > \vartheta_0$ als **einseitige Alternative** bezeichnet. Diese Form des Hypothesentests wird unter anderem dann verwendet, wenn ein statistischer Nachweis für eine *gerichtete* Veränderung, also beispielsweise für eine erhoffte Verbesserung, gesucht wird.

Die zu Beginn dieses Kapitels als Ziel erklärte allgemeine Form eines Hypothesentests ist damit erreicht. Zu fragen bleibt natürlich nach dem damit erzielten Vorteil: Da jeder Hypothesentest nun – wie in Abb. 3.8 nochmals zusammenfassend dargestellt – rein auf der Basis mathematischer Objekte wie Zahlen, Mengen, Wahrscheinlichkeiten und Zufallsgrößen formuliert werden kann, sind jetzt insbesondere auch qualitative Vergleiche zwischen den verschiedenen Testansätzen möglich, die zur Prüfung eines bestimmten Szenarios prinzipiell geeignet sind. Damit wird insbesondere die Basis dafür geschaffen, Hypothesentests im Rahmen grundlegender Forschung völlig abstrakt, aber natürlich letztlich trotzdem zum Nutzen der Anwender zu optimieren.

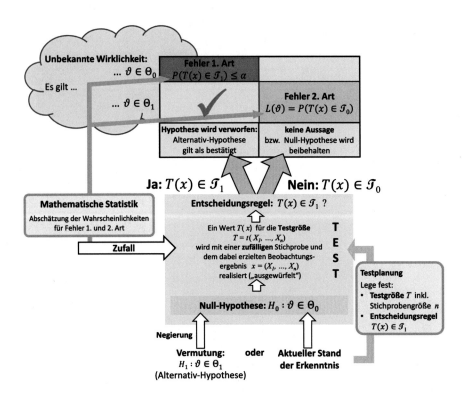

Abb. 3.8 Gegenüber Abb. 1.3 und 1.5 überarbeitetes Schema eines Hypothesentests. Der gesamte Testablauf ist nun auf Basis mathematischer Objekte formuliert. Oben angegeben sind die Wahrscheinlichkeiten für die Fehler 1. und 2. Art. Dabei ist der Test so zu planen, dass das vorgegebene Signifikanzniveau α erreicht wird. Das heißt: Die Wahrscheinlichkeit eines Fehlers 1. Art darf α nicht überschreiten

Die mathematische Formalisierung schützt natürlich nicht vor inhaltlichen Missinterpretationen. Die häufigste und wichtigste Fehlinterpretation eines Fehlers 1. Art zeigt sich dann, wenn über die Alternativhypothese ausgesagt wird, sie sei aufgrund der Testergebnisse mit einer Wahrscheinlichkeit von (beispielsweise) 95 % richtig. Eine solche Formulierung ist aber allein schon deshalb unsinnig, weil der unbekannte, in vielen Fällen allerdings mittels einer Vollerhebung zumindest theoretisch zweifelsfrei feststellbare, Wahrheitscharakter einer Aussage über die Grundgesamtheit überhaupt nicht vom Zufall abhängt. Zufallsabhängig ist nämlich nur das auf Basis der Stichprobe erzielte Testergebnis. Und dieses Testergebnis besitzt im Fall einer in Wirklichkeit wahren Null-Hypothese nur mit einer Wahrscheinlichkeit von höchstens 5 % einen Wert, der zur Verwerfung der Null-Hypothese führt.

Anders ausgedrückt: Man stelle sich 1000 wissenschaftliche Veröffentlichungen vor, die jeweils aus einem, mit einem Signifikanzniveau von 5 % bestätigten Ergebnis bestehen. Kann man nun sagen, dass etwa 50 dieser Ergebnisse ein reines Produkt des Zufalls sind? Entstammen 50 der akademischen Titel, die mit diesen Resultaten womöglich erworben wurden, in Wahrheit einer „Titel-Lotterie"?

Nein, die Aussage ist nicht zulässig! Denn wir wissen nicht, wie viele Wissenschaftler bei ihren Forschungen – natürlich nichts ahnend – angetreten sind, eine in Wahrheit richtige Null-Hypothese zu widerlegen. Was wir wissen ist, dass etwa 5 % von *diesen* Wissenschaftlern ein Testergebnis erzielen, das sie zu einer falschen Schlussfolgerung kommen lässt. Weitergehende Erkenntnisse über die Häufigkeit solcher falschen Schlussfolgerungen erhielte man nur dann, wenn man wüsste, wie viele Untersuchungen anteilig wahre und falsche Hypothesen zum Gegenstand hatten. Mangels Kenntnis könnte man diesbezüglich auch eine Annahme treffen, zum Beispiel „fifty-fifty". Aber eine solche Annahme wäre natürlich reine Spekulation!

Nicht unerwähnt bleiben darf ein anderer Effekt, der als *publication bias* bezeichnet wird. Wie bei allgemeinen Nachrichten, bei denen ein einzelner Flugzeugabsturz, nicht aber die vielen tausend problemlos verlaufenden Flüge zum Thema werden, finden in der Regel nur signifikante Testreihen den Weg in Fachzeitschriften. Dies hat unter anderem zur Konsequenz, dass Meta-Analysen, bei denen Testreihen verschiedener Untersuchungen kumulativ untersucht werden, zwar von einer großen, aber keineswegs repräsentativen Datenbasis ausgehen.

Qualitative Bewertung von Tests

Hypothesentests können in verschiedener Hinsicht in Bezug auf ihre Qualität bewertet werden. Die wichtigste Eigenschaft ist natürlich das Signifikanzniveau α, das die Wahrscheinlichkeit für einen Fehler 1. Art begrenzt[10] und für das in der Praxis meist ein kleiner Wert, wie zum Beispiel 0,01 oder 0,05, gewählt wird.

---

[10] Das bestmögliche, das heißt niedrigste Signifikanzniveau ist $\alpha = \sup_{\vartheta \in \Theta_0} P(T_\vartheta \in \mathcal{T}_1)$.

Der Supremum-Begriff wurde bereits in Fußnote 7 erläutert.

Zu beachten ist allerdings, dass insbesondere bei endlichen Mengen von möglichen Stichprobenergebnissen nicht für jeden solchen „runden" Wert, der als Signifikanzniveau vorgegeben wird, ein genau passender Ablehnungsbereich gefunden werden kann. In solchen Fällen geht man meist „auf Nummer sicher". Das heißt, die Vorgabe wird als obere Grenze interpretiert, so dass ein entsprechend ausgewählter Ablehnungsbereich in der Regel zu einem Signifikanzniveau α führt, der kleiner ist als die Vorgabe. Eine solche, das Signifikanzniveau nicht vollständig ausschöpfende, Test-Konstruktion wird **konservativ** genannt.[11]

Innerhalb der Gesamtheit aller Tests mit einem bestimmten Signifikanzniveau α lassen sich weitere Qualitätskriterien formulieren, die sich – und was läge näher? – auf die Wahrscheinlichkeit für einen Fehler 2. Art beziehen.[12] Fehler 2. Art können nur in Situationen eintreten, in denen die Null-Hypothese falsch ist. Formal entspricht das einem Parameter $\vartheta \in \Theta_1$, wobei die Wahrscheinlichkeit für einen Fehler 2. Art gleich der Operationscharakteristik $L(\vartheta) = P\left(T_\vartheta \in \mathcal{T}_0\right)$ ist. In qualitativer Hinsicht anzustreben sind also Tests, deren Operationscharakteristik für – möglichst alle – Parameter $\vartheta \in \Theta_1$ vergleichsweise geringe Werte aufweist. Es wurde schon darauf hingewiesen, dass man die Obergrenze β für einen Fehler 2. Art meist nicht beliebig weit verkleinern kann.

Ein erstes Qualitätsmerkmal fordert, dass die Wahrscheinlichkeit für einen Fehler 2. Art durch die Ungleichung $\beta \leq 1 - \alpha$ beschränkt ist, was für typische Werte wie $\alpha = 0{,}01$ oder $\alpha = 0{,}05$ zweifellos keine starke Anforderung ist. Tests, die diese Bedingung erfüllen, werden **unverfälscht** genannt. Die durch diese Einschränkung ausgeschlossenen, auch **verfälscht** genannten, Tests sind so schlecht, dass man sie seriös eigentlich nicht nutzen kann: Da nämlich bei einem solchen verfälschten Test ein Fehler 2. Art mit einer Wahrscheinlichkeit von über $1 - \alpha$ auftreten kann, wird für die entsprechende Situation $\vartheta_1 \in \Theta_1$ ein zur Ablehnung der Null-Hypothese führendes Testergebnis $T_\vartheta \in \mathcal{T}_1$ nur mit einer Wahrscheinlichkeit erzielt, die *kleiner* ist als α. Handelt es sich bei α um die bestmögliche Grenze für die Wahrscheinlichkeit eines Fehlers 1. Art, dann gibt es eine Situation $\vartheta_0 \in \Theta_0$, in der – trotz richtiger Null-Hypothese – eine Ablehnung der Null-Hypothese wahrscheinlicher ist als in der Situation $\vartheta_1 \in \Theta_1$, in der die Null-Hypothese falsch ist. Somit spiegelt das Testergebnis in seiner stochastischen Tendenz nicht die – eigentlich mit dem Test zu ergründende – Wirklichkeit wider. Der Plausibilität der angestrebten Schlussfolgerung wird somit der Boden weitgehend entzogen.

---

[11] Eine alternative Möglichkeit besteht in der Konstruktion eines sogenannten **randomisierten Tests**: Dazu wird für „Zwischenwerte", bei denen die Null-Hypothese beim konservativen Ansatz „sicherheitshalber" nicht abgelehnt wird, die Testentscheidung im Rahmen eines Bernoulli-Experimentes ausgelost. Dabei wird die Wahrscheinlichkeit des Bernoulli-Experimentes so gewählt, dass das Signifikanzniveau α vollständig ausgeschöpft wird. Mit dieser Ausschöpfung der Vorgabe für das Signifikanzniveau wird zugleich die Wahrscheinlichkeit eines Fehlers 2. Art verringert.

Formal handelt es sich bei einem randomisierten Test um eine Zufallsgröße der Form $\varphi \colon \mathcal{X} \to [0, 1]$, wobei $\varphi(x)$ für jedes Beobachtungsergebnis $x \in \mathcal{X}$ gleich der Wahrscheinlichkeit ist, mit der die Null-Hypothese bei diesem Beobachtungsergebnis verworfen wird.

[12] Dass es trotzdem mehrere Jahrzehnte dauerte, bis die hier vorgestellten Konzepte entwickelt wurden, zeigt allerdings, dass die Ansätze und die dabei zu überwindenden Schwierigkeiten keineswegs so selbstverständlich sind, wie sie aus heutiger Sicht erscheinen mag. Nachdem Karl Pearson 1900 mit seiner χ^2-Stichprobenfunktion den Weg für erste systematisch fundierte Hypothesentests geebnet hatte, konzentrierte sich das Interesse bei Hypothesentests zunächst – insbesondere auch bei den generellen Untersuchungen von Ronald Aylmer Fisher in den 1920er-Jahren – rein auf die Widerlegung der Null-Hypothese. Die Optimierung von Tests unter zusätzlicher Berücksichtigung von Fehlern 2. Art geht auf eine aus dem Jahr 1933 stammende Untersuchung von Jerzy Neyman (1894–1981) und Egon Sharpe Pearson (1895–1980), dem Sohn von Karl Pearson, zurück.

Da es Schwierigkeiten bereitet, die Wahrscheinlichkeit für einen Fehler 2. Art global zu begrenzen, geht man dazu über, verschiedene Tests qualitativ miteinander zu vergleichen. Dabei wird sowohl von einem festen Signifikanzniveau α ausgegangen als auch von einer festen Stichprobengröße. Bei einem solchen Vergleich ist es nun durchaus denkbar, dass ein Test für bestimmte Zustände $\vartheta \in \Theta_1$ gut arbeitet, also Fehler 2. Art weitgehend vermeidet, während ein anderer Test für andere Zustände $\vartheta' \in \Theta_1$ gut arbeitet. Man definiert deshalb für Tests einen Begriff der gleichmäßigen Qualität: Ein Test heißt *gleichmäßig* besser als ein anderer, wenn seine Operationscharakteristik im gesamten Bereich Θ_1 höchstens so groß ist wie die Operationscharakteristik des anderen Tests. Analog kann man von einem **gleichmäßig besten Test** innerhalb der Menge aller Tests mit dem Signifikanzniveau α sprechen.

Ein solcher gleichmäßig bester Test muss allerdings nicht unbedingt existieren. Sollte er allerdings existieren, dann ist er automatisch auch unverfälscht.[13]

So wenig brauchbar verfälschte Tests sind, so können sie doch für eine einzelne Situation $\vartheta \in \Theta_1$ durchaus eine kleine Operationscharakteristik $L(\vartheta)$ besitzen, womit eigentlich überragend guten Tests das Prädikat eines gleichmäßig besten Tests entgehen kann. Es macht daher Sinn, die Qualitätsanforderung leicht abzuschwächen zu einem Begriff eines **gleichmäßig besten unverfälschten Tests**[14] mit Signifikanzniveau α. Ein solcher Test muss „nur" gleichmäßig besser sein als alle unverfälschten Tests, deren Signifikanzniveau den Wert α nicht übersteigt.

Aufgaben

1. Mit einer Anzahl von $n \geq 100$ Würfen soll die Symmetrie einer Münze getestet werden. Bei welchen Stichprobenergebnissen ist bei einem vorgegebenen Signifikanzniveau von $\alpha = 0{,}01$ die Null-Hypothese zu verwerfen, gemäß der die Münze faire Entscheidungen herbeiführt? Wie groß ist die Wahrscheinlichkeit für einen Fehler 2. Art bei einer Münze, deren Ungenauigkeit maximal einem Chancenverhältnis von 51:49 oder umgekehrt entspricht?

2. Bereits in der ersten Aufgabe des letzten Kapitels wurde auf die Mendel'schen Regeln der Vererbung hingewiesen. Demnach tritt ein Merkmal, das nur durch ein einziges Gen bestimmt wird, in der Gesamtpopulation mit der Wahrscheinlichkeit ¼ für die rezessive Ausprägung und mit der Wahrscheinlichkeit ¾ für die dominante Ausprägung auf. Mit einer Stichprobe der Größe 25 soll nun die Null-Hypothese geprüft werden, gemäß der eine bestimmte der beiden Ausprägungen dominant ist. Wie oft darf dabei die hypothetisch dominante Ausprägung vorkommen, damit die Null-Hypothese mit einem Signifikanzniveau von 0,05 verworfen werden kann? Wie groß kann dabei die Wahrscheinlichkeit eines Fehlers 2. Art werden?

---

[13] Dies folgt daraus, dass ein gleichmäßig bester Test insbesondere auch gleichmäßig besser sein muss als der wenig „intelligente" Test, der die Null-Hypothese stets mit einer Wahrscheinlichkeit von α verwirft.

[14] Entsprechend der englischen Bezeichnung *uniformly most powerful unbiased test* spricht man auch von einem **UMPU-Test**. Entsprechend wird ein gleichmäßig bester Test auch als **UMP-Test** bezeichnet.

3.5   Der einfachste Fall eines Hypothesentests

Wie sieht das einfachste denkbare Szenario eines Hypothesentests aus? Was lässt sich für diesen Fall aussagen?

Das denkbar einfachste Szenario eines Hypothesentests liegt vor, wenn sowohl die Null-Hypothese als auch die Alternativhypothese jeweils nur durch einen einzelnen Parameterwert repräsentiert wird. Ohne Einschränkung der Allgemeinheit können wir die beiden Werte als 0 beziehungsweise 1 annehmen: $\Theta_0 = \{0\}$ und $\Theta_1 = \{1\}$. Man nennt solche, nur einen Parameterwert umfassenden Hypothesen übrigens **einfach**. Andernfalls spricht man von einer **zusammengesetzten Hypothese.**

Ein Anwendungsbeispiel für dieses Szenario sieht wie folgt aus: Eine Stichprobe von Werkstücken ist zu prüfen, die sämtlich von einer einzelnen von zwei möglichen, mit „0" und „1" bezeichneten, Maschinen produziert worden sind. Dabei sind die unterschiedlichen Fehlerraten p_0 und p_1 der beiden Maschinen a priori bekannt. Es soll nun aus der Fehlerrate innerhalb der Stichprobe darauf geschlossen werden, mit welcher der beiden Maschinen die Werkstücke produziert worden sind.

Ob es dafür wirklich eine reale Verwendung gibt, darf bezweifelt werden. Daher kann, wer primär an der praktischen Anwendung von Hypothesentests interessiert ist, die nachfolgenden Überlegungen überspringen.

Die Bedeutung der in seiner Komplexität minimalistischen Situation resultiert daraus, dass die zuvor beschriebenen Konzepte getestet werden können, und zwar im wahrsten Sinne des Wortes. Dabei bedingen die ein-elementigen Hypothesen offensichtlich die vorteilhafte Eigenschaft, dass sich die Wahrscheinlichkeiten für einen Fehler 1. oder 2. Art jeweils nur aufgrund eines einzelnen Parameterwertes ergeben. Eine Maximierung beziehungsweise Minimierung ist dabei nicht notwendig. Insbesondere kann damit auch die Qualität von zwei verschiedenen Tests besonders einfach miteinander verglichen werden: Ist bei einem von zwei Tests mit gleichem Signifikanzniveau die Wahrscheinlichkeit für einen Fehler 2. Art kleiner, dann ist er automatisch auch gleichmäßig besser.

Wie aber finden wir nun eine gute Entscheidungsregel? Unvoreingenommen, das heißt ohne die bisherigen Erörterungen von Hypothesentests, würden wir wahrscheinlich folgendermaßen vorgehen: Man berechnet zunächst für jedes mögliche Beobachtungsergebnis $x \in \mathcal{X}$, mit welcher Wahrscheinlichkeit dieses Beobachtungsergebnis realisiert wird, das heißt bei der Entnahme einer zufälligen Stichprobe ω „ausgewürfelt" wird: $x(\omega) = x$. Dabei muss zwischen den beiden Szenarien „0" und „1" unterschieden werden. Auf diese Weise erhält man zu jedem Beobachtungsergebnis $x \in \mathcal{X}$ zwei Wahrscheinlichkeiten, nämlich $P_0(x)$ und $P_1(x)$. Dabei gehen wir zur Vermeidung formaler Schwierigkeiten der Einfachheit halber davon aus, dass die Menge $\mathcal{X}$ der Beobachtungsergebnisse endlich ist. Und wie würde wohl nun die nächstliegende und plausibelste Entscheidung aussehen, ein konkret beobachtetes Stichprobenergebnis x ursächlich zu interpretieren? Die Antwort lautet natürlich: Im Fall von $P_0(x) > P_1(x)$ erscheint die Null-Hypothese $\Theta_0 = \{0\}$ als die plausiblere Erklärung für das Beobachtungs-

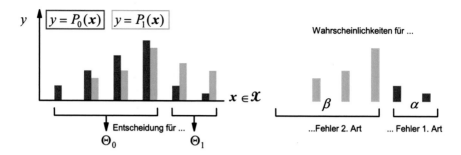

Abb. 3.9 Das linke Balkendiagramm zeigt beispielhaft die Wahrscheinlichkeiten für die diversen Beobachtungsergebnisse x bei Gültigkeit der Null-Hypothese Θ_0 (rote Balken) sowie bei Gültigkeit der Alternativhypothese Θ_1 (hellblaue Balken). Ebenfalls links dargestellt ist die „symmetrische" Testentscheidung für die jeweils plausibelste Ursache. Die Wahrscheinlichkeiten der sich auf diese Weise ergebenden Fehlentscheidungen sind rechts zusammengestellt

ergebnis x. Dagegen kann im umgekehrten Fall $P_0(x) < P_1(x)$ die Alternativhypothese $\Theta_1 = \{1\}$ das Beobachtungsergebnis x plausibler erklären (siehe auch Abb. 3.9).

Auch wenn dieser symmetrische Ansatz auf den ersten Blick intuitiv erscheinen mag, so wissen wir aufgrund der bisherigen Überlegungen doch, dass es oft gute Gründe dafür gibt, die beiden Hypothesen $\Theta_0 = \{0\}$ und $\Theta_1 = \{1\}$ *nicht* symmetrisch zu berücksichtigen, um so insbesondere Fehler 1. Art zu vermeiden. Daher überlegen wir uns, wie ein Fehler 1. Art unwahrscheinlicher gemacht werden kann. Offenkundig muss es erschwert werden, dass eine in Wahrheit richtige Null-Hypothese verworfen wird. Dazu muss die Entscheidung für eine Verwerfung noch stärker legitimiert sein im Sinne eines Übergewichtes der Wahrscheinlichkeit $P_1(x)$ gegenüber $P_0(x)$. Demgemäß modifizieren wir die Entscheidungsregel für eine Verwerfung mit einem ausreichend großen Schwellenwert $c > 0$:

$$P_1(\mathbf{x}) > c \cdot P_0(\mathbf{x})$$

Ein solcher, als **Neyman-Pearson-Test** bezeichneter, Test φ führt im Fall von $P_1(x) > c \cdot P_0(x)$ zur Verwerfung der Null-Hypothese, das heißt $\varphi(x) = 1$, und im Fall von $P_1(x) < c \cdot P_0(x)$ zur Nicht-Verwerfung, das heißt $\varphi(x) = 0$. Die Entscheidung des Tests bei Beobachtungsergebnissen x mit $P_1(x) = c \cdot P_0(x)$ bleibt zunächst offen, wobei aber im Sinne eines randomisierten Tests insbesondere auch die Möglichkeit einer zufälligen Entscheidung auf Basis eines Bernoulli-Experimentes in Betracht gezogen wird. In diesem Fall spiegelt die den Test charakterisierende Abbildung $\varphi \colon \mathbf{X} \to [0, 1]$ die Wahrscheinlichkeit wider, mit der die Null-Hypothese verworfen wird.

Ist ein Signifikanzniveau α vorgegeben, kann man dazu immer einen geeigneten Neyman-Pearson-Test finden: Dazu gruppiert man die möglichen Beobachtungsergebnisse $x \in \mathscr{X}$ gemäß den Werten der Stichprobenfunktion $P_1(x)/P_0(x)$. Anschließend sortiert man die so gebildeten Gruppierungen nach absteigender Reihenfolge der Quotienten $P_1(x)/P_0(x)$, wobei die erste Gruppierung zum Pseudo-Wert $+\infty$ die Beobachtungsergebnisse x mit $P_1(x) > 0$ und $P_0(x) = 0$ enthält. Aus dieser Liste gruppierter Beobachtungsergebnisse wählt man schließlich im Sinne eines konservativen Ansatzes die ersten Gruppierungen aus, und zwar so lange, wie die Summe von deren Wahrscheinlichkeiten P_0 maximal das vorgegebene Signifikanzniveau α erreicht. Diese Konstruktion ergibt einen einseitigen Ablehnungsbereich

$$\mathscr{T}_1(c) = \left\{ x \in \mathscr{X} \,\middle|\, P_1(x) \geq c \cdot P_0(x) \right\},$$

der bei Gültigkeit der Null-Hypothese maximal die Wahrscheinlichkeit α besitzt. Ist das vorgegebene Signifikanzniveau α damit noch nicht ausgeschöpft, so kann dies mit einem randomisierten Testansatz φ nachgeholt werden. Dazu nimmt man den größten Wert der Stichprobenfunktion $c' = P_1(x)/P_0(x)$, deren zugehörige Gruppierung nicht zum Ablehnungsbereich $\mathscr{T}_1(c)$ gehört, und veranstaltet für deren Beobachtungsergebnisse x ein Bernoulli-Experiment. Für die zu einer Ablehnung führende Wahrscheinlichkeit wählt man dabei den Wert

$$\left(\alpha - P_0(\mathscr{T}_1(c))\right)/P_0\left(\left\{ x \in \mathscr{X} \,\middle|\, P_1(x)/P_0(x) = c' \right\}\right)$$

Mit dieser Wahl wird erreicht, dass bei gültiger Null-Hypothese, das heißt unter Zugrundelegung der P_0-Wahrscheinlichkeiten, eine Ablehnung der Null-Hypothese mit einer Wahrscheinlichkeit von insgesamt α stattfindet.

Selbstverständlich gibt es für das hier untersuchte Szenario, das aus zwei einfachen Hypothesen besteht, durchaus Entscheidungsregeln, die keinem Neyman-Pearson-Test entsprechen. Allerdings stellt sich heraus, dass für jedes beliebige Signifikanzniveau α ein Neyman-Pearson-Test existiert, der die Eigenschaft eines besten Tests besitzt.

Zum Beweis dieses sogenannten **Neyman-Pearson-Lemmas** berechnet man zunächst für einen beliebigen randomisierten Test $\psi: \mathscr{X} \to [0, 1]$ die Wahrscheinlichkeiten für einen Fehler 1. und 2. Art. Offenbar liefert ein Beobachtungsergebnis x, für das gemäß $\psi(x) = 1$ eine Entscheidung für die Alternativhypothese getroffen wird, den Beitrag $P_0(x)$ zur Wahrscheinlichkeit eines Fehlers 1. Art. Analog erhöht ein Beobachtungsergebnis x, bei dem eine Randomisierung stattfindet, die Wahrscheinlichkeit eines Fehlers 1. Art um $P_0(x) \cdot \psi(x)$. Ein Fehler 1. Art besitzt daher die Wahrscheinlichkeit

$$\alpha = \sum_{x \in \mathscr{X}} P_0(x) \cdot \psi(x) = E_0(\psi).$$

Entsprechend erhöht ein Beobachtungsergebnis x, für das gemäß $\psi(x) = 0$ eine Entscheidung für die Null-Hypothese getroffen wird, die Wahrscheinlichkeit eines Fehlers 2. Art um $P_1(x)$. Und ein Beobachtungsergebnis x, bei dem eine Randomisierung stattfindet, trägt mit dem Summanden $P_1(x) \cdot (1 - \psi(x))$ zur Wahrscheinlichkeit eines Fehlers 2. Art bei. Dessen Wahrscheinlichkeit ist daher gleich

$$\beta = \sum_{x \in \mathscr{X}} P_1(x) \cdot (1 - \psi(x)) = 1 - E_1(\psi).$$

Auf Basis dieser beiden Formeln für die Wahrscheinlichkeiten von Fehlern 1.
und 2. Art können wir nun die Qualität eines beliebigen randomisierten Tests
$\psi: \mathcal{X} \rightarrow [0, 1]$ mit Signifikanzniveau α und eines Neyman-Pearson-Tests
$\varphi: \mathcal{X} \rightarrow [0, 1]$ mit Schwellenwert c und Signifikanzniveau α miteinander vergleichen. Dazu findet man zunächst die für jeden Beobachtungswert $x \in \mathcal{X}$ gültige
Ungleichung

$$(\varphi(x) - \psi(x)) \cdot P_1(x) \geq c \cdot (\varphi(x) - \psi(x)) \cdot P_0(x),$$

deren Nachweis sich unmittelbar durch die Unterscheidung von zwei Fällen
ergibt: Im ersten Fall $\varphi(x) - \psi(x) > 0$ ist $\varphi(x) > 0$ und damit $P_1(x) \geq c \cdot P_0(x)$. Im
zweiten Fall $\varphi(x) - \psi(x) < 0$ ist $\varphi(x) = 0$ und damit $P_1(x) \leq c \cdot P_0(x)$.

Die somit nachgewiesene Ungleichung summiert man nun über alle
Beobachtungsergebnisse $x \in \mathcal{X}$ und findet so

$$E_1(\varphi - \psi) \geq c \cdot E_0(\varphi - \psi).$$

Unter Berücksichtigung der Formeln für die Wahrscheinlichkeiten von Fehlern 1.
und 2. Art erhält man daraus

$$\beta_\psi - \beta_\varphi = E_1(\varphi - \psi) \geq c \cdot E_0(\varphi - \psi) = c \cdot (\alpha - \alpha) = 0.$$

Diese letzte Ungleichung zeigt, dass unter den Tests zum Signifikanzniveau α der
Neyman-Pearson-Test $\varphi: \mathcal{X} \rightarrow [0, 1]$ besser ist als der beliebig vorgegebene Test
$\psi: \mathcal{X} \rightarrow [0, 1]$.

3.6 Normalverteilung bei kleinen Stichproben?

Im Ergebnisbericht über einen durchgeführten Hypothesentest wird ausgeführt,
dass man bei dem untersuchten Merkmal von einer Normalverteilung aus-
gegangen sei und dass die Stichprobe acht Untersuchungseinheiten umfasst habe.
Ist die Unterstellung eines normalverteilten Merkmals bei einer solch kleinen
Stichprobe überhaupt zulässig?

Auch wenn eine große Stichprobe zur Verringerung der statistischen Unsicherheit generell wünschenswert ist, so ist deren Realisierung nicht immer erreichbar.
Man stelle sich zum Beispiel eine Entwicklungsabteilung eines Automobil-
konzerns vor, welche die ersten acht Prototypen eines neu konstruierten Motors
hergestellt hat, um sie auf die Einhaltung von Abgasnormen zu prüfen. Natürlich könnte man noch weitere Prototypen aufbauen. Allerdings ist der damit verbundene Kostenaufwand in einem frühen Stadium der Entwicklung oft einfach
noch nicht angemessen, weil zu diesem Zeitpunkt überhaupt noch nicht klar ist, ob
diese Neuentwicklung in eine Erfolg versprechende Richtung weist.

Wir wollen unterstellen, dass die zu prüfende Abgasnorm besagt, dass alle
später zu produzierenden Motoren dieses Typs unter vorgegebenen Bedingungen
durchschnittlich einen bestimmten Wert nicht überschreiten dürfen. Der Einfachheit halber nehmen wir diesen Oberwert mit 100 (Prozent) an. Dass nicht jedes
Exemplar der Baureihe die gleiche Schadstoffemission besitzt, liegt einfach an den

Maß- und Materialtoleranzen, die zumindest im geringen Umfang niemals ver-
meidbar sind. Und da die verschiedenen Faktoren weitgehend unabhängig voneinander die Emission um gewisse Werte vergrößern oder vermindern, kann man
mit einer gewissen Berechtigung davon ausgehen, dass die Höhe der Schadstoffemission eine Normalverteilung aufweist. Natürlich bezieht sich diese Normalverteilung nicht – wie in der Eingangsfrage unterstellt – auf die acht Prototypen,
sondern auf die noch fiktive Gesamtheit aller Motoren diesen Typs. Und diese
Grundgesamtheit, die insbesondere auch die spätere Serienproduktion beinhaltet,
ist groß genug, dass man die Abgaswerte als normalverteilt ansehen kann.

Untermauern lässt sich die Annahme der Normalverteilung auch empirisch,
etwa indem man andere Motorentypen untersucht, die bereits serienmäßig hergestellt werden und daher in großer Stückzahl zur Verfügung stehen. Auch wenn
die Häufigkeitsverteilungen der Abgaswerte, die sich für die einzelnen Motorentypen ergeben, kaum in ihren quantitativen Eigenschaften übereinstimmen
werden, so besteht doch eine gute Aussicht, dass sich die für bisherige Motortypen
empirisch nachgewiesene Eigenschaft einer normalverteilten Schadstoffemission
auch auf den neuen Motorentyp überträgt.

Unter den erörterten Gesichtspunkten kann man also die Höhe der Schadstoffemission eines zufällig aus der fiktiven Grundgesamtheit entnommenen Motors
als Zufallsgröße X ansehen, die normalverteilt ist. Die Messwerte der acht Prototypen entsprechen damit voneinander unabhängigen, identisch normalverteilten
Zufallsgrößen $X = X_1, X_2, \ldots, X_8$. Gefordert ist ein mit statistischen Methoden
geführter Nachweis für die Aussage $E(X) \leq 100$, wobei ein Signifikanzniveau von
beispielsweise $\alpha = 0{,}05$ vorgegeben ist.

Hätten wir es mit einer großen Stichprobe von beispielsweise $n = 100$ Motoren
zu tun, wäre die Verfahrensweise deutlich einfacher. Die als **empirischer
Erwartungswert** bezeichnete Stichprobenfunktion

$$\overline{X} = \frac{1}{n}(X_1 + \ldots + X_n)$$

besitzt dann gemäß dem Gesetz der großen Zahlen eine Wahrscheinlichkeitsverteilung, die stark um den Erwartungswert $E(X)$ konzentriert ist. Daher – und unter
nochmaligem Verweis auf das Gesetz der großen Zahlen – konzentriert sich die
Wahrscheinlichkeitsverteilung der Zufallsgröße[15]

$$\sqrt{\frac{1}{n}\left(\left(X_1 - \overline{X}\right)^2 + \ldots + \left(X_n - \overline{X}\right)^2\right)}$$

---

[15] Dieser Wurzelausdruck sowie der empirische Erwartungswert (x) entsprechen der Standardabweichung beziehungsweise dem Erwartungswert von derjenigen Zufallsgröße, bei der jedes der
n einzelnen Beobachtungsergebnisse $x = (X_1(\omega), \ldots, X_n(\omega))$ mit der Wahrscheinlichkeit $1/n$ ausgespielt wird. Wir werden dies zu Beginn von Abschn. 3.9 noch näher erläutern.

stark um die Standardabweichung σ_X. Gleiches gilt damit auch für die leicht modifizierte, als **empirische Standardabweichung** bezeichnete, Testgröße

$$S = \sqrt{\frac{1}{n-1}\left((X_1 - \overline{X})^2 + \ldots + (X_n - \overline{X})^2\right)}.$$

Die Änderung des Nenners in der letzten Formel dient dem Zweck, die „Prognose"-Qualität der Testgröße zu verbessern. Wir werden darauf in Abschn. 3.9 zurückkommen.

Wie gut ist nun aber die Näherung des Erwartungswertes $E(X)$, die der Mittelwert $\overline{X}(x)$ eines Stichprobenergebnisses $x = (X_1(\omega), \ldots, X_n(\omega))$ liefert? Da die Zufallsgröße X normalverteilt ist, gilt das auch für den Approximationsfehler $\overline{X}(x) - E(X)$, wobei diese Differenz den Erwartungswert 0 und die Standardabweichung $\sigma_X / \sqrt{n}$ besitzt. Im hier zu lösenden Problem ist die Standardabweichung σ_X aber nur in Form einer auf Basis der Stichprobe realisierten Näherung $S(x)$ bekannt. Für größere Stichproben mit $n = 100$ Motoren ist der durch diese Approximation entstehende Fehler sicher vernachlässigbar. Das gilt aber nicht für kleinere Stichproben mit nur $n = 8$ Motoren. Folglich kann für eine solch kleine Stichprobe auch der Approximationsfehler $\overline{X}(x) - E(X)$ *nicht* mittels der Normalverteilung abgeschätzt werden.

Allerdings gibt es einen anderen Weg, kleine Stichproben von normalverteilten Zufallsgrößen zu untersuchen. Dabei können Aussagen über den Erwartungswert direkt aus den drei Daten

- des empirischen Erwartungswertes,
- der empirischen Standardabweichung sowie
- der Stichprobengröße

getroffen werden. Die Idee dazu stammt von dem Mathematiker William Sealy Gosset (1876–1937), der allerdings mehr unter seinem Pseudonym Student bekannt ist.[16,] Gosset erkannte nämlich, dass die Verteilung der Stichprobenfunktion[17]

$$T = \frac{\overline{X} - E(X)}{S}\sqrt{n}$$

zwar von der Stichprobengröße n, *nicht* aber von dem Erwartungswert und von der Standardabweichung der zugrunde liegenden, normalverteilten Zufallsgröße X abhängt. Die Stichprobenfunktion T wird **Student'sche Testgröße** genannt.

---

[16] Gosset veröffentlichte seine Untersuchungen während seiner langjährigen Tätigkeit als Chemiker für die Brauerei Guiness in Dublin. Da ihm sein Arbeitgeber keine Publikationen gestattete, veröffentlichte er unter Pseudonym.

[17] Die Stundent'sche Testgröße wird traditionell mit einem kleinen t abgekürzt, obwohl Zufallsgrößen heute in der Regel mit Großbuchstaben gekennzeichnet werden.

Bevor wir uns davon überzeugen, dass diese Eigenschaft tatsächlich gilt, sollte man sich zumindest etwas wundern: Angestrebt wird eine Aussage über den Erwartungswert $E(X)$ auf Basis eines zufälligen Beobachtungsergebnisses $x = (X_1(\omega), \ldots, X_n(\omega))$. Daher erscheint es widersinnig, dass dies mit einem Testgrößenwert

$$T(x) = \frac{\overline{X}(x) - E(X)}{S(x)} \sqrt{n}$$

geschehen soll, dessen Berechnung die Kenntnis des Erwartungswertes $E(X)$ voraussetzt. Zu diesem nur scheinbar berechtigten Einwand kann Folgendes festgestellt werden:

- Für die theoretische Untersuchung der Stichprobenfunktion und ihrer Wahrscheinlichkeitsverteilung kann die Kenntnis des Erwartungswertes $E(X)$ natürlich ohne Weiteres vorausgesetzt werden.
- Für einen konkreten Test kann der Erwartungswert $E(X)$ im Verlauf des Tests zum Beispiel aufgrund einer zu Anfang entsprechend gemachten Hypothese „bekannt" sein.
- Darüber hinaus bleibt daran zu erinnern, dass Entsprechendes auch für die schon erörterte χ^2-Testgröße gilt: Auch diese Testgröße des Pearson'schen Anpassungstests beinhaltet die Parameter von derjenigen Zufallsgröße, die mit dem Test erst noch ermittelt werden sollen.

Nach dieser Vorbemerkung wollen wir uns jetzt der Invarianz-Eigenschaft der Student'schen Testgröße zuwenden. Um diese essenzielle Eigenschaft nachzuweisen, transformieren wir die normalverteilte Zufallsgröße X mittels zweier Konstanten $a > 0$ und b, um dann die Zufallsgröße X durch die transformierte Zufallsgröße $Y = aX + b$ zu ersetzen. Da sich dann auch die einzelnen Zufallsgrößen der Stichprobe $X_1, \ldots, X_n$ entsprechend mittels $Y_i = aX_i + b$ transformieren, erhält man

$$\overline{Y} = \frac{1}{n}(Y_1 + \ldots + Y_n) = a\overline{X} + b,$$

$$S_Y = \sqrt{\frac{1}{n-1}\left(\sum_{k=1}^{n}\left((aX_k + b) - (a\overline{X} + b)\right)^2\right)} = \sqrt{\frac{1}{n-1}\left(\sum_{k=1}^{n} a^2(X_k - \overline{X})^2\right)} = aS_X$$

und schließlich für die zugehörigen Student'schen Testgrößen $T_Y = T_X$. Da jede normalverteilte Zufallsgröße mit einer affin linearen Transformation in eine standardnormalverteilte transformiert werden kann, ist damit gezeigt, dass die Verteilung der Stichprobenfunktion *nicht* vom Erwartungswert und der Standardabweichung der zugrunde gelegten Zufallsgröße abhängt.

Unter Umgehung der in vielen Statistikbüchern mehr oder minder ausführlich dargestellten, komplizierten Integraltransformationen kann man nun, wie wir es schon für χ^2-Testgröße getan haben, zu jeder Stichprobengröße n die Wahrscheinlichkeitsverteilung der Student'schen Testgröße T empirisch bestimmen. Dazu notwendig ist einzig eine genügend lange Folge von standardnormalverteilten und voneinander unabhängigen Zufallszahlen, wie es in Abschn. 2.12 beschrieben wurde. Aus jeweils n solcher Zufallszahlen, die man als Realisierung eines Zufallsvektors $\boldsymbol{x}$ auffassen kann, wird dann ein Wert der Testgröße T durch

$$T(\boldsymbol{x}) = \frac{\overline{X}(\boldsymbol{x})}{S(\boldsymbol{x})} \sqrt{n}$$

bestimmt. Wie in Abschn. 2.13 beschreiben, kann die Wahrscheinlichkeitsverteilung empirisch durch eine Simulationsreihe von solchermaßen realisierten T-Werten ermittelt werden. Die Verteilung wird als **t-Verteilung** mit $n - 1$ Freiheitsgraden bezeichnet. Wie die Standardnormalverteilung ist sie symmetrisch zum Nullpunkt. Für Hypothesentests hauptsächlich wichtig sind die Quantile $t_{1-\alpha}$ für $\alpha = 0{,}01$, $0{,}05$ und $0{,}10$, das sind die Werte $t_{1-\alpha}$ mit $P(T \le t_{1-\alpha}) = 1 - \alpha$. Außerdem braucht die t-Verteilung für große Stichprobenanzahlen n nicht untersucht zu werden. Grund ist, dass sich für diese Anzahlen die empirische Standardabweichung $S(\boldsymbol{x})$ kaum noch vom Wert 1 der Standardabweichung unterscheidet, so dass die Stichprobenfunktion T dann ebenso wie die Stichprobenfunktion

$$\overline{X}(\boldsymbol{x})\sqrt{n} = \frac{1}{\sqrt{n}}(X_1(\boldsymbol{x}) + \ldots + X_n(\boldsymbol{x}))$$

annähernd standardnormalverteilt ist. Diese Tendenz ist auch in Tab. 3.1 erkennbar. Wie sich ein Hypothesentest dann vereinfacht, wird im Kasten *Test für den Erwartungswert bei großen Stichproben* beschrieben.

Nach diesem Exkurs über die Eigenschaften der t-Verteilung können wir nun endlich das gestellte Problem angehen. Wir werden dazu auf Basis der t-verteilten Testgröße T einen Hypothesentest durchführen, den sogenannten **Student'schen t-Test**. Als Null-Hypothese formulieren wir, dass die Abgaswerte der neuen Motoren die Anforderungen *nicht* erfüllen. Wir gehen also von der einseitigen Null-Hypothese aus, gemäß welcher der durchschnittliche Abgaswert aller Motoren des neuen Typs größer als 100 ist: $H_0: E(X) > 100$. Um die Alternativhypothese $H_1: E(X) \le 100$ wie erhofft statistisch zu bestätigen, wird eine Verwerfung der Null-Hypothese auf Basis eines Signifikanzniveaus von 5 % angestrebt. Das heißt, ein Fehler 1. Art, bei dem ein nicht den Abgasnormen entsprechendes Motorenkonzept den Test der ersten acht Prototypen besteht, tritt höchstens mit einer Wahrscheinlichkeit von 0,05 auf.

Tab. 3.1 Einige wichtige Werte der t-Verteilung, jeweils abhängig zu dem in der linken Spalte aufgeführten Freiheitsgrad f, der um 1 kleiner ist als die Stichprobengröße n, also $f = n - 1$. Die Werte in den drei Datenspalten sind die Quantile t, die den Wahrscheinlichkeiten $P(T \leq t) = 0,9$; 0,95 bzw. 0,99 entsprechen. Bei hohen Freiheitsgraden stimmen die Werte mit denen in Tab. 2.2 überein

$f = n - 1$	$t_{0,9}$	$t_{0,95}$	$t_{0,99}$
1	3,08	6,31	31,82
2	1,89	2,92	6,96
3	1,64	3,35	4,54
4	1,53	2,13	3,75
5	1,48	2,02	3,36
6	1,44	1,94	3,14
7	1,42	1,90	3,00
8	1,40	1,86	2,90
9	1,38	1,83	2,82
10	1,37	1,81	2,76
20	1,33	1,72	2,53
30	1,31	1,70	2,46
40	1,30	1,68	2,40
50	1,30	1,67	2,39
100	1,29	1,66	2,36

Wie bestimmt man einen Wert der t-Verteilung?
Tabellen bieten einen groben Überblick über Verteilungen. Für konkrete Anwendungen haben sie heute meist ausgedient. Um abhängig vom Freiheitsgrad f einen Wert der t-Verteilung $p = P(T \leq x)$ zu bestimmen, bietet das Tabellenkalkulationsprogramm EXCEL die folgenden Funktionen:

- $p = \text{T.VERT}(x; f; \text{WAHR})$
- $t = \text{T.INV}(p; f)$

Die analogen Funktionen der Programmiersprache R lauten folgendermaßen:

- `pt(x,f)`
- `qt(p,f)`

Die Dichten sind mittels $\text{T.VERT}(x; f; \text{FALSCH})$ beziehungsweise `dt(x,f)` abrufbar.

Der Ablehnungsbereich wird nun entsprechend den Überlegungen des letzten Kapitels konstruiert. Zwei Anforderungen muss er erfüllen:

Tab. 3.2 Die Messwerte der acht Prototypen sowie die Werte der daraus berechneten Stichprobengröße

j	$X_j(x)$	$(X_j(x) - \overline{X}(x))^2$
1	76,00	100,00
2	72,00	196,00
3	105,00	361,00
4	74,00	144,00
5	78,00	64,00
6	83,00	9,00
7	103,00	289,00
8	97,00	121,00
Σ	**86,00**	1284,00
$S(x)$	**13,54**	
$T(x)$	**-2,92**	

- Ein in Wirklichkeit ungenügendes Motorkonzept, welches der Ungleichung $E(X) > 100$ entspricht, darf nur in 5 % der Fälle aufgrund einer „ausreißenden" Stichprobe als genügend gut erscheinen. Das heißt: Mit Wahrscheinlichkeit von 0,95 darf im Fall einer richtigen Null-Hypothese H_0: $E(X) > 100$ keine Ablehnung erfolgen.
- Tendenziell müssen Stichproben mit sehr guten Abgasmesswerten, bei denen der Mittelwert $\overline{X}(x)$ den Wert 100 genügend deutlich unterschreitet, zu einer Ablehnung der Null-Hypothese H_0: $E(X) > 100$ führen.

Die zweite Anforderung führt uns zu einem Ablehnungsbereich der Form $\mathcal{T}_1(c) = \{t | t \leq c\}$. Dabei wird der kritische Wert c entsprechend dem grenzwertigen Fall $E(X) = 100$ gewählt. In diesem Sinne wählen wir gemäß der Zeile zu $f = 7$ Freiheitsgraden und dem Sicherheitsniveau von 95 % in Tab. 3.1 den einseitigen Ablehnungsbereich $\mathcal{T}_1 = \{t | t \leq -1,90\}$.

Für die konkrete Testdurchführung gehen wir von den in Tab. 3.2 aufgeführten Messwerten aus. Dort ist auch gleich der mit diesen Daten realisierte Wert der Student'schen Stichprobenfunktion T einschließlich der zu seiner Berechnung notwendigen Zwischenwerte aufgeführt:

$$T(x) = \frac{86 - 100}{13,54} \sqrt{8} = -2,92$$

Wie erhofft liegt dieser realisierte Wert der Stichprobenfunktion im Ablehnungsbereich, so dass die Null-Hypothese als widerlegt angesehen werden kann.

Wir wollen das Ergebnis des Hypothesentests nochmals in inhaltlicher Interpretation formulieren: Die Prototypen der Motoren erscheinen ausreichend abgasarm, da andernfalls das erzielte Testergebnis nur eine Wahrscheinlichkeit von weniger als 5 % hätte.

Test für den Erwartungswert bei großen Stichproben

Bei großen Stichproben normalverteilter Merkmalswerte kann das beschriebene Testverfahren vereinfacht werden. Der Grund ist, dass die zur Abschätzung der Irrtumswahrscheinlichkeit notwendige Standardabweichung σ aufgrund des Gesetzes der großen Zahlen mit genügender Genauigkeit durch die empirische Standardabweichung $S(x)$ approximiert werden kann.

Damit ist, wie schon erwähnt, die Prüfgröße

$$T(x) = \frac{\overline{X}(x) - E(X)}{S(x)} \sqrt{n}$$

annähernd normalverteilt. Eine für den Erwartungswert $E(X)$ gemachte Hypothese kann so mit Hilfe des Quantils $z = \Phi^{-1}(T(x))$ überprüft werden.

Eine andere Interpretation der t-Verteilung

Wie schon bei der Pearson'schen Stichprobenfunktion kann auch die Verteilung der Student'schen Stichprobenfunktion in direkter Weise auf normalverteilte Zufallsgrößen zurückgeführt werden. Dazu ist die Beziehung zu analysieren, in der die beiden Zufallsgrößen, die der Student'schen Testgröße zugrunde liegen, zueinander stehen. Ausgegangen wird dabei von identisch normalverteilten und voneinander unabhängigen Stichprobenergebnissen $X_1, ..., X_n$. Dazu zu untersuchen sind der Mittelwert

$$\overline{X} = \frac{1}{n}(X_1 + \ldots + X_n)$$

sowie die auf dessen Basis berechnete empirische Varianz:

$$S^2 = \frac{1}{n-1}\left((X_1 - \overline{X})^2 + \ldots + (X_n - \overline{X})^2\right)$$

Da wir schon gesehen haben, dass die Verteilung der Student'schen Stichprobenfunktion bei einer affin linearen Transformation unverändert bleibt, können wir ohne Einschränkung der Allgemeinheit davon ausgehen, dass die voneinander unabhängigen Stichprobenergebnisse $X_1, ..., X_n$ standardnormalverteilt sind.

Obwohl zur Berechnung der empirischen Varianz der Mittelwert verwendet wird, stellt sich überraschenderweise heraus, dass die beiden Zufallsgrößen stochastisch unabhängig voneinander sind. Das bedeutet, dass ein konkret beobachteter Mittelwert nicht die Wahrscheinlichkeitsverteilung der empirischen Varianz beeinflusst und umgekehrt. Im Fall $n = 2$ kann man diese Eigenschaft elementar prüfen. Es ist

$$\overline{X} = \tfrac{1}{2}(X_1 + X_2) \text{ und } S^2 = (X_1 - \overline{X})^2 + (X_2 - \overline{X})^2 = \tfrac{1}{2}(X_1 - X_2)^2,$$

wobei die beiden normalverteilten Zufallsgrößen $X_1 + X_2$ und $X_1 - X_2$ zueinander unkorreliert und damit voneinander unabhängig sind: Die tiefere, bereits in Fußnote 43 aus Teil 2 erörterte, Ursache dafür ist, dass die Dichte des multivariat normalverteilten Zufallsvektors (X_1, X_2)

rotationssymmetrisch ist. Dadurch sind die beiden mittels Skalarprodukt mit den Richtungsvektoren $(1, 1)$ und $(1, -1)$ gebildeten Zufallsgrößen $X_1 + X_2$ und $X_1 - X_2$ unabhängig voneinander, weil die beiden Vektoren senkrecht zueinander stehen – genauso wie im Fall der
Zufallsgrößen X_1 und X_2, die den senkrecht zueinander stehenden Koordinatenachsen entsprechen.

Auch im Fall $n > 2$ kann man entsprechend argumentieren: Wir bilden zunächst aus den Stichprobenergebnissen $X_1, ..., X_n$ den Zufallsvektor $\mathbf{X} = (X_1, ..., X_n)^T$ und definieren ergänzend noch
den konstanten, auf Länge 1 normierten Vektor $\mathbf{b}_1 = \frac{1}{\sqrt{n}}(1, ..., 1)^T$. Mit Hilfe dieser beiden
Vektoren erhalten wir die beiden Darstellungen

$$\overline{X} = \frac{1}{\sqrt{n}} \mathbf{b}_1^T \mathbf{X}$$

und

$$(n - 1)S^2 = \sum_{i=1}^{n} (X_i - \overline{X})^2 = \sum_{i=1}^{n} (X_i^2 - 2\overline{X}X_i + \overline{X}^2)$$

$$= \sum_{i=1}^{n} X_i^2 - 2\overline{X} \sum_{i=1}^{n} X_i + n\overline{X}^2 = \sum_{i=1}^{n} X_i^2 - n\overline{X}^2$$

$$= \mathbf{X}^T \mathbf{X} - (\mathbf{b}_1^T \mathbf{X})^2.$$

Ergänzt man nun den Vektor $\mathbf{b}_1$ zu einer Orthonormalbasis $\mathbf{b}_1, ..., \mathbf{b}_n$, so erhält man für den
Zufallsvektor $\mathbf{X}$ zur neuen Basis die Koordinatendarstellung

$$\mathbf{X} = \sum_{i=1}^{n} (\mathbf{b}_i^T \mathbf{X}) \mathbf{b}_i$$

und folglich

$$(n - 1)S^2 = \mathbf{X}^T \mathbf{X} - (\mathbf{b}_1^T \mathbf{X})^2 = \sum_{i=2}^{n} (\mathbf{b}_i^T \mathbf{X})^2.$$

Dabei sind die Zufallsgrößen $\mathbf{b}_1^T \mathbf{X}, ..., \mathbf{b}_n^T \mathbf{X}$ entsprechend den Überlegungen zu multivariaten
Normalverteilungen am Ende von Abschn. 2.16 (insbesondere in den Fußnoten 41 und 43)
standardnormalverteilt und voneinander unabhängig. Dies zeigt einerseits die Unabhängigkeit
der beiden Zufallsgrößen $\overline{X}$ und S und andererseits, dass $(n - 1)S^2$ Chi-Quadrat-verteilt mit $n - 1$
Freiheitsgraden ist. Außerdem ist $\overline{X} \cdot \sqrt{n}$ offensichtlich standardnormalverteilt. Insofern besitzt
die Student'sche Stichprobenfunktion

$$T = \frac{\overline{X}}{S} \sqrt{n} = \frac{\overline{X}\sqrt{n}}{\frac{1}{\sqrt{n-1}} \sqrt{(n-1)S^2}}$$

die gleiche Verteilung wie der Quotient

$$\frac{U}{\frac{1}{\sqrt{n-1}} \sqrt{V_1^2 + ... + V_{n-1}^2}},$$

wobei die Zufallsgrößen U, V_1, ..., V_{n-1} standardnormalverteilt und unabhängig voneinander sind. Insbesondere ist damit die Quadratsumme in der Wurzel des Nenners χ^2-verteilt mit $n - 1$ Freiheitsgraden.

Der letzte Quotient kann übrigens auch dazu verwendet werden, eine Integraldarstellung für die t-Verteilung mit $n - 1$ Freiheitsgraden herzuleiten.[18]

Aufgaben

1. Generieren Sie mit einem Computerprogramm normalverteilte Zufallszahlen, und bestimmen Sie auf diese Weise die tabellierten Werte der t-Verteilung.

2. Geprüft werden soll die Homogenität von zwei Stichproben, die durch die normalverteilten und untereinander unabhängigen Zufallsgrößen X_1, ..., X_m und Y_1, ..., Y_n beschrieben werden, wobei die Zufallsgrößen der ersten Serie identisch verteilt sind und ebenso die Zufallsgrößen der zweiten Serie. Solche Fragestellungen tauchen auf, wenn der Einfluss des Merkmals geprüft werden soll, das die beiden Stichproben voneinander abgrenzt.

   Zeigen Sie, dass im Fall der Homogenität, das heißt bei übereinstimmenden Normalverteilungen $N(\mu,\sigma)$, die Prüfgröße

$$U = \frac{\overline{X} - \overline{Y}}{\sqrt{(m-1)S_X^2 + (n-1)S_Y^2}} \cdot \sqrt{\frac{nm}{n+m}(n+m-2)}$$

   t-verteilt mit $m+n-2$ Freiheitsgraden ist. Dabei sind S_X und S_Y die empirischen Standardverteilungen der beiden Stichproben. Der Test wird als **Doppelter t-Test** oder **t-Test für unverbundene Stichproben** bezeichnet.

   Hinweis: Bestimmen Sie zunächst die Verteilungen der beiden Prüfgrößen

$$\frac{1}{\sigma}\left(\overline{X} - \overline{Y}\right) \quad \text{und} \quad \frac{1}{\sigma^2}\left((m-1)S_X^2 + (n-1)S_Y^2\right).$$

3. Mit einem Vorher-Nachher-Vergleichstest soll bei einer relativ kleinen Gruppe von Patienten die Wirksamkeit eines Medikaments getestet werden. Dabei ist bekannt, dass das zu beeinflussende Merkmal wie zum Beispiel der Blutdruck in der Gesamtpopulation normalverteilt ist. Als Null-Hypothese wird formuliert, dass der Erwartungswert bei der Medikation unverändert bleibt, wobei eine einseitige Verwerfung der Null-Hypothese angestrebt wird.

---

[18] Siehe zum Beispiel: B. W. Gnedenko, *Einführung in die Wahrscheinlichkeitsrechnung*, Berlin 1991, S. 134.

Ausgehend von den zur Stichprobe ermittelten Vorher-Nachher-Werte-paaren, welche durch die identisch verteilten, voneinander unabhängigen Zufallsvektoren $(X, Y) = (X_1, Y_1), \ldots, (X_n, Y_n)$ beschrieben werden, bildet man dazu im Rahmen des sogenannten **Differenzen-*t*-Tests**, der auch als ***t*-Test für verbundene Stichproben** bezeichnet wird, die Prüfgröße

$$\frac{\overline{X} - \overline{Y}}{\sqrt{\frac{1}{n-1} \sum_{k=1}^{n} (X_i - Y_i - \overline{X} + \overline{Y})^2}} \sqrt{n}.$$

Warum unterliegt diese Testgröße bei richtiger Null-Hypothese $E(X) = E(Y)$ der *t*-Verteilung mit $n - 1$ Freiheitsgraden? Begründen Sie, warum die Voraussetzung der Normalverteilung eigentlich für die Differenz $X - Y$ gestellt werden muss.[19]

3.7   Testplanung ohne festgelegtes Signifikanzniveau: der *p*-Wert

Wäre für den im letzten Kapitel untersuchten Hypothesentest ein Signifikanz-niveau von 1 % vorgegeben worden, hätte die Null-Hypothese nicht verworfen werden dürfen. Die Aussagekraft eines Tests scheint damit von der a priori vor-genommenen Testplanung und dem dabei festgelegten Signifikanzniveau abzu-hängen.

Es wurde bereits darauf hingewiesen, dass die Aussagekraft eines Hypothesen-tests daran gebunden ist, dass er systematisch durchgeführt wird. Insbesondere muss die Testplanung *vor* der Auswertung der Testresultate erfolgen: Keines-falls zulässig ist das „schleppnetzartige" Durchforsten von Daten, um mit diesen Daten signifikant widerlegbare Hypothesen zu suchen. Auch wenn nachträglich der Anschein eines regulär durchgeführten Hypothesentests suggeriert werden kann, ist eine solchermaßen produzierte „Erkenntnis" wertlos. Methodisch ebenso unzulässig ist es, verschiedene in Frage kommende Prüfgrößen daraufhin zu checken, ob eine von ihnen die gefundenen Ergebnisse als signifikant bewertet.

Der methodische Zwang, eine Testplanung vor der Datenauswertung abzuschließen, führt allerdings dazu, dass zum Beispiel ein Wissenschaftler, der sich mit einem fünfprozentigen Signifikanzniveau zufriedengibt, scheinbar mehr

---

[19] Diese Voraussetzung ist erfüllt, wenn der Zufallsvektor (X, Y) einer bivariaten Normalver-teilung unterliegt, das heißt einer multivariaten Normalverteilung der Dimension 2.

Dass die Differenz $X - Y$ normalverteilt ist, erscheint in Fällen wie dem vorliegenden auf-grund des Zentralen Grenzwertsatzes plausibel: Es handelt sich um die Änderung des Blut-drucks, die durch die Medikation bewirkt wird. Wie den Blutdruck selbst kann man sich auch diese Differenz als Summe vorstellen, bei der sich viele zufallsabhängige Einflüsse in Form einer Summe überlagern.

Resultate produziert als ein Wissenschaftler, der sich bei seiner Testplanung a priori ein einprozentiges Signifikanzniveau vorgegeben hat. Streng genommen ist es diesem zweiten Wissenschaftler methodisch sogar nicht gestattet, sein Signifikanzniveau nach der Stichprobenerhebung auf beispielsweise 2 % zu erhöhen, obwohl der erste Wissenschaftler entsprechend signifikante Ergebnisse als Beleg einer neuen Erkenntnis veröffentlichen würde.

Die Interpretation von ein und derselben Stichprobenuntersuchung hängt damit von der A-Priori-Festlegung des Signifikanzniveaus ab, was etwas paradox erscheint. Eine Idee, dieses Dilemma zu überwinden, besteht darin, die Forderung, dass die Testplanung *vollständig* vor der Datenauswertung zu erfolgen hat, *teilweise* aufzugeben, nämlich in Bezug auf die Festlegung des Signifikanzniveaus α. Das heißt, vor der Datenauswertung werden nur die folgenden Festlegungen getroffen:

- die Hypothese H_0,
- die Prüfgröße T sowie
- die Entscheidung zwischen einer ein- oder zweiseitigen Ausrichtung des Ablehnungsbereiches $\mathscr{T}_1$

Den letzten Punkt kann man noch konkretisieren. Oft besitzen – und sei es nach einer Transformation – die Prüfgrößen T eine solche Form, dass der Ablehnungsbereich $\mathscr{T}_1$ eine der beiden folgenden Charakterisierungen besitzt:

$$\mathscr{T}_1(\alpha) = \{t|t > c(\alpha)\} \text{ oder } \mathscr{T}_1(\alpha) = \{t|\,|t| > c(\alpha)\}.$$

Dabei wird die Grenze $c(\alpha)$ jeweils so definiert, dass bei gültiger Null-Hypothese die Wahrscheinlichkeit für eine Verwerfung aufgrund eines Stichproben-„Ausreißers" höchstens gleich α ist. Und nun kommt es: Statt *ein* Signifikanzniveau fest α vorzugeben, führt man den Test fiktiv simultan für mehrere Signifikanzniveaus durch und bestimmt dann das kleinste Signifikanzniveau α, bei dem die Hypothese noch verworfen werden kann.

Beispielsweise erhält man für die im letzten Kapitel untersuchte Stichprobe der acht Motoren-Prototypen passend zum T-Wert von $-2,92$ entsprechend den sieben Freiheitsgraden den Wert 0,01117 für das minimale Signifikanzniveau, das zu einer Ablehnung führt. Ein solchermaßen bestimmter Wert wird **Überschreitungswahrscheinlichkeit** oder meist kurz **p-Wert** genannt. Im Beispiel hat der p-Wert von 0,01117 konkret die folgende Bedeutung: Die Null-Hypothese, dass der Erwartungswert höchstens 100 beträgt, ist für jedes *a priori* festgelegte Signifikanzniveau von mindestens 1,117 % zu verwerfen.

So einleuchtend und unzweideutig diese Interpretation klingt, so häufig wird der p-Wert jedoch missverstanden:

- Wir beginnen mit der schlimmsten Missinterpretation, auf die man trotzdem leider immer wieder stößt. Demgemäß wird für den hier beispielhaft angeführten Fall behauptet, dass die Null-Hypothese mit einer Wahrscheinlichkeit von $1 - 0,01117 = 0,98883$ richtig sei. In Bezug auf einen solchen Unsinn lässt sich nur Gebetsmühlen-artig wiederholen, dass die Richtigkeit einer Hypothese nicht das Ergebnis eines Zufallsprozesses ist, so dass es dafür auch keine Wahrscheinlichkeit gibt.

- Methodisch ist es unzulässig, eine Verwerfung der Null-Hypothese mit einem Signifikanzniveau α vorzunehmen, wenn dieses Signifikanzniveau nicht vor der Datenerhebung festgelegt wurde. Eine nachträgliche Festlegung des Signifikanzniveaus α auf Basis der Stichprobenergebnisse und des daraus berechneten p-Wertes ist methodisch *nicht* zu rechtfertigen.

- Schließlich bleibt noch anzumerken, dass der Begriff der Überschreitungs-*wahrscheinlichkeit* wenig glücklich ist: Da die Wahrscheinlichkeit eine Eigenschaft eines Ereignisses ist, stellt sich natürlich sofort die Frage, auf welches Ereignis sich diese Wahrscheinlichkeit denn bezieht. Die Antwort lautet, dass es überhaupt kein a priori, das heißt, ohne Bezug auf den konkret realisierten p-Wert formulierbares, Ereignis gibt, dessen Wahrscheinlichkeit dem p-Wert entspricht. Erst wenn man Bezug auf den konkret ermittelten p-Wert nimmt, lässt sich das Ereignis formulieren: Unter Annahme der Null-Hypothese ist dann nämlich der p-Wert gleich der Wahrscheinlichkeit desjenigen Ereignisses, dass höchstens der Prüfgrößenwert realisiert wird, auf Basis dessen der p-Wert ermittelt wurde. Speziell ein kleiner p-Wert spiegelt daher die geringe Wahrscheinlichkeit wider, dass eine erneute Realisierung nochmals höchstens so klein und damit ebenso extremal ausfällt.

  Insofern ist die Interpretation des p-Wertes als Wahrscheinlichkeit wenig natürlich. Sinnvoller ist dagegen die Interpretation des p-Wertes als Realisierung einer Prüfgröße, die – unter Annahme der Null-Hypothese – im Hinblick auf die Verteilungsfunktion sowie den Ablehnungsbereich standardisiert ist: p-Werte sind, sofern sie stetig verteilt sind, im abgeschlossenen Intervall $[0, 1]$ gleichverteilt, und der Ablehnungsbereich zum Signifikanzniveau α besitzt die Form $[0, \alpha)$.

Abseits der somit nicht wenig anspruchsvollen Herausforderung, p-Werte sachlich richtig zu interpretieren, gibt es aber auch zwei entscheidende Vorteile von p-Werten:

- Die Verwendung von p-Werten ermöglicht es, den wahrscheinlichkeits-theoretischen Teil eines Hypothesentests von der anwendungsbezogenen Schlussfolgerung zu trennen. Praktiziert wird dies insbesondere bei der Verwendung von Statistikprogrammen, weil dadurch die Eingabe eines Signifikanzniveaus entbehrlich wird. Eine solche Eingabe ins Programm einzig zum Zweck des Vergleichs, ob der vom Statistikprogramm berechnete p-Wert kleiner als das vorgegebene Signifikanzniveau ist, wäre nämlich wohl wenig sinnvoll.

- Vorteilhaft einsetzen lassen sich p-Werte auch dann, wenn mehrere, voneinander unabhängige Stichprobenerhebungen fiktiv zu einer einzigen Stichprobenuntersuchung zusammengefasst werden. Allerdings sind solche sogenannte **Meta-Analysen** methodisch oft nicht unproblematisch, wenn nämlich ein Teil der Testkonzeption, insbesondere die Weiterverarbeitung der Einzelergebnisse betreffend, erst nach der Erhebung einzelner Stichprobendaten festgelegt wird.

1. Eine Münze wird tausendmal geworfen. Dabei trifft 545-mal das Ereignis „Zahl" ein. Welchem p-Wert entspricht dieses Versuchsreihenergebnis im Hinblick auf die Null-Hypothese einer symmetrischen Münze? Ist ein ein- oder zweiseitiger Ablehnungsbereich zugrunde zu legen?

2. Ein Würfel wird auf Symmetrie getestet. Bei 600 Würfen erhält man für die sechs möglichen Ergebnisse die Häufigkeitsverteilung 107, 96, 92, 105, 112, 88. Welcher p-Wert ergibt sich daraus? Ist ein ein- oder zweiseitiger Ablehnungsbereich vorzusehen?

3. In Bezug auf die Prüfung einer bestimmten Null-Hypothese werden die Ergebnisse von zwei Tests in Form der p-Werte p_1 und p_2 geliefert werden. Wie lassen sich diese beiden Werte zu einem einzigen p-Wert zusammenführen? Ermitteln Sie empirisch mit einer Simulation die Wahrscheinlichkeitsverteilung von derjenigen Zufallsgröße, die gleich dem Produkt der beiden einzelnen p-Werte ist.

4. Für die Prüfung einer Null-Hypothese sollen m Einzeltests durchgeführt werden, wobei jeweils ein p-Wert ermittelt wird. Anschließend soll aus diesen p-Werten, deren Zufallsgrößen wir mit $P_1, \ldots, P_m$ bezeichnen, ein kumulierter p-Wert ermittelt werden. Geschehen kann das mit der Zufallsgröße

$$-2\sum_{i=1}^{m} \log(P_i).$$

Zeigen Sie, dass die Verteilung dieser Zufallsgröße gleich einer Chi-Quadrat-Verteilung mit $2m$ Freiheitsgraden ist. Der diesbezügliche Test wird auch als **Fishers Kombinationstest** bezeichnet.

Hinweis: Zeigen Sie zunächst die Behauptung für den Fall $m = 1$ unter Verwendung von Aufgabe 5 aus Abschn. 2.14.

Lösungen: In Abschn. 4.10 werden die Aufgaben 1 und 2 mit R gelöst.

3.8   Konfidenzintervalle: zufallsbestimmte Intervalle

Jemand wirft einen zu testenden Würfel 6000-mal und erzielt dabei 1026 Sechsen. Daraufhin behauptet er, dass die Wahrscheinlichkeit für eine Sechs bei diesem Würfel mit 99-prozentiger Sicherheit zwischen den beiden Zahlen 0,1588 und 0,1839 liegen würde. Er begründet dies damit, dass es sich dabei um ein sogenanntes Vertrauensintervall handeln würde, wie es in Statistik-Büchern beschrieben werde.

Ist eine solche Aussage gerechtfertigt?

Im Zusammenhang mit Hypothesentests haben wir mehrmals darauf hingewiesen, dass die auf Basis eines einprozentigen Signifikanzniveaus vollzogene Ablehnung der Null-Hypothese *nicht* bedeutet, dass die Null-Hypothese mit 99-prozentiger Sicherheit falsch ist. Eine solche Aussage kann nämlich allein schon deshalb nicht getroffen werden, weil die Gültigkeit der Hypothese nicht zufallsabhängig ist und insofern keine Wahrscheinlichkeit besitzt – sieht man einmal von den trivialen Werten 0 oder 1 ab.

Entsprechendes gilt natürlich auch für jeden anderen Parameter einer unbekannten Wahrscheinlichkeitsverteilung. Ob eine Aussage über einen solchen Parameter richtig oder falsch ist, hängt nicht vom Zufall ab.

Nun kennt die Mathematische Statistik aber tatsächlich sogenannte **Vertrauensintervalle,** welche den gesuchten Parameter einer Wahrscheinlichkeitsverteilung mit einer vorgegebenen Wahrscheinlichkeit, also beispielsweise 0,99, enthält. Bei einem solchen, meist als **Konfidenzintervall** bezeichneten, Vertrauensintervall handelt es sich um ein zufällig bestimmtes Intervall, das heißt, seine Unter- und Obergrenze entsprechen zwei Zufallsgrößen. Erstmals eingeführt wurden Konfidenzintervalle 1935 durch Jerzy Neyman (1894 – 1981).

Wir wollen uns zunächst anschauen, wie ein solches Konfidenzintervall für Situationen, die ähnlich wie die Eingangsfrage gelagert sind, konstruiert werden kann. Dazu gehen wir von einem Ereignis A aus, dessen wertmäßig unbekannte Wahrscheinlichkeit wir mit p bezeichnen. Im Rahmen einer Versuchsreihe wiederholen wir das zugrunde liegende Zufallsexperiment n-mal unabhängig voneinander und ermitteln dabei die relative Häufigkeit $R_{A,}n$ des Ereignisses A. Außerdem geben wir ein **Konfidenzniveau** genanntes Sicherheitsniveau $1 - \alpha$ vor, wie zum Beispiel 0,99 für $\alpha = 0,01$, und bezeichnen das dazugehörige zweiseitige Normalverteilungs-Quantil mit $z = z_{1-\alpha/2} = \phi^{-1}(1 - \alpha/2)$, also beispielsweise $z = 2,576$ für $\alpha = 0,01$.

Für genügend große Versuchsanzahlen n lässt sich die Verteilung der Zufallsgröße $R_{A,}n$ mit dem Zentralen Grenzwertsatz approximieren. Es gilt daher

$$P\left(|R_{A,n} - p| \le z_{1-\alpha/2}\sqrt{\tfrac{p(1-p)}{n}}\right) \approx 1 - \alpha.$$

Für kleine Werte wie beispielsweise $\alpha = 0,01$ ist das Ereignis, das auf der linken Seite durch die Ungleichung beschrieben wird, fast sicher. Dieses Ereignis bezieht sich auf die relative Häufigkeit $R_{A,}n(\omega)$, die abhängig vom Verlauf ω einer Versuchsreihe beobachtet wird. Das Ereignis tritt genau dann ein, wenn die relative Häufigkeit $R_{A,}n(\omega)$ und die unbekannte Wahrscheinlichkeit p maximal die angegebene Abweichung voneinander aufweisen.

In der Wahrscheinlichkeitsrechnung wird die Aussage als eine Prognose über die Resultate in einer noch durchzuführenden Versuchsreihe interpretiert. In der Statistik kehrt man die Sichtweise um. Dabei versucht man zu ergründen, welche Wahrscheinlichkeiten p den beobachteten Wert $R_{A,}n(\omega)$ plausibel erklären können. In Frage kommen nämlich nur solche Wahrscheinlichkeiten p, bei denen das – bei einem kleinen Wert α fast sichere – Ereignis eintritt, dass die relative Häufigkeit $R_{A,}n(\omega)$ die angegebene Abweichung zur Wahrscheinlichkeit p nicht übertrifft.

Um bei unseren weiteren Überlegungen die Schreibweise zu vereinfachen, werden wir das Quantil $z_{1-\alpha/2}$ nur noch mit z abkürzen. Durch Quadrieren der Ungleichung, die das Ereignis beschreibt, erhalten wir zunächst:

$$p^2 - 2R_{A,n}p + R_{A,n}^2 \le \frac{1}{n}z^2 p(1-p)$$

In Form einer quadratischen Ungleichung für die unbekannte Wahrscheinlichkeit p erhält man daraus:

$$(n + z^2)p^2 - (2nR_{A,n} + z^2)p + nR_{A,n}^2 \le 0$$

Fasst man die linke Seite der Ungleichung als eine von der Wahrscheinlichkeit p abhängende Funktion auf, so ist deren Graph eine sich nach oben öffnende, quadratische Parabel. Zwischen deren beiden Nullstellen – sofern existent – wird die linke Seite der Ungleichung negativ. Die Lösungsmenge der Ungleichung ist somit gleich dem abgeschlossenen Intervall $[G_-, G_+]$ dessen Grenzen G_- und G_+ die Lösungen der entsprechenden Gleichung sind. Diese beiden, auf jeden Fall reelle Werte sind

$$G_{+,-} = \frac{1}{n + z^2}\left(nR_{A,n} + \frac{1}{2}z^2 \pm z\sqrt{R_{A,n}(1 - R_{A,n})n + \frac{1}{4}z^2}\right).$$

Wie die relative Häufigkeit $R_A\,n$ lassen sich auch die beiden Intervallgrenzen G_- und G_+ als Zufallsgrößen auffassen, deren Werte $G_-(\omega)$ und $G_+(\omega)$ durch den Versuchsreihenverlauf ω bestimmt werden. Dabei tritt gemäß der soeben vorgenommenen Herleitung das Ereignis

$$|R_{A,n} - p| \le z_{1-\alpha/2}\sqrt{\tfrac{p(1-p)}{n}}$$

genau dann ein, wenn die Wahrscheinlichkeit p innerhalb des Intervalls $[G_-(\omega), G_+(\omega)]$ liegt. Und damit überträgt sich auch die Wahrscheinlichkeit $1 - \alpha$ auf das Ereignis, dass das zufällig bestimmte Intervall $[G_-, G_+]$ die unbekannte Wahrscheinlichkeit p enthält:

$$P([G_-(\omega), G_+(\omega)] \ni p) = P\left(|R_{A,n}(\omega) - p| \le z_{1-\alpha/2}\sqrt{\tfrac{p(1-p)}{n}}\right) \approx 1 - \alpha$$

Für das in der Eingangsfrage beschriebene Beispiel erhält man wegen $n = 6000$, $R_{A,6000}(\omega) = 1026/6000$ und $z = 2{,}576$ die beiden Intervallgrenzen $G_-(\omega) = 0{,}1588$ und $G_+(\omega) = 0{,}1839$.

Rein quantitativ kann also die in der Eingangsfrage formulierte Aussage bestätigt werden. Unpräzise war allerdings die dort gewählte Formulierung: Zufällig ist *nicht* der unbekannte Parameter, das heißt die Wahrscheinlichkeit, dass der zu prüfende Würfel eine Sechs zeigt. Zufällig sind aber die Grenzen des Intervalls, das zur Eingrenzung des Parameters konstruiert wird. Das hat zur Konsequenz, dass man von einer 99-prozentigen Wahrscheinlichkeit eigentlich nur *vor* Durchführung der Testreihe sprechen kann. Nachträglich lässt sich nur noch auf die Herkunft der Intervallgrenzen verweisen. Konkret kann man die Aussage treffen, dass die aktuell ermittelten Intervallgrenzen einem Zufallsprozess entstammen, der mit 99-prozentiger Sicherheit solche Zahlen generiert, welche die unbekannte Wahrscheinlichkeit einschließen.

Sieht man von der gerade geschilderten Gefahr einer Missinterpretation ab, besitzen Konfidenzintervalle gegenüber Hypothesentests den methodischen Vorteil, dass es nicht notwendig ist, zu Beginn eine Hypothese aufzustellen. Dagegen ist die mathematische Analyse etwas aufwändiger, wobei in der Herleitung die gegenüber der Wahrscheinlichkeitsrechnung erfolgte Umkehrung der Schlussweise schön hervortritt, was wir im allgemeinen Kontext nochmals darlegen wollen:

Dazu gehen wir allgemein von einer Zufallsgröße X aus, deren Verteilung von einem gegebenenfalls mehrdimensionalen, wertmäßig unbekannten Parameter $\vartheta \in \Theta$ bestimmt wird, wobei Θ für die Menge der möglichen Parameter steht. Ziel ist es, Informationen über den Parameter ϑ aus den Beobachtungsergebnissen einer Stichprobe zu erhalten. Formal wird dazu mit Hilfe der unabhängigen, identisch verteilten Zufallsgrößen $X = X_1, \ldots, X_n$, welche die Stichprobe mathematisch beschreiben, durch die zufällige Stichprobenauswahl ω ein Beobachtungsergebnis realisiert, und zwar in der Form $x = (X_1(\omega), \ldots, X_n(\omega))$ oder auf Basis einer Prüfgröße T in der etwas allgemeineren Form $x = T(X_1(\omega), \ldots, X_n(\omega))$. In jedem Fall erhalten wir auf diesem Weg einen Stichprobenraum $\mathscr{X}$, der alle möglichen Beobachtungsergebnisse x umfasst, samt einer vom unbekannten Parameter ϑ abhängenden Wahrscheinlichkeitsverteilung für die Beobachtungsergebnisse.

Zu *jedem* Parameter $\vartheta \in \Theta$ wird zunächst auf Basis der zugehörigen Wahrscheinlichkeitsverteilung ein Bereich $C_\vartheta \subseteq \mathscr{X}$ konstruiert, der einerseits möglichst klein ist und für den es andererseits sehr wahrscheinlich ist, dass ein realisierter Beobachtungswert x darin liegt, nämlich mindestens mit der Wahrscheinlichkeit $1 - \alpha$: Bei einem endlichen Stichprobenraum kann man dazu einfach die möglichen Beobachtungsergebnisse $x \in \mathscr{X}$ in der Reihenfolge absteigender Wahrscheinlichkeiten

$$P_\vartheta(x) = P(T(X_1(\omega), \ldots, X_n(\omega)) = x)$$

sortieren, wobei die Menge C_ϑ aus den ersten Elementen der so gebildeten Liste besteht, also aus den Elementen mit den größten Wahrscheinlichkeiten. Dabei wird die Menge C_ϑ so lange um weitere Beobachtungsergebnisse ergänzt, bis die Wahrscheinlichkeit $1 - \alpha$ erreicht ist:

$$P_\vartheta(C_\vartheta) \geq 1 - \alpha$$

Wie schon im Spezialfall der empirisch ermittelten Trefferquote wird nun die Gesamtheit der Mengen C_ϑ einer umgekehrten Interpretation zugeführt. Dabei sucht man ausgehend von einem konkret in einer Stichprobe ermittelten Beobachtungsergebnis $x \in \mathscr{X}$ nach den Parameterwerten $\vartheta \in \Theta$, die in plausibler Weise als ursächliche Erklärung für den ermittelten Beobachtungswert x dienen können, das heißt, für die der Beobachtungswert x auf Basis des Parameterwertes

ϑ nicht a priori völlig unwahrscheinlich ist. Formal konstruiert man dazu zu jedem Beobachtungsergebnis $x \in \mathscr{X}$ die Parametermenge $C(x)$, die alle Parameterwerte $\vartheta \in \Theta$ enthält, für die $x \in C_\vartheta$ erfüllt ist:

$$C(x) = \{\vartheta \in \Theta \mid x \in C_\vartheta\}$$

Die Menge $C(x) \subseteq \Theta$ wird **Konfidenzbereich** genannt. Dabei ist die Begriffs-modifikation erforderlich, weil es sich selbst bei eindimensionalen Parametern nicht zwangsläufig um ein Konfindenz*intervall* handeln muss.

Die Zuordnung $x \to C(x)$, mit der jedem zufälligen Stichprobenergebnis $x \in \mathscr{X}$ der zugehörige Konfidenzbereich $C(x)$ zugeordnet wird, offenbart nun die gewünschte Information über den unbekannten Parameter $\vartheta \in \Theta$. Unabhängig vom unbekannten Parameterwert ϑ beträgt nämlich die Wahrscheinlichkeit dafür, dass der „ausgewürfelte" Konfidenzbereich $C(x)$ den Parameterwert ϑ enthält, mindestens $1 - \alpha$:

$$P_\vartheta(\{x \mid C(x) \ni \vartheta\}) \geq \inf_{\vartheta \in \Theta} P_\vartheta(\{x \mid C(x) \ni \vartheta\}) = \inf_{\vartheta \in \Theta} P_\vartheta(C_\vartheta) \geq 1 - \alpha$$

Konfidenzintervalle für normalverteilte Zufallsgrößen

Auch für die in Abschn. 3.5 untersuchten Situationen, das heißt bei inner-halb der Grundgesamtheit normalverteilten Merkmalswerten, können ana-log zum Vorgehen beim t-Test Konfidenzintervalle hergeleitet werden: Wir gehen dazu wieder von einer Stichprobe in Form einer endlichen Folge von identisch normalverteilten, voneinander unabhängigen Zufallsgrößen $X = X_1, \ldots, X_n$ aus. Zu einem vorgegebenen Konfidenzniveau von $1 - \alpha$ gesucht ist ein Konfidenzintervall für den Erwartungswert $E(X)$, das heißt, gesucht sind zwei Zufallsgrößen G_- und G_+ mit

$$P(E(X) \in [G_-(\omega), G_+(\omega)]) = 1 - \alpha.$$

Aus Abschn. 3.5 wissen wir, dass der aus dem Beobachtungsergebnis $x = (X_1(\omega), \ldots, X_n(\omega))$ berechnete Wert der Zufallsgröße

$$T(x) = \frac{\overline{X}(x) - E(X)}{S(x)} \sqrt{n}$$

einer t-Verteilung mit $n - 1$ Freiheitsgraden unterliegt. Da die t-Verteilung wie die Standardnormalverteilung symmetrisch zum Nullpunkt ist, besitzt das Quantil $t_{1-\alpha/2}$ die Eigenschaft

$$P(|T| \leq t_{1-\alpha/2}) = 1 - \alpha,$$

wobei für große Stichprobengrößen n wieder das entsprechende Quantil $z_{1-\alpha/2}$ der Normalverteilung verwendet werden kann, ohne dass es dadurch zu nennenswerten Abweichungen kommt.

Die das Ereignis charakterisierende Ungleichung $|T| \leq t_{1-\alpha/2}$ lässt sich mit Hilfe der Definition der Stichprobenfunktion T umformen zu

$$\left|\overline{X} - E(X)\right| \leq \frac{t_{1-\alpha/2}}{\sqrt{n}} S.$$

Zum vorgegebenen Konfidenzniveau $1 - \alpha$ ist damit

$$\left[\overline{X} + \frac{t_{1-\alpha/2}}{\sqrt{n}} S, \overline{X} - \frac{t_{1-\alpha/2}}{\sqrt{n}} S\right]$$

ein Konfidenzintervall: Wie gewünscht handelt es sich dabei um ein Intervall, dessen zufällige Grenzen auf Basis des empirischen Erwartungswertes $\overline{X}$ und der empirischen Standardabweichung S so bestimmt werden, dass der wertmäßig unbekannte Erwartungswert $E(X)$ mit der Wahrscheinlichkeit $1 - \alpha$ in diesem Intervall liegt.

Aufgaben

1. Beim ZDF-Politbarometer wird monatlich die politische Stimmung in Deutschland auf Basis der Befragung von 1200 Personen gemessen. Bestimmen Sie zum Sicherheitsniveau von 0,95 Konfidenzintervalle für zwei Parteien, für die innerhalb der Stichprobe Stimmenanteile von 35 % beziehungsweise 7 % ermittelt wurden.
2. Die Zahl der Fische in einem Teich soll geschätzt werden. Dazu werden zunächst 200 Fische gefangen, markiert und wieder ausgesetzt. Am nächsten Tag werden wieder 150 Fische gefangen, von denen 35 markiert sind. Geben Sie zum Sicherheitsniveau 0,95 ein Konfidenzintervall für die Gesamtzahl der Fische an.

Hinweis: Ist N die unbekannte Anzahl von Fischen, dann beträgt am zweiten Tag die Wahrscheinlichkeit, dass ein gefangener Fisch markiert ist, $p = 200/N$. Wie lässt sich ein Konfidenzintervall für die Wahrscheinlichkeit p in ein Konfidenzintervall für die Anzahl N transformieren?
Lösungen: In Abschn. 4.10 werden die Aufgaben 1 und 2 mit R gelöst.

3.9   Schätztheorie: Eine Einführung

In Abschn. 3.5 wurde die empirische Standardabweichung zu einer Versuchsreihe von voneinander unabhängigen, identisch verteilten Zufallsgrößen $X = X_1, ..., X_n$ mit der Formel

$$S = \sqrt{\frac{1}{n-1}\left((X_1 - \overline{X})^2 + \ldots + (X_n - \overline{X})^2\right)}$$

definiert. Abgesehen vom Nenner n – 1 scheint die Formel plausibel. Wie aber erklärt sich der Nenner?

Die angesprochene Plausibilität meint das Folgende: Spielen wir mit einem Glücksrad mit gleicher Wahrscheinlichkeit von je $1/n$ eine der n nicht unbedingt voneinander verschiedenen Gewinnhöhen x_1, …, x_n aus, so besitzt die zugehörige Zufallsgröße den Erwartungswert

$$\overline{x} = \frac{1}{n}(x_1 + \ldots + x_n)$$

sowie die Standardabweichung

$$\sqrt{\frac{1}{n}\left((x_1 - \overline{x})^2 + \ldots + (x_n - \overline{x}))^2\right)}.$$

Es ist naheliegend, die beiden Formeln analog ebenso dann zu verwenden, wenn für eine Zufallsgröße X nur empirische Resultate in Form realisierter Zahlen $X_1(\omega)$, …, $X_n(\omega)$ für eine Sequenz von gleichverteilten und unabhängigen Zufallsgrößen $X = X_1$, …, X_n vorliegen. Dies ist natürlich insofern angemessen, weil die empirische Verteilungsfunktion eine Näherung der Verteilungsfunktion der Zufallsgröße X darstellt.

Im Rahmen dieser empirischen Vorgehensweise definieren die beiden Formeln zwei Zufallsgrößen T und U, deren Werte aus dem Beobachtungsergebnis $\mathbf{x} = (X_1(\omega), \ldots, X_n(\omega))$ der Sequenz von voneinander unabhängigen und gleichverteilten Zufallsgrößen $X = X_1$, …, X_n berechnet werden:

$$T(\mathbf{x}) = \frac{1}{n}(X_1(\mathbf{x}) + \ldots + X_n(\mathbf{x})) = \frac{1}{n}(X_1(\omega) + \ldots + X_n(\omega))$$

und

$$U(\mathbf{x}) = \sqrt{\frac{1}{n}\left((X_1(\mathbf{x}) - T(\mathbf{x}))^2 + \ldots + (X_n(\mathbf{x}) - T(\mathbf{x}))^2\right)}.$$

Da die Verteilungsfunktion der Zufallsgröße X durch die empirische Verteilungsfunktion approximiert wird, können wir davon ausgehen, dass auch die realisierten Werte $T(\mathbf{x})$ und $U(\mathbf{x})$ der beiden Zufallsgrößen T und U Näherungen für den Erwartungswert $E(X)$ beziehungsweise für die Standardabweichung σ_X darstellen. Ein wesentliches Qualitätsmerkmal der beiden Approximationen ist natürlich ihr „mittleres" Verhalten, das durch die beiden Erwartungswerte $E(T)$ und $E(U)$ charakterisiert wird.

Die erste Zufallsgröße T, üblicherweise empirischer Erwartungswert genannt und mit $\overline{X}$ bezeichnet, haben wir bereits in Abschn. 3.5 kennengelernt. Wie erhalten

$$E(\overline{X}) = \frac{1}{n}(E(X_1) + \ldots + E(X_n)) = E(X).$$

Ergänzend, nämlich vorbereitend auf die Analyse der zweiten Zufallsgröße U, berechnen wir außerdem

$$
\begin{aligned}
E(\overline{X}^2) &= \frac{1}{n^2} E((X_1 + \ldots + X_n)^2) \\
&= \frac{1}{n^2} \sum_{1 \leq i \leq n} E(X_i^2) + \frac{1}{n^2} \sum_{1 \leq i \neq j \leq n} E(X_i X_j) \\
&= \frac{1}{n^2} \sum_{1 \leq i \leq n} E(X_i^2) + \frac{1}{n^2} \sum_{1 \leq i \neq j \leq n} E(X_i) E(X_j) \\
&= \frac{1}{n} E(X^2) + \frac{n-1}{n} E(X)^2.
\end{aligned}
$$

Dabei erklärt sich die vorletzte Identität aus der Unabhängigkeit der Zufallsgrößen $X_1, \ldots, X_n$. Die letzte Identität folgt aus der Tatsache, dass die Zufallsgrößen $X = X_1, \ldots, X_n$ identisch verteilt sind.

Die zweite, zu Beginn des Kapitels definierte, Zufallsgröße U stimmt bis auf einen Faktor mit der in Abschn. 3.6 definierten empirischen Standardabweichung S überein. Und genau dieser Faktor war ja auch Gegenstand der zu Beginn des Kapitels gestellten Frage. Für die Zufallsgröße U erhält man

$$
U^2 = \frac{1}{n} \sum_{1 \leq i \leq n} (X_i - \overline{X})^2 = \frac{1}{n} \sum_{1 \leq i \leq n} X_i^2 - 2 \frac{1}{n} \left(\sum_{1 \leq i \leq n} X_i \right) \overline{X} + \overline{X}^2 = \frac{1}{n} \sum_{1 \leq i \leq n} X_i^2 - \overline{X}^2
$$

und folglich

$$
E(U^2) = E(X^2) - E(\overline{X}^2) = \frac{n-1}{n} E(X^2) - \frac{n-1}{n} E(X)^2 = \frac{n-1}{n} \sigma_X^2.
$$

Aus dieser Identität ersieht man sofort, warum für die Definition der empirischen Standardabweichung S der Nenner $n - 1$ statt n verwendet wurde: Dadurch wird nämlich die Eigenschaft

$$
E(S^2) = \sigma_X^2
$$

erreicht. In Bezug auf die Schätzung der unbekannten Varianz $Var(X)$ mit der Zufallsgröße S^2 bedeutet dies, dass die mittlere Abweichung zum richtigen Wert gleich 0 ist.

Zweifelsohne ist ein solches, im Mittel zielgerichtetes Verhalten ein wichtiges Qualitätsmerkmal einer Prüfgröße. Mit dem empirischen Erwartungswert sowie der empirischen Standardabweichung kennen wir bereits zwei Beispiele für solche Prüfgrößen, die man als erwartungstreue Schätzer bezeichnet. Um diesen Begriff zu erklären, muss zunächst erläutert werden, was man unter einem **Schätzer** versteht, der gelegentlich auch als **Schätzfunktion** oder – in Abgrenzung zum Konfidenzintervall – als **Punktschätzer** bezeichnet wird. Wir gehen dabei wieder von einer Situation aus, wie sie im Ausblick des Abschn. 3.2 dargelegt und in Abschn. 3.4 bei der allgemeinen Beschreibung eines Hypothesentests zugrunde gelegt wurde. Gegeben ist also eine Zufallsgröße X, deren Verteilung von einem gegebenenfalls mehrdimensionalen, wertmäßig unbekannten Parameter $\vartheta \in \Theta$ bestimmt wird, wobei Θ wieder für die Menge der möglichen Parameter steht. Ziel ist es, Informationen über den Parameter ϑ aus den innerhalb einer Stichprobe beobachteten Ergebnissen zu erhalten. Konkret soll der Wert $g(\vartheta)$ geschätzt werden, wobei g eine Funktion ist. Geschätzt wird mit einer auf Basis der Stichprobenergebnisse definierten Zufallsgröße $T_\vartheta = t(X_1, \ldots, X_n)$, der wieder eine Stichprobe in Form einer endlichen Folge von voneinander unabhängigen, identisch verteilten Zufallsgrößen $X = X_1, \ldots, X_n$ zugrunde liegt. Jede solche Zufallsgröße T_ϑ wird als Schätzer bezeichnet, egal ob die Definition in der Regel eine gute Schätzung liefert oder nicht.

Die Indizierung der Zufallsgröße T_ϑ mit dem Parameter ϑ trägt dem Umstand Rechnung, dass deren Verteilung von ϑ abhängt: Zwar hängt die eigentliche Schätzfunktion t *nicht* vom Parameter ϑ ab, wohl aber die Verteilung der mit t transformierten Beobachtungsergebnisse.

Es bleibt noch eine Anmerkung zur Funktion g zu machen, mit welcher der Parameter ϑ transformiert wird. Diese Funktion erlaubt es, die Schätzung auf einen inhaltlichen Bestandteil des Parameters zu beschränken. Handelt es sich beispielsweise beim Parameter ϑ um das Wertepaar $\vartheta = (m, \sigma) \in \mathrm{R} \times \mathrm{R}^+$, das aus Erwartungswert und Standardabweichung einer Normalverteilung gebildet ist, dann ermöglicht es die Funktion $g(\vartheta) = g(m, \sigma) = m$, eine Schätzung auf den Erwartungswert zu beschränken.

Wie gut die Schätzung tatsächlich ist, die abhängig vom Beobachtungsergebnis $x = (X_1(\omega), \ldots, X_n(\omega))$ wertmäßig durch $T_\vartheta(x) = t(x) \approx g(\vartheta)$ konkretisiert wird, lässt sich an Hand bestimmter Qualitätsmerkmale systematisch charakterisieren. Erstmals formuliert wurden diese Kriterien vom Begründer der Schätztheorie Ronald Aylmer Fisher 1922 in seiner bahnbrechenden Publikation *On the mathematical foundations of theoretical statistics*.[20] An dieser Stelle soll nur ein kurzer Überblick über die entsprechenden Denkansätze und Begriffe gegeben werden:

- Die Zufallsgröße T_ϑ heißt genau dann **erwartungstreuer, unverfälschter** oder **unverzerrter** Schätzer für $g(\vartheta)$, wenn für alle möglichen Parameter die Bedingung

$$E(T_\vartheta) = g(\vartheta)$$

erfüllt ist. Im Fall einer Zufallsgröße X mit endlichem Wertebereich entspricht diese Anforderung der Gleichung

$$\sum_x t(x) \cdot P_\vartheta((X_1, \ldots, X_n) = x) = g(\vartheta).$$

---

[20] Philosophical Transactions of the Royal Society of London, **A 222** (1922), S. 309–368.

Summiert wird dabei über alle möglichen Beobachtungsergebnisse $x \in \mathcal{X}$, deren Wahrscheinlichkeiten $P((X_1, ..., X_n) = x)$ natürlich vom Parameter ϑ abhängen und daher zur Verdeutlichung oft mit ϑ indiziert werden.

- Die vom Parameter ϑ abhängende Differenz $B(\vartheta) = E(T_\vartheta) - g(\vartheta)$ heißt **Bias** der Schätzung. Gelegentlich wird die Differenz $B(\vartheta)$ auch **systematischer Fehler** oder **Verzerrung** genannt. Der Bias ist genau dann konstant gleich 0, wenn der betreffende Schätzer erwartungstreu ist. Im Englischen werden erwartungstreue Schätzer daher *unbiased* genannt.

- Die **Effizienz** oder **Wirksamkeit** eines *erwartungstreuen* Schätzers T_ϑ wird dadurch charakterisiert, dass für die möglichen Parameter $\vartheta \in \Theta$ die Varianz $Var(T_\vartheta)$ möglichst klein ist: Je kleiner diese Varianzen $Var(T_\vartheta)$ sind, desto geringer beziehungsweise seltener sind nämlich die zufälligen Schwankungen der realisierten, das heißt zufällig „ausgewürfelten", Schätzwerte $T_\vartheta(x)$ um den Erwartungswert $E(T_\vartheta) = g(\vartheta)$. Stellt sich im direkten Vergleich von zwei erwartungstreuen Schätzfunktionen für $g(\vartheta)$ heraus, dass einer der beiden Schätzer T_ϑ für alle möglichen Parameter $\vartheta \in \Theta$ eine geringere Varianz $Var(T_\vartheta)$ aufweist, dann wird er gegenüber dem anderen als **effizienter** oder **wirksamer** bezeichnet.

- Ein Schätzer T_ϑ heißt **suffizient** oder **erschöpfend,** wenn durch die Berechnung der realisierten Schätzwerte $T_\vartheta(x) = t(X_1(\omega), ..., X_n(\omega))$ aus den zufälligen Stichprobenwerten $x = (X_1(\omega), ..., X_n(\omega))$ keine Information verloren geht, aus der sich Hinweise auf den unbekannten Parameter ϑ ergeben hätten. Konkret dürfen dazu die bedingten Wahrscheinlichkeiten der Form

$$P_\vartheta((X_1(\omega), \ldots, X_n(\omega)) = x_0 | T_\vartheta(X_1(\omega), \ldots, X_n(\omega)) = t_0)$$

wertmäßig nicht vom Parameter $\vartheta \in \Theta$ abhängen.

Ist ein Schätzer so definiert, dass die Größe der Stichprobe variiert werden kann, erhält man eine Folge von Schätzern. Deren Langzeitverhalten beinhaltet ebenfalls Qualitätsmerkmale:

- Ein Schätzer heißt **asymptotisch erwartungstreu,** wenn für jeden möglichen Parameter $\vartheta \in \Theta$ der Erwartungswert $E(T_\vartheta)$ für große Stichprobengrößen n gegen den zu schätzenden Wert $g(\vartheta)$ konvergiert.

- Der Schätzer T_ϑ heißt **konsistenter** Schätzer für $g(\vartheta)$, wenn er für jeden möglichen Parameterwert $\vartheta \in \Theta$ für große Stichprobengrößen n stochastisch gegen den zu schätzenden Wert $g(\vartheta)$ konvergiert. Wir erinnern uns, was das bedeutet: Für jede, beliebig klein vorgegebene Obergrenze eines Fehlers $\varepsilon > 0$ muss die Wahrscheinlichkeit, dass diese Grenze bei der Schätzung aufgrund von $| T_\vartheta(x) - g(\vartheta) | > \varepsilon$ überschritten wird, bei wachsender Stichprobengröße n gegen 0 konvergieren.

Zum Beispiel ist der empirische Erwartungswert ein erwartungstreuer Schätzer, der aufgrund des (schwachen) Gesetzes der großen Zahlen auch konsistent ist. Beide Eigenschaften übertragen sich selbstverständlich auf den Spezialfall, bei dem die Wahrscheinlichkeit eines Ereignisses mit den relativen Häufigkeiten, die für dieses

Ereignis im Rahmen einer Versuchsreihe beobachtet werden, geschätzt wird. Dabei sind relative Häufigkeiten als Schätzer sogar auch suffizient, da die zusätzliche Berücksichtigung der Reihenfolge von Treffern und Nicht-Treffern keine weiteren Erkenntnisse bringt.

Auch die empirische Standardabweichung ist entsprechend der bereits durchgeführten Berechnung ein erwartungstreuer Schätzer. Es wird nochmals daran erinnert, dass für diese Eigenschaft der Nenner $n-1$ maßgeblich ist. Mit einem Nenner n würde sich „nur" ein asymptotisch erwartungstreuer Schätzer ergeben.

Es gibt allerdings sogar Schätzaufgaben, für die kein erwartungstreuer Schätzer existiert. Ein Beispiel werden wir am Ende dieses Kapitels in Aufgabe 1 kennenlernen.

Die Erwartungstreue eines Schätzers ist unter anderem deshalb eine so wichtige Eigenschaft, da sie im Zusammenspiel mit dem Gesetz der großen Zahlen bei einer Durchschnittsbildung von mehreren, unabhängig voneinander ermittelten Werten dieses Schätzers eine beliebig genaue Approximation erlaubt – zumindest dann, wenn die Varianz des Schätzers endlich ist, was aber bei Stichproben aus einer endlichen Grundgesamtheit auf jeden Fall gesichert ist. Bei der Durchschnittsbildung spielt die Varianz des Schätzers aber nicht nur in qualitativer Hinsicht eine Rolle: Je kleiner die Varianz des Schätzers ist, desto schneller und sicherer wirkt das Gesetz der großen Zahlen!

Schätzer für Kovarianz und Korrelationskoeffizient

Soll die quantitative Beziehung von zwei Zufallsgrößen X und Y, die auf Basis desselben Zufallsexperimentes definiert sind, empirisch untersucht werden, dann entspricht diese Situation einer verbundenen Stichprobe. Das heißt, die formale Ausgangslage umfasst eine endliche Folge von zweidimensionalen, identisch verteilten, voneinander unabhängigen Zufallsvektoren $(X, Y) = (X_1, Y_1), \ldots, (X_n, Y_n)$, wobei die Beobachtungsergebnisse $(X_1(\omega), Y_1(\omega))$, $\ldots, (X_n(\omega), Y_n(\omega))$ die empirisch ermittelte Datenbasis der durchzuführenden Untersuchung bilden. Daraus berechnet werden sollen geeignete Schätzwerte für die Kovarianz $Cov(X, Y)$ und den Korrelationskoeffizienten $r(X, Y)$.

In Anlehnung an die schon untersuchten Schätzwerte für den Erwartungswert und die Standardabweichung einer Zufallsgröße liegt es nahe, für die Kovarianz den Schätzwert

$$C = \frac{1}{n-1} \sum_{i=1}^{n} (X_i - \overline{X})(Y_i - \overline{Y})$$

zu verwenden. Ganz analog zu den Berechnungen bei der Untersuchung der empirischen Standardabweichung erhält man einerseits

$$\sum_{i=1}^{n} (X_i - \overline{X})(Y_i - \overline{Y}) = \sum_{i=1}^{n} (X_i Y_i - \overline{X} Y_i - X_i \overline{Y} + \overline{X}\,\overline{Y})$$

$$= \sum_{i=1}^{n} X_i Y_i - n\overline{X}\,\overline{Y} - n\overline{X}\,\overline{Y} + n\overline{X}\,\overline{Y} = \sum_{i=1}^{n} X_i Y_i - n\overline{X}\,\overline{Y}$$

und andererseits

$$E(\overline{X}\,\overline{Y}) = \frac{1}{n^2} \sum_{i=1}^{n} E(X_i Y_i) + \frac{1}{n^2} \sum_{1 \leq i \neq j \leq 1}^{n} E(X_i Y_j)$$

$$= \frac{1}{n} E(XY) + \frac{1}{n^2} \sum_{1 \leq i \neq j \leq 1}^{n} E(X_i) E(Y_j)$$

$$= \frac{1}{n} E(XY) + \frac{n-1}{n} E(X) E(Y) ,$$

wobei die vorletzte Identität darauf beruht, dass für verschiedene Indizes i und j die beiden Zufallsgrößen X_i und Y_j unabhängig sind und daher $E(X_i Y_j) = E(X_i) \cdot E(Y_j)$ gilt.

Insgesamt ergibt sich

$$E(C) = \frac{1}{n-1} \big(nE(XY) - nE(\overline{X}\,\overline{Y}) \big)$$

$$= \frac{1}{n-1} (nE(XY) - E(XY) - (n-1)E(X)E(Y))$$

$$= E(XY) - E(X)E(Y) = Cov(X, Y).$$

Damit ist die Zufallsgröße C ein erwartungstreuer Schätzer für die Kovarianz $Cov(X, Y)$.

Einen guten Schätzer für den Korrelationskoeffizienten erhält man, wenn man in dessen Definition sowohl die Kovarianz im Zähler als auch die beiden Standardabweichungen im Nenner durch ihre empirischen Pendants ersetzt. Nachdem der Faktor $(n-1)$ weggekürzt ist, erhält man den als **empirischen Korrelationskoeffizienten** bezeichneten Schätzwert

$$R = \frac{\sum_i (X_i - \overline{X})(Y_i - \overline{Y})}{\sqrt{\sum_i (X_i - \overline{X})^2} \cdot \sqrt{\sum_i (Y_i - \overline{Y})^2}}.$$

Allerdings ist dieser Schätzer nicht erwartungstreu, aber immerhin konsistent, so dass er immerhin für genügend große Stichproben als qualitativ ausreichend angesehen werden kann.

Für Schätzer, die nicht erwartungstreu sind, liegt es nahe, die entsprechende Abweichung $E(T_\vartheta) - g(\vartheta)$ als gesonderten Anteil des zufallsabhängigen Fehlers $T_\vartheta - g(\vartheta)$ auszuweisen (siehe Abb. 3.10):

Abb. 3.10 Für *einen* festen Parameterwert ϑ dargestellt ist die Wahrscheinlichkeitsverteilung der möglichen Schätzwerte $T_\vartheta(x)$, das heißt die Wahrscheinlichkeiten $P(T_\vartheta(x)=t)$. Unterliegt die Schätzung einem generellen Trend, spiegelt sich dies im Bias $B(\vartheta)=E(T_\vartheta)-g(\vartheta)$ wider. Das Maß für die zufälligen Streuungen der Schätzwerte ist die Varianz $Var(T_\vartheta)$

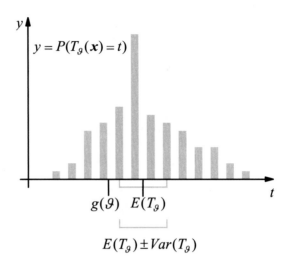

$$y = P(T_\vartheta(x) = t)$$

$$g(\vartheta) \quad E(T_\vartheta)$$

$$E(T_\vartheta) \pm Var(T_\vartheta)$$

$$T_\vartheta - g(\vartheta) = T_\vartheta - E(T_\vartheta) + E(T_\vartheta) - g(\vartheta)$$
$$= \underbrace{T_\vartheta - E(T_\vartheta)}_{} + \underbrace{B(\vartheta)}_{}$$

 Zufallsgröße mit $\qquad$ Von ϑ abhängende

 Erwartungswert 0 und $\qquad$ Konstante

 Varianz $Var(T_\vartheta)$

Der Schätzer ist daher qualitativ gut, wenn für jeden möglichen Parameter ϑ der Bias-Wert $B(\vartheta)$ sowie die Varianz $Var(T_\vartheta)$ betragsmäßig klein sind: Dabei stellt ein betragsmäßig kleiner Bias sicher, dass die Schätzung im Vergleich zum zu schätzenden Wert $g(\vartheta)$ keinem generellen Trend – etwa im Sinne von durchschnittlich zu großen Schätzungen – unterliegt. Ist darüber hinaus die Varianz $Var(T_\vartheta)$ klein, dann streuen die konkret „ausgewürfelten" Schätzwerte $T_\vartheta(x)$ nicht zu stark und zu oft.

Bildet man aus mehreren, unabhängig voneinander realisierten Werten eines bestimmten Schätzers den Durchschnitt, dann wird dessen Qualität durch die möglichst weitgehende Erwartungstreue sowie eine möglichst niedrige Varianz des Schätzers bestimmt. Um diese beiden Anforderungen in *einer* Kenngröße zu vereinigen, definiert man den sogenannten **mittleren quadratischen Fehler**. Diese vom Parameter $\vartheta \in \Theta$ abhängenden Maßzahlen sind definiert als

$$\mathrm{MSE}(\vartheta) = E\left((T_\vartheta(X_1, \ldots X_n) - g(\vartheta))^2\right),$$

wobei *MSE* für die englische Benennung *mean squared error* steht.

Ähnlich wie bei der Definition der Varianz wird mit dieser Konstruktion eine über alle möglichen Stichprobenauswahlen gemittelte Abweichung zwischen dem Schätzer T_ϑ und dem zu schätzenden Wert $g(\vartheta)$ gemessen. Unter Rückgriff auf die eben schon durchgeführte Aufspaltung dieser Abweichung ergibt sich

$$\text{MSE}(\vartheta) = E\left((T_\vartheta(X_1,\ldots,X_n) - g(\vartheta))^2\right)$$

$$= E\left((T_\vartheta(X_1,\ldots,X_n) - E(T_\vartheta(X_1,\ldots,X_n)) + B(\vartheta))^2\right)$$

$$= E\left((T_\vartheta(X_1,\ldots,X_n) - E(T_\vartheta(X_1,\ldots,X_n)))^2\right)$$

$$+ 2B(\vartheta)\, E(T_\vartheta(X_1,\ldots,X_n) - E(T_\vartheta(X_1,\ldots,X_n))) + B(\vartheta)^2$$

$$= Var(T_\vartheta(X_1,\ldots,X_n)) + B(\vartheta)^2.$$

Damit ist gezeigt, dass der mittlere quadratische Fehler $\text{MSE}(\vartheta)$ für jeden Parameterwert $\vartheta \in \Theta$ gleich der Summe ist aus

- der Varianz der Schätzfunktion sowie
- dem Quadrat des Bias.

Die vom Parameter $\vartheta \in \Theta$ abhängende Funktion $\text{MSE}(\vartheta)$ erlaubt es, ähnlich wie es mit der Operationscharakteristik bei Hypothesentests möglich ist, verschiedene Schätzer in qualitativer Hinsicht miteinander zu vergleichen. Dabei kann insbesondere der ursprünglich nur für erwartungstreue Schätzer definierte Begriff der Effizienz beziehungsweise Wirksamkeit verallgemeinert werden: Ein Schätzer heißt **MSE-effizienter** oder auch **MSE-wirksamer** als ein anderer Schätzer, wenn die MSE-Funktion des ersten Schätzers für alle möglichen Parameter $\vartheta \in \Theta$ kleiner oder gleich der MSE-Funktion des zweiten Schätzers ist.

Die mathematische Grundlagenforschung kann so zum Nutzen des Anwenders tätig werden. Wir wollen dies hier nur am sehr einfachen Beispiel des empirischen Erwartungswertes

$$\overline{X} = \frac{1}{n}(X_1 + \ldots + X_n)$$

demonstrieren: So naheliegend es zweifellos ist, den Erwartungswert $E(X)$ mit dieser Formel, also durch den Mittelwert der Beobachtungswerte, zu schätzen, so sollten wir uns – sensibilisiert durch die gerade angestellten Überlegungen – doch fragen, ob nicht vielleicht ein anderer Schätzer wie etwa

$$T = \frac{1}{n+3}(3X_1 + 2X_2 + X_3 + \ldots + X_n)$$

besser zur Schätzung des Erwartungswertes $E(X)$ geeignet ist. Dabei ist offenkundig auch dieser Schätzer T erwartungstreu und konsistent. Dass der alternative Schätzer T aber trotzdem keine Verbesserung darstellt, offenbart ein Vergleich der beiden mittleren quadratischen Fehler. Konkret erhält man, weil beide Bias-Werte verschwinden:

$$\text{MSE}(T) = Var\left(\frac{1}{n+3}(3X_1 + 2X_2 + X_3 + \ldots + X_n)\right)$$

$$= \frac{9 + 4 + (n-2)}{(n+3)^2}Var(X) = \frac{n+11}{(n+3)^2}Var(X) \geq \frac{1}{n}Var(X) = \text{MSE}(\overline{X})$$

Dabei erklärt sich das Größer-Gleich-Zeichen aus der für $n \geq 3$ gültigen Größer-Gleich-Relation

$$n(n + 11) = n^2 + 11n \geq n^2 + 6n + 9 = (n + 3)^2.$$

Maximum-Likelihood-Schätzer

Im aktuellen Kapitel wurden Kenndaten beschrieben, die es erlauben, verschiedene Schätzer eines gesuchten Parameters miteinander zu vergleichen? Wie aber findet man überhaupt solche Schätzer?

Eine allgemein verwendbare Technik zur Konstruktion von Schätzern ist die 1922 von Ronald Aylmer Fisher erfundene **Maximum-Likelihood-Methode,** wörtlich zu übersetzen am ehesten als „Methode der höchsten Mutmaßlichkeit". Deren Idee besteht darin, unter allen prinzipiell möglichen Zuständen des Untersuchungsszenarios denjenigen Zustand zu suchen, für welchen das konkret beobachtete Stichprobenergebnis die maximale Wahrscheinlichkeit besitzt. Offensichtlich ist ein so gefundener Zustand die beste Erklärung für das beobachtete Stichprobenergebnis, da kein anderer Zustand dieses Ergebnis plausibler erklären könnte.

Die formale Beschreibung der Stichprobe umfasst wieder eine endliche Folge von voneinander unabhängigen, identisch verteilten Zufallsgrößen $X = X_1, \ldots, X_n$, deren gemeinsame Verteilung von einem gegebenenfalls mehrdimensionalen, wertmäßig unbekannten Parameter ϑ bestimmt wird. Ziel ist es, für den Parameter ϑ beziehungsweise einen daraus transformierten Wert $g(\vartheta)$ eine gute Schätzfunktion zu konstruieren. Dazu werden, unter der Annahme eines endlichen Stichprobenraumes, die Wahrscheinlichkeiten für Stichprobenergebnisse x auf ihre Abhängigkeit hin vom unbekannten Parameter ϑ untersucht. Auf diese Weise erhält man die sogenannte **Likelihood-Funktion**

$$L_x(\vartheta) = P_\vartheta((X_1, \ldots, X_n) = x).$$

Diese Likelihood-Funktion $L_x(\vartheta)$ wird dann dazu verwendet, jeweils einen Parameterwert $\vartheta_{max}(x)$ zu suchen, für den diese Funktion maximal wird.[21] Dabei ist es a priori nicht klar, ob ein solches, eindeutig bestimmtes Maximum $\vartheta_{max}(x)$ überhaupt gefunden werden kann. Sollte dies aber für eine konkrete Klasse von Untersuchungsszenarios der Fall sein, so ist es naheliegend, dieses Maximum $\vartheta_{max}(x)$ als Schätzung des gesuchten Parameters ϑ zu verwenden – bezeichnet als **Maximum-Likelihood-Schätzer** beziehungsweise **ML-Schätzer.** Die Idee dieses Vorgehens haben wir bereits angedeutet: Einerseits kann im Vergleich zu $\vartheta_{max}(x)$ kein anderer Parameter ϑ das konkrete Beobachtungsergebnis x plausibler erklären. Andererseits liegt, selbst wenn $\vartheta_{max}(x)$ nicht der richtige Parameter sein sollte, bei einer stetigen Likelihood-Funktion L_x das Maximum $\vartheta_{max}(x)$ der Likelihood-Funktion einigermaßen zentral innerhalb eines kleinen Bereichs von Schätzwerten, von denen jeder das beobachtete Stichprobenergebnis x einigermaßen plausibel erklären könnte. Damit ist $\vartheta_{max}(x)$ eine gute Näherung für diese Schätzwerte.

Die gerade skizzierten Plausibilitätsüberlegungen sind natürlich nicht dazu geeignet, die Qualität einer zum gesuchten Wert $g(\vartheta)$ konstruierten Schätzfunktion $t(x) = g(\vartheta_{max}(x))$ nachzuweisen. Daher muss ein Qualitätsnachweis jeweils für den Fall einer konkret zu untersuchenden Problemklasse auf Basis der schon beschriebenen Qualitätsmerkmale geführt werden.

Ein sehr einfaches Beispiel soll uns dazu dienen, den Maximum-Likelihood-Ansatz zu verdeutlichen: Es werden n voneinander unabhängige Bernoulli-Experimente durchgeführt, deren gemeinsame Erfolgswahrscheinlichkeit p unbekannt ist. Aus der Anzahl der beobachteten Treffer

---

[21] In einigen Fällen hat es sich bewährt, statt der Likelihood-Funktion die sogenannte **log-Likelihood-Funktion** $l_x(\vartheta) = \log(L_x(\vartheta))$ zu untersuchen.

$X_1 + \ldots + X_n$ soll nun der unbekannte Parameter $\vartheta = p$ geschätzt werden. Mit den Formeln der Binomialverteilung erhält man zunächst die Likelihood-Funktion

$$L_k(p) = P(X_1 + \ldots + X_n = k) = \binom{n}{k} p^k (1-p)^{n-k}.$$

Diese Funktion kann nun mit Mitteln der Analysis im Intervall $[0, 1]$ einfach auf Maxima untersucht werden. Zunächst berechnet man dazu die Ableitung:

$$\frac{dL_k(p)}{dp} = \binom{n}{k} k p^{k-1}(1-p)^{n-k} + \binom{n}{k} p^k (n-k)(1-p)^{n-k-1} \cdot (-1)$$

$$= \left(\frac{k}{p} - \frac{n-k}{1-p} \right) \binom{n}{k} p^k (1-p)^{n-k} = \frac{k-pn}{p(1-p)} \binom{n}{k} p^k (1-p)^{n-k}$$

Diese Ableitung besitzt genau eine Nullstelle für $p = k/n$, wobei der zugehörige Funktionswert $L_k(k/n)$ nicht negativ ist. Da auf den Intervallrändern $L_k(0) = L_k(1) = 0$ gilt, handelt es sich bei $p_{\max} = k/n$ um das eindeutig bestimmte Maximum der Likelihood-Funktion $L_k(p)$.

Der Maximum-Likelihood-Ansatz liefert daher in diesem Fall die bereits intuitiv naheliegende Schätzung, bei welcher die relative Häufigkeit als Schätzwert für die unbekannte Wahrscheinlichkeit verwendet wird. Auch wenn somit für dieses beispielhafte Szenario keine neuen Erkenntnisse erzielt werden, so wird doch deutlich, dass der allgemeine Ansatz der Maximum-Likelihood-Methode imstande ist, qualitativ gute Schätzer zu generieren.

Methode der kleinsten Quadrate

Soll zu einer Messreihe mit den n Versuchsergebnissen (y_1, x_1), $\ldots$, (y_n, x_n) eine möglichst gut approximierende Gerade $y(x) = ax + b$ gefunden werden, so handelt es sich dabei um ein Problem, das eher der beschreibenden Statistik zuzuordnen ist. Bezüge zur Wahrscheinlichkeitsrechnung oder Mathematischen Statistik liegen zunächst nicht vor. Das ändert sich aber schlagartig, wenn man Annahmen darüber macht, warum die Messergebnisse trotz einer prinzipiell geltenden Gesetzmäßigkeit der Form $y(x) = ax + b$ nicht exakt auf einer Gerade liegen:

- Im ersten denkbaren Szenario werden *beide* in der Messreihe gemessenen Merkmale durch weitere, wertmäßig nicht bekannte Merkmale beeinflusst. Durch die subjektive Unkenntnis dieser verborgenen Merkmale scheinen die gemessenen Merkmalswerte zufälligen Schwankungen unterworfen zu sein. Ein Beispiel für diese Situation ist die bereits in Abschn. 2.6 erörterte Abhängigkeit zwischen Körpergröße und -gewicht erwachsener Männer, wobei das Gewicht natürlich nicht nur durch die Körpergröße, sondern auch durch andere Faktoren wie Körperumfang und Gewebeaufbau beeinflusst wird.
- Ebenso denkbar ist es, dass die zu den exakt bekannten Werten $x_1, \ldots, x_n$ gemessenen Werte $y_1, \ldots, y_n$ durch einen Fehler des verwendeten Messgerätes verfälscht wurden.[22]

---

[22] Eine solche Situation untersuchte erstmals Carl Friedrich Gauß 1801. Der Astronom Giuseppe Piazzi (1746–1826) hatte am 1. Januar 1801 den Zwergplanet Ceres entdeckt, ihn aber nach ein paar Beobachtungen nicht mehr wieder auffinden können. Gauß berechnete nun ausgehend von Beobachtungsdaten eine Position, an der Ceres am 7. Dezember 1801 von Franz Xaver Freiherr von Zach (1754–1832) wieder aufgefunden werden konnte. Bei dieser Problemstellung sind die x-Werte, nämlich die Zeitpunkte, exakt bekannt, während die y-Werte, die den Koordinaten entsprechen, Messfehlern unterworfen sind.

Das erste Szenario wird durch eine endliche Folge von identisch verteilten, voneinander unabhängigen Zufallsvektoren $(X, Y) = (X_1, Y_1), \ldots, (X_n, Y_n)$ beschrieben. Die Beobachtungsergebnisse sind dann die Realisierungen, das heißt die in n Versuchen „ausgewürfelten" Vektoren $(x_i, y_i) = (X_i(\omega), Y_i(\omega))$ für $i = 1, \ldots, n$. Entscheidet man sich – aus welchen *anwendungsbedingten* Gründen auch immer – dafür, eine Regressionsgerade von Y bezüglich X anzustreben, dann ist deren Bestimmung bei vollständiger Kenntnis der gemeinsamen Verteilung des Zufallsgrößenpaares (X, Y) mit Hilfe der in Abschn. 2.6 dargelegten Methode möglich. Mangels einer genauen Kenntnis dieser gemeinsamen Verteilung muss man allerdings auf Schätzwerte für die Regressionskoeffizienten zurückgreifen. Ein Teil der dafür notwendigen Überlegungen ist im Kasten *Schätzer für Kovarianz und Korrelationskoeffizient* (Abschn. 3.9) dargelegt.

Wir wollen nicht näher auf eine Analyse des ersten Szenarios eingehen, da es das zweite Szenario ermöglicht, die gleichen Resultate deutlich plausibler zu begründen. Dies schließt den im ersten Szenario notwendigen Symmetriebruch ein, bei dem man sich für eine der beiden möglichen Regressionsgeraden entscheiden muss.

Zur Vorbereitung der Berechnung macht man zunächst noch zusätzliche, allerdings sehr naheliegende Annahmen über die Fehler des Messgerätes. Konkret geht man davon aus, dass die durch das verwendete Messgerät verursachten Messfehler n voneinander unabhängigen, identisch verteilten Zufallsgrößen mit dem Erwartungswert 0 entsprechen. Die n Messpunkte $(x_1, Y_1(\omega))$, $\ldots, (x_n, Y_n(\omega))$ erfüllen deshalb Gleichungen der Form[23]

$$Y_i = ax_i + b + F_i,$$

wobei die n Messfehler den voneinander unabhängigen und identisch verteilten Zufallsgrößen $F = F_1, \ldots, F_n$ mit $E(F) = 0$ und $Var(F) = \sigma$ entsprechen.

Um einen Schätzer für das gesuchte Parameterpaar $\vartheta = (a, b)$ zu finden, kann ein bereits von Carl Friedrich Gauß verwendeter Maximum-Likelihood-Ansatz verwendet werden, sofern man zusätzlich noch annimmt, dass die Fehler $F_1, \ldots, F_n$ sogar normalverteilt sind. Eine solche Annahme erscheint insbesondere dann plausibel, wenn man sich von der Vorstellung leiten lässt, dass es sich bei den Fehlern um die Summe mehrerer Einzelfehler handelt. Mit der Annahme, dass die Fehler einer Normalverteilung unterliegen, sind auch die voneinander unabhängigen Zufallsgrößen Y_i normalverteilt, und zwar mit dem Erwartungswert $ax_i + b$ und der Standardabweichung σ. Da diese Zufallsgrößen einen kontinuierlichen Wertebereich besitzen, können wir bei einer Maximum-Likelihood-Optimierung aber nicht einfach nach dem Parameterpaar $\vartheta = (a, b)$ suchen, für die das konkret erzielte Messergebnis $(y_1, \ldots, y_n)$ die höchste Wahrscheinlichkeit besitzt. Stattdessen müssen wir die Wahrscheinlichkeit eines kleinen Bereiches[24]

$$\{ Y_i(\omega) \in [y_i, y_i + \delta] \text{ für } i = 1, \ldots, n \}$$

untersuchen, wobei $\delta > 0$ ein genügend kleiner, fest gewählter Wert ist:

$$P(\{ Y_i(\omega) \in [y_i, y_i + \delta] \text{ für } i = 1, \ldots, n \})$$

$$= \prod_{i=1}^{n} P(\{Y_i(\omega) \in [y_i, y_i + \delta]\}) = \prod_{i=1}^{n} \frac{1}{\sqrt{2\pi}} \int_{y_i}^{y_i + \delta} e^{-\frac{1}{2\sigma^2}(t_i - ax_i - b)^2} dt_i$$

$$\approx \left(\frac{1}{\sqrt{2\pi}}\right)^n \prod_{i=1}^{n} \delta \, e^{-\frac{1}{2\sigma^2}(y_i - ax_i - b)^2} = \left(\frac{\delta}{\sqrt{2\pi}}\right)^n \prod_{i=1}^{n} e^{-\frac{1}{2\sigma^2} \sum_{i=1}^{n}(y_i - ax_i - b)^2}$$

---

[23] Auch wenn die Situation stark an das erste Szenario und damit an die in Abschn. 2.6 untersuchte Aufgabenstellung erinnert, so darf ein entscheidender Unterschied nicht übersehen werden: Dort wurden beide Koordinaten der Messpunkte (X, Y) als Zufallsgrößen aufgefasst, diesmal aber nur der Y-Wert.

[24] Alternativ kann man auch sofort die Dichte der Verteilungsfunktion untersuchen.

Aufgrund des negativen Vorzeichens im Exponenten wird diese Wahrscheinlichkeit dann maximal, wenn die Quadratsumme im Exponenten möglichst klein wird. Damit wird gemäß dem Maximum-Likelihood-Prinzip das Messergebnis $(y_1, \ldots, y_n) = (Y_1(\omega), \ldots, Y_n(\omega))$ durch diejenigen Parameterwerte a und b am plausibelsten erklärt, für welche die Quadratsumme

$$\sum_{i=1}^{n} (y_i - ax_i + b)^2$$

ihr Minimum annimmt. Die Berechnung dieses Parameterpaares $\vartheta = (a, b)$ kann analog zur Herleitung in Fußnote 15 von Teil 2 erfolgen.[25] So findet man schließlich die sogenannten **Kleinste-Quadrate-Schätzer**

$$a = \frac{\overline{(x_i y_i)_i} - \overline{(x_i)_i} \cdot \overline{(y_i)_i}}{\overline{(x_i^2)_i} - \overline{(x_i)_i}^2} \quad \text{und} \quad b = \overline{(y_i)_i} - a \, \overline{(x_i)_i},$$

wobei die Querstriche wie üblich für den Mittelwert des entsprechenden Werte-Tupels stehen. Die beiden Formeln sind vollkommen analog zu den in Abschn. 2.6 hergeleiteten Formeln. Der einzige Unterschied besteht darin, dass die Kenngrößen wie Erwartungswert, Varianz und Kovarianz durch ihre empirischen Pendants ersetzt sind.

Wichtig ist es, nochmals an die zum Ende des Abschn. 2.6 gemachten Schlussbemerkungen zu erinnern: Eine gut approximierende Regressionsgerade ist noch kein Nachweis einer Kausalität und schon gar der Nachweis für die Richtung einer Kausalität. Insbesondere bezieht sich die wörtliche Bedeutung des Wortes Regression, nämlich „Rückgriff", ausschließlich auf quantitative Trends, nicht aber auf kausale Beziehungen.

Die Suche nach einer Beziehung der Form $y(x) = ax + b$ wird auch **einfache lineare Regressionsanalyse** genannt. Sie kann in zweierlei Hinsicht verallgemeinert werden:

Die **multiple lineare Regression** erstreckt sich über alle Beziehungen der Form

$$y(x_1, \ldots, x_n) = a_1 x_1 + \ldots + a_n x_n + b.$$

Dabei werden solche Konstanten $a_1, \ldots, a_n, b$ gesucht, die eine gute Prognose der – auch **Zielgröße** genannten – *abhängigen* Variable y auf Basis der – auch **Ausgangsvariablen** genannten – *unabhängigen* Variablen $x_1, \ldots, x_n$ erlauben.

Weitere Verallgemeinerungen beziehen auch nicht-lineare Funktionen ein. Man spricht dann von einer **nicht-linearen Regressionsanalyse.**

Aufgaben

1. Die Zufallsgröße X entspreche dem Ergebnis eines Bernoulli-Experimentes mit der Erfolgswahrscheinlichkeit $\vartheta = p$. Die Verteilung der Zufallsgröße ist damit $P(X = 1) = p$ und $P(X = 0) = 1 - p$. Zeigen Sie, dass es keinen erwartungstreuen Schätzer für die Standardabweichung gibt.

   Hinweis: Charakterisieren Sie zunächst den Stichprobenraum, das heißt die möglichen Ergebnisse der Versuchsreihe mit ihren Wahrscheinlichkeiten. Zeigen Sie dann, dass der Erwartungswert eines beliebigen Schätzers ein Polynom in p ist.

---

[25] Stattdessen kann man zur Quadratsumme auch eine gemeinsame Nullstelle ihrer beiden partiellen Ableitungen suchen, die zu den Parametern a und b gebildet werden.

2. In einer Stadt sind die Taxis durchgehend mit den Nummern 1, 2, ..., k nummeriert, wobei wir die Gesamtzahl k nicht kennen. Um die unbekannte Anzahl schätzen zu können, werden unter Aussortierung von Wiederholungen die Nummern von n Taxis beobachtet. Diese Aufgabe wird als **Taxiproblem** bezeichnet.

Bestimmen Sie zur entsprechenden Stichprobe X_1, ..., X_n zunächst den Maximum-Likelihood-Schätzer. Begründen Sie, warum dieser Schätzer trotzdem wenig realisitisch ist. Zeigen Sie schließlich, dass der Schätzer

$$\max_i(X_i) + \min_i(X_i) - 1$$

erwartungstreu ist.

Hinweis: Charakterisieren Sie wieder zunächst den Stichprobenraum. Definieren Sie für den zweiten Aufgabenteil eine Abbildung $s: \mathbf{X} \to \mathbf{X}$, die jedem möglichen Beobachtungsergebnis $x = (x_1, ..., x_n)$ mit $x_1 < ... < x_n$ die „Spiegelung"

$$s(x) = (k + 1 - x_n, \text{âĿ}, k + 1 - x_1)$$

zuordnet. Unterscheiden Sie bei der Berechnung des Erwarungswertes des Schätzers zwei Fälle abhängig von der Gültigkeit der Identität $x_1 + x_n = k + 1$.

3.10   Vierfeldertest: Unabhängigkeitstest für verbundene Stichproben

Ein seltenes Krankheitsbild kann durch zwei verschiedene Erreger verursacht werden. Um unverzüglich mit der angemessenen Therapie beginnen zu können, wird ein Schnelltest entwickelt, dessen Zuverlässigkeit Fall für Fall in einer aufwändigen Nachuntersuchung verifiziert wird. Dabei ergibt sich das folgende Stichprobenergebnis:

tatsächlich: Schnelltest-Ergebnis	Erreger A	Erreger B	gesamt
Erreger A	4	1	5
Erreger B	0	5	5
gesamt:	4	6	10

Ist bereits auf Basis dieser kleinen Stichprobe eine fundierte Aussage über die Zuverlässigkeit des untersuchten Schnelltests möglich?

Im einführenden Überblick zur Mathematischen Statistik in Abschn. 3.1 wurde bereits darauf hingewiesen, dass die Ergründung von kausalen Zusammenhängen zwischen verschiedenen Merkmalen eine wesentliche Anwendung statistischer Untersuchungsmethoden ist. Im einfachsten Fall besteht die Datenbasis aus einer verbundenen Stichprobe, das heißt konkret aus Paaren von Stichprobenwerten $(y_1, x_1), \ldots, (y_n, x_n)$, die sich als Realisierungen einer endlichen Folge von zwei-dimensionalen, identisch verteilten und voneinander unabhängigen Zufalls-vektoren $(X, Y) = (X_1, Y_1), \ldots, (X_n, Y_n)$ auffassen lassen: $(x_i, y_i) = (X_i(\omega), Y_i(\omega))$ für $i = 1, \ldots, n$. Solche Szenarien waren bereits Gegenstand der Erörterungen in den Kästen *Schätzer für Kovarianz und Korrelationskoeffizient* (Abschn. 3.9) und *Methode der kleinsten Quadrate* (am Ende von Abschn. 3.9).

Im Vergleich zu diesen beiden gerade nochmals in Erinnerung gerufenen Situationen besitzen die Merkmale beim Szenario der Eingangsfrage keinen quantitativen Charakter.[26] Einfacher gegenüber der allgemeinen Situation ist das aktuelle Szenario dadurch, dass jedes der beiden Merkmale „Schnelltest-Ergeb-nis" und „tatsächlicher Erreger" nur zwei Ausprägungen besitzt. Folglich ist die Zahl der Kombinationen von möglichen Merkmalswerten auf vier reduziert. Deren Häufigkeiten können daher in einer als **Vierfeldertabelle** bezeichneten 2×2-Tabelle eingetragen werden, die man meist um eine weitere Spalte sowie um eine weitere Zeile ergänzt, in welche die entsprechenden Zeilen- beziehungsweise Spaltensummen eingetragen werden.

Auch wenn die vergleichsweise wenigen Stichprobenergebnisse weitgehend die Richtigkeit des Schnelltest-Ergebnisses zu stützen scheinen, ist deren statistische Relevanz natürlich ad hoc überhaupt nicht einschätzbar. Wir wollen dies in Form eines Hypothesentests nachholen, und zwar in Form eines sogenannten **Vierfeldertests.** Konkret verwenden wir **Fishers exakten Test.** Selbstverständlich hätte die Testplanung bei einem methodisch einwandfreien Vorgehen eigentlich *vor* der Stichprobenerhebung erfolgen müssen. Als Null-Hypothese formulieren wir, dass die Ereignisse, die durch den tatsächlichen Erreger einerseits sowie das Ergebnis des Schnelltests andererseits definiert sind, unabhängig voneinander sind. Um die erhoffte Aussagekraft des Schnelltests wie gewünscht untermauern zu können, sind wir an einer Verwerfung der Null-Hypothese interessiert, die auf einem *einseitigen* Ablehnungsbereich beruht. Dazu muss das Beobachtungsergeb-nis für die Merkmals*paare* bedingt zum Beobachtungsergebnis für beide *Einzel*-merkmale so außergewöhnlich sein – und zwar aufgrund eines gleichgerichteten Trends zwischen Schnelltestergebnis und Realität –, dass die Null-Hypothese einer bestehenden Unabhängigkeit nicht aufrecht erhalten werden kann.

Was heißt das aber konkret? Wir überlegen uns zunächst, welche Häufigkeiten in Bezug auf die beobachteten Merkmalspaare im Prinzip möglich gewesen wären, wenn man das Szenario bedingt zum bereits eingetretenen Beobachtungsereignis

---

[26] Zwar lassen sich mittels einer Nummerierung der möglichen Merkmalsausprägungen stets zahlenmäßige Merkmalswerte erzwingen, jedoch sind die so entstehenden Werte in ihrer Größenordnung letztlich willkürlich. Im vorliegenden Fall wird eine Merkmalsquantifizierung, etwa im Hinblick auf eine nachgelagerte Berechnung einer Korrelation, dann einigermaßen natürlich, wenn die Merkmalswerte beider Merkmale im Gleichklang bewertet werden, also bei-spielsweise 1 für „Erreger A" und 0 für „Erreger B" sowohl beim Schnelltest-Ergebnis wie auch beim tatsächlichen Erreger.

Tab. 3.3 Mögliche Häufigkeitsverteilungen der Merkmalspaare innerhalb der Stichprobe einschließlich einer Charakterisierung des beobachteten Trends

k	0	1	2	3	4
Stichprobenergebnis	**4 1** **0 5**	3 2 1 4	2 3 2 3	1 4 3 2	0 5 4 1
Trend in der Stichprobe zwischen Schnelltestergebnis und Realität	gleichgerichtet		keiner		gegenläufig

der Einzelmerkmale betrachtet. In der Vierfeldertabelle entspricht das der Suche nach Häufigkeiten im inneren Bereich, wenn die Werte am rechten und unteren Rand[27] vorgegeben sind. Offenkundig gibt es dafür insgesamt fünf mögliche Stichprobenergebnisse, die wir mit $k = 0, \ldots, 4$ parametrisieren:

tatsächlich: Schnelltest-Ergebnis	Erreger A	Erreger B	gesamt
Erreger A	$4 - k$	$1 + k$	5
Erreger B	k	$5 - k$	5
gesamt:	4	6	10

Explizit handelt es sich bei diesen fünf Stichprobenergebnissen um die in Tab. 3.3 in Kurzform dargestellten Möglichkeiten, wobei das tatsächlich beobachtete Stichprobenergebnis ganz links steht. Damit kann nun auch der gesuchte p-Wert des Hypothesentests charakterisiert werden. Er entspricht der bedingten Wahrscheinlichkeit, mit der das links dargestellte Beobachtungsergebnis auf Basis des schon erfolgten Eintritts irgendeines der fünf Ereignisse erzielt wird. Um diese bedingte Wahrscheinlichkeit zu berechnen, werden wir die absoluten Wahrscheinlichkeiten beider Ereignisse berechnen und dann den Quotienten bilden.

Wir kommen nun zu den Berechnungen. Bevor wir die Häufigkeitsverteilungen bei Stichproben mit dem Umfang $n = 10$ untersuchen, schauen wir uns Stichproben an, die nur aus einer einzigen Person bestehen. Wir gehen also von einer Person aus, die zufällig aus der Gesamtheit von denjenigen, die das betreffende Krankheitsbild aufweisen, ausgewählt wird. Mit p bezeichnen wir die Wahrscheinlichkeit, dass der Schnelltest bei einer solchen Person auf den Erreger A hinweist. Entsprechend bezeichnen wir mit q die Wahrscheinlichkeit, dass eine solche Person tatsächlich mit dem Erreger A infiziert ist. Aufgrund der Null-Hypothese einer stochastischen Unabhängigkeit ergeben sich dann die folgenden Wahrscheinlichkeiten für eine einzelne Person:

---

[27] Man spricht daher auch von einer **Randverteilung** oder **Marginalverteilung**.

tatsächlich: Schnelltest-Ergebnis	Erreger A	Erreger B	gesamt
Erreger A	pq	$p(1-q)$	p
Erreger B	$(1-p)q$	$(1-p)(1-q)$	$1-p$
gesamt:	q	$1-q$	1

Darauf aufbauend lassen sich nun die drei entsprechenden Häufigkeitsverteilungen für eine zufällig ausgewählte Stichprobe berechnen. Im Hinblick auf die Eingangsfrage sind wir allerdings ausschließlich an einer Stichprobe mit dem Umfang $n = 10$ interessiert. Für die beiden *Einzel*merkmale ist die Häufigkeitsverteilung offenkundig jeweils eine Binomialverteilung. Die Wahrscheinlichkeit müssen wir sogar nur für das konkrete Beobachtungsergebnis der Einzelmerkmale berechnen, das auf den Tabellenrändern notiert ist:

tatsächlich: Schnelltest-Ergebnis	Erreger A	Erreger B	gesamt
Erreger A			5
Erreger B			5
gesamt:	4	6	10

Die Wahrscheinlichkeiten für diese beiden konkret beobachteten Häufigkeitsverteilungen der Einzelmerkmale betragen a priori

- $\binom{10}{4} q^4 (1-q)^6$ für die reinen Schnelltest-Ergebnisse beziehungsweise

- $\binom{10}{5} p^5 (1-p)^5$ für die ausschließlich auf die tatsächlichen Erreger bezogenen Ergebnisse.

Als Null-Hypothese hatten wir unterstellt, dass Ereignisse, die durch den tatsächlichen Erreger einerseits sowie das Ergebnis des Schnelltests andererseits definiert sind, unabhängig voneinander sind. Für das „Randverteilungs-Ereignis", das die Beobachtungsergebnisse beider Einzelmerkmale umfasst, ergibt sich daher die Wahrscheinlichkeit

$$\binom{10}{4}\binom{10}{5} q^4 (1-q)^6 p^5 (1-p)^5.$$

Schließlich haben wir noch die Wahrscheinlichkeiten für die möglichen Stichprobenergebnisse zu berechnen, die sich auf die Häufigkeiten beziehen, mit der die vier Paare von Merkmalsausprägungen auftreten. Wie schon festgestellt handelt es sich für $k = 0, \ldots, 4$ um die folgenden Vierfeldertabellen:

tatsächlich: Schnelltest-Ergebnis	Erreger A	Erreger B	gesamt
Erreger A	$4-k$	$1+k$	5
Erreger B	k	$5-k$	5
gesamt:	4	6	10

Um die absoluten Wahrscheinlichkeiten für die fünf Ereignisse zu berechnen, wickeln wir das entsprechende Zufallsexperiment gedanklich in zwei Stufen ab. Dabei wird zunächst nur nach dem eigentlichen Erreger unterschieden und dann – getrennt für die beiden Situationen des tatsächlichen Erregers A beziehungsweise B – nach dem Ergebnis des Schnelltests. Abhängig vom Parameterwert k erhält man auf diesem Weg für das Ereignis, das den gerade angeführten Tabellenwerten entspricht, die Wahrscheinlichkeit

$$\binom{10}{4}q^4(1-q)^6 \cdot \binom{4}{4-k}p^{4-k}(1-p)^k \cdot \binom{6}{1+k}p^{1+k}(1-p)^{5-k} =$$
$$\binom{10}{4}\binom{4}{4-k}\binom{6}{1+k}q^4(1-q)^6p^5(1-p)^5.$$

Für die zu den Parameterwerten $k=0, \ldots, 4$ gehörenden Ereignisse erhält man somit die folgenden bedingten Wahrscheinlichkeiten, wobei das oben angeführte „Randverteilungs-Ereignis" als bereits eingetreten vorausgesetzt wird. Es stellt sich heraus, dass diese bedingten Wahrscheinlichkeiten nicht von den Einzelwahrscheinlichkeiten p und q abhängen. Die Ursache dafür ist, dass es sich eigentlich um eine rein kombinatorische Angelegenheit handelt, bei der Versuchspersonen in einem zweistufigen Auswahlprozess ausgelost werden:[28]

$$\frac{\binom{4}{4-k}\binom{6}{1+k}}{\binom{10}{5}} \begin{cases} \frac{1\cdot6}{252} = 0{,}0238 & \text{für } k=0 \\ \frac{4\cdot15}{252} = 0{,}2381 & \text{für } k=1 \\ \frac{6\cdot20}{252} = 0{,}4762 & \text{für } k=2 \\ \frac{4\cdot15}{252} = 0{,}2381 & \text{für } k=3 \\ \frac{1\cdot6}{252} = 0{,}0238 & \text{für } k=14 \end{cases}$$

---

[28]Eine solche Wahrscheinlichkeitsverteilung wird **hypergeometrische Verteilung** genannt. Man erhält sie, wenn aus N Dingen, von denen M die gewünschte Eigenschaft besitzen, gleichwahrscheinlich n Dinge gezogen werden. Die Wahrscheinlichkeit für k Treffer ist dann:

$$\frac{\binom{M}{k}\binom{N-M}{n-k}}{\binom{N}{n}}$$

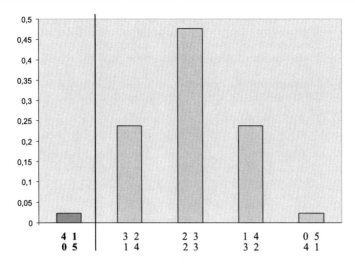

| 4 1 | 3 2 | 2 3 | 1 4 | 0 5 |
| 0 5 | 1 4 | 2 3 | 3 2 | 4 1 |

Abb. 3.11 Wahrscheinlichkeitsverteilung der möglichen Vierfeldertabellen bedingt zum Beobachtungsergebnis für beide Einzelmerkmale, wobei die Richtigkeit der Null-Hypothese unterstellt wird. Außen dargestellt sind die extremalen Stichprobenergebnisse: links folgen Schnelltestergebnis und Realität einem übereinstimmenden, rechts einem gegenläufigen Trend

Der auf Basis der Null-Hypothese berechnete einseitige p-Wert des konkret beobachteten Stichprobenergebnisses, das dem Parameterwert $k = 0$ entspricht, ist damit gleich 0,0238. Nur mit dieser kleinen Wahrscheinlichkeit ist also das „ausreißende" Beobachtungsergebnis rein zufällig zu erwarten, sofern die beiden Merkmale „Schnelltest-Ergebnis" und „tatsächlicher Erreger" stochastisch unabhängig voneinander sein sollten (siehe Abb. 3.11). Man kann daher die Unabhängigkeit mit einem p-Wert von 0,0238 verwerfen. Das heißt aber keinesfalls, dass damit die Fehlerfreiheit des Schnelltests nachgewiesen wäre – ein einzelnes fehlerhaftes Resultat ist ja bereits in der kleinen Stichprobe aufgetreten. Das Stichprobenergebnis ist also mehr als Indiz dafür zu werten, dass es sich lohnt, die stochastischen und kausalen Beziehungen zwischen Schnelltestergebnis und tatsächlichem Befund tiefer gehender zu untersuchen, um dabei etwa die für das Ergebnis des Schnelltests maßgeblichen Kriterien zu optimieren. Beispielsweise ist es denkbar, dass die beiden Erregertypen noch weiter differenziert werden können, wobei der Schnelltest in seiner ursprünglichen Form nur für die jeweils häufigste Unterart das richtige Resultat liefert.

Der χ^2-Unabhängigkeitstest
Die Bezeichnung Fishers exakter Test für die beschriebene Variante des Vierfeldertests rührt daher, dass für solche Aufgabenstellungen meist der χ^2-**Unabhängigkeitstest** verwendet wird, der leichter anzuwenden ist, dafür aber nur bei genügend hohen Häufigkeiten gute Approximationen liefert. Insofern ist der χ^2-Unabhängigkeitstest auf kleine Stichproben keinesfalls anwendbar. Dafür ist er aber auch anwendbar, wenn die beiden verbundenen Merkmale

mehr als nur jeweils zwei Merkmalswerte annehmen können. Ebenso anwendbar, allerdings mit deutlich mehr Aufwand, ist eine entsprechende Verallgemeinerung von Fishers exaktem Test.

Wir gehen von einer verbundenen Stichprobe aus. Dabei bezeichnen wir die Anzahl der möglichen Werte bei den beiden Merkmalen mit r beziehungsweise s. Wie beim Vierfeldertest, der dem Fall $r = s = 2$ entspricht, notiert man die Häufigkeiten N_{ij} für die Merkmalspaare in einer sogenannten $r \times s$-**Kontingenztabelle.** Am rechten und unteren Rand ergänzt werden die Häufigkeiten für die beiden Einzelmerkmale. In der Tabelle entsprechen diese Häufigkeiten den Zeilen- und Spaltensummen:

$$
\begin{array}{cccc|c}
N_{11} & N_{12} & \cdots & N_{1s} & Z_1 \\
N_{21} & N_{22} & \cdots & N_{2s} & Z_2 \\
\vdots & \vdots & \ddots & \vdots & \vdots \\
N_{r1} & N_{r2} & \cdots & N_{rs} & Z_r \\
\hline
S_1 & S_2 & \cdots & S_s & n
\end{array}
$$

Würde man die Wahrscheinlichkeiten $p_1, \ldots, p_r$ und $q_1, \ldots, q_s$ der Einzelmerkmale kennen, die den Zeilen beziehungsweise Spalten entsprechen, könnte man die stochastische Unabhängigkeit der beiden Merkmale mit Hilfe der Testgröße des χ^2-Anpassungstests prüfen:

$$
\sum_{i=1}^{r} \sum_{j=1}^{s} \frac{\left(N_{ij} - np_i q_j\right)^2}{np_i q_j}
$$

Da aber die Wahrscheinlichkeiten $p_1, \ldots, p_r$ und $q_1, \ldots, q_s$ der Einzelmerkmale unbekannt sind, liegt es nahe, die Testgröße dahingehend zu modifizieren, dass man diese Wahrscheinlichkeiten durch die Schätzwerte $Z_1/n, \ldots, Z_r/n$ und $S_1/n, \ldots, S_s/n$ ersetzt:

$$
\chi^2 = \sum_{i=1}^{r} \sum_{j=1}^{s} \frac{\left(N_{ij} - n\frac{Z_i}{n}\frac{S_j}{n}\right)^2}{n\frac{Z_i}{n}\frac{S_j}{n}} = \sum_{i=1}^{r} \sum_{j=1}^{s} \frac{\left(N_{ij} - \frac{Z_i S_j}{n}\right)^2}{\frac{Z_i S_j}{n}}
$$

Anders als die originale χ^2-Testgröße des Anpassungstests, deren Verteilung gegen eine χ^2-Verteilung mit $rs - 1$ Freiheitsgraden konvergiert, konvergiert die Verteilung der zweiten Zufallsgröße gegen eine χ^2-Verteilung mit $(r-1)(s-1)$ Freiheitsgraden.

Die unter Verwendung der relativen Zeilen- und Spaltenhäufigkeiten $Z_1/n, \ldots, Z_r/n$ und $S_1/n, \ldots, S_s/n$ definierte χ^2-Testgröße geht auf eine Idee von Karl Pearson aus dem Jahr 1904 zurück. Aber erst Anfang der 1920er-Jahre konnte Fisher die richtige Verwendung dieser χ^2-Testgröße klären, indem er den Wert ihrer wesentlichen Kenngröße bestimmte – zwischenzeitlich als Zahl der Freiheitsgrade bezeichnet. Dass diese Zahl gleich $(r-1)(s-1)$ ist, und nicht etwa gleich $rs - 1$ ist wie beim χ^2-Anpassungstest, rührt daher, dass die absoluten Häufigkeiten nicht nur eine einzige Nebenbedingung wie beim Anpassungstest erfüllen. Vielmehr kann Pearsons χ^2-Testgröße als Maß der Abweichung der rs Kombinationshäufigkeiten von einem idealen Unabhängigkeits-Szenario verstanden werden, bei dem die Zeilen- und Spaltenhäufigkeiten vorgegeben sind. Von den so $r + s$ erkennbaren Nebenbedingungen ergibt sich allerdings die „letzte" als Linearkombination der anderen, so dass die insgesamt rs Kombinationshäufigkeiten nur durch $r + s - 1$ Nebenbedingungen eingeschränkt werden. Damit sinkt die Zahl der Freiheitsgrade auf $rs - (r + s - 1) = (r-1)(s-1)$.

Will man sich mit dieser sehr vagen Plausibilität nicht zufrieden geben, so kann man wie schon beim χ^2-Anpassungstest eine rekursive Approximation der Testverteilung herleiten.

Rekursionsgrundlage sind die beiden Fälle $s = 1$ und $r = 1$, in denen die χ^2-Testgröße beide Male konstant gleich 0 ist. Grundlage des Rekursionsschrittes ist wie beim χ^2-Anpassungstest wieder die Formel

$$\frac{(N_1 - M_1)^2}{M_1} + \frac{(N_2 - M_2)^2}{M_2} - \frac{((N_1 + N_2) - (M_1 + M_2))^2}{M_1 + M_2}$$
$$= \frac{N_1^2}{M_1} + \frac{N_2^2}{M_2} - \frac{(N_1 + N_2)^2}{M_1 + M_2} = \frac{(N_1 M_2 - N_2 M_1)^2}{M_1 M_2 (M_1 + M_2)}.$$

Diese Formel erlaubt es, die Differenz zu berechnen, die bei einer χ^2-Testgröße beim Zusammenfassen der Häufigkeiten von zwei Zeilen (beziehungsweise zwei Spalten) entsteht. So erhält man bei der Spalte für Spalte vorgenommenen Zusammenlegung der Ereignisse der ersten beiden Zeilen die Differenz

$$\Delta^2 = \chi^2 - \chi_{r-1,s}^2 = \sum_{j=1}^{s} \frac{(N_{1j} Z_2 - N_{2j} Z_1)^2 \left(\frac{S_j}{n}\right)^2}{Z_1 Z_2 (Z_1 + Z_2) \left(\frac{S_j}{n}\right)^3} = \sum_{j=1}^{s} \frac{(N_{1j} Z_2 - N_{2j} Z_1)^2}{Z_1 Z_2 (Z_1 + Z_2) \frac{S_j}{n}}.$$

Fast die gleiche Differenz erhält man, wenn man entsprechend mit der aus den beiden ersten Zeilen gebildeten $2 \times s$-Kontingenztabelle verfährt. Gegenüber der letzten Formel anzupassen sind nämlich lediglich die relativen Spaltenhäufigkeiten:

$$\chi_{[1,2],s}^2 - 0 = \sum_{j=1}^{s} \frac{(N_{1j} Z_2 - N_{2j} Z_1)^2}{Z_1 Z_2 (Z_1 + Z_2) \frac{N_{1j} + N_{2j}}{Z_1 + Z_2}}$$

Da die den Unterschied ausmachenden Brüche $(N_{1j} + N_{2j})/(Z_1 + Z_2)$ und S_j/n nach dem Gesetz der großen Zahlen jeweils stochastisch gegen q_j konvergieren, erhält man eine Zerlegung

$$\chi^2 = \chi_{r-1,s}^2 + \chi_{[1,2],s}^2 + D_n$$

mit zwei voneinander unabhängigen χ^2-Testgrößen und einer stochastisch gegen 0 konvergierenden „Störung" D_n.

Zerlegt man beide χ^2-Summanden entsprechend weiter, erhält man schließlich $(r - 1)$ $(s - 1)$ voneinander unabhängige χ^2-Testgrößen zu 2×2-Kontingenztabellen, deren Summe asymptotisch dieselbe Verteilung besitzt wie die χ^2-Testgröße der ursprünglichen $r \times s$-Kontingenztabelle.

Es bleibt daher nur noch die Verteilung der χ^2-Testgröße einer 2×2-Kontingenztabelle zu untersuchen. Der „Fahrplan" dazu ist den Aufgaben 2 und 3 zu entnehmen.

Aufgaben

1. Berechnen Sie für die allgemeine Vierfeldertabelle

a	b	$a + b$
c	d	$c + d$
$a + c$	$b + d$	n

auf Basis der Unabhängigkeits-Hypothese die zu den Häufigkeiten der Einzelmerkmale bedingte Wahrscheinlichkeit

$$\frac{\begin{pmatrix} a+c \\ a \end{pmatrix} \begin{pmatrix} b+d \\ b \end{pmatrix}}{\begin{pmatrix} n \\ a+b \end{pmatrix}} = \frac{(a+b)!(c+d)!(a+c)!(b+d)!}{n!a!b!c!d!}.$$

2. Beweisen Sie, dass die χ^2-Testgröße zu einer Vierfeldertabelle

A	B	$A+B$
C	D	$C+D$
$A+C$	$B+D$	n

durch

$$\chi^2 = \frac{n(AD-BC)}{(A+B)(A+C)(B+D)(C+D)}$$

berechnet werden kann.

3. Beweisen Sie, dass die Verteilung der in Aufgabe 2 berechneten χ^2-Testgröße auf Basis der Unabhängigkeits-Hypothese für große Gesamthäufigkeiten n gegen die Standardnormalverteilung konvergiert.

Hinweis: Stellen Sie zunächst in der in Aufgabe 2 hergeleiteten Formel die vier Zufallsgrößen A, B, C und D unter Verwendung der Einzelwahrscheinlichkeiten

pq	$p(1-q)$	p
$(1-p)q$	$(1-p)(1-q)$	$1-p$
q	$1-q$	1

in der Form

$$A = npq + (npq - A)$$

dar. Zeigen Sie dann, dass Produkte wie

$$(npq - A)(n(1-p)(1-q) - D)$$

gegenüber anderen Summanden von $AD - BC$ größenmäßig vernachlässigt werden können, während die vier Faktoren im Nenner sogar durch ihre Erwartungswerte approximiert werden können. Auf diese Weise ergibt sich dann die Zufallsgröße $AD - BC$ als Summe von n identisch verteilten und voneinander unabhängigen Zufallsgrößen mit Erwartungswert 0 und Varianz $n^2 pq(1-p)(1-q)$.

3.11   Universelle Tests ohne Parameter

Bei den Mitgliedern zweier Stichproben, die fünf Männer beziehungsweise sechs Frauen umfassen, werden die Körpergrößen ermittelt. Unter welchen Umständen wird es möglich sein, und wenn ja mit welcher Argumentation, ausgehend von diesen wenigen Daten auf eine signifikant höhere Körpergröße von Männern zu schließen?
Die zu den Stichproben ermittelten Messergebnisse wurden bewusst noch nicht angeführt, da eine seriöse Versuchsplanung ja eigentlich vor der Stichprobenuntersuchung stattfinden sollte – aufgrund der Bedeutung dieser Tatsache wird auch vor einer nochmaligen Wiederholung nicht zurückgeschreckt.

Bei der gestellten Aufgabe handelt es sich im Sinne der in Abschn. 3.1 eingeführten Terminologie um ein Zweistichprobenproblem. Gesucht ist ein statistischer Nachweis dafür, dass die Wahrscheinlichkeitsverteilungen von zwei Zufallsgrößen verschieden sind. Dabei soll sich die Verschiedenheit gemäß der Fragestellung dadurch auszeichnen, dass eine bestimmte der beiden Zufallsgrößen signifikant größere Werte aufweist als die andere. Anders als vielleicht das banale Beispiel vermuten lässt, besitzen solche Tests eine große Bedeutung, etwa wenn es darum geht, die Erfolgswirksamkeit eines Verfahrens, einer Therapie oder eines Medikaments zu untersuchen.

In Bezug auf das anzuwendende Modell spricht zwar einiges dafür, dass Körpergrößen von Männern einerseits und von Frauen andererseits normalverteilt sind. Wir wollen aber bewusst davon absehen, diese Annahme bei der Konstruktion des Tests zu verwenden.[29] Ziel unserer Überlegungen soll nämlich ein sogenannter **nicht-parametrischer Test** sein, der ohne jede A-Priori-Annahme darüber auskommt, welchem Typ von Verteilung die Merkmalswerte unterliegen.

Solche, auch **verteilungsfrei** oder **parameterfrei** genannten nicht-parametrischen Tests sind offensichtlich viel universeller verwendbar als die an stärkere Voraussetzungen gebundenen parametrischen Tests. Außerdem werden wir sehen, dass ein solcher nicht-parametrischer Test ohne großes mathematisches Vorwissen nachvollziehbar ist. Wie schon Arbuthnots Test, bei dem es sich aufgrund der nicht notwendigen Verteilungsannahme ebenfalls um einen nicht-parametrischen Test handelte, kann nämlich die Null-Hypothese rein auf Basis kombinatorischer Überlegungen geprüft werden.

---

[29] Unter der Voraussetzung, dass die Merkmalswerte normalverteilt sind, müssen bei einem parametrischen Ansatz insgesamt vier unbekannte Parameter berücksichtigt werden – zwei Erwartungswerte und zwei Standardabweichungen. Die Zahl der Parameter reduziert sich auf zwei, wenn man als Null-Hypothese annimmt, dass beide Verteilungen identisch sind. Darüber hinaus lässt sich sogar ohne jede Annahme über den Wert eines Parameters eine Testgröße konstruieren, mit der die Null-Hypothese geprüft werden kann. Dazu dividiert man die Differenz der beiden Stichproben-Mittelwerte durch die empirische Standardabweichung der Gesamtstichprobe. Auf diese Weise kann die Null-Hypothese auf Basis der t-Verteilung überprüft werden. Dieser Test wird als **Zwei-Stichproben-t-Test** bezeichnet.

Um die Testidee möglichst einfach erläutern zu können, starten wir mit der Null-Hypothese, dass beide Geschlechter übereinstimmende Körpergrößen-Verteilungen aufweisen. Allerdings ist die dazugehörige Alternativhypothese nicht die eigentlich angestrebte Aussage, da auch zwei Stichproben mit signifikant größeren Frauen zu einer Ablehnung der Null-Hypothese führen würden.

Die Testidee ist wie bei Arbuthnot simpel und durchsichtig zugleich: Sollten beide Größenverteilungen identisch sein, dann besitzen unter den $30 = 6 \cdot 5$ paarweise gebildeten Größendifferenzen die beiden Vorzeichen Plus und Minus die gleichen Wahrscheinlichkeiten. Für den Fall einer Größengleichheit zwischen einem Mann und einer Frau wollen wir annehmen, dass wir notfalls die Längenmessung so lange präzisieren, bis keine Gleichheit mehr vorkommt. Natürlich können wir bei einer Gleichheit auch zwischen den beiden Vorzeichen Plus und Minus losen. Auf jeden Fall beträgt nach einem solchen „Tie-Break" die Wahrscheinlichkeit ½, dass eine der gebildeten Größendifferenzen ein bestimmtes Vorzeichen aufweist.

Anders als bei Arbuthnot, der die Häufigkeitsverteilung der Vorzeichen bei einer verbundenen Stichprobe untersuchte, unterliegen die hier zu untersuchenden $30 = 6 \cdot 5$ Vorzeichen aber nicht der Binomialverteilung. Grund ist, dass die 30 Ereignisse nicht stochastisch unabhängig voneinander sind.[30] Trotzdem ist es nicht besonders schwer, die Wahrscheinlichkeitsverteilung der Vorzeichen auf Basis der Null-Hypothese zu berechnen. Man sortiert dazu die elf Stichprobenmitglieder der Größe nach und notiert dann die möglichen Reihenfolgen der zugehörigen Geschlechter. Der Übersichtlichkeit halber wählen wir die Notation „M" für männlich und „w" für weiblich:

```
30 × Plus: MMMMMwwwwww;
29 × Plus: MMMMwMwwwww;
28 × Plus: MMMMwwMwwww, MMMwMMwwwww;
27 × Plus: MMwMMMwwwww, MMMwMwMwwww, MMMMwwwMwww;
...
 2 × Plus: wwwwwMwwMMMM, wwwwwwMMwMMM;
 1 × Plus: wwwwwMwwMMMM;
 0 × Plus: wwwwwwMMMMM;
```

Da wir die weiteren kombinatorischen Resultate nicht benötigen, verzichten wir auf eine entsprechende Auflistung. Trotzdem bleibt anzumerken, dass es eine einfachere Alternative gibt zur expliziten Auflistung von M-w-Sequenzen. Dazu überlegt man sich zum Beispiel für den mit „27 × Plus" gekennzeichneten Fall, wie sich die 27 Paare untergliedern, in denen der Mann größer ist als die Frau: Wie viele Männer überragen alle sechs Frauen? Wie viele Männer überragen genau

---

[30] Wir verzichten hier auf eine genauere Begründung. Letztlich ist die Tatsache, dass die nachfolgend berechnete Verteilung keine Binomialverteilung ist, ein Nachweis dafür, dass keine Unabhängigkeit vorliegt.

fünf Frauen? Und so weiter. So erkennt man, dass die Sequenz MMMwMwMwwww der auch Partition genannten Summerzerlegung $6+6+6+5+4=27$ entspricht, weil jeder der drei größten Männer alle 6 Frauen, ein Mann 5 Frauen und der kleinste Mann immerhin noch 4 Frauen überragt. Analog wird die Sequenz MMMMwwwMwww durch die Partition $6+6+6+6+3=27$ repräsentiert. Allgemein zu berücksichtigen sind alle Partitionen aus fünf – entsprechend der Anzahl von Männern – Summanden mit absteigenden Werten zwischen 0 und 6 – Letzteres entsprechend der Anzahl der Frauen.

Übrigens verhalten sich die Kombinationsanzahlen symmetrisch, was sich erklärt, wenn man die Sequenzen in der Mitte spiegelt. So entsteht beispielsweise aus der zu „$9 \times$ Plus" führenden Sequenz wMwwwMMwwMM durch Spiegelung die zu „$21 \times$ Plus" führende Sequenz MMwwMMwwwMw.

Jede einzelne M-w-Sequenz beziehungsweise Partition entspricht $6! \cdot 5!$ Kombinationen, wobei der erste Faktor die Permutationen der sechs Frauen widerspiegelt und der zweite Faktor die Permutationen der fünf Männer. Mit diesen Permutationen wird also geregelt, welches „M" für welchen Mann und welches „w" für welche Frau steht. Insgesamt lassen die elf Stichprobenmitglieder $11!$ Permutationen zu. Davon führen zum Beispiel $2 \cdot 6! \cdot 5!$ Permutationen zu 28 positiven Differenzen. Auf Basis der Null-Hypothese ist damit die Wahrscheinlichkeit für das Ereignis, dass genau 28 Differenzen positiv sind, gleich

$$P(\text{„}28 \times \text{Plus"}) = \frac{2 \cdot 6! \cdot 5!}{11!} = \frac{2}{\binom{11}{5}} = 0,00433 \,.$$

Unter Annahme der Null-Hypothese einer identischen Größenverteilung von Männern einerseits und Frauen andererseits erhält man entsprechend durch

$$P(\text{mindestens 28 oder höchstens 2 positive Differenzen}) = \frac{8}{\binom{11}{5}} = 0,01732$$

eine Abgrenzung extremaler „Ausreißer"-Ergebnisse von Stichproben. Das heißt, bei einer Stichprobe mit einem solch extremalen Ergebnis wird die ursprünglich zugrunde gelegte Null-Hypothese identischer Größenverteilungen verworfen, sofern als Signifikanzniveau ein Wert von 2 % oder mehr festgelegt worden war.

Allerdings ist eine solche Testplanung mit einem zweiseitigen Ablehnungsbereich nicht das, was wir eigentlich angestrebt haben. Wie schon erwähnt würde nämlich auch eine Stichprobe mit lauter großen Frauen dazu führen, dass die Null-Hypothese verworfen würde. Hinsichtlich der Schlussfolgerung auf unterschiedliche Körpergrößen wäre dies ja sogar noch korrekt, nicht aber im Hinblick auf den statistischen Beleg dafür, dass Männer signifikant größer sind als Frauen. Insofern sollte man den Ablehnungsbereich nur einseitig anlegen:

$$P(\text{mindestens 28 positive Differenzen}) = \frac{4}{\binom{11}{5}} = 0{,}00866.$$

Betragen die Messergebnisse der Männer in Zentimetern konkret 172, 178, 180, 183 und 185 sowie 166, 169, 170, 171, 173 und 174 für die Frauen, dann führt dies unter den 30 möglichen Differenzen, bei denen von der Körpergröße eines Mannes die einer Frau subtrahiert wird, zu 28 positiven Werten. Mit der so möglichen Ablehnung der Null-Hypothese wird die Alternativhypothese, dass Männer durchschnittlich größer sind, mit einem Signifikanzniveau von 1 % bestätigt.

In allgemeiner Form lässt sich das gerade am Beispiel demonstrierte Vorgehen folgendermaßen beschreiben: Gegeben sind zwei Stichproben in Form von zwei Folgen von voneinander unabhängigen Zufallsgrößen $X = X_1, ..., X_m$ und $Y = Y_1, ..., Y_n$, für die in einer Versuchsreihe abhängig von deren Verlauf ω die Ergebnisse $X_1(\omega), ..., X_m(\omega), Y_1(\omega), ..., Y_n(\omega)$ realisiert, also „ausgewürfelt", werden. Außerdem wird angenommen, dass die Folgenglieder $X_1, ..., X_m$ einerseits und $Y_1, ..., Y_n$ andererseits untereinander identisch verteilt sind.

Geprüft werden soll die Null-Hypothese, dass die beiden Verteilungen der Zufallsgrößen X und Y gleich sind. Dabei sind wir an einer Verwerfung der Null-Hypothese interessiert, die darauf beruht, dass die Zufallsgröße X „im Durchschnitt" größer ist als die Zufallsgröße Y.

Als Testgröße verwendet wird die allgemein mit U bezeichnete Zufallsgröße

$$U = \sum_{i=1}^{m} \sum_{j=1}^{n} 1_{X_i > Y_j},$$

welche, völlig analog zum Beispiel, die Zahl der Indexpaare (i, j) mit positiven Differenzen $X_i - Y_j$ zählt.

Ein besonderes Augenmerk muss auf Werte gelegt werden, die übereinstimmend in beiden Stichproben vorkommen. Solche Werte werden **Bindungen** genannt. Um zu erreichen, dass die zugehörigen Indexpaare (i, j) mit $X_i = Y_j$ für die Verteilung der Testgröße U keine Rolle spielen, nehmen wir an, dass die Wahrscheinlichkeit für ein solches Zusammenfallen gleich 0 ist.[31] Auf Basis dieser Annahme kann die Verteilung der Testgröße U für beliebige Stichprobengrößen m und n rein kombinatorisch berechnet werden – so wir es für den Fall $m = 5$ und $n = 6$ im Wesentlichen getan haben. Möglich ist natürlich auch eine näherungsweise Bestimmung mittels einer Monte-Carlo-Simulation.

Ihrer prinzipiellen Natur entsprechend sollten nicht-parametrische Tests eigentlich ganz ohne oder zumindest mit möglichst wenig A-Priori-Annahmen auskommen. Im Hinblick darauf kann auf die Annahme über die Wahrscheinlichkeit

---

[31] Hinreichend dafür ist, dass die Verteilungsfunktionen der beiden Zufallsgrößen X und Y stetig sind, womit jede Wahrscheinlichkeit der Form $P(X = t)$ beziehungsweise $P(Y = t)$ gleich 0 ist.

vorkommender Bindungen sogar verzichtet werden, wenn bei der praktischen Durchführung eines Tests bei einer vorkommenden Bindung einfach eine „Tie-Break"-Auslosung durchgeführt wird.[32] Unter diesen Umständen ist die beidseitige Testversion, die nach signifikanten Unterschieden zwischen beiden Verteilungen fahndet, ohne jegliche A-Priori-Annahme über die Verteilung möglich.

Der beschriebene Hypothesen-Test wurde erstmals 1947 durch die beiden Mathematiker Henry Berthold Mann (1905–2000) und Donald Ransom Whitney (1915–2001) vorgeschlagen. Er wird deshalb als **Mann-Whitney-Test** oder auch als **Mann-Whitney-U-Test** bezeichnet. Er ist äquivalent zu dem bereits 1945 durch Frank Wilcoxon (1892–1965) vorgestellten **Wilcoxon-Vorzeichen-Rang-Test**, wobei Wilcoxon allerdings nur den Fall von zwei gleich großen Stichproben, das heißt $n = m$, betrachtete. Es bleibt allerdings anzumerken, dass der deutsche Pädagoge Gustav Deuchler (1883–1955) bereits 1914 im Rahmen einer Veröffentlichung zur empirischen Psychologie eine äquivalente Testgröße beschrieben hat.[33]

In Bezug auf ihre inhaltliche Ausrichtung zählen beide Tests zu den sogenannten **Homogenitätstests,** die allgemein die Gleichheit von zwei Verteilungen zum Gegenstand haben.

Der einseitige Mann-Whitney-Test
Etwas schwieriger gestaltet sich die Formulierung einer Grundannahme, wenn eine *einseitige* Ablehnung der Null-Hypothese angestrebt wird. Ziel ist es dabei, einen statistischen Nachweis für die Alternativhypothese zu erhalten, gemäß der die Zufallsgröße X „im Durchschnitt größer" ist als die Zufallsgröße Y.

Einseitig ist zunächst der Ablehnungsbereich, welcher die Form $T_1(c) = \{t \mid t \geq c\}$ aufweist. Einseitig ist aber auch die beabsichtigte Schlussfolgerung. Stochastisch verworfen werden soll nämlich nicht nur der Fall, dass die beiden Zufallsgrößen X und Y identisch verteilt sind. Ausgeschlossen werden soll auch die Möglichkeit „$X < Y$", was immer das im konkreten Detail auch heißen mag.

Allerdings ist eine entsprechende Definition dafür, dass eine Zufallsgröße „im Durchschnitt größer" ist als eine andere Zufallsgröße, keineswegs so

---

[32] Natürlich verzichtet man mit einer solchen Auslosung auf einen Teil der Information, die das Testergebnis eigentlich liefert. Insofern gibt es auch Test-Versionen, welche die Zahl der vorkommenden Bindungen berücksichtigen.

[33] Die Vorreiterrolle Deuchlers wurde erst 1957 durch William Kruskal bekannt gemacht. Die dabei gemachten biographischen Angaben über Deuchler orientierten sich an den Angaben von dessen Witwe. Sie enthalten keinen Hinweis auf die höchst unrühmliche Rolle, die Deuchler während der NS-Herrschaft an der Universität Hamburg spielte. Für dieses Verhalten wurde er 1945 aus dem Dienst entlassen.

einfach ist, wie es vielleicht intuitiv erscheinen mag. So haben wir zum Beispiel in Aufgabe 5 von Abschn. 2.5 gesehen, dass man drei symmetrische Würfel so beschriften kann, dass keiner von ihnen der beste ist. Konkret gibt es zu jedem der drei Würfel jeweils einen anderen, der aussichtsreichere Chancen bietet, weil er mit einer Wahrscheinlichkeit von 21/36 ein höheres Würfelergebnis liefert. Dies zeigt insbesondere, dass zwei Zufallsgrößen anders als zwei reelle Zahlen nicht unbedingt größenmäßig vergleichbar sein müssen.

Die angestrebte einseitige Schlussfolgerung des Mann-Whitney-Tests ist allerdings dann möglich, wenn bereits a priori gesichert ist, dass solche Fälle einer Nicht-Vergleichbarkeit nicht vorliegen können. Bei Würfeln kann man sich zum Beispiel vorstellen, dass ausgehend von einer bestimmten Kennzeichnung neue Würfel kreiert werden, indem die Werte einzelner Seitenflächen erhöht werden. Aus einem Standardwürfel entsteht dann beispielsweise der mit 1-2-4-4-5-8 gekennzeichnete Würfel. Zwar kann man auch mit diesem Würfel Pech haben und mit einer Eins gegen eine mit einem Standardwürfel erzielte Fünf unterliegen. Trotzdem ist aber klar, dass der Standardwürfel schlechter ist. Und er wird noch schlechter, wenn beim Würfel 1-2-4-4-5-8 nochmals einzelne Werte erhöht werden.

Damit zwei Zufallsgrößen X und Y in einer analogen Relation zueinanderstehen, müssen sie die folgenden Eigenschaften erfüllen: Die Zufallsgröße X muss die Form $X = X' + D$ aufweisen, wobei die Zufallsgrößen X' und Y die gleiche Verteilung besitzen und D eine Zufallsgröße ist, die keine negativen Werte annimmt. Man spricht in solchen Fällen von einer **stochastischen Dominanz.** Konkret nennt man die Zufallsgröße X stochastisch dominant gegenüber der Zufallsgröße Y, was sich auch anhand der Verteilungen der beiden Zufallsgrößen erkennen lässt. Dazu muss die Ungleichung $P(X > t) \geq P(Y > t)$ für alle reellen Zahlen t gültig sein.[34]

Zwischen zwei Zufallsgrößen muss keinesfalls immer eine stochastische Dominanz bestehen. Beispiele ergeben sich mit Hilfe der bereits erwähnten, mit den Zahlen 5-7-8-9-10-18, 2-3-4-15-16-17 beziehungsweise 1-6-11-12-13-14 markierten Würfeln. Allerdings kann in vielen Fällen der praktischen Anwendung von einer stochastischen Dominanz ausgegangen werden, beispielsweise, wenn die betreffenden Zufallsgrößen normalverteilt sind und eine übereinstimmende Standardabweichung aufweisen. Allerdings dienen nicht-parametrische Tests ja eigentlich dem Zweck, solche weitgehenden Annahmen zu vermeiden, und in der Tat kommt es ja für die stochastische

---

[34] In Bezug auf die beiden Verteilungsfunktionen ist diese Bedingung für eine auch mit $X \geq_{SD} Y$ abgekürzte stochastische Dominanz äquivalent zur Ungleichung $P(X \leq t) \leq P(Y \leq t)$, die für alle reellen Werte t gelten muss.

Dominanz gar nicht darauf an, dass es sich um Normalverteilungen handelt. Auch beliebige andere Verteilungen, die durch eine Verschiebung um einen konstanten Wert auseinander hervorgehen, erfüllen die Voraussetzungen ebenfalls.

Immer dann, wenn a priori eine stochastische Dominanz zwischen den beiden zu vergleichenden Zufallsgrößen X und Y gesichert ist, kann der Mann-Whitney-Test einseitig angewandt werden. Dazu haben wir uns davon zu überzeugen, dass die Testgröße

$$U = \sum_{i=1}^{m} \sum_{j=1}^{n} 1_{X_i > Y_j}$$

in der gewünschten Weise auf stochastisch dominierte Zufallsgrößen reagiert:

Wir gehen zunächst von einem Paar zu vergleichender Zufallsgrößen X und Y aus. Als Null-Hypothese nehmen wir vorübergehend die Gleichheit der beiden Verteilungen an. Auf deren Basis kreieren wir zum Signifikanzniveau α einen einseitigen Ablehnungsbereich der Form $\mathscr{T}_1(c) = \{t | t \geq c\}$. Dieser Ablehnungsbereich hat dann die gewünschte Eigenschaft, dass er auch bei der einseitigen Null-Hypothese, gemäß der die Zufallsgröße Y die Zufallsgröße X stochastisch dominiert, das Signifikanzniveau α einhält. Ist nämlich D eine Zufallsgröße mit lauter nicht-negativen Werten, so erhöht sich kein realisierter Wert $U(\omega)$ beim Übergang von einem zu vergleichenden Paar von Zufallsgrößen (X, Y) zum Paar $(X, Y + D)$. Da ein Wert $U(\omega)$ bereits bei identisch verteilten Zufallsgrößen X und Y höchstens mit der Wahrscheinlichkeit α im einseitigen Ablehnungsbereich $\mathscr{T}_1(c) = \{t | t \geq c\}$ liegt, gilt das erst recht für das Paar $(X, Y + D)$. Schließlich kann bei einer Verwerfung der einseitigen Null-Hypothese auf eine stochastische Dominanz von X gegenüber Y geschlossen werden, weil die Tatsache einer stochastischen Dominanz, in welcher Richtung auch immer, vorausgesetzt wurde.

Wilcoxons Version des Tests basiert auf einer Prüfgröße, die mittels sogenannter **Ränge** definiert wird. Dabei werden Beobachtungswerte zunächst nach ihrer Größe geordnet und dann von klein nach groß gemäß ihrer Position, eben dem Rang, durchnummeriert. So erhält man für jede der $m+n$ Zufallsgrößen $X = X_1, ..., X_m$, $Y = Y_1, ..., Y_n$ eine Rangzahl, die zwischen 1 und $m+n$ liegt: $R(X_1), ..., R(X_m), R(Y_1), ..., R(Y_n)$. Auf deren Basis definierte Wilcoxon seine Prüfgröße in Form einer Rangsumme durch

$$W = \sum_{i=1}^{m} R(X_i).$$

Da man für Wilcoxons Prüfgröße W die Gleichung

$$W = U + \frac{m(m+1)}{2}$$

nachweisen kann,[35] sind die Tests von Wilcoxon und Mann-Whitney äquivalent. Allerdings ist Wilcoxons Ansatz insofern bemerkenswert, als dass er auf einer universell anwendbaren Verfahrensweise beruht, bei der die Berechnung einer Stichprobenfunktion ausschließlich auf Basis der Ränge erfolgt. Sinnvoll ist dies insbesondere dann, wenn der Verteilungstyp der Merkmalswerte nicht bekannt ist. Selbst dann lässt sich für eine geeignet auf Basis von Rängen definierte Stichprobenfunktion die Verteilung rein kombinatorisch berechnen, so dass realisierte Werte der Stichprobenfunktion stochastisch bewertbar werden.

Formal entspricht die Rangbildung einer Serie von Stichprobenfunktionen: Dabei werden ausgehend einer von die Stichprobe beschreibenden, endlichen Folge identisch verteilter und voneinander unabhängiger Zufallsgrößen $X = X_1$, ..., X_n die aufsteigend nummerierten Ränge $R(X_1)$, ..., $R(X_n)$ gebildet.[36] Ohne Bindungen, das heißt ohne Übereinstimmungen bei den Beobachtungsergebnissen $X_1(\omega)$, ..., $X_n(\omega)$, besitzen diese n Zufallsgrößen die ganzzahligen Werte 1, 2, ..., n. Im Fall von Bindungen weist man übereinstimmenden Beobachtungsergebnissen den Mittelwert von denjenigen Rängen zu, die sich für die betreffenden Werte ergeben würden, wenn diese in unterschiedlicher Weise minimal vom eigentlichen Wert abweichen würden. Insbesondere ist damit die Summe aller n Ränge auf jeden Fall gleich $1 + 2 + \ldots + n = n(n+1)/2$. Beispielsweise führen die sieben Beobachtungsergebnisse

$$2, \ 4, \ 7, \ 4, \ 8, \ 4, \ 8$$

zu den Rängen

$$1, \ 3, \ 5, \ 3, 6\tfrac{1}{2}, \ 3, 6\tfrac{1}{2}.$$

Ein Beispiel für eine auf Basis von Rängen definierte Stichprobenfunktion ist der Spearman'sche Rangkorrelationskoeffizient. Der einfachste nicht-parametrische Test ist der Vorzeichentest. Beide Ansätze werden in den nachfolgenden Kästen beschrieben.

---

[35] Offensichtlich ist im Fall, dass kein Wert der ersten Stichprobe $X_1(\omega)$, ..., $X_m(\omega)$ irgendeinen Wert der zweiten Stichprobe $Y_1(\omega)$, ..., $Y_n(\omega)$ übertrifft, $U(\omega) = 0$ und $W(\omega) = 1 + 2 + \ldots + m = m$ $(m+1)/2$. Unter Verwendung der Notation, die wir im Beispiel der Körpergrößen von Männern und Frauen verwendet haben, entspricht diese als Induktionsannahme fungierende Situation der Sequenz w...wM...M. Außerdem erhöht sich ausgehend von einer beliebigen M-w-Sequenz der Wert von beiden Zufallsgrößen U und W um je 1, wenn ein Symbol w mit einem rechts benachbarten Symbol M vertauscht wird.

[36] Die Bezeichnung der Ränge in der Form $R(X_i)$ ist eigentlich unzureichend. Besser wäre $R_i(X_1, \ldots, X_n)$.

Der Spearman'sche Rangkorrelationskoeffizient

Bei dem nach dem britischen Psychologen Charles Spearman (1863-1945) benannten **Spearman'schen Rangkorrelationskoeffizienten** handelt es sich um eine Modifikation des empirischen Korrelationskoeffizienten (siehe Kasten *Schätzer für Kovarianz und Korrelationskoeffizient*, Abschn. 3.9). Wie der empirische Korrelationskoeffizient dient auch der Spearman'schen Rangkorrelationskoeffizient dazu, die quantitative Beziehung von zwei Zufallsgrößen X und Y, die auf Basis desselben Zufallsexperimentes definiert sind, empirisch zu messen. Unterschiede gibt es allerdings bei den Arten der Beziehung, die gemessen werden: Der normale Korrelationskoeffizient ist ein Maß dafür, wie genau diese quantitative Beziehung durch eine *Geradengleichung* beschrieben werden kann. Dagegen misst der Spearman'sche Rangkorrelationskoeffizient *jede* Form einer *monotonen* Größenbeziehung. Dabei wird das Maximum +1 erreicht, wenn eine Erhöhung des ersten Wertes immer mit einer Erhöhung des zweiten Wertes verbunden ist. Das Minimum −1 wird erreicht, wenn eine Erhöhung des ersten Wertes stets mit einer Verringerung des zweiten Wertes verbunden ist. Insbesondere haben damit monotone Umskalierungen, auch nichtlineare wie zum Beispiel logarithmische, keine Auswirkungen auf das Messergebnis.

Formal wird der Spearman'sche Rangkorrelationskoeffizient für eine verbundene Stichprobe definiert, das heißt für eine endliche Folge von zweidimensionalen, identisch verteilten und voneinander unabhängigen Zufallsvektoren $(X, Y) = (X_1, Y_1)$, ..., (X_n, Y_n), wobei die zugehörigen Beobachtungsergebnisse $(X_1(\omega), Y_1(\omega))$, ..., $(X_n(\omega), Y_n(\omega))$ die empirisch ermittelte Datenbasis der durchzuführenden Untersuchung bilden. Davon werden einzeln für die beiden Koordinaten zunächst die Ränge gebildet, was den beiden Folgen von Stichprobenfunktionen $R(X_1)$, ..., $R(X_n)$ und $R(Y_1)$, ..., $R(Y_n)$ entspricht. Schließlich wird daraus der empirische Korrelationskoeffizient berechnet:

$$\rho = \frac{\sum_i \left(R(X_i) - \frac{(n+1)}{2}\right) \cdot \left(R(Y_i) - \frac{(n+1)}{2}\right)}{\sqrt{\sum_i \left(R(X_i) - \frac{(n+1)}{2}\right)^2} \cdot \sqrt{\sum_i \left(R(Y_i) - \frac{(n+1)}{2}\right)^2}}$$

Der so berechnete Wert ist der Spearman'sche Rangkorrelationskoeffizient, der in Anlehnung an die übliche Bezeichnung mit dem griechischen Buchstaben Rho auch als **Spearmans Rho** bezeichnet wird. In Bezug auf die Berechnungsformel anzumerken bleibt, dass es sich bei den Werten $(n + 1)/2$ um die empirischen Mittelwerte der beiden Rang-Zufallsgrößen handelt.

Wie bei Arbuthnot: Der Vorzeichentest

Es wurde schon darauf hingewiesen, dass Arbuthnots in Teil 1 beschriebener Test ein Beispiel für einen parameterfreien Test ist. Natürlich lässt sich die Grundidee seines Tests verallgemeinern.

Wir gehen zunächst wieder von einer Stichprobe aus, das heißt von einer endlichen Folge identisch verteilter und voneinander unabhängiger Zufallsgrößen $X = X_1, \ldots, X_n$. Geprüft werden soll die Null-Hypothese, gemäß welcher der Median den Wert μ besitzt. Damit ist, sofern man die Richtigkeit der Null-Hypothese unterstellt,

$$P(X > \mu) = P(X < \mu).$$

Im Fall einer stetig verteilten Zufallsgröße X gilt wegen $P(X = \mu) = 0$ sogar

$$P(X > \mu) = P(X < \mu) = \frac{1}{2}.$$

Dadurch wird die Null-Hypothese über den Wert des Medians mittels eines Verwerfungsbereichs prüfbar, der auf Basis der Binomialverteilung zur Wahrscheinlichkeit $p = \frac{1}{2}$ abgrenzt wird. Bei großem Stichprobenumfang n kann natürlich mit der Normalverteilung approximiert werden. Der Test wird auch **Vorzeichentest** oder einfach **Zeichentest** genannt.

Eine spezielle Anwendung besitzt der Vorzeichentest im Fall einer verbundenen Stichprobe. Dabei finden in der Praxis meist „Vorher-Nachher"- sowie „Mit-Ohne"-Vergleiche statt, mit denen beispielsweise der Erfolg von Therapien bewertet wird. Formal wird eine solche Situation wieder durch eine endliche Folge von zweidimensionalen, identisch verteilten und voneinander unabhängigen Zufallsvektoren $(X, Y) = (X_1, Y_1), \ldots, (X_n, Y_n)$ beschrieben.

Für die Differenz $X - Y$ wird nun die Null-Hypothese geprüft, dass der Median dieser Differenz kleiner oder gleich 0 ist. Kann die Hypothese aufgrund eines aus der Binomialverteilung hergeleiteten Verwerfungsbereiches abgelehnt werden, ist dies ein statistischer Beleg dafür, dass die Zufallsgröße X meist größer ist als die Zufallsgröße Y. Eine Aussage über die Verteilungen ist damit aber nicht verbunden.[37]

---

[37]Auch wenn die Zufallsgröße X meist größer ist als die Zufallsgröße Y, können doch beide Zufallsgrößen gleichverteilt sein. Ein Beispiel ergibt sich, wenn gleichwahrscheinlich eins der Wertepaare (2, 1), (3, 2), (4, 3), (5, 4), (6, 5), (1, 6) ausgewürfelt wird.

Aufgaben

1. Welche Werte kann der Spearman'sche Rangkorrelationskoeffizient im Fall einer aus drei Wertepaaren (x_1, y_1), (x_2, y_2), (x_3, y_3) bestehenden Stichprobe ohne Bindung annehmen.

2. Gegeben sei eine Folge von voneinander unabhängigen Zufallsgrößen $X_1, \ldots, X_n$, deren Verteilungsfunktion stetig ist. Beweisen Sie

$$Cov(1_{X_i > X_j}, 1_{X_{i'} > X_{j'}}) = \begin{cases} 0 & \text{für } i \neq i', \, j \neq j' \\ \frac{1}{4} & \text{für } i = i', \, j = j' \\ \frac{1}{12} & \text{sonst} \end{cases}$$

   Hinweis: Zeigen Sie zunächst

$$Cov(1_A, 1_B) = P(A \cap B) - P(A) \cdot P(B)$$

   für zwei beliebige Ereignisse A und B. Begründen und verwenden Sie anschließend Identitäten wie beispielsweise

$$P(X_i > X_j > X_k) = \frac{1}{6}.$$

3. Beweisen Sie für die Testgröße U des Mann-Whitney-Tests, dass im Fall gleicher Verteilungen bei den zwei Folgen von voneinander unabhängigen Zufallsgrößen $X_1, \ldots, X_m$ sowie $Y_1, \ldots, Y_n$ die folgenden Formeln für Erwartungswert und Varianz gelten:

$$E(U) = \frac{1}{2}mn \quad \text{und} \quad Var(U) = \frac{1}{12}mn(m + n + 1)$$

   Hinweis: Gehen Sie bei der zweiten Identität von der Darstellung

$$Var(U) = Cov\left(\sum_{i=1}^{m}\sum_{j=1}^{n} 1_{X_i > Y_j}, \sum_{i'=1}^{m}\sum_{j'=1}^{n} 1_{X_{i'} > Y_{j'}}\right)$$

aus.

Anmerkung: Tatsächlich kann die Verteilungsfunktion der Mann–Whitney-Testgröße für große Werte m und n durch die Normalverteilung zu dem Erwartungswert und der Varianz, wie sie gerade berechnet wurden, approximiert werden. Der Beweis ist allerdings nicht einfach: Man geht, was ohne Einschränkung der Allgemeinheit möglich ist, von im Intervall gleichverteilten Zufallsgrößen aus und verwendet die Differenzen $X_i - Y_j$ als Basis einer Approximation.

3.12   Resümee und Ausblick

Was bleibt zu tun? Welche Schritte sollten dem Einstieg in die Mathematische Statistik folgen?

Mit dem Vorzeichentest hat sich der thematische Kreis geschlossen:

- Begonnen haben wir mit Arbuthnots Test und einer Analyse der sich daran anschließenden Argumentationskette. Dabei erkannten wir die Notwendigkeit, die Wirkung einer zufälligen Stichprobenauswahl auf das dadurch bedingte Ergebnis quantitativ bewerten zu können.
- Wie zufällige Experimente, bei denen es sich als Spezialfall um eine zufällige Auswahl einer Stichprobe handeln kann, mathematisch modelliert werden, wurde im zweiten Teil erörtert. Wir haben dabei – auf unterschiedlich hohen Abstraktionsstufen beschreibbare – mathematische Objekte kennengelernt, die solche Zufallsexperimente widerspiegeln. Die wichtigste Klasse solcher Objekte bilden die Zufallsgrößen, die im Wesentlichen durch Wahrscheinlichkeiten, die den möglichen Wertebereichen zugeordnet sind, charakterisiert werden.

  Zufallsgrößen eignen sich unter anderem auch dazu, komplizierte Situationen wie Stichprobenergebnisse zu beschreiben und ihre Eigenschaften rechentechnisch auf einfachere Fälle zurückzuführen. So können insbesondere Zufallsexperimente – beispielsweise auf Basis großer Stichproben im Rahmen von Gesetzen großer Zahlen – gefunden werden, deren Ergebnisse a priori in relativ engen Grenzen mit hoher Sicherheit prognostizierbar sind. Solche Zufallsexperimente mit stark reduzierter Unsicherheit bilden das Fundament der Methoden der Mathematischen Statistik.
- Im dritten Teil haben wir schließlich Methoden entwickelt, mit denen aus der Untersuchung einer Stichprobe auf den Zustand einer deutlich größeren Grundgesamtheit geschlossen werden kann. Konkret werden, ausgehend von den Merkmalswerten, die für eine Stichprobe ermittelt werden, Aussagen hergeleitet über die Häufigkeitsverteilung des Merkmals in der gesamten Grundgesamtheit. Methodisches Mittel dazu sind Prüfgrößen, deren Werte man durch eine arithmetische Bearbeitung der Stichprobenergebnisse erhält. Dabei sind vor allem solche Prüfgrößen von Interesse, die möglichst aussagekräftige Ergebnisse liefern. Konkret muss sich der zu ergründende Zustand der Grundgesamtheit möglichst trennscharf in Prüfgrößenwerten widerspiegeln, so dass ein weitgehend sicherer Rückschluss von einem konkret „ausgewürfelten" Prüfgrößenwert auf den Zustand der Grundgesamtheit möglich ist.[38]

---

[38] Die Wahrscheinlichkeitsrechnung besitzt damit für die Statistik eine ähnliche Bedeutung wie die Optik für die Astronomie: Mit den Gesetzmäßigkeiten der Optik werden Fernrohre konzipiert, mit deren Hilfe man Bilder erhält, die Rückschlüsse auf die Eigenschaften der beobachteten Objekte zulassen. Wie in der Mathematischen Statistik sind dabei Fehlschlüsse möglich. So stellten sich die 1877 vom Astronomen Giovanni Schiaparelli (1835–1910) „entdeckten" Marskanäle nachträglich als Artefakt heraus.

Abb. 3.12 Die Entwicklung der Mathematischen Statistik erfolgte in der ersten Hälfte des zwanzigsten Jahrhunderts maßgeblich durch Karl Pearson (links), Ronald Aylmer Fisher (Mitte, Autor: unbekannt. Quellen: Institut of Mathematical Statistics und Bildarchiv des Mathematischen Forschungsinstituts Oberwolfach, MFO) und Jerzy Neyman (rechts, Autor: Konrad Jacobs, Quelle: Bildarchiv des MFO)

Arbuthnots Test stellte sich dabei als Spezialfall eines Hypothesentests heraus. Zusammen mit den Konfidenzintervallen und den Schätzformeln bilden die Hypothesentests eine der drei Hauptklassen von prinzipiellen Ansätzen in der Mathematischen Statistik (Abb. 3.12).

Dass der Inhalt des dritten Teils, dessen Essenz wir gerade kurz zusammengefasst haben, als wissenschaftliche Theorie keineswegs so offensichtlich ist, wie es vielleicht heute erscheinen mag, wird daran ersichtlich, dass sich die Entwicklung dieser Erkenntnisse über mehrere Jahrzehnte hinzog – und das mit teilweise erbitterten Kontroversen zwischen den Beteiligten wie Karl Pearson, Ronald Aylmer Fisher, Jerzy Neyman und Egon Sharpe Pearson.

Was aber blieb in den Darlegungen von Teil 3 offen?

Offen bleiben mussten insbesondere einige formale Grundlagen über Zufallsgrößen, deren Wertebereiche nicht endlich oder abzählbar unendlich sind. Insofern fehlte dem Hinweis, dass es sich bei der zur Approximation von Binomialverteilungen verwendeten Normalverteilung tatsächlich um die Verteilung einer Zufallsgröße handelt, eigentlich das formale Fundament. Um diese Lücke zu schließen, bedarf es einiger Kenntnisse aus der Analysis, insbesondere über Grenzwertsätze der Integrationstheorie. Für Methoden, die sich auf mehrdimensionale Zufallsvariablen beziehen, sind sogar die entsprechenden Ergebnisse der Analysis in mehreren Veränderlichen notwendig. Hier kann daher nur auf die einschlägige Literatur verwiesen werden. Sicher auch für Anfänger bestens geeignet sind die beiden folgenden Bücher:

- Ulrich Krengel: *Einführung in die Wahrscheinlichkeitstheorie und Statistik: Für Studium, Berufspraxis und Lehramt*, 8. Auflage, Wiesbaden 2005.
- Norbert Henze: *Stochastik für Einsteiger: Eine Einführung in die faszinierende Welt des Zufalls*, 12. Auflage, Wiesbaden 2018.

Anspruchsvoller, dafür aber deutlich ausführlicher, werden die Grundlagen der Wahrscheinlichkeitstheorie in den folgenden Büchern behandelt:

- Christian Hesse: *Wahrscheinlichkeitstheorie: Eine Einführung mit Beispielen und Anwendungen,* 3. Auflage, Wiesbaden 2021.
- Boris Wladimirowitsch Gnedenko: *Lehrbuch der Wahrscheinlichkeitstheorie,* 10. Auflage, Frankfurt/M. 1997.
- Marek Fisz: *Wahrscheinlichkeitsrechnung und mathematische Statistik,* 11. Auflage, Berlin 1989.
- Hans-Otto Georgii: *Stochastik: Einführung in die Wahrscheinlichkeitstheorie und Statistik,* 5. Auflage, Berlin 2015.

Eine weitere Lücke war unvermeidlich. Aufgrund der großen Vielfalt statistischer Methoden muss praktisch jede Methodensammlung lückenhaft bleiben. Insofern wurde hier noch nicht einmal ansatzweise versucht, diesbezüglich eine auch nur annähernde Vollständigkeit zu erreichen. Ziel war es vielmehr, mathematische Ansätze, prinzipielle Argumentationsketten und Begriffsbildungen in einer Weise vorzustellen, dass eine anschließende Vertiefung gut vorbereitet ist.

Zu einer solchen Vertiefung bieten sich einerseits anwendungsorientierte Werke an, zu denen die beiden erstgenannten Bücher der nachfolgenden Liste gehören. Wer sich andererseits näher mit den formalen Grundlagen der Mathematischen Statistik beschäftigen möchte, sei auf das zuletzt genannte Werk der nachfolgenden Liste sowie die schon angeführten Bücher von Krengel, Fisz und Georgii hingewiesen:

- Jürgen Bortz: *Statistik: Für Human- und Sozialwissenschaftler,* 7. Auflage, Berlin 2010.
- Jürgen Bortz, Gustav A. Lienert, Klaus Boehnke: *Verteilungsfreie Methoden in der Biostatistik,* 3. Auflage, Berlin 2008.
- Bernd Rüger: *Test- und Schätztheorie,* 2 Bände: *Grundlagen,* München 1999; *Statistische Tests,* München 2002.

Lückenhaft blieb auch die Erörterung von typischen Testverteilungen, die wie Normal-, Chi-Quadrat- und *t*-Verteilung bei diversen Tests eine Rolle spielen. Zur Vertiefung eignen sich wieder die schon angeführten Bücher von Krengel, Fisz und Georgii.

Wer praktische Anwendungen mit umfangreicher Datenbasis durchzuführen hat, wird ein Statistikprogramm verwenden müssen. Für einige der wichtigsten Verfahren reichen Tabellenkalkulationsprogramme wie Excel oder OpenOffice. Ansonsten, insbesondere bei nicht-parametrischen Verfahren, wird man SPSS oder R verwenden. Und auch dazu gibt es natürlich Literatur:

- Christine Duller: *Einführung in die Statistik mit EXCEL und SPSS: Ein anwendungsorientiertes Lehr- und Arbeitsbuch,* 4. Auflage, Heidelberg 2019.
- Christine Duller: *Einführung in die nichtparametrische Statistik mit SAS und R: Ein anwendungsorientiertes Lehr- und Arbeitsbuch,* 2. Auflage, Heidelberg 2018
- Jürgen Janssen, Wilfried Laatz: *Statistische Datenanalyse mit SPSS für Windows: Eine anwendungsorientierte Einführung in das Basissystem und das Modul Exakte Tests,* 8. Auflage, Berlin 2013.

Für die kostenfrei nutzbare Programmiersprache R wollen wir im nächsten Teil eine Einführung geben, die mindestens so weit reicht, dass die mit R zu lösenden Übungsaufgaben bearbeitet werden können.

Gänzlich unberücksichtigt blieben sogenannte Bayes'sche Ansätze der Statistik. Abweichend von der hier mehrfach betonten, traditionellen Sichtweise, gemäß der nur zufälligen Ereignissen eine Wahrscheinlichkeit zugeordnet werden kann, wird bei Bayes'schen Ansätzen der Wahrscheinlichkeitsbegriff ausgedehnt. Wahrscheinlichkeiten bleiben also nicht mehr auf die klassische, **frequentistische** Deutung als Trend von relativen Häufigkeiten beschränkt. Ergänzend wird auch einer Aussage, die sich auf den Zustand der Grundgesamtheit bezieht, eine Wahrscheinlichkeit zugeordnet. Dies geschieht im Sinne eines Maßes dafür, wie plausibel die betreffende Aussage subjektiv erscheint. Obwohl solchen Ansätzen sogar in formaler Hinsicht durchaus eine Berechtigung gegeben werden kann, scheint es wenig sinnvoll, Anfänger damit zu verwirren.

In Bezug auf den rechnerischen Grundansatz kann auf den Kasten *Erkenntnisgewinn mit der Bayes-Formel* (am Ende von Abschn. 2.4) verwiesen werden. Dort werden zu zwei angenommenen A-Priori-Verteilungen die zugehörigen A-Posteriori-Verteilungen berechnet, welche jeweils zusätzlich die Erkenntnisse beinhalten, die das Resultat des durchgeführten Tests hervorbringt. Rechnerisch entspricht dieses im konkreten Beispiel völlig frequentistisch deutbare Vorgehen genau dem, was auch in der Bayes-Statistik gemacht wird – zumindest im einfachen Fall mit einer endlichen Ereignismenge. Problematischer ist dagegen die Auswahl einer A-Priori-Verteilung, **Prior** genannt: Wie lässt sich die konkrete Auswahl eines Priors rechtfertigen? Die Frage und ihre Antwort sind insofern von höchster Relevanz, da die Auswahl des Priors in der Regel die aus dem Testergebnis gezogene Schlussfolgerung in Form einer A-Posteriori-Verteilung stark beeinflusst. Kritiker der Bayes-Statistik gehen dabei soweit, die Zulässigkeit einer Prior-Annahme in den meisten Fällen grundsätzlich in Frage zu stellen. Besonders betroffen sind A-Priori-Annahmen, die ohne jedes Vorwissen gemacht werden müssen. Kann dann, und wenn ja in welcher Weise, eine **Indifferenz** zu einer plausiblen Annahme über einen Prior führen?

In diesem Sinne hat sogar der Bundesgerichtshof in einem Urteil vom 28. März 1989 die Zulässigkeit eines Bayes'schen Ansatzes beurteilt (Aktenzeichen VI ZR 232/88). Veröffentlicht wurde das Urteil unter dem amtlichen Leitsatz „Zur Frage, ob bei der Würdigung von Indiztatsachen (hier: angeblich vorsätzlich herbeigeführter Kraftfahrzeugunfall) eine Wahrscheinlichkeitsberechnung an Hand des

sogenannten Bayes'schen Theorems angestellt werden muß". Im Detail begründet
das Urteil wie folgt:

> Im Rahmen der Würdigung von Indizien wird der Tatrichter allerdings die unan-
> gefochtenen logischen und mathematischen Regeln der Wahrscheinlichkeitsrechnung
> nicht verletzen dürfen. Er wird dazu aber im allgemeinen, insbesondere wenn wie im
> Streitfall keine einigermaßen gesicherten empirischen statistischen Daten zur Verfügung
> stehen, im Rahmen der von ihm vorzunehmenden Beweiswürdigung nicht sog. Anfangs-
> wahrscheinlichkeiten in Prozentsätzen ausweisen und mit diesen dann Berechnungen
> anstellen müssen. Sicherlich kann es häufig nützlich sein, sich über die Tragfähigkeit und
> das Gewicht der einzelnen Indizien genauere Rechenschaft abzulegen und vielleicht auch
> einmal anhand von Berechnungsformeln das Ergebnis zu überprüfen. Andererseits besteht
> die Gefahr, daß bei wie häufig ungesicherter empirischer Grundlage für die Annahme
> sog. Anfangswahrscheinlichkeiten ein solches Verfahren zu überdies manipulierbaren
> Scheingewißheiten führen kann.

Zu erinnern bleibt daran, dass auch bei Methoden der klassischen Statistik
A-Priori-Annahmen durchaus üblich sind, und zwar in Form der Verteilungsannahme. Dabei handelt es sich aber nur um die Vorgabe einer Auswahl von
möglichen Verteilungen, was für jede theoretisch denkbare Verteilung einer Ja-
Nein-Entscheidung entspricht. Demgegenüber ist bei der Bayes-Statistik eine
deutlich weitergehende Annahme notwendig im Sinne einer Quantifizierung, für
wie plausibel die betreffende Verteilung im Vergleich zu anderen eingeschätzt
wird.

Selbst der Fall, bei dem jegliches Vorwissen fehlt, bereitet in der klassischen
Statistik kein konzeptionelles Problem, da er mit einem nicht-parametrischen Tests
behandelt werden kann.

Eine allgemeinverständliche Einführung zur Bayes-Statistik mit einem vergleichenden Überblick gibt

- Wolfgang Tschirk: *Statistik: Klassisch oder Bayes: Zwei Wege im Vergleich*,
  Berlin 2014.

Die Programmiersprache R: eine kurze Einführung

4

4.1 Was ist R?

Bei R handelt es sich um eine Programmiersprache, deren grundlegende Konzeption auf die speziellen Erfordernisse statistischer Anwendungen ausgerichtet ist, insbesondere im Hinblick auf die einfache und übersichtliche Verarbeitung von Datenreihen zu deren Analyse. Da die ab 1992 entwickelte Programmiersprache mit frei erhältlichen Open-Source-Softwarepaketen unter der GNU General Public License genutzt werden kann, kam es primär im akademischen Bereich zu einer umfangreichen Entwicklung von Funktionsbibliotheken, auf deren Basis sich R neben kommerziellen Statistikprogrammen wie SAS und SPSS zu einem weit verbreiteten Standard entwickeln konnte.

Alles, was man zum praktischen Einstieg in die Programmiersprache R braucht, findet man auf der Webseite `www.r-project.org` zum kostenlosen Download. Dabei handelt es sich in erster Linie um ein grafisches Interface, das relativ rudimentär gestaltet ist. Nachdem man dieses Programm mit Namen „R" auf dem eigenen Computer installiert und gestartet hat, kann man über dessen Interface einzelne R-Befehle oder gar Befehlssequenzen in Form eines Programms, R-Skript genannt, ausführen. Für mobile Geräte gibt es analoge Apps. Last but not least besteht die Möglichkeit, R-Befehle und -Skripte direkt online auf bestimmten Servern ausführen zu lassen, die ein dafür vorgesehenes Webinterface anbieten, zum Teil als begleitende Ergänzung zu einem Online-Tutorial.

Viele R-Skripte bestehen nur aus wenigen Befehlen, die bereits vorhandene Bibliotheksfunktionen aufrufen. In diesem Fall bleibt die Komplexität der Skripte ähnlich beschränkt, wie es bei der Verwendung von mathematischen und statistischen Funktionen in einer EXCEL-Tabelle der Fall ist. In diesem Sinne werden wir uns zunächst auf solche kurzen Anwendungen konzentrieren, bei denen grundlegende Funktionen des R-Sprachkerns genutzt werden.

© Der/die Autor(en), exklusiv lizenziert durch Springer-Verlag GmbH, DE, ein Teil von Springer Nature 2021
J. Bewersdorff, *Statistik – wie und warum sie funktioniert*,
https://doi.org/10.1007/978-3-662-63712-8_4

Das funktioniert fast so einfach wie bei einem Taschenrechner oder der Eingabe einer Formel in eine EXCEL-Tabellenzelle.

Im ersten Moment etwas gewöhnungsbedürftig ist, dass selbst die „Taschen-rechner"-artige Nutzung des „R"-Programmes eine universelle Steuerungsschnitt-stelle nutzt, die für heutige Verhältnisse etwas primitiv anmutet. Konkret handelt es sich um eine sogenannte **Konsole,** das heißt einer vom „R"-Programm zur Verfügung gestellten Möglichkeit, mit der sich alle gebotenen Funktionalitäten interaktiv mittels Texteingaben steuern lassen, wobei die Antwort in Form einer Textausgabe erfolgt. Ganz allgemein sind solche Konsolen die einfachste Form der Kommunikation mit einem Programm, die bereits in den Anfangszeiten der Computer für Kommandos an das Betriebssystem genutzt wurde. Ältere erinnern sich vielleicht noch an die Konsolen der ersten Personalcomputer unter MS-DOS, obwohl Steuerungskonsolen, wenn auch weniger sichtbar und wichtig, immer noch für aktuelle Windows-Versionen existieren.

Spätestens dann, wenn „richtige" R-Skripte erstellt werden sollen, also in der Syntax von R codierte Befehlsabfolgen, die in Form von Textdateien gespeichert werden können, wird es notwendig werden, sich tiefergehend mit den Details des Konzepts der Programmiersprache R auseinanderzusetzen. Insbesondere in diesem Fall werden Erfahrungen hilfreich sein, die bereits mit anderen Programmier-sprachen gemacht wurden,[1] da dann viele prinzipielle Sachverhalte und Fach-termini wie Operator, Variable, Datentyp, Datenstruktur und Objekt bereits vertraut sind.

Die erste Aufgabe, die traditionell mit einer neu zu erlernenden Programmier-sprache gelöst wird, ist die Textausgabe „Hello world!". Dazu geben wir hinter dem sogenannten Aufforderungszeichen > der Konsole, meist kurz *prompt* genannt, den Text print("Hello world!") ein und erhalten darunter die Antwort:

```
> print("Hello World!")
[1] "Hello World!"
```

Wie verzichten bei diesem Beispiel auf jede Erläuterung, vor allem in Bezug auf den etwas mystischen Beginn der Ausgabe in Form der Zahl 1 in eckigen Klammern.

4.2   R als „Taschenrechner"

Mag der Taschenrechner als eigenständiges Gerät einer ungewissen Zukunft ent-gegensehen, so dürfte seine Funktionalität dank entsprechender Apps, die einen Taschenrechner virtuell nachbilden, weiterhin ein allseits bekannter Standard

---

[1] Dies kann, muss aber nicht, JavaScript sein. Siehe dazu Jörg Bewersdorff, *Objektorientierte Programmierung mit JavaScript: Direktstart für Einsteiger*, 2. Auflage, 2018.

bleiben. Wir wollen zunächst $(1 + 2 \cdot 3^2)/3$ und dann die Wurzel aus 2 mit der R-Konsole anstatt mit einem Taschenrechner berechnen:

```
> (1+2 · 3^2)/3
[1] 6.333333
> sqrt(2)
[1] 1.414214
```

Wir sehen, dass die Symbole der arithmetischen **Operatoren** wie üblich verwendet werden, wobei das ^-Symbol die Potenzierung kennzeichnet. Ebenfalls dem bekannten Standard folgt die Reihenfolge der Auswertung „Punkt- vor Strichrechnung" und davor noch die mit dem ^-Symbol gekennzeichnete Potenzierung. Nochmals höher priorisiert bei der Auswertungsreihenfolge sind geklammerte Teile des Rechenausdrucks.

Der Rechenausdruck sqrt(2) ist ein Beispiel für die Nutzung einer **Funktion.** Solche Funktionen besitzen in Programmiersprachen wie R eine große Bedeutung. Oft ähnelt der Gebrauch wie im vorliegenden Fall einer mathematischen Funktion. Dabei wird zu einem zulässigen Wert des Arguments (oder allgemeiner zu einer zulässigen Kombination von Argumentwerten) der zugeordnete Funktionswert berechnet. Zusätzlich können im Verlauf der Berechnung des Funktionswertes weitere Funktionalitäten angestoßen werden wie zum Beispiel eine Konsolen-Ausgabe mit der Funktion print(...) oder eine Speicherung von Werten in einer Datei. In diesem Sinne dienen Funktionen in Programmiersprachen allgemein dazu, häufig genutzte Berechnungen oder andere Funktionalitäten mit einem kurzen Befehl einfach und wiederholt nutzen zu können, wobei die unterschiedliche Argumentwerte Variationen erlauben. Wir werden später noch sehen, wie man selbst eigene Funktionen definieren kann.

Für längere Berechnungen verfügt ein klassischer Taschenrechner meist über einige Speicherplätze, in denen Zwischenresultate für spätere Rechenschritte gespeichert werden können. Demgegenüber bereits deutlich komfortabler ist eine EXCEL-Tabelle, da dort Formeln zur Berechnung eines Zellenwertes Bezüge auf die variablen Inhalte anderer Zellen aufweisen dürfen. Dabei geschieht die Referenzierung anderer Zelleninhalte im Standardfall über deren schachbrettartige Bezeichnungen wie zum Beispiel C2 und G13. Eine gegenüber diesen beiden Möglichkeiten deutlich erweiterte Funktionalität eines Datencontainers bieten Programmiersprachen wie R auf Basis sogenannter **Variablen.** Jede solche Variable besitzt einen (fast) beliebigen Namen: Unzulässig sind vor allem solche Variablennamen, die zu Fehlinterpretationen führen könnten. Daher ausgeschlossen sind insbesondere Leerzeichen und Operatorsymbole sowie als Anfangszeichen auch Ziffern.

Jede Variable steht ähnlich wie eine EXCEL-Zelle für einen Dateninhalt, der sich im Verlauf der Berechnung wertmäßig ändern kann, wobei sogar Werte anderer **Datentypen** möglich sind. Das kann sich zum Beispiel derart gestalten, dass der Dateninhalt zunächst einem Zahlenwert wie 1.23 entspricht, später einem logischen Wert, nämlich TRUE oder FALSE, danach einer Zeichenkette wie "Hello World!" und nochmals später einer ganzen Datenreihe wie 1, 3, −2, 6, 6, 0.

Schauen wir uns ein sehr einfaches Beispiel an. Zu einem Nettobetrag von 83,10 soll die Umsatzsteuer von 19 % hinzuaddiert werden. Das geschieht mit einer Multiplikation mit 1,19 und einer Rundung auf zwei Nachkommastellen. Wie andere Programmiersprachen verwendet R in angelsächsischer Tradition den Punkt als Dezimaltrennzeichen:

```
> nettoBetrag=83.10
> bruttoBetrag=round(nettoBetrag*1.19,2)
> print(BruttoBetrag)
Fehler in print(BruttoBetrag) : Objekt 'BruttoBetrag' nicht
gefunden
> print(bruttoBetrag)
[1] 98.89
```

Leider wurde beim Versuch, das Resultat auszugeben, zunächst ein Fehler gemacht, der zu einer Fehlermeldung führte. Grund ist, dass R wie die Programmiersprachen der C-Familie, an denen sich die R-Syntax stark orientiert, *case sensitiv* ist und damit zwischen Klein- und Großbuchstaben unterscheidet. Daher ist die „neue" Variable BruttoBetrag unbekannt. Immerhin lässt sich dank des schrittweisen Vorgehens der umgehend mitgeteilte Fehler leicht korrigieren, zumal man mit der Cursor-nach-oben-Taste „↑" die letzten Eingaben wieder reproduzieren kann, um sie dann gegebenenfalls in Details zu modifizieren.

Ein **Zuweisungsbefehl,** das heißt ein Kommando, mit dem einer Variablen ein Wert zugewiesen wird, kann in R übrigens auch in der Form nettoBetrag<-83.10 oder gar 83.10->nettoBetrag geschrieben werden, wobei die zweite Version im Vergleich zu anderen Programmiersprachen sehr ungewöhnlich, aber manchmal äußerst praktisch ist.

Um eine umfangreiche Berechnung, die mit der R-Konsole durchgeführt wird, unterbrechen zu können, lässt sich ein Zwischenstand, charakterisiert durch alle in der aktuellen Sitzung **(Session)** definierten Variablen und ihre aktuellen Werte, jederzeit in einer Datei abspeichern. Zu einem späteren Zeitpunkt kann dann dieser Zwischenstand für eine Fortführung der Berechnung aus der abgespeicherten Datei wieder rekonstruiert werden. Beides geht mit Menü-Befehlen des grafischen R-Interfaces, aber auch direkt mit Befehlen an die Konsole, wie sie im Übrigen vom grafischen Interface erzeugt werden, wie man selbst sehen kann:[2]

---

[2]Die spezielle Form des Dateipfads hängt vom Betriebssystem ab. Bei Windows wird das für Unterordner verwendete Backslash-Zeichen „\" verdoppelt, weil es bei der Programmiersprache R innerhalb von Texten auch als Kennung einer nachfolgenden Sequenz mit veränderter Zeichen-Interpretation verwendet wird (Escape-Sequenz).

```
> # Komfortabel mit dem grafischen R-Interface zu erzeugen:
> save.image("E:\\Daten\\R\\example1.RData")
> # Hier gegebenenfalls Neustart des "R"-Programmes.
> # Komfortabel mit dem grafischen R-Interface zu erzeugen:
> load("E:\\Daten\\R\\example1.RData")
> ls()
[1] "bruttoBetrag" "nettoBetrag"
```

Die Funktion `ls()` hat ihren Namen aus der Unix-Welt und steht für *list*. Konkret gelistet werden die definierten Variablennamen. Das Zeichen #, dessen Bezeichnung *hash* für „hacken" bestens vom *Hashtag* der sozialen Netzwerke bekannt ist, leitet einen Kommentar ein. Das heißt, dass der in der Zeile nachfolgende Text nur der Erläuterung dient und von der „R"-Konsole ignoriert wird. Kommentare sind vor allem dann wichtig, wenn eine längere Sequenz von R-Befehlen in einer Textdatei zusammengeführt wird, um sie dann en bloc als Skript auszuführen.

4.3   Datenreihen als Vektoren

Die Stärke der Programmiersprache R liegt in der Möglichkeit, ganze Datenreihen mit einem einzigen, kurzen Befehlen einfach bearbeiten zu können. Diese Ausrichtung steht so dominant im Vordergrund, dass Einzelwerte in R wie Datenreihen der Länge 1 behandelt werden.

Bereits im letzten Kapitel wurde darauf hingewiesen, dass Einzelwerte nach Datentypen differenziert werden können, was übrigens sehr einfach mit der Funktion `class(...)` sichtbar gemacht werden kann:

```
> class(1.23)
 [1] "numeric"
> class("Text")
[1] "character"
> class(TRUE)
[1] "logical"
> class(sqrt)
[1] "function"
```

Mehrere numerische Werte und ebenso mehrere Zeichenketten lassen sich in R zu einem sogenannten **Vektor** kombinieren, wobei die einzelnen Dateninhalte wie Koordinaten eines mathematischen Vektors beginnend von 1 indiziert sind. Ähnliche Datenstrukturen kennt man in anderen Programmiersprachen als *Array* (Feld). Allerdings unterscheidet sich ein Vektor, mit dem wir ab jetzt immer einen Vektor in R meinen, deutlich sowohl von einem mathematischen Vektor als auch von einem Array.

Sehr oft wird ein Vektor aus bereits vorliegenden Einzeldaten mit der Funktion c (...) erzeugt, deren Name für *combine* steht. Ein Parameter kann auch selbst wieder ein Vektor sein:

```
> x=c(5,1,3,-1)
> y=c(3,1,c(1,2))
> z=c(1,TRUE,"Text")
> x+y
[1] 8 2 4 1
> x*y
[1] 15  1  3 -2
> x-y
[1]  2  0  2 -3
> x/y
[1] 1.666667  1.000000  3.000000 -0.500000
> z
[1] "1"     "TRUE" "Text"
```

Im Beispiel werden drei Vektoren, definiert. Zunächst werden die beiden Vektoren x und y erzeugt, die jeweils vier Zahlenwerte als Koordinaten umfassen. Es folgt ein weiterer Vektor z, der drei Werte unterschiedlicher Datentypen als Koordinaten enthält. Da sich darunter eine Zeichenkette befindet, werden alle anderen Inhalte auch in eine Zeichenkette konvertiert, was an den Anführungszeichen der beiden ersten Inhalte zu sehen ist. Einzelwerte und Vektoren werden in R als **atomar** bezeichnet.

Vektoren mit numerischen Daten erlauben die üblichen arithmetischen Operationen, die dann – sofern möglich – koordinatenweise ausgeführt werden. Diese Verfahrensweise setzt im Regelfall voraus, dass die Koordinaten-Anzahl, die in der Programmiersprache R als **Länge** des Vektors bezeichnet wird und mathematisch der Dimension entspricht, übereinstimmt. Möglich ist aber auch, dass die größere Länge ein Vielfaches der kleineren Länge ist, so dass die Koordinaten des kürzeren Vektors beim koordinatenweisen Rechnen in zyklischer Wiederholung berücksichtigt werden können. Wir sehen uns dazu ein Beispiel an, das ebenfalls zeigt, wie man die Länge eines Vektors mit der Funktion length ermitteln kann:

```
> y=c(3,1,c(1,2))
> u=c(1,2)
> u*y
[1] 3 2 1 4
>length(u)
[1] 2
```

Die Konvention, wie in R mit Vektoren gerechnet wird, liegt nahe, selbst wenn sie nur im Fall der Addition und Subtraktion üblichen mathematischen

Vektoroperationen entspricht, ergänzt durch den Sonderfall, dass ein Vektor mit einem Vektor der Länge 1, also einem Skalar, multipliziert wird. Hauptmotivation der in R für Vektoren realisierten Konvention ist, dass auf ihrer Grundlage viele Berechnungen und Größenvergleiche, wie sie zur statistischen Auswertungen von Daten erforderlich sind, mit sehr kurzen Befehlen zur Ausführung gebracht werden können.

Vektoren können nicht nur mit einer expliziten Aufzählung der Dateninhalte erzeugt werden. Insbesondere für Initialisierungen eines Vektors mit Grundwerten bieten sich einfachere Möglichkeiten an, die wir uns in einem weiteren Beispiel ansehen wollen, das zugleich als Demonstration dafür dient, wie man mit den Dateninhalten von Vektoren rechnen kann:

```
> x=rep(1,6)
> x
[1] 1 1 1 1 1 1
> y=1:6
> y
[1] 1 2 3 4 5 6
> z=seq(-20,30,2)
> z*z
 [1] 400 324 256 196 144 100  64  36  16   4   0   4  16  36
[15]  64 100 144 196 256 324 400 484 576 676 784 900
> y[3]=y[3]-5
> y
[1] 1  2 -2  4  5  6
```

Die *Repeat*-Funktion rep(...) wiederholt den Wert des ersten Parameters sooft, wie es vom Wert des zweiten Parameters vorgegeben wird. Die Funktion seq(...), deren Name seq für *sequence* steht, ermöglicht die Erzeugung von Vektoren mit Dateninhalten, die regelmäßig an- oder absteigen. Im einfachsten Fall, nämlich bei Verzicht auf den dritten Parameter, wird mit der Funktion seq(...) eine Datenreihe erzeugt, deren Inhalte sich fortlaufend um 1 erhöhen, also zum Beispiel 5, 6, 7, 8 bei seq(5,8), wobei dies auch kürzer mit dem Ausdruck 5:8 möglich wäre. Ein von 1 verschiedenes Inkrement kann mit dem dritten Parameter erzielt werden. Zum Beispiel ergibt sich im letzten Beispiel die Datenreihe −20, −18, ..., 28, 30 aus seq(−20,30,2), so dass die quadrierten Inhalte der Variablen z das oben angeführte Resultat liefert. Dabei dient der Output [15] schlicht zur Kennzeichnung dafür, dass danach der fünfzehnte Dateninhalt ausgegeben wird, auf den übrigens isoliert mit (z*z)[15] lesend zugegriffen werden könnte. Diese Art des Zugriffs wird in der drittletzten Zeile dazu gebraucht, eine einzelne Zelle des Vektors y, nämlich y[3], zu verändern. Die Form des dazu verwendeten Befehls y[3]=y[3]−5 sieht zwar aus wie eine mathematische Gleichung, ist aber keine und würde als solche selbstverständlich keinen Sinn machen. Allgemein werden in einem Zuweisungsbefehl die Operationen auf der rechten Seite auf Basis der vor der Befehlsausführung erreichten Variablenwerte ausgeführt, um dann die Variable auf der linken Seite wertmäßig zu aktualisieren. Die alternative Schreibweise y[3]<-y[3]−5 ist damit zweifellos etwas suggestiver, aber sicher ungewohnter.

Dass wir zuvor immer nur [1] als Beginn einer Konsolen-Ausgabe erhalten haben, lag einfach daran, dass die Dateninhalte aller bisher berechneten Vektoren in eine Zeile passten, insbesondere bei Einzelwerten, die R als Vektoren der Länge 1 interpretiert. Insofern ist der Beginn der zweiten Zeile des Outputs von z*z abhängig von der Breite des Fensters und des dadurch beeinflussten Zeilenumbruchs.

Wenn Befehle und Zeilen voneinander abweichen
Das erstmalige Auftreten einer Output-Zeile, die nicht mit [1] beginnt, nehmen wir zum Anlass, weitere Besonderheiten beim Input zu erläutern. Ist eine Eingabezeile offensichtlich nicht vollständig, fordert die R-Konsole mit einem Plus-Zeichen eine Fortsetzung der Eingabe auf. Außerdem können in einer Zeile mehrere Befehle mit einem Semikolon getrennt werden, so dass sie derart interpretiert werden, als wären auf mehrere Zeilen aufgeteilt worden:

```
>2*
+2;4*4;8*8
[1] 4
[1] 16
[1] 64
```

Die Art des Zugriffs auf den Inhalt eines Vektors y, zum Beispiel in der Form y[3] auf den dritten Inhalt, entspricht derjenigen Verfahrensweise, die auch andere Programmiersprachen für Arrays bieten. Zusätzlich kann in R auch auf mehrere Inhalte „gleichzeitig", das heißt mit einem Befehl, zugegriffen werden. Für den gleichzeitigen Zugriff auf *alle* Inhalte haben wir das bereits gesehen. Möglich ist aber ebenso der Zugriff auf einen selektierten Teil der Dateninhalte:

```
> x=-4:33
> x
 [1] -4 -3 -2 -1  0  1  2  3  4  5  6  7  8  9 10 11 12 13 14
[20] 15 16 17 18 19 20 21 22 23 24 25 26 27 28 29 30 31 32 33
> x[1:6]=x[30:35]^2
> x
 [1] 625 676 729 784 841 900   2   3   4   5   6   7   8   9
[15]  10  11  12  13  14  15  16  17  18  19  20  21  22  23
[29]  24  25  26  27  28  29  30  31  32  33
> x[c(6,1:5)][1:3][c(TRUE,FALSE,TRUE)]
[1] 900 676
```

Was ist passiert? Mit `x[30:35]` wird ein Teil des Vektors `x` extrahiert, um dann die quadrierten Inhalte einem anderen Teil des Vektors, nämlich `x[1:6]`, zuzuweisen. In der Regel müssen die Längen der beiden Vektoren übereinstimmen – oder die Länge des überschriebenen Teils muss ein Vielfaches der Länge des ersetzenden Vektors sein, damit eine zyklische Wiederholung möglich ist. Die beiden letzten Zeilen zeigen, wie man Inhalte aus einem Vektor extrahiert, nämlich mit einem weiteren Vektor, der die Indizes der gewünschten Inhalte enthält oder logische Werte, wobei `TRUE`-Werte die zu extrahierenden Inhalte charakterisieren.

Versucht man, bei einem bereits existierenden Vektor einen bisher undefinierten Inhalt zu lesen, dann ergibt sich der „Wert" `NA` für *not available*. Er ist einer von vier Pseudo-Werten, mit denen die Programmiersprache R auftretende Ausnahmen behandelt (siehe Kasten *Spezielle Werte in R*).

Spezielle Werte in R

Außer dem „Wert" `NA` *(not available)* für undefinierte Inhalte eines bereits existierenden Vektors kennt die Programmiersprache R noch drei weitere Sonderwerte, die dem gleichen Ziel dienen, nämlich einen Programmabbruch aufgrund eines Laufzeitfehlers zu vermeiden:

- `Inf` steht für *infinity* und ist das Ergebnis von Operationen wie 1/0. Es gibt auch `-Inf`.
- `NAN` steht für *not a number* und ist das Ergebnis sinnloser Operationen wie 0/0.
- `NULL` ist ein Vektor der Länge 0, wie er zum Beispiel durch den Funktionsaufruf `c()` generiert wird.

Die genannten Werte können manchmal die Behandlung von Ausnahmefällen erleichtern, da ihre Eigenschaften bei Rechen- und Vergleichsoperationen eine plausible Erweiterung der Eigenschaften reeller Zahlen darstellen. Zum Beispiel ergeben sich die folgenden Resultate:

```
> -1/0+3
[1] -Inf
> -1/0+2/0
[1] NaN
> NA+1
[1] NA
> length(NULL)
[1] 0
> Inf>1000
[1] TRUE
> Inf>-Inf
[1] TRUE
```

Weil das Vektor-Konzept für die Programmiersprache R von so zentraler Bedeutung ist, wollen wir uns noch ein Beispiel ansehen, das weitere Möglichkeiten beinhaltet, wie mit Vektoren umgegangen werden kann:

```
> x=c(1,2:5,seq(6,8),9+0:4,c(14,15,16))
> x
 [1]   1   2   3   4   5   6   7   8   9  10  11  12  13  14  15  16
> y=x[-5]                                        # löscht x[5]
> y
[1]   1   2   3   4   6   7   8   9  10  11  12  13  14  15  16
> z=y[c(1:2,which(x>=10))]
> z
[1]   1   2  11  12  13  14  15  16  NA
```

Zunächst wird ein Vektor x definiert, der die Zahlen 1 bis 16 aufsteigender Reihenfolge enthält. Dabei werden bewusst verschiedene Konstrukte kombiniert, mit denen Vektoren definiert werden können. Für den Vektor y wird mit Hilfe des negativen Indexes −5 der fünfte Eintrag gestrichen. Der Vektor z umfasst y-Inhalte, deren Indizes abgesehen von den ersten beiden mit der which-Funktion bestimmt werden, wobei die an den Vektor x geknüpfte Bedingung x>=10 zum Index-Bereich 10:16 führt. Der Wert NA im anschließende Konsolen-Output erklärt sich daraus, dass der Vektor y aufgrund des gestrichenen Inhalts 5 nur 15 Inhalte besitzt.

Für die Verständlichkeit größerer Mengen an Daten, ob in Vektoren oder anderen Datenstrukturen, ist es wichtig, zusätzlich zum Variablennamen weitere Benennungen ergänzen zu können, wie man es von Spalten- und Zeilenbeschriftungen in EXCEL her kennt. Dazu ein Beispiel:

```
> x=1:16
> u=x
> x=x*x
> names(x)=paste0("_",u)
> x
 _1  _2  _3  _4  _5  _6  _7  _8  _9 _10 _11 _12 _13 _14 _15 _16
  1   4   9  16  25  36  49  64  81 100 121 144 169 196 225 256
> u
 [1]   1   2   3   4   5   6   7   8   9  10  11  12  13  14  15  16
> x[4]
_4
16
> names(x[4])
[1] "_4"
> x[[names(x[4])]]
[1] 16
> x[[4]]
[1] 16
```

Mit den gerade aufgelisteten Kommandos werden die im Vektor u gespeicherten Zahlen von 1 bis 16 quadriert. Konkret entsteht mit dem Vektor x eine Tabelle der ersten Quadratzahlen, wobei die quadrierten Werte in den zum Vektor x gehörenden Benennungsvektor names(x) eingetragen werden. Diese Benennungen sind grundsätzlich Zeichenketten, was hier mit Hilfe der vorangestellten Unterstriche verdeutlicht wird. Realisiert wird diese Zeichenkettenoperation mit der Funktion paste0(...), die zur **Konkatenation,** also zum Zusammenfügen, von Zeichenketten verwendet werden kann.

Die Ausgabe des Vektors u dient nur zur Klarstellung dafür, dass er nach wie vor die ursprünglichen Daten des Vektors x beinhaltet. Für Programmieranfänger ist dies sicher keine Überraschung. Wer aber bereits andere Programmiersprachen wie JavaScript und C++ kennt, der dürfte sich wahrscheinlich wundern, weil dort komplexere Datenstrukturen als sogenannte **Referenzen,** also Verweise, behandelt werden. Bei einem Zuweisungsbefehl werden demgemäß nicht die Daten selbst, sondern nur der Verweis auf sie kopiert. Daher wirkt jede Änderung des ursprünglichen Inhalts auch auf die Werte, die mittels einer Referenzierung über die zweite Variable gelesen werden – und umgekehrt. Dagegen werden bei einem Zuweisungsbefehl in R grundsätzlich alle Daten kopiert – man spricht von einer **tiefen Kopie** *(deep copy).* Danach kann jede der beiden Kopien unabhängig von der anderen verändert werden.

Die anschließenden Konsolen-Outputs von x[4], x[[4]], names(x[4]) und x[[names(x[4])]] verdeutlichen, wie auf Benennungen und die zugehörigen Dateninhalte, übrigens auch schreibend und sogar in Form von x[["_20"]]=400 zur Ergänzung von Daten, zugegriffen werden kann. Diese Möglichkeiten zeigen zugleich, dass sich Vektoren in R deutlich von Arrays in anderen Programmiersprachen unterscheiden.

Namen, die die Dateninhalte von Vektoren in ihrer Bedeutung erläutern, lassen sich nicht nur nachträglich ergänzen. Möglich ist auch, dass Namen bereits mit der Funktion c(...) definiert werden:

```
> daten=c(Alter=23,Gewicht=85)
> daten
  Alter Gewicht
     23      85
```

4.4   Erste Anwendungen mit Vektoren

Ein erstes Anwendungsbeispiel soll zeigen, wie einfach man empirisch ermittelte Werte in Größenklassen einteilen kann, um dann deren Häufigkeiten zu bestimmen. Ausgangsbasis sind empirische Daten von Erwachsenen über Gewicht (Masse) in Kilogramm und Größe in Metern. Daraus soll der Body-Mass-Index (BMI) berechnet und dann analysiert werden:

```
> height=c(1.74,1.82,1.86,1.80,1.92,1.69,1.99,1.79,1.98,1.74,1.99)
> weight=c(  71,  84,  95,  85, 103,  70, 102,  98, 121,  79,  72)
> bmi=round(weight/height^2,1)
> bmi
 [1] 23.5 25.4 27.5 26.2 27.9 24.5 25.8 30.6 30.9 26.1 18.2
```

Der Body-Mass-Index eines erwachsenen Menschen ist definiert als Quotient, bei dem das Gewicht durch das Quadrat der Größe geteilt wird. Dank der Vektor-Basierung von R reicht zur Berechnung der einzige Befehl `bmi=weight/height^2`, um alle Daten auf einen Schlag zu transformieren. Im voranstehenden Beispiel wurden die BMI-Werte außerdem noch auf eine Nachkommastelle gerundet.

Die Vektoroperationen können sogar dazu verwendet werden, die Ergebnisse in drei Klassen „low-ok-high" entsprechend den Grenzen 18,5 und 24,9 einzuteilen:

```
> result=rep("",length(bmi))
> result[bmi<=24.9 & bmi>=18.5]="ok"
> result[bmi>24.9]="hi"
> result[bmi<18.5]="lo"
> result
 [1] "ok" "hi" "hi" "hi" "hi" "ok" "hi" "hi" "hi" "hi" "lo"
```

Mit der ersten Zeile wird die Variable `result` initialisiert. Andernfalls wäre aufgrund des intern vorgegebenen Initialwerts `NA` kein Zugriff der Form `result[1]="hi"` möglich, wohl aber – nur im scheinbaren Widerspruch dazu – die Zuweisung `result="hi"`, da dabei der vorherige Wert `NA` überschrieben wird. Anschließend könnten dem Vektor `result` sogar weitere Inhalte zugewiesen werden, etwa durch `result[4]="low"`.

Die anschließende Einteilung in Größenklassen beruht darauf, dass eine Vektor-Vergleichsoperation wie `bmi>24.9`, völlig analog zum Rechenausdruck `bmi+3`, einen neuen Vektor erzeugt. Konkret wird für jeden Inhalt `bmi[i]` die Bedingung `bmi[i]>24.9` geprüft. Das Ergebnis ist ein Vektor mit logischen Werten, nämlich `c(FALSE,TRUE,TRUE,…,FALSE)`. Dieser Vektor steuert dann eine Extraktion aus dem Vektor `result`, so dass bei jedem Index i, bei dem der Vektor `bmi>24.9` den logischen Wert `TRUE` enthält, eine Zuweisung `result[i]="hi"` erfolgt.

Mit `for`- und `if`-Befehlen, die R ganz ähnlich wie andere Programmiersprachen bietet, hätte man diese Größeneinteilung ebenfalls durchführen können, allerdings deutlich komplizierter:

```
> len=length(bmi)
> for (i in 1:len) if(bmi[i]<18.5) result[i]="lo"
> for (i in 1:len) if(bmi[i]>24.9) result[i]="hi"
> for (i in 1:len) if(bmi[i]<=24.9 & bmi[i]>=18.5)
result[i]="ok"
```

Da wir hier nur die wesentlichen Bestandteile der Programmiersprache R erörtern wollen, werden wir zunächst darauf verzichten, weitere Details der Befehle `for` und `if`, der **logischen Operatoren** `&` (und), `|` (oder) und `!` (nicht) sowie der **Vergleichsoperatoren** `<=,<,>=,>,==` (gleich) und `!=` (ungleich) darzulegen. Weitere Aufklärung werden insbesondere die noch anstehenden Beispiele bringen. Für den Fall eines akuten Bedarfs stehen jederzeit die über die Konsole abrufbaren Beschreibungen zur Verfügung: `help("if")`, `help("|")`, `help("==")` und `help("rep")`, im letzten Fall auch einfach `help(rep)`. Diese Kommandos starten den Browser und zeigen dann dort Dokumentationen zum `if`-Befehl, zum logischen Oder-Operator, zum Vergleichsoperator „ist gleich" und zur uns schon bekannten Repeat-Funktion `rep(...)`. Selbst der Aufruf `help(help)` ist über die Konsole möglich! Die Dokumentationen sind relativ kurz, aber exakt und vollständig. Sie sind bestens geeignet zur gezielten Klärung von Detailfragen, bieten aber kaum eine motivierende Einführung.

   Wir wollen uns nun ansehen, wie einfach eine Häufigkeitsverteilung der Merkmalswerte ermittelt werden kann. Im Fall der Klasseneinteilung „low-ok-high", wie sie den in der Variable `result` gespeicherten Merkmalswerten zugrunde liegt, reicht dafür das Kommando `table(result)`:

```
> t=table(result)
> t
result
hi lo ok
 8  1  2
> t[3]
ok
 2
```

Obwohl die Details zunächst unklar sind, enthält das **Objekt** `t` offenkundig die Häufigkeiten der drei Merkmalswerte. Der Begriff Objekt steht dabei zunächst einmal für alles, was einer Variablen zugeordnet werden kann, egal ob Zahl, Zeichenkette, logischer Wert, Vektor, Tabelle oder was auch sonst. Informationen über das „Innenleben" eines Objekts kann man generell mit der Funktion `attributes()` erhalten, und zwar in Form von Namen von **Eigenschaften,** die die Struktur des Objekts charakterisieren und deren Werte den aktuellen Zustand des Objekts widerspiegeln:

```
> attributes(t)
$dim
[1] 3
$dimnames
$dimnames$result
[1] "hi" "lo" "ok"
$class
[1] "table"
```

Der Konsolen-Output enthält eine Übersicht über die Funktionen, die man mit dem Parameter `t` aufrufen kann und welche Resultate man dabei erhält. Das sollte uns zum Experimentieren einladen, aber keinesfalls ein Anlass zur Abschreckung darstellen, da man diese Interna von Tabellen und analog von anderen Standardobjekten selten, wenn überhaupt, braucht:

```
> dim(t)
  [1] 3
> dimnames(t)
$result
[1] "hi" "lo" "ok"
> dimnames(t)$result[2]
[1] "lo"
> class(t)
  [1] "table"
> names(t[3])
  [1] "ok"
> t[1]
hi
 8
```

Der Zugriff auf die Tabelleninhalte erfolgt mit `names(t[i])` im Fall der als Namen dienenden Überschriften und mit `t[[names(t[i])]]` oder `t[[i]]` im Fall der Häufigkeiten, jeweils für einen Parameterwert `i` von 1 bis 3. Eigentlich sind aber Tabellen nicht primär dafür gedacht, um auf ihre Daten einzeln zuzugreifen, sondern dafür, eine einfache Textausgabe oder eine grafische Darstellung vorzubereiten.

Ohne Verwendung einer Tabelle kann die Häufigkeit eines Merkmalswertes innerhalb eines Vektors mit der Summen-Funktion `sum(...)` festgestellt werden. Standardmäßig ermittelt sie die Summe aller Dateninhalte. Zusammen mit einer Selektion eignet sie sich zu einer Ermittlung einer Häufigkeit:

```
x=c(1,1,2,2,2,3,3,3,3)
> sum(x)
[1] 20
> sum(x==2)
[1] 3
```

Die Ermittlung der absoluten Häufigkeit des Wertes 2 nutzt die bereits verwendete Funktionalität, dass der Vektor `x==2` den Wert `FALSE   FALSE   TRUE` ... `FALSE` besitzt, so dass dessen Einträge mit dem Wert `TRUE` gezählt werden können. Der Mittelwert der `x`-Werte kann übrigens mit `sum(x)/length(x)` oder noch einfacher mit `mean(x)` berechnet werden.

4.5 Import und Export von Daten

Für die statistische Auswertung empirisch erhobener Daten ist es wichtig, diese zu Beginn unkompliziert einlesen zu können. Notwendig sind ebenfalls Möglichkeiten, am Ende die Auswertungsergebnisse in andere Programme übertragen zu können. Eine sehr primitive, aber höchst universelle Datenschnittstelle ist die Verwendung sogenannter CSV-Dateien, deren Benennung als Abkürzung für *comma-separated values* steht. Dabei handelt es sich um unformatierte Textdateien, deren Inhalte einfach strukturierte Daten wie insbesondere Datentabellen enthalten können. Anders als bei modernen Formatdefinitionen wie bei XML- und JSON-Dateien werden die einzelnen Datensätze durch Zeilenabschlüsse und die einzelnen Dateninhalte jeweils durch ein fest definiertes Trennzeichen wie einem namensgebenden Komma oder einem Semikolon getrennt.

Als Beispiel schauen wir uns an, wie die Datentabelle aus Abb. 4.1 in das „R"-Programm eingelesen werden kann, wenn sie im CSV-Format abgespeichert wird, wobei EXCEL standardmäßig einen Semikolon als Trennzeichen verwendet.

```
> daten=read.table("E:\\R\\input.csv",header=TRUE,";",row.names=1)
> daten
      Alter Gewicht
Mike     22      71
Elena    21      59
Rudi     20      69
Heike    21      65
```

Gesteuert werden kann beim Einlesen mittels Parameter der Dateiname, die Interpretation der ersten Zeile als Überschriften, das Trennzeichen sowie die Spaltennummer, deren Inhalte als Zeilenkennungen interpretiert werden. Im Fall, dass einzelne Zeilen oder Spalten weniger Einträge aufweisen, werden die betreffenden Zellen mit dem Wert NA gefüllt.

Wie schon beim table-Objekt im letzten Kapitel lohnt es, das erzeugte Objekt daten zu inspizieren:

	A	B	C	
1		Alter	Gewicht	;Alter;Gewicht
2	Mike	22	71	Mike;22;71
3	Elena	21	59	Elena;21;59
4	Rudi	20	69	Rudi;20;69
5	Heike	21	65	Heike;21;65

Abb. 4.1 Eine einfache Datentabelle eines Tabellenkalkulationsprogramms wie EXCEL und der Inhalt der entsprechenden CSV-Datei

```
> attributes(daten)
$names
[1] "Alter"    "Gewicht"
$class
[1] "data.frame"
$row.names
[1] "Mike"   "Elena" "Rudi"   "Heike"
```

Der erfolgte Output zeigt, dass es sich beim erzeugten Objekt um ein sogenanntes
data.frame-Objekt handelt. Die Datentypen seiner Inhalte können anders
als bei einem Vektor unterschiedlich sein. Der Zugriff auf die Spaltenüber-
schriften erfolgt mit names(daten)[j] und auf die Zeilenbeschriftungen
mit row.names(daten)[i], wobei die Indizes j und i von 1 bis
length(names(daten)) bzw. length(row.names(daten)) laufen.
Der Zugriff auf den Dateninhalt einer einzelnen Zelle, einer ganzen Zeile oder
einer ganzen Spalte orientiert sich am zweidimensionalen Charakter der Datenstruktur, wobei sowohl die Namen als auch die Nummern zur Selektion der Zeilen
und Spalten verwendet werden können:

```
> daten["Elena",]
      Alter Gewicht
Elena    21       59
> daten[,"Gewicht"]              # möglich ist auch daten$Gewicht
[1] 71 59 69 65
> daten["Elena","Gewicht"]
[1] 59
> daten[4,2]
[1] 65
> daten[,1]
[1] 22 21 20 21
> daten[1,]
     Alter Gewicht
Mike    22       71
> mean(daten[,2])
[1] 66
```

Wir sehen, dass die Spalten Vektoren sind, was zugleich den Weg weist, wie der
umgekehrte Vorgang, das heißt der Export von Daten, eingeleitet werden kann:

```
> Alter=c(20,21,20,21)
> Gewicht=c(71,59,69,65)
> data1=data.frame(Alter,Gewicht)
> data1
  Alter Gewicht
1    20       71
```

```
2      21       59
3      20       69
4      21       65
> row.names(data1)=c("Mike","Elena","Rudi","Heike")
> data1
       Alter Gewicht
Mike    20      71
Elena   21      59
Rudi    20      69
Heike   21      65
> write.table(data1,"E:\\R\\export.csv",sep=";",col.names=NA)
```

Sehen wir uns im Detail an, was passiert ist: Zunächst wurde aus zwei Vektoren mit den Alters- und Gewichtswerten ein `data.frame`-Objekt generiert. Anschließend wurden die standardmäßigen *(default)* Zeilenbeschriftungen in Form einer Nummerierung durch die Namen ersetzt. Dann konnte bereits der Export in eine CSV-Datei stattfinden, wobei der letzte Parameter `col.names=NA` dafür gesorgt hat, dass die Spalte der Zeilenbeschriftungen einen leeren Header aufweist.

Anzumerken bleibt noch, dass eine einzelne Spalte in einem `data.frame`-Objekt wie zum Beispiel die Gewicht-Spalte gelöscht werden kann, indem man ihr den Nullvektor zuweist: `daten$Gewicht=NULL`, wobei die zu löschende Spalte auf der linken Seite auch mit `daten["Gewicht"]` oder `daten[,"Gewicht"]` referenziert werden kann. Um eine weitere Spalte zu ergänzen, bedarf es eines Vektors, dessen Länge gleich der Anzahl der Datenzeilen sein muss, also zum Beispiel `daten$Nr=c(1,2,3,4)`.

Eine einzelne Zeile kann mittels des Befehls `daten=daten[-2,]` gelöscht werden. Die Ergänzung einer Datenzeile ist möglich mit dem Befehl `daten=rbind(daten,c(23,61))`, wobei die Zeilenbeschriftung anschließend mit `row.names(daten)[length(row.names(daten))]="Egon"` erfolgen kann.

In ihrer Anordnung gespiegelt werden die Daten bei einer Transponierung mit `datenTrans=t(daten)`, das heißt, Spalten werden zu Zeilen und umgekehrt. Allerdings entsteht dabei ein Objekt einer anderen Klasse, nämlich eine Matrix.

4.6   Matrizen

Obwohl wir in Form von `table`- und `data.frame`-Objekten bereits Matrix-ähnliche Datenstrukturen kennen gelernt haben, besteht natürlich ein Bedarf, „richtige" Matrizen, das heißt Matrizen im mathematischen Sinne, und ihre Rechenoperationen mit R-Befehlen verarbeiten zu können. Genau zu diesem Zweck bietet R eine spezielle Matrix-Klasse.

In R werden Matrizen als Vektoren behandelt, deren Dateninhalte in Tabellenform, und zwar standardmäßig spaltenweise oder optional auch zeilenweise angeordnet werden. Aufgrund dieses Ansatzes besitzt jede Matrix weiterhin die

Eigenschaften, die wir von Vektoren in der Programmiersprache R her kennen wie die Addition und die Multiplikation.

Erzeugt wird eine Matrix aus einem Vektor, der ihre Koeffizienten enthält, ergänzt um Angaben darüber, wie viele Zeilen und Spalten die Matrix aufweist, sowie den Modus, ob die Koeffizienten zeilenweise oder spaltenweise aufgefüllt werden. Dazu ein Beispiel:

```
> A=matrix(c(0,1,0,2,1,0),nrow=3,ncol=2,byrow=FALSE)
> A
     [,1] [,2]
[1,]   0    2
[2,]   1    1
[3,]   0    0
> t(A)
     [,1] [,2] [,3]
[1,]   0    1    0
[2,]   2    1    0
> A%*%t(A)
     [,1] [,2] [,3]
[1,]   4    2    0
[2,]   2    2    0
[3,]   0    0    0
> t(A)%*%A
     [,1] [,2]
[1,]   1    1
[2,]   1    5
> attributes(A)
$dim
[1] 3 2
```

Was ist im voranstehenden Beispiel passiert? Zunächst wurden die Koordinaten eines Vektors spaltenweise in eine 3×2-Matrix A eingetragen. Zwar sind die letzten beiden Parameter nicht notwendig, aber zum Zweck der leichteren Verständlichkeit ist es ratsam, sie trotzdem explizit anzugeben. Anschließend werden die beiden Produkte der Matrix A mit ihrer transponierten Matrix t(A) berechnet. Eine Matrix A besitzt nur ein einziges Attribut, nämlich den Vektor dim(A), dessen beide Inhalte der Zeilen- und Spaltenzahl entsprechen.

Dass man mit A[1,1], A[1,] und A[,1] auf den ersten Koeffizienten oben links, auf den ersten Zeilenvektor beziehungsweise auf den ersten Spaltenvektor zugreifen kann, dürfte nach den Erfahrungen der letzten Kapitel kaum noch überraschen. Teilmatrizen können analog zu Vektoren zum Beispiel mit A[1:2,1:2] erzeugt werden.

Neben der mit dem Operatorzeichen %*% abgekürzten Matrix-Multiplikation sind die von Vektoren her bekannten Operationen einsetzbar. Insofern ist der Ausdruck `(A%*%t(A))[1:2,1:2]-2*t(A)%*%A` sinnvoll, dessen Ergebnis gleich $T - A^t A$ ist, wobei T die linke, obere 2×2-Teilmatrix von AA^t bezeichnet.

Die Funktion `diag(...)` dient zur Erzeugung von Diagonalmatrizen. Zum Beispiel erzeugt `diag(2*(1:3))` eine 3×3-Matrix mit den Einträgen 2, 4 und 6 in der Diagonale und `diag(rep(1,5))` eine 5×5-Einheitsmatrix. Eine 3×4-Nullmatrix erhält man mit `matrix(0, nrow=3,ncol=4)`.

Für eine quadratische Matrix A kann die Determinante mit dem Funktionsaufruf `det(A)` berechnet werden. Im Fall einer Determinante ungleich 0 ist die zur Matrix A inverse Matrix mittels `solve(A)` berechenbar.

Skripte

Will man mehrere Befehle auf einmal ausführen, empfiehlt es sich, innerhalb des „R"-Programmes vom einfachen Konsolen-Modus in den Skript-Modus zu wechseln, der eine En-Bloc-Ausführung von Befehlssequenzen erlaubt.

Gestartet wird der Skript-Modus im Menü des „R"-Programmes mit einem der beiden Befehle „Neues Skript" und „Öffne Skript ...". Dabei öffnet sich, im zweiten Fall nach Auswahl einer Datei, ein Editor-Fenster mit einem zunächst leeren Skript beziehungsweise mit dem Textinhalt der ausgewählten Datei. Mit üblichen Editor-Funktionen kann der Text bearbeitet werden und, wenn ein erhaltenswerter Stand erreicht ist, über das Menü in einer Datei gespeichert werden. Die wesentliche Funktionalität für den Inhalt des Editor-Fensters startet man aber über dessen Kontextmenü, das mit der rechten Maustaste geöffnet werden kann: Mit „Ausführung Zeile oder Auswahl" kann entweder die durch den Cursor aktivierte Zeile oder im Fall einer vorgenommenen Markierung der markierte Text in die Konsole übertragen werden, so dass er dort ausgeführt wird – bei einer mehrzeiligen Auswahl jede Zeile als ein Befehl. Beispielsweise führt der Text

```
1+1
2+2
```

bei einer Ausführung als Skript zum Konsolen-Dialog

```
> 1+1
[1] 2
> 2+2
[1] 4
```

Kommt es bei einer Skript-Ausführung in einer Zeile zu einem Fehler, wird die betreffende Fehlermeldung ausgegeben und dann die Ausführung des Skripts mit der nächsten Zeile fortgesetzt.

Funktionen

Analog zu einer vordefinierten Funktion wie `exp(...)` oder `diag(...)` lassen sich in R selbstdefinierte **Funktion** implementieren. Definiert wird eine Funktion dadurch, dass einer Variablen, die als Namen den gewünschten Funktionsamen trägt, ein „Wert" zugewiesen wird, und zwar in Form einer Sequenz von Befehlen. Die Abgrenzung der Befehle erfolgt mit geschweiften Klammern, ergänzt um eine vorangestellte, mit normalen Klammern abgegrenzte Liste von Parametern:

```
summe=function(x,y){return(x+y)}
```

Auf Basis dieser Zuweisung kann die damit definierte Funktion `summe(x,y)` analog zu vordefinierten Funktionen wie zum Beispiel `rep(x,t)` verwendet werden. So wie bei einer mathematischen Funktion f ein einzelner Funktionswert $f(x,y)$ durch die Argumente x und y bestimmt wird, so kann der mittels `return(...)` in der `function`-Definition definierte **Rückgabewert** durch die übergebenen Parameter bestimmt werden. Im vorliegenden Fall handelt es sich bei den Parametern um die beiden Summanden `x` und `y`, die gemeinsam den Rückgabewert `summe(x,y)` bestimmen.

Innerhalb der formalen Konstruktion der Programmiersprache R handelt es sich bei einer Funktion um ein Objekt der Klasse `"function"`, was durch den Aufruf `class(summe)` verifiziert werden kann. Außer durch diese Typisierung wird das dem Variablennamen `summe` zugewiesene Objekt einzig durch die in den geschweiften Klammern enthaltenen Befehle sowie die vorangestellte Parameterliste charakterisiert, wie ein Aufruf `attributes(summe)` zeigt.

Im Regelfall ist der Code einer Funktion deutlich umfangreicher als im voranstehenden Beispiel `summe(...)`, so dass die mehrfache Verwendung einer solchen Funktion das Skript deutlich verkürzt. In diesen Fällen ist es auch sinnvoller, die Befehle einer Funktion über mehrere Zeilen zu verteilen. Am übersichtlichsten geht dies im Skript-Modus. Man editiert dort zunächst den Skript-Code der Funktion und führt dann diese Funktionsdefinition en bloc aus – wie bei einer „normalen" Zuweisung `x=3` zunächst ohne sichtbare Reaktion:

```
zahl=function(ganz=0,zehntel=0,hunderstel=0)
{
  ret=0
  if (!missing(ganz))
    ret=ret+ganz
  if (!missing(zehntel))
    ret=ret+zehntel/10
  if (!missing(hunderstel))
```

```
    ret=ret+hunderstel/100
  return(ret)
}
```

Die vorgenommene Formatierung in Zeilen mit Einrückungen dient „nur"
der besseren Lesbarkeit, damit die Funktionalität oder gar syntaktische
Fehler leichter erkennbar werden.

Beim Aufruf einer Funktion ist es zwar generell nicht notwendig, dass
alle möglichen Parameter verwendet werden. Aber selbstverständlich ist
diese Option bereits bei der Implementierung der Funktion zu berücksichtigen, beispielsweise durch Verwendung der Funktion missing(...).
Außerdem müssen die übergebenen Parameter eindeutig zugeordnet werden
können, entweder durch eine vorne beginnende, aufeinanderfolgende
Reihenfolge oder durch explizite Zuweisungen:

```
> zahl(1,2,3)
[1] 1.23
> zahl(1,hunderstel=3)
[1] 1.03
> zahl(1,hunderstel=3,zehntel=2)
[1] 1.23
```

Trotz großer Gemeinsamkeiten mit Funktionen in anderen Programmiersprachen wie JavaScript muss doch auf einen entscheidenden Unterschied
hingewiesen werden: Beendet wird die Ausführung der Befehle innerhalb
einer in R definierten Funktion, und zwar unter gleichzeitiger Zuweisung
des Rückgabewertes, durch den Aufruf der *Funktion* return(...). Daher ist
bei R eine Klammerung des Rückgabewertes unverzichtbar, abweichend von
anderen Programmiersprachen, in denen return wie if ein Schlüsselwort
darstellt, das einen speziellen Befehlstyp charakterisiert.

Da sich eine Nullmatrix gut dazu eignet, ausgehend von ihr nachträglich einzelne
Koeffizienten mit anderen Werten zu belegen, wollen wir dies zum Anlass
nehmen, erstmals eine selbstdefinierte Funktion zu implementieren und dann zu
verwenden (siehe Kasten *Funktionen*):

```
> nullmatrix=function(z,s){return (matrix(0,nrow=z,ncol=s))}
> nullmatrix(2,3)
     [,1] [,2] [,3]
[1,]    0    0    0
[2,]    0    0    0
> nullmatrix
function(z,s){return (matrix(0,nrow=z,ncol=s))}
```

In der ersten Zeile wurde die Funktion `nullmatrix(z,s)` definiert, die zwei Parameter aufweist, nämlich die Anzahl der Zeilen z sowie die Anzahl der Spalten s. Beide gemeinsam bestimmen den **Rückgabewert** `nullmatrix(z,s)`.

Zwar verkürzt eine solch einfache Funktion nicht den Skript-Code. Trotzdem kann der Einsatz selbst einer solch einfachen Funktion sinnvoll sein, wenn dadurch der Skript-Code einfacher verständlich wird.

4.7   Simulationen in R

Bisher haben wir R als eine Programmiersprache kennengelernt, die einerseits ein einfaches, interaktives Interface für mathematische Operationen inklusive für Rechenoperationen für Matrizen bietet und mit der man andererseits einfach Datenreihen importieren, auswerten und exportieren kann, wie es in der beschreibenden Statistik benötigt wird.

Wir wollen uns nun ansehen, wie in R mit Wahrscheinlichkeitsverteilungen von Zufallsgrößen umgegangen werden kann, und zwar zunächst im Rahmen von Simulationen. Bereits in Abschn. 2.13 haben wir darauf hingewiesen, dass praktisch alle Programmiersprachen die grundlegende Möglichkeit bieten, gleichverteilte Pseudo-Zufallszahlen zwischen 0 und 1 zu erzeugen. In R steht dazu die Funktion `runif(n)` zur Verfügung *(random uniform numbers)*. Dabei gibt der Parameter n vor, wie viele solche Zufallszahlen erzeugt werden, die dann zu einem Vektor zusammengefasst werden. Auf dieser Basis können analog zu anderen Programmiersprachen mit `trunc(6*runif(20))+1` zwanzig Würfelergebnisse simuliert werden, wobei die Truncation-Funktion `trunc(...)` alle Nachkommastellen abschneidet.

Allerdings gibt es in R deutlich komfortablere Methoden, solche Zufallsergebnisse zu erzeugen. Als Beispiel bilden wir die Summe von 360.000 Ergebnissen von je zwei Würfeln und werten dann die Häufigkeiten aus:

```
> die1=sample(1:6,360000,replace=TRUE)
> die2=sample(1:6,360000,replace=TRUE)
> dice=die1+die2
> table(dice)
dice
    2     3     4     5     6     7     8     9     1    11    12
10053 19902 30039 40148 49948 60182 49967 39693 29972 20083 10013
```

Die Funktion `sample(x,size,replace,prob)` ermöglicht Realisierungen einer Zufallsgröße, wobei x die möglichen Werte als Vektor vorgibt und `size` die Anzahl der Ziehungen. Bei `replace=TRUE` wird eine gezogene Zufallszahl wieder zurückgelegt, um voneinander unabhängige Ergebnisse zu erhalten. Mit dem Vektor `prob` können Wahrscheinlichkeiten korrespondierend zum Vektor x der möglichen Werte vorgegeben werden, wobei ein fehlender Parameter eine Gleichverteilung bewirkt.

Für die zufällige Ziehung von mehreren Spielkarten aus einem Kartenstapel oder für die Ziehung von Lottozahlen verwendet man die Option `replace = FALSE`. Konkret zieht man „6 aus 49"-Lotto-Zahlen samt Zufallszahl mit dem kurzen Befehl

```
> sample(1:49,7,replace=FALSE)
[1]   1 13   7 48 35 34 30
```

Anders als bei den bisher mit R durchgeführten Berechnungen werden aufgrund des zufälligen Charakters der Ziehungen deren Ergebnisse bei einer erneuten Durchführung selbstverständlich anders ausfallen. Um trotzdem Ergebnisse, etwa im Rahmen einer Fehlersuche, reproduzieren zu können, ist eine Initialisierung des Zufallsgenerators möglich, und zwar mit dem Befehl `set.seed(ganzZahl)`, wobei der Parameter den Ausgangsstatus charakterisiert. Bei den beiden vorstehenden Beispielen wurde jeweils unmittelbar zuvor mit `set.seed(1.234.567.890)` initialisiert, so dass zumindest mit der gleichen R-Version die hier angeführten Ergebnisse reproduziert werden können.

Unter Verwendung des Parameters `prob` können 1000 Simulationen eines leicht gezinkten Würfels können wie folgt simuliert werden:

```
> p=c(0.15,0.16,0.16,0.16,0.16,0.21)
> gezWuerfel=sample(1:6,1000,prob=p,replace=TRUE)
> table(gezWuerfel)
gezWuerfel
  1   2   3   4   5   6
158 167 172 154 147 202
```

4.8   Wahrscheinlichkeitsverteilungen

Nachdem wir im letzten Kapitel gesehen haben, wie einfach man mit Hilfe von R eine Simulation einer Zufallsgröße durchführen kann, wollen wir uns nun etwas tiefer mit den Funktionalitäten beschäftigen, die R für Zufallsgrößen bietet.

Als erstes Beispiel bietet sich wie schon bei den mathematischen Erörterungen in Teil 2 die Binomialverteilung an. Bekanntlich beschreibt sie eine Zufallsgröße X mit endlichem Wertebereich, die durch zwei Parameter, nämlich eine Wahrscheinlichkeit p und eine Anzahl n charakterisiert ist. Konkret geht es um die Wahrscheinlichkeit, in n unabhängigen Bernoulli-Experimenten mit der jeweiligen Trefferwahrscheinlichkeit p insgesamt x Treffer zu erzielen.

Berechnet werden solche Wahrscheinlichkeiten mit der R-Funktion `dbinom(x,n,p)`. Zum Beispiel ist die Wahrscheinlichkeit, in vier Würfen zwei Sechsen zu werfen, gleich

```
> dbinom(2,4,1/6)
[1] 0.1157407
```

Die Programmiersprache R wäre aber nicht R, wenn sie nicht gleich noch eine Anwendung für Vektoren bieten würde. Bei den Parametern dürfen nämlich auch Vektoren eingesetzt werden, was vor allem im Fall des ersten Parameters x großen Sinn macht, weil man dann gleich die gesamte Verteilung der Zufallsgröße X erhalten kann:

```
> dbinom(0:4,4,1/6)
[1] 0.4822530864 0.3858024691 0.1157407407 0.0154320988
[5] 0.0007716049
```

Zur Binomialverteilung, aber auch zu allen anderen wichtigen Verteilungen, bietet R noch drei weitere Funktionen, deren Namen anstelle von d als Präfix die Buchstaben p, q und r aufweisen. Dabei steht d für Dichte *(density)*, p für Wahrscheinlichkeit *(probability)*, q für Quantil *(quantile)* und r für Zufall *(random)*. Demgemäß berechnet die Funktion ptyp(x,…) zu einer Zufallsgröße X des Typs „Typ" den Wert der Verteilungsfunktion $P(X \leq x)$ und dtyp(x,…) die Dichte, also $P(X = x)$ im diskreten Fall. Die Funktion qtyp(p,…) bestimmt das Quantil zur Wahrscheinlichkeit p, und die Funktion rtyp(n,…) erzeugt n Realisierungen, das heißt zufällig „ausgewürfelte" Werte der Zufallsgröße:

```
> pbinom(0:4,4,1/6)
[1] 0.4822531 0.8680556 0.9837963 0.9992284 1.0000000
> qbinom(c(0.98,0.99,0.9993),4,1/6)
[1] 2 3 4
> table(sample(rbinom(10000,4,1/6)))
   0    1    2    3    4
4889 3759 1172  172    8
```

Übrigens gehört auch die bereits im letzten Kapitel zur Erzeugung gleichverteilter Zufallszahlen verwendete Funktion runif(20) zur gleichen Familie von Funktionen, die Zufallsgrößen charakterisieren. Wird beim Aufruf runif(n,min,max) wie im letzten Kapitel nur der erste Parameter verwendet, dann kommen bei den die Zufallsgröße charakterisierenden Parametern min und max die Standardwerte min=0 und max=1 zur Anwendung. Und selbstverständlich gibt es auch zur Gleichverteilung drei weitere Funktionen, nämlich für Dichte, Verteilungsfunktion und Quantil:

```
> dunif(0.6,0,2)
 [1] 0.5
> punif(0.6,0,2)
[1] 0.3
> qunif(0.6,0,2)
[1] 1.2
```

Da eine normalverteilte Zufallsgröße durch die beiden Parameter des Erwartungswertes mean und der Standardabweichung sd *(standard deviation)* charakterisiert wird, kann man die Namen und Parameter der vier R-Funktionen zur Normalverteilung fast erraten:

```
> pnorm(0,0,1)               # allgemein pnorm(x,mean=0,sd=1)
[1] 0.5
> 1/dnorm(0,0,1)^2/2         # Pi !
[1] 3.141593
> qnorm(0.995)               # signifikant mit 99 % (beidseitig)
[1] 2.575829
> mean(rnorm(10000,0,1))     # ungefaehr 0 !
[1] 0.003306936
```

4.9   Erste Lösungen einiger Aufgaben

In diesem Kapitel werden für einige exemplarische Aufgaben aus den ersten
beiden Teilen Musterlösungen auf Basis von R-Code präsentiert und erläutert. In
diesem Rahmen werden auch einige bisher noch nicht erörterte Funktionalitäten
von R ergänzt.

In *Aufgabe 1 von* Abschn. 1.4 wurde nach einer Simulation von 82
unabhängigen Bernoulli-Experimenten gefragt. Dabei sollte für einen beidseitigen
Ablehnungsbereich, dessen Ergebnisse mindestens so extrem wie 54:28 und 28:54
sind, bestätigt werden, dass 0,01 eine Obergrenze für die Irrtumswahrscheinlichkeit ist, eine wahre Hypothese zu verwerfen. Aufgrund der Komplexität definieren
wir zwei Funktionen in einem Skript und schließen eine interaktive Abfrage an:

```
anzJahreMehrKnaben=function()
{
  jahre82=sample(c("M","w"),82,replace=TRUE)
  table 82=table(jahre82)
  return(table 82[["M"]])   # Anz. d. Jahre mit Knabenübergewicht
}
simuAnz=100000            # Anzahl der Simulationen
simuErgebnisse=c()        # Vektor für Simulationsergebnisse
for (i in 1:simuAnz)
  simuErgebnisse=c(simuErgebnisse,anzJahreMehrKnaben())
vertFunktion=function(x)  # Wahrscheinl. für ein SimuErgebnis<=x
{
  return((sum(simuErgebnisse<=x))/simuAnz)
}
> vertFunktion(28)+1-vertFunktion(53.9)
[1] 0.00558
```

Die erste Funktion `anzJahreMehrKnaben()` führt 82 voneinander unabhängige Bernoulli-Experiemente zur Wahrscheinlichkeit ½ durch. Die als Return-Wert ermittelte Zahl der Treffer simuliert die Anzahl der Jahre mit einem Knabenübergewicht, sofern die Hypothese einer Gleichwahrscheinlichkeit stimmen sollte. Anschließend werden, was ein paar Sekunden dauern kann, 100.000 Simulationen durchgeführt, deren Häufigkeitsverteilung als empirische Näherung für die entsprechenden Wahrscheinlichkeiten dienen kann.

Selbstverständlich wäre es auch ohne Simulation gegangen unter Verwendung der bereits bekannten Funktionen zur Binomialverteilung, und zwar durch Bestimmung des Quantils zu 0,005, gegebenenfalls mit einer nachträglichen Bestätigung:

```
> qbinom(0.005,82,0.5)
[1] 29
> pbinom(28,82,0.5)+1-pbinom(53.5,82,0.5)
[1] 0.005435925
```

Aufgabe 1 von Abschn. 2.2 fragte nach der Wahrscheinlichkeit, mit drei Würfeln mindestens 16 Augen zu erzielen. Obwohl die Lösung 10/216 leicht ohne Programmierung gefunden werden kann, sind nachfolgend zwei Skripte angeführt, wobei das erste an den traditionellen Möglichkeiten anderer Programmiersprachen orientiert ist. Dazu werden innerhalb von drei Schleifen einerseits alle gleichwahrscheinlichen Würfelkombinationen gezählt und andererseits die Kombinationen mit mindestens 16 Augen:

```
gesamt=0
treffer=0
for (i in 1:6)
  for(j in 1:6)
    for(k in 1:6)
    {
      gesamt=gesamt+1
      if(i+j+k>=16)
        treffer=treffer+1
    }
treffer/gesamt
```

Das zweite Skript nutzt die speziellen Features von R. Zunächst wird ein Vektor `komb` generiert, der zu jeder Würfelkombination einen logischen Wert enthält, der angibt, ob die Augensumme mindestens 16 beträgt:

```
komb=c()
for (i in 1:6)
  for(j in 1:6)
    for(k in 1:6)
```

```
        komb=c(komb,i+j+k>=16)
sum(komb)/length(komb)
```

Aufgabe 2 von Abschn. 2.2 fragte nach der Wahrscheinlichkeit für vier Richtige im Lotto „6 aus 49". Für Binomialkoeffizienten steht in R die Funktion `choose(n,k)` zur Verfügung:

```
> choose(6,4)* choose(43,2)/choose(49,6)
[1] 0.0009686197
```

Bei *Aufgabe 4 von* Abschn. 2.2 war nach der Wahrscheinlichkeit gefragt, bei n gezogenen Kugeln genau k weiße Kugeln zu ziehen, wobei der Vorrat aus N Kugeln besteht, von denen M weiß sind. Werden $n = 6$ Kugeln gezogen aus einem Vorrat von insgesamt $N = 49$ Kugeln, darunter $M = 6$ weißen Kugeln, dann entspricht das Ereignis, genau $k = 4$ weiße Kugeln zu ziehen, dem Lotto-Ereignis aus der letzten Aufgabe, nämlich 4 Richtigen bei „6 aus 49":

```
probHyperGeom=function(N,M,n,k)
{
   return(choose(M,k)*choose(N-M,n-k)/choose(N,n))
}
probHyperGeom(49,6,6,4)
[1] 0.0009686197
```

Noch einfacher, aber ohne Übungseffekt, ist die Verwendung der in R implementierten Funktion `dhyper(...)`. Allerdings erwartet diese Funktion die Parameter in etwas anderer Form, nämlich mit aufgeschlüsseltem Gesamtvorrat in weiße und andersfarbige Kugeln, also `dhyper(k,M,N-M,n)`:

```
> dhyper(4,6,43,6)
[1] 0.0009686197
```

Aufgabe 1 von Abschn. 2.3 fragte nach der Zahl der Jahre, die man Lotto spielen muss, um mit einem wöchentlichen Lotto-Tipp eine Wahrscheinlichkeit von 0,5 auf mindestens einen „Sechser" zu haben. Wir berechnen zunächst als Beispiel die Wahrscheinlichkeit für 10 Jahre mit je 52 Ziehungen und ermitteln dann den gesuchten Wert:

```
> (1-1/choose(49,6))^520
[1] 0.9999628
> log(0.5)/log(1-1/choose(49,6))/(365.25/7)
[1] 185762.9
```

In *Aufgabe 2 von* Abschn. 2.3 wurde nach der Wahrscheinlichkeit gefragt, dass unter 12 Gästen keine zwei am gleichen Tag des Jahres Geburtstag haben. Der

Sonderfall des 29. Februar war ausgeklammert. Außerdem gehen wir von gleichverteilten Geburtstagen aus:

```
probDoubleBirthday=function(n)
{
  ret=1
  for(i in 1:(n-1))
    ret=ret*(1-i/365)
  return(1-ret)
}
> probDoubleBirthday(12)
[1] 0.1670248
```

Mit Hilfe der gerade definierten Funktion können wir mit etwas Probieren auch
Aufgabe 3 von Abschn. 2.3 lösen:

```
> probDoubleBirthday(22)
[1] 0.4756953
> probDoubleBirthday(23)
[1] 0.5072972
> probDoubleBirthday(56)
[1] 0.9883324
> probDoubleBirthday(57)
[1] 0.9901225
```

Die Lösung zur *Aufgabe 4 von* Abschn. 2.3 ist 253. So viele Gäste braucht es,
damit ein Neujahrskind mit Wahrscheinlichkeit von über 0,5 anwesend ist:

```
> log(0.5)/log(364/365)
[1] 252.652
```

In *Aufgabe 5 von* Abschn. 2.3 sind die Wahrscheinlichkeiten gesucht, in vier
Würfen mit einem Würfel mindestens eine Sechs beziehungsweise in 24 Würfen
mit zwei Würfeln mindestens eine Doppel-Sechs zu erzielen:

```
> 1-(5/6)^4
[1] 0.5177469
> 1-(35/36)^24
[1] 0.4914039
```

Für *Aufgabe 3 von* Abschn. 2.14 sollte eine Simulation durchgeführt werden, um
für die χ^2-Verteilung zu $f = 1000$ Freiheitsgraden das 0,99-Quantil zu bestimmen.
Zunächst ein Skript mit anschließendem Check:

```
chi2OneRealization=function(f,samples)      # zu f Freiheitsgraden
{
  tbl=table(sample(1:(f+1),samples,replace=TRUE))
  ret=0
  for (i in 1:dim(tbl))
    ret=ret+(tbl[[i]]-samples/(f+1))^2/samples*(f+1)   # Pearson
  return(ret)
}
chi2Quantil=function(x,f,simulations=1000,samples=1000)
{
  set.seed(1234567890)
  chi2Results=c()
  for (j in 1:simulations)
    chi2Results=c(chi2Results,chi2OneRealization(f,samples))
  chi2Results=sort(chi2Results)
  return(chi2Results[round(x*(simulations-1)+1)])
}
> chi2Quantil(0.99,f=5,samples=500,simulations=5000)
[1] 15.088
> qchisq(0.99,5)
[1] 15.08627
```

Die Funktion `chi2OneRealization(f,samples)` realisiert einen einzelnen Wert der Pearson'schen Stichprobenfunktion zu f Freiheitsgraden auf Basis einer Gleichverteilung der Werte 1, ..., $f+1$. Die Anzahl der dazu notwendigen Versuche wird im Parameter `samples` gesetzt. Seine Größe muss die angestrebte Genauigkeit berücksichtigen und damit indirekt die Zahl der Freiheitsgrade, zu denen `samples` bei gleicher Genauigkeit proportional sein sollte. Wichtig ist, dass im Skript der Fall berücksichtigt wird, dass einzelne der Werte 1, ..., $f+1$ nicht getroffen werden, selbst wenn dies eigentlich nur bei (zu) kleinem Wert von `samples` passieren kann. Daher ist die Länge der Schleife `dim(tbl)` und nicht $f+1$.

Innerhalb der Funktion `chi2Quantil(...)` wird zunächst mit Hilfe des `simulations`–maligen Aufrufs der Funktion `chi2OneRealization(...)` eine entsprechende Anzahl von Realisierungen erzeugt. Diese Simulationsergebnisse werden im Vektor `chi2Results` gespeichert und dann mittels der Funktion `sort(...)` aufsteigend der Größe nach sortiert, um so eine Charakterisierung der empirischen Verteilungsfunktion zu erhalten, so dass zu jeder Wahrscheinlichkeit `x` das zugehörige Quantil näherungsweise ersehen werden kann.

Die Verwendung der `seed`-Funktion ist diesmal sehr wichtig, da sie sicherstellt, dass bei mehreren Aufrufen die `chi2Quantil`-Funktion mit demselben Freiheitsgrad die Quantile auf Basis der gleichen, aber nicht zwischengespeicherten Simulationsergebnisse ermittelt werden. Andernfalls könnten Inkonsistenzen zwischen den ermittelten Werten entstehen.

Da bei 1000 Freiheitsgraden für die Ermittlung eines χ^2-Prüfwertes deutlich mehr Zufallsziehungen notwendig sind, wurde zunächst ein Quantil zu fünf Freiheitsgraden empirisch ermittelt und mit der in R implementierten Funktion qchisq(0.99,5) verglichen. Für 1000 Freiheitsgrade muss die Genauigkeit etwas reduziert werden, um eine zu lange Laufzeit zu vermeiden:

```
> chi2Quantil(0.99,f=1000,samples=10000,simulations=1000)
[1] 1110.7
> qchisq(0.99,1000)
[1] 1106.969
```

Wie in Abschn. 2.16 dargelegt, können χ^2-verteilte Zufallswerte ohne Verwendung der Pearson'schen Stichprobenfunktion direkt aus normalverteilten Zufallswerten berechnet werden. Dies geht selbstverständlich deutlich schneller, vor allem mit Hilfe von R:

```
chi2OneRealization=function(f)          # zu f Freiheitsgraden
{
  return(sum(rnorm(f,0,1)^2)
}
chi2Quantil=function(x,f,simulations=10000)
{
  set.seed(1234567890)
  chi2Results=c()
  for (j in 1:simulations)
    chi2Results=c(chi2Results,chi2OneRealization(f))
  chi2Results=sort(chi2Results)
  return(chi2Results[round(x*(simulations-1)+1)])
}
> chi2Quantil(0.99,1000)
[1] 1107.993
> qchisq(0.99,1000)
[1] 1106.969
```

Noch schneller wäre natürlich eine Simulation unter Nutzung der R-Funktion rchisq(simulations,f), aber das würde natürlich der Intention der Übungsaufgabe widersprechen.

Bei *Aufgabe 1 von* Abschn. 3.3 gibt es nur eine Art von Fehler, nämlich dass die Zuordnung aufgrund des Testergebnisses nicht richtig erfolgt, also vertauscht wird. Dank R können wir nicht nur die gefragte Approximation mit der Normalverteilung berechnen, sondern auch den exakten Wert:

```
> 1-pnorm(7.5,15*1/4,sqrt(15*1/4*3/4))   # Approximation P(Fehler)
 [1] 0.01267366
> 1-pbinom(7,15,1/4)                      # P(Fehler)
 [1] 0.01729984
```

In *Aufgabe 2 von* Abschn. 3.3 ist die Null-Hypothese $p \leq 1/2$ gegen die Alternativhypothese $p \geq 9/16$ zu testen. Wieder verwenden wir die Approximation der Normalverteilung und ergänzen sie mit den genauen Berechnungen auf Basis der Binomialverteilung. Bei der vorgegebenen Fehlerwahrscheinlichkeit von maximal 0,01 liegt der Schwellenwert zum Verwerfen der Null-Hypothese $p \leq 1/2$ bei 63, das heißt beim Gewinn von mindestens 63 Spielrunden:

```
> qnorm(0.99,100*1/2,sqrt(100*1/2*1/2))   # ca. Schwellenwert
 [1] 61.63174
> 1-pnorm(62.5,100*1/2,sqrt(100*1/2*1/2)) # ca. P(Fehl. 1. Art)
 [1] 0.006209665
> pnorm(62.5,100*9/16,sqrt(100*9/16*7/16))# ca. P(Fehl. 2. Art)
 [1] 0.896144
> qbinom(0.99,100,1/2)
 [1] 62
> 1-pbinom(62,100,1/2)                    # P(Fehler 1. Art)
 [1] 0.006016488
> pbinom(62,100,9/16)                     # P(Fehler 2. Art)
 [1] 0.8967125
```

In *Aufgabe 1 von* Abschn. 3.4 sind die beidseitigen Schwellenwerte dafür gesucht, dass die Null-Hypothese $p = \frac{1}{2}$ mit einer Irrtumswahrscheinlichkeit von höchstens 0,01 verworfen werden kann. Ebenso gefragt ist nach der sich für diesen Schwellenwert im Fall von $p = 51/100$ ergebenden Wahrscheinlichkeit für einen Fehler 2. Art. Zunächst wird mit Hilfe der Normalverteilung eine Approximation durchgeführt, was auch ohne Verwendung von R möglich wäre. Der Ablehnungsbereich umfasst die Werte bis 36 und ab 74, jeweils einschließlich:

```
> qnorm(0.005,100*1/2,sqrt(100*1/2*1/2)) # ca. Schwellenwert
 [1] 37.12085
> 2*pnorm(36.5,100*1/2,sqrt(100*1/2*1/2))  # ca. P(Fehl. 1. Art)
 [1] 0.006933948
s=sqrt(100 * 49/100 * 51/100)
pnorm(63.5,100*51/100,s)-pnorm(36.5,100*51/100,s) # ca. P(F. 2.Art)
 [1] 0.9919367
> qbinom(0.995,100,1/2)                   # oberer Schwellenwert
 [1] 63
> 2*pbinom(36,100,1/2)                    # P(Fehler 1. Art)
 [1] 0.006637121
```

```
> pbinom(63,100,51/100)-pbinom(36,100,51/100)# P(F. 2. Art)
[1] 0.9922692
```

Aufgabe 2 von Abschn. 3.4 fragt nach einem Ablehnungsbereich für die Null-Hypothese $p = ¼$, wenn die Alternativhypothese $p = ¾$ ist. Basis sind 25 Versuche und ein Fehler 1. Art von höchstens 0,05. Der einseitige Ablehnungsbereich ist 10 oder kleiner:

```
> qnorm(0.95,25*1/4,sqrt(25*1/4*3/4))   # approx. Schwellenwert
[1] 9.811213
> 1-pnorm(10,25*1/4,sqrt(25*1/4*3/4))   # approx. P(Fehl. 1. Art)
[1] 0.04163226
> pnorm(10,25*3/4,sqrt(25*1/4*3/4))     # approx. P(Fehl. 2. Art)
[1] 2.656064e-05
> qbinom(0.95,25,1/4)
[1] 10
> 1-pbinom(10,25,1/4)                   # P(Fehler 1. Art)
[1] 0.02966991
> pbinom(10,25,3/4)                     # P(Fehler 2. Art)
[1] 0.0002145124
```

4.10 Tests mit R: Beispiele und Musterlösungen

Nachdem wir uns davon überzeugen konnten, wie einfach man gebräuchliche Wahrscheinlichkeitsverteilungen in R verwenden kann, wollen wir uns nun ansehen, wie man Tests mit Hilfe von R durchführt. Wir beginnen mit dem *t*-Test. Für die ihm zugrunde liegende *t*-Verteilung bietet R die vier üblichen Funktionen `pt(…)`, `dt(…)`, `qt(…)` und `rt(…)`, bei denen der jeweils zweite Parameter die Zahl der Freiheitsgrade angibt. Speziell mit Hilfe der Verteilungsfunktion `pt(T, f)` lässt sich die Null-Hypothese eines *t*-Tests auf Basis des zu einer Stichprobe ermittelten Wertes `T` der Student'schen Testgröße prüfen. Aber es geht noch viel einfacher!

Als Beispiel greifen wir auf diejenigen Daten zurück, die uns bereits in Abschn. 3.5 zur Erläuterung des *t*-Tests dienten. Die Stichprobenwerte sind dort in Tab. 3.2 aufgelistet und werden für eine Verarbeitung in R zunächst einem Vektor zugewiesen. Unmittelbar danach kann bereits der Test gestartet werden. Anzugeben ist primär der Erwartungswert `mu` (für μ), der in Form einer Größer-, Kleiner- oder Gleichheitsrelationen der zu testenden Null-Hypothese zugrunde liegt. Die Auswahl der drei letztgenannten Optionen erfolgt durch den Parameter `alternative`, indem ihm einer der drei Werte `"less"`, `"greater"` oder `"two.sided"` zugewiesen wird, um die Alternativhypothese entsprechend zu charakterisieren. In diesem Sinne legen wir nun los:

```
> x=c(76,72,105,74,78,83,103,97)
> t.test(x,mu=100,alternative="less")
       One Sample t-test
 data: x
t = -2.9237, df = 7, p-value = 0.01111
alternative hypothesis: true mean is less than 100
95 percent confidence interval:
      -Inf 95.07196
sample estimates:
mean of x
      86
```

Die Konsolen-Ausgabe beginnt mit der genauen Bezeichnung des durchgeführten Tests, gefolgt von dem aus den Daten berechneten Prüfgrößenwert –2,9237 sowie einem Hinweis auf die Zahl der Freiheitsgrade $df = 7$. Statt einer Testentscheidung, die mangels eines vorgegebenen Signifikanzniveaus gar nicht getroffen werden könnte, wird der p-Wert 0,01111 ausgewiesen. Das heißt, dass die Null-Hypothese bei einem vorgegebenen Signifikanzniveau, das größer als dieser p-Wert ist, zugunsten der explizit in der Konsolen-Ausgabe vermerkten Alternativhypothese „Erwartungswert ist kleiner als 100" verworfen werden kann.

Die Konsolen-Ausgabe enthält ergänzend noch ein Konfidenzintervall, das alle Zahlen einschließt, die kleiner oder gleich 95,07196 sind. Es entspricht einem Bereich, der aufgrund des vorliegenden Stichprobenergebnisses mutmaßlich den Erwartungswert beinhaltet, wobei das standardmäßige Konfidenzniveau von 0,95 zugrunde gelegt ist. Ein davon abweichendes Konfidenzniveau ist durch eine Parameterzuweisung wie zum Beispiel `conf.level=0.99` möglich.

Anzumerken bleibt, dass die R-Funktion `t.test(x,y,…)` auch zu einem Zwei-Stichproben-t-Test verwendet werden kann. Dabei werden die in den beiden Vektoren x und y gespeicherten Ergebnisse aus zwei Stichproben dahingehend getestet, ob auf ihrer Basis die Null-Hypothese abgelehnt werden kann, dass die Erwartungswerte der betreffenden Zufallsgrößen gleich sind.

In *Aufgabe 1 von* Abschn. 3.7 wurde eine Münze 1000-mal geworfen, wobei eine Seite 545-mal getroffen wurde. Gefragt ist nach dem p-Wert für die Null-Hypothese der Symmetrie, die selbstverständlich zweiseitig geprüft werden muss. Wieder ist mit R alles ganz einfach, sogar mit den genauen Formeln der Binomialverteilung. Dabei sind die Parameter selbsterklärend:

```
> binom.test(545,1000,0.5,alternative="two.sided")
       Exact binomial test
 data: 545 and 1000
number of successes = 545, number of trials = 1000, p-value =
0.004862
alternative hypothesis: true probability of success is not equal
to 0.5
95 percent confidence interval:
```

```
  0.5135418 0.5761926
sample estimates:
probability of success
            0.545
```

In *Aufgabe 2 von* Abschn. 3.7 sollte die Symmetrie eines Würfels getestet werden.
Dabei ergaben sich bei 600 Würfen die Häufigkeiten 107, 96, 92, 105, 112 und 88.
Gefragt wurde nach dem *p*-Wert zur Null-Hypothese der Symmetrie. Angewendet
wird der Pearson'sche Anpassungstest. Dieser ist, wie in Tab. 2.3 bereits berücksichtigt, grundsätzlich einseitig, weil die Seite eines betragsmäßig kleinen
Testgrößenwertes annähernd gleichen Häufigkeiten entspricht und damit sicher
nicht durch eine Asymmetrie des Würfels erklärt werden kann. Und so geht es mit R:

```
> x=c(107,96,92,105,112,88)
> chisq.test(x)                  # p = rep(1/length(x),length(x))
        Chi-squared test for given probabilities
 data:  x
X-squared = 4.42, df = 5, p-value = 0.4907
```

Da sich die Null-Hypothese auf eine Gleichverteilung bezieht, braucht kein
Vektor p mit Soll-Wahrscheinlichkeiten vorgegeben werden, dessen Einträge in
der Reihenfolge zu den Häufigkeiten im Vektor x korrespondieren. Der gesuchte
p-Wert ist gleich 0,4907. Er ist weit davon entfernt, eine Ablehnung der Null-
Hypothese rechtfertigen zu können. Ganz im Gegenteil ist sein Wert von ungefähr
0,5 ein Indiz für eine ungefähr durchschnittliche Abweichung des Beobachtungsergebnisses.

Bei *Aufgabe 1 von* Abschn. 3.8 war nach 95-%igen Konfidenzintervallen
gefragt für eine Stichprobengröße von 1200 und relative Häufigkeiten von 0,07
und 0,35. Wir verwenden sowohl die Approximationsformel aus Abschn. 3.8 wie
auch die präzise R-Funktion binom.test:

```
konfidenzIntervall=function(n,relHauef,konfidenzNiveau)
{
  z=qnorm(1-(1-konfidenzNiveau)/2)
  w=z*sqrt(relHauef*(1-relHauef)*n+z^2/4)/(n+z^2)
  s=(n*relHauef+z^2/2)/(n+z^2)
  return(c(s-w,s+w))
}
> konfidenzIntervall(1200,0.07,0.95)
[1] 0.05689398 0.08585028
> binom.test(0.07*1200,1200,0.07,alternative="two.sided")
        Exact binomial test
 data:  0.07 * 1200 and 1200
number of successes = 84, number of trials = 1200, p-value = 1
```

```
alternative hypothesis: true probability of success is not equal
to 0.07
95 percent confidence interval:
0.05621560 0.08593411
sample estimates:
probability of success
            0.07
```

Geht von man von einer relativen Häufigkeit von 0,35 statt 0,07 aus, ergibt sich das exakte Intervall [0,3229922, 0,3777452] und die Approximation [0,3235, 0,3774].

Bei *Aufgabe 2 von* Abschn. 3.8 werden von einer unbekannten Anzahl N von Fischen zunächst 200 markiert. Unter einer anschließenden Zufallsauswahl von 150 Fischen finden sich dann 35 markierte Fische. Wenn wir ignorieren, dass ein im zweiten Schritt zufällig ausgewählter Fisch nicht wieder direkt in die Grundgesamtheit im Teich zurückgelangt, dann ergibt sich mit der Formel aus Abschn. 3.8 auf Basis der 35 Treffer bei 150 Versuchen ein 95-%iges Konfidenzintervall für die unbekannte Wahrscheinlichkeit $p = 200/N$ in Gestalt von [0,1728, 0,3072]. Bei Verwendung der genaueren Analyse mit der R-Funktion binom.test(…) ergibt sich das Konfidenzintervall [0,1682, 0,3093]. Das führt für die gesuchte Gesamtanzahl $N = 200/p$ zu Intervallen [652, 1157] beziehungsweise [647, 1188].

Berücksichtigt man, dass ein im zweiten Schritt ausgewählter Fisch nicht wieder in die Grundgesamtheit gelangt, dann muss die hypergeometrischen Verteilung verwendet werden: N Fische, davon $M = 200$ markiert. Zufällig ausgewählt werden $n = 150$ Fische, worunter sich $k = 35$ markierte Fische befinden. Wir probieren etwas und können das derart ermittelte 95-%-Konfidenzintervall [666, 1121] dank der Vektor-Basierung von R kurz bestätigen:

```
> N=c(665,666,1121,1122)
> phyper(35,200,N-200,150)
[1] 0.02447557 0.02527195 0.97478885 0.97511811
```

Der Unterschied zwischen dem exakten und den zuvor auf Basis von vereinfachten Annahmen berechneten Konfidenzintervallen ist also gar nicht so groß. Deutlich größer ist der Einfluss, welches Konfidenzniveau der Anwender vorgibt.

4.11 Schätzwerte mit R

Im letzten Kapitel wurden die empirischen Daten, die mit Tests wie dem *t*-Test oder dem Chi-Quadrat-Test interpretiert wurden, innerhalb R durch Vektoren repräsentiert. Diese Ausgangslage ist typisch, wobei die Elemente des Vektors in der Regel die Merkmalswerte der Stichprobenmitglieder enthalten. In analoger

Weise erhalten ebenfalls die in R implementierten Methoden der Beschreibenden Statistik zur Datenpräsentation mit Tabellen und Grafiken ihren Input in Form von Vektoren. Entsprechend unserer Beschränkung auf die Mathematische Statistik werden wir darauf aber nicht eingehen. Eine kleine Kostprobe soll aber trotzdem gegeben werden:

```
> hist(x=rnorm(1000000), breaks=80, xlim=c(-4,4), main="Wow!")
```

In einem neuen Fenster dargestellt wird ein **Balkendiagramm** mit einer Häufigkeitsverteilung **(Histogramm)**, bestehend aus 80 Balken, die den Wertebereich von –4 bis +4 abdecken. Die Datengrundlage, nämlich der Vektor x, wird der Einfachheit halber durch eine Million standardnormalverteilter Zufallszahlen erzeugt, die mit einer beeindruckenden Geschwindigkeit simuliert werden.

Die rechentechnisch einfachste Interpretation von empirischen Daten ist die Berechnung von Schätzwerten. Wir wollen uns daher nun für die wichtigsten der in Abschn. 3.9 erörterten Schätzwerte ansehen, welche R-Funktion jeweils die Berechnung unkompliziert erlaubt. Begleitend werden wir die zugrunde liegenden Berechnungsformeln explizit mit R-Befehlen umsetzen. Eine solche Programmierung der Schätzwerte wird auch als Übung empfohlen. Dabei kann die Korrektheit der eigenen Implementierung anhand von Beispieldaten geprüft werden. Die Eleganz des eigenen Ansatzes kann im Vergleich mit den nachfolgenden Implementierungen eingeschätzt werden.

Der Mittelwert ist bekanntlich ein erwartungstreuer Schätzer für den Erwartungswert. Die zugehörige R-Funktion mean(…) haben wir bereits mehrfach verwendet. Die Funktion mean1(…) ist eine elementare Implementierung:

```
x=c(4,5,2,4,3,1)      # Bsp. für Sequenz von Würfelergebnissen
mean1=function(x)
{
  return(sum(x)/length(x))
}
> mean(x)
[1] 3.166667
> mean1(x)
[1] 3.166667
```

Wir wenden uns nun der empirischen Standardabweichung zu. Sogar eine explizite Implementierung dieser erwartungstreuen Schätzformel für die Standardabweichung fällt dank der Vektoroperationen relativ kurz aus:

```
x=c(4,5,2,4,3,1) # Bsp, für Sequenz von Würfelergebnissen
sd1=function(x)
{
  m=mean(x)
  n=length(x)
```

```
    return(sqrt(mean((x-m)^2)*n/(n-1))))
}
> c(sd(x),sd1(x))
[1] 1.47196 1.47196
```

Als nächstes wollen wir den Schätzwert für die Kovarianz und den empirischen Korrelationskoeffizienten als Schätzwert für die den Korrelationskoeffizienten berechnen. Beide Schätzwerte wurden in Abschn. 3.9 erörtertet. Wieder verwenden wir sowohl die in R verfügbare Implementierung als auch zur Übung jeweils eine selbstprogrammierte. Die sechs Würfelergebnisse x werden auf ihre Korrelation geprüft einerseits zum Ergebnis y=7-x der jeweils gegenüberliegenden Würfelseite und andererseits zu einem jeweils aus dem Würfelergebnis x deterministisch berechneten Wert z, wobei versucht wurde, eine größenmäßige Relation zum Ausgangswert so weit wie möglich zu vermeiden:

```
x=c(4,5,2,4,3,1)       # Bsp. für Sequenz von Würfelergebnissen
y=7-x                  # Gegenseite des Würfels
z=(x*4)%%7             # m%%n = Rest bei der Division von m durch n
cov1=function(x,y)
{
  mx=mean(x)
  my=mean(y)
  return(sum((x-mx)*(y-my))/(length(x)-1))
}
> c(cov(x,y),cov1(x,y))
[1] -2.166667 -2.166667
> c(cov(x,z),cov1(x,z))
[1] -0.1333333 -0.1333333
cor1=function(x,y)
{
  mx=mean(x)
  my=mean(y)
  return(sum((x-mx)*(y-my))/sqrt(sum((x-mx)^2)*sum((y-my)^2)))
}
> c(cor(x,y),cor1(x,y))
[1] -1 -1
> c(cor(x,z),cor1(x,z))
[1] 0.2533594 0.2533594
```

Wie zu erwarten, sind die Ergebnisse x und y maximal negativ korreliert. Dagegen sind die Ergebnisse x und z nur wenig korreliert.

Eng zusammen mit den gerade erläuterten Schätzformeln für Kovarianz und Korrelation hängt die lineare Regressionsanalyse, die wir ebenfalls in Abschn. 3.9 erörtertet haben. Zur beispielhaften Erläuterung greifen wir auf die bereits in Abschn. 4.4 als Beispiel verwendeten Messwerte für den Body-Mass-Index zurück. Die für jedes der elf Stichprobenmitglieder gemessene Körpergröße und das Gewicht werden in den beiden ersten Skriptzeilen zwei Vektoren h *(height)* und w *(weight)* zugewiesen, so dass sie dann in der Form h[1],w[1] bis h[11],w[11] vorliegen. Wir suchen diejenige affin lineare Größenbeziehung der Form $w = ah + b$, die für die elf Wertepaare am besten passt. Außerdem wollen wir bewerten, wie gut diese durch zwei Parameter a und b definierte affin lineare Approximation passt (siehe auch Abschn. 2.6 zur Faustregel „Körpergröße minus 100 plus 10 %"):

```
h=c(1.74,1.82,1.86,1.80,1.92,1.69,1.99,1.79,1.98,1.74,1.99)
w=c(71,   84,   95,   85,  103,   70,  102,   98,  121,   79,   72)
a=(mean(h*w)-mean(h)*mean(w))/(mean(h^2)-mean(h)^2)
b=mean(w)-a*mean(h)
c(a,b)
lm(formula = w ~ h)
# pdf("E:\\Daten\\R\\testgrafik.pdf")        # optional: pdf-Output
plot(h,w,xlab="Größe [m]",ylab="Gewicht (Masse) [kg]")
abline(a=b, b=a)                             # Gerade: w=a+b*h
# dev.off()                          # optional: Ende des pdf-Outputs
```

Die ersten fünf Zeilen des Skripts enthalten keine R-Kommandos, die für uns neu wären. Inhaltlich entsprechen sie den Formeln aus Abschn. 3.9. Die fünfte Skriptzeile führt zur Ausgabe der zuvor berechneten Koeffizienten a und b der Regressionsgerade:

```
> c(a,b)
[1]  89.73765 -76.67901
```

Damit ist Gewicht[kg] $= 89{,}7*$Größe[m] $- 76{,}7$ die gesuchte Approximationsformel. Der Name der in R implementierten Funktion, die analoge Berechnungen und noch viel mehr leistet, lautet lm(...) und steht für *linear models*. Der von Zeile 6 generierte Konsolen-Output lautet:

```
> lm(formula = w ~ h)
Call:
lm(formula = w ~ h)
 Coefficients:
(Intercept)              h
    -76.68          89.74
```

Mit dem anschließenden plot-Befehl wird ein Diagramm gezeichnet, das die gemessenen Körpergrößen h auf der horizontalen Achse (standardmäßig „x-Achse") und die Gewichte w auf der vertikalen Achse (standardmäßig „y-Achse") anordnet. Die zugrunde gelegte Skalierung und der dargestellte

Bereich werden automatisch an die darzustellenden Datenpunkte angepasst, können aber selbstverständlich ebenso durch Parameter explizit vorgegeben werden. Anschließend wird mit der `abline`-Funktion *(add straight line)* die berechnete Regressionsgerade ins Diagramm eingezeichnet. Leider sind die Bezeichnungen a und b der Parameter bei der `abline`-Funktion genau umgekehrt zu der hier bereits in Abschn. 3.9 verwendeten Notation.

Die beiden mit dem Hashtag „herauskommentierten" Zeilen können für eine optionale Version des Skripts aktiviert werden. Statt einer Bildschirmausgabe wird bei dieser Option eine PDF-Datei erzeugt, wie sie aufgrund der höheren Pixelauflösung für die Reproduktion in Abb. 4.2 verwendet wurde.

Der Aufruf einer Funktion, um einen Test wie bei `t.test(…)` oder eine andere statistische Methode wie bei `lm(…)` durchzuführen, liefert standardmäßig eine Textausgabe über die Konsole. Um die Resultate weiterzuverarbeiten, etwa in einer nachfolgenden Berechnung oder mit einer grafischen Darstellung, ist der Konsolen-Output aber nicht zu gebrauchen. Dafür notwendig ist eine detaillierte Auswertung des Rückgabewerts wie zum Beispiel von

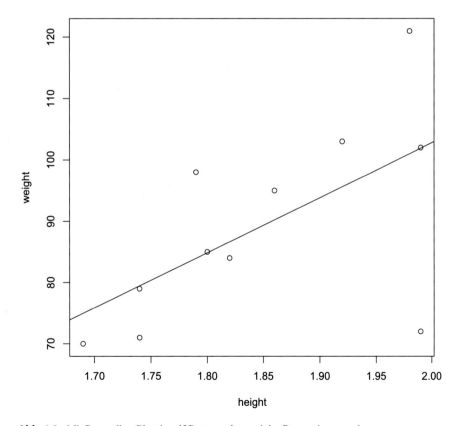

Abb. 4.2 Mit R erstellter Plot der elf Datenpunkte und der Regressionsgerade

`lmResult=lm(formula=w~h)`. Bei diesem Rückgabewert handelt es sich um ein komplex strukturiertes Objekt. Was wir bei einem „normalen" Aufruf der Funktion, das heißt ohne Zuweisung an eine Variable, als Konsolen-Output erhalten, ist schlicht die Funktionalität der Funktion `print(…)`, wenn diese mit dem Rückgabeobjekt als Parameter aufgerufen wird, das ist im Fall des Beispiels konkret `print(lmResult)`. Zur Inspektion der Struktur des Rückgabeobjekts kann man mit der bereits erläuterte Funktion `attributes(…)` beginnen:

```
> lmResult=lm(formula = w ~ h)
> attributes(lmResult)
$names
 [1] "coefficients"  "residuals"     "effects"     "rank"
 [5] "fitted.values" "assign"        "qr"          "df.residual"
 [9] "xlevels"       "call"          "terms"       "model"
$class
[1] "lm"
```

Ausgehend von dieser Übersicht oder einer mit `help(lm)` abgerufenen Dokumentation findet man nun auch die berechneten Koeffizienten:

```
> lmResult[["coefficients"]][[1]]
[1] -76.67901
> lmResult[["coefficients"]][[2]]
[1] 89.73765
```

Ein direkter Weg, die komplette Struktur eines Objekts inklusive der Unterstruktur in seiner ganzen Komplexität, aber in sehr in sehr komprimierter Form zu inspizieren, ermöglicht die Funktion `str(…)`. Wir geben hier nur die ungefähr ersten 10 % des Outputs wieder:

```
> str(lmResult)
List of 12
 $ coefficients : Named num [1:2] -76.7 89.7
  ..- attr(*, "names")= chr [1:2] "(Intercept)" "h"
 $ residuals    : Named num [1:11] -8.465 -2.644 4.767 0.151 7.383
…
  ..- attr(*, "names")= chr [1:11] "1" "2" "3" "4" …
 $ effects      : Named num [1:11] -295.48 30.8 6.65 2.16 9.15 …
```

Die gesuchten Koeffizienten findet man gerundet bereits in der zweiten Zeile. Ein Zugriff wäre auch mit `lmResult$coefficients[[1]]` und `lmResult$coefficients[[2]]` möglich. Analog kann auch bei Tests vorgegangen werden. Zum Beispiel erhält man nach einem durchgeführten *t*-Test mit `tResult=t.test(…); print(tResult$p.value)` einen expliziten Zugriff auf den berechneten *p*-Wert.

Obwohl wir hier nur einen kleinen Einblick in die Möglichkeiten geben konnten, die R zur Durchführung von statistischen Methoden und zur Erstellung von Grafiken eröffnet, dürfte deutlich geworden sein, wie bei einer konkreten Aufgabenstellung unter Hinzuziehung der Dokumentation prinzipiell vorzugehen ist.

4.12 Prinzipielles zur Programmiersprache R

Unsere kurze Einführung in die Programmiersprache R soll mit ein paar Ergänzungen abgerundet werden. Gegenstand der Erläuterungen sind sowohl die Grundprinzipien von R wie auch, im nächsten Kapitel, wichtige Objektklassen, die bisher keine Erwähnung fanden.

R gilt als funktionale und objektorientierte Programmiersprache. Der kanadische Statistiker John M. Chambers, der R maßgeblich mitentwickelt hat, äußerte einmal über R: „Alles, was existiert, ist ein Objekt. Alles, was passiert, ist ein Funktionsaufruf."[3]

Um was geht es dabei? Um in einem Programm, auch bei einer späteren Erweiterung und Fortentwicklung, fehlerhafte Funktionalitäten systematisch zu verringern und möglichst sogar ganz zu vermeiden, wurden in der Vergangenheit verschiedene Paradigmen für die Programmierung ersonnen. Eins der heute wesentlichen Paradigmen ist die **Objektorientierung,** die es erlaubt, die Gesamtfunktionalität eines Programms in viele, weitgehend voneinander unabhängige Funktionseinheiten zu zerlegen. Grob gesagt, findet sich dabei alles, was in der Realwelt durch ein Substantiv beschrieben wird, im programmierten Ebenbild als Objekt wieder. Der Zustand eines solchen Objekts wird durch seine Eigenschaften charakterisiert, die in der Realwelt sprachlich häufig durch Adjektive und Numerale charakterisiert werden. Außerdem werden gleich strukturierte Objekte zu **Klassen** zusammengefasst, deren Namen meist Appellative, also Gattungsnamen wie Auto und Tier, sind. Das klingt komplizierter als es ist: Jedes Auto ist ein Objekt. Jedes solche Auto gehört zur Auto-Klasse. Ein Auto besitzt eine Farbe, eine bestimmte Anzahl von Rädern, einen durch seinen Namen charakterisierten Halter, aber auch eine durch Geo-Koordinaten bestimmte aktuelle Position. Zu Objekten gehören **Methoden,** die in der Realwelt meist durch Verben beschrieben werden und die den Zustand des Objekts verändern können. Beispielsweise kann die Methode „fahren" die Position eines Auto-Objekts verändern und die Methode „verkaufen" kann zu einem neuen Halternamen führen.

Gespeichert werden alle Daten eines Objekts gemeinsam in einer Variablen. Im einfachsten Fall, wenn es sich um ein Objekt der Klassen Zahl, Zeichenkette

---

[3] Statistical Science, **29** (2014), S. 167–180, https://doi.org/10.1214/13-STS452, Zitat S. 170.

oder logischer Wert handelt, umfassen die Daten eines Objekts einzig den Wert, der damit den Objektzustand vollständig charakterisiert. Im Unterschied dazu wird der Zustand komplex strukturierter Objekte oft durch sehr viele Einzeldaten, also quasi Zuständen von elementaren Unterobjekten, charakterisiert. Selbst eine Funktion stellt ein Objekt dar, wobei der Zustand die Funktionalität widerspiegelt, und zwar konkret definiert durch den Skript-Code.

Beim Ablauf eines Skripts wird dessen jeweils aktueller Gesamtzustand durch die Zustände aller Objekte bestimmt. Änderungen dieses Gesamtzustandes erfolgen in R grundsätzlich nur durch Funktionen. Dass diese Aussage tatsächlich generell gültig ist, beruht darauf, dass in R selbst Operatoren wie „+" und „*" und selbst der Zuweisungsoperator „=" alias „<−" Funktionen sind! Wir erinnern dazu an die Rechenoperationen für Vektoren und Matrizen, und experimentieren, wenn auch nicht gerade sinnvoll:

```
> "+"(13,6)          # Plus mit Anführungszeichen als Funktion
[1] 19
> "+"=function(x,y){return(2*x*y^3)}    # Plus wird neu definiert
> 2+3
[1] 108              # 2*2*3^3 (nicht zur Nachahmung empfohlen)
```

Funktionen in R ähneln mathematischen Funktionen weit mehr als Funktionen in anderen Programmiersprachen: Es gibt nur ein Ergebnis und alle anderen Variablen bleiben unverändert, selbst die zum Input verwendeten Funktionsparameter, was in anderen Programmiersprachen nicht unbedingt der Fall ist.

Sehen wir uns ein Beispiel an, wie eine Funktion ihren eigenen, nur lokal gültigen und vom Rest des Programms weitgehend abgeschotteten Gesamtzustand schafft. Übrigens wird in Abgrenzung zu dem jeweils nur lokal gültigen Gesamtzustand einer Funktion der außerhalb aller Funktionen gültige Gesamtzustand *global* genannt. Demgemäß wird von **lokalen** und **globalen Variablen** gesprochen. **Scope** bezeichnet die Gesamtheit der aktuell gütigen Variablen.

```
x=c(1,2,3)
y=c(4,5,6)
test=function(z)
{
  ret=z
  ret[1]=0
  z[3]=0
  y[3]=0
  y[2]<<-0      # auch global wirkender Zuweisungsoperator
  ret           # statt return(ret), was aber verständlicher ist
}
> test(x)       # Rückgabewert wird mit Kopie von x ("z") generiert
[1] 0 2 3
> x             # nur die Kopie von x ("z") wurde verändert:
```

```
[1] 1 2 3
> y                # nur y[2]<<-0 wirkte, nicht aber y[3]=0:
[1] 4 0 6
> z
Fehler: Objekt 'z' nicht gefunden
```

Wir sehen: In einer Funktion können globale Variablen nicht verändert werden, was bei umfangreichen Skripten sehr wichtig ist, um zufällige Kollisionen mit gleich bezeichneten Variablen zu vermeiden. Die einzige Ausnahme ergibt sich, wenn der speziell dafür vorgesehene Zuweisungsoperator „<<-" verwendet wird.[4] Immerhin kann man auf globale Variablen lesend zugreifen und auf Parameterwerte sowieso. Allerdings erfolgt ein Schreibzugriff nur auf eigens dafür erstellte Kopien, so dass dies keine globalen Auswirkungen hat, wenn die Funktion wieder verlassen wird.

Innerhalb einer Funktion erfolgt nach einem Kommando der Art 3+5 oder t.test(…) kein Konsolen-Output, wie das im globalen Kontext der Fall ist. Stattdessen wird innerhalb einer Funktion der Rückgabewert durch solche Kommandos entsprechend gesetzt, was erklärt, warum oben der Funktionsaufruf return(ret) durch ret ersetzt werden konnte.

Sofern eine Berechnung wie beispielsweise ein statistischer Test als Ergebnis zu mehr als einer einfachen Zahl führt, sollte eine entsprechende R-Funktion ein eigens dafür konstruiertes Objekt ist zurückgeben. Wir haben das bereits am Beispiel des *t*-Tests in Abschn. 4.10 kennengelernt:

```
> x=c(76,72,105,74,78,83,103,97)
> tResult=t.test(x,mu=100,alternative="less")
> str(tResult)            # zeigt die komplexe Objektstruktur …
```

Fassen wir zusammen: Funktionen dienen der Abschottung unterschiedlicher Bereiche eines Skripts, das heißt zur Verhinderung von unbeabsichtigten Seiteneffekten aufgrund zufälliger Übereinstimmungen von Variablennamen. Nach Möglichkeit sollte innerhalb einer Funktion auf globale Variablen nicht lesend zugegriffen werden – und schreibend mit dem „<<-"-Operator schon gar nicht!

Es wurde bereits darauf hingewiesen, dass Funktionen spezielle Objekte sind. Wir wollen uns dazu ein kurzes Beispiel ansehen:

```
Take3and5=function(f){return(f(3,5))}
add=function(x,y)x+y
> Take3and5(add)
[1] 8
```

---

[4]Bei einer Schachtelung von Funktionen, die durchaus erlaubt ist, wird bei Verwendung des „<<-"-Operators die nächstliegende Ebene gesucht, wo eine Variable des betreffenden Namens vorhanden ist.

In jeder der beiden ersten Zeilen wird eine Funktion definiert, wobei die erste Funktion `Take3and5` eine durch den Parameter `f` übergebene Funktion für die Werte 3 und 5 auswertet. Die zweite Funktion ist eine klassische Funktion mit Zahlenwerten als Parametern. Allerdings wurde hier zu Demonstrationszwecken eine bewusst knappe Implementierung gewählt: Bei einem einzigen Befehl können die geschweiften Klammern weggelassen werden, ganz analog zu einem Ein-Befehl-Block bei einer bedingten Anweisung mit `if` oder einer Schleife mit `for`. Ebenfalls wurde auf das explizite `return` verzichtet. Deutlicher wird der Programmcode dadurch sicher nicht, so dass man auf solche Ultrakurzversionen am besten verzichtet. Trotzdem ist es wichtig, derartige Möglichkeiten zu kennen, wenn man von Dritten erstellte Skripte verstehen will.

4.13 Weitere Standardklassen von Objekten

Zahlen, Zeichenketten und logische Werte bilden in den meisten Programmiersprachen die einfachsten Datentypen. Zum Grundkonzept von R gehört es, dass eine Variable bereits standardmäßig mehrere Werte dieser einfachsten Datentypen beinhalten kann. Allerdings kann ein solcher Vektor immer nur Inhalte vom gleichen Typ enthalten, also zum Beispiel nur Zahlen.

Für Fälle, wo mehrere Werte unterschiedlicher Datentypen in einer Art verallgemeinertem Vektor gespeichert werden sollen, bietet R die Klasse der `list`-Objekte. Die Handhabung ist fast identisch zu der von Vektoren:

```
> liste=list(Inhalt1=TRUE,"Inhalt 2"=c(1,2),Inhalt3=c("A","B"))
> liste[["Inhalt4"]]=c("a","b")
> print(liste$"Inhalt 2");print(liste$Inhalt4)
[1] 1 2
[1] "a" "b"
> liste[["Inhalt1"]]=NULL          # löscht das erste Element
> names(liste)
[1] "Inhalt 2" "Inhalt3" "Inhalt4"
```

Den `$`-Operator, der einen Zugriff auf Attribute erlaubt, haben wir bereits in Abschn. 4.4 verwendet. Er erlaubt kürze Schreibweisen als die doppelte Einklammerung mit eckigen Klammern, insbesondere wenn ein Attributname kein Leerzeichen enthält und daher keine Anführungszeichen hinter dem `$`-Zeichen zur Eingrenzung notwendig sind.

Selbst Funktionen können in eine Liste eingetragen werden, beispielsweise mit `liste$Inhalt4=Take3and5` für die im letzten Kapitel definierte Funktion `Take3and5(...)`. Zwar erinnert diese Konstruktion, bei der eine Funktion zum Attributwert eines Objekts wird, stark an Objektkonzepte anderer Programmiersprachen wie JavaScript, allerdings bleiben dazu trotzdem große Unterschiede bestehen. Grund ist, dass R standardmäßig kein Analogon zur selbstbezüglichen Objektreferenzierung beinhaltet, wie man es von anderen Programmiersprachen her mit `this` beziehungsweise `self` kennt. Dass dies in R nicht der Fall ist, beruht auf der völlig abweichenden Konzeption von Objekten in R, bei der Methoden nicht Objekten sondern Funktionen zugeordnet sind.

Es bleibt noch zu fragen, was beim vorstehenden Skript nicht möglich gewesen wäre, wenn wir Funktion `c(...)` statt `list(...)` verwendet hätten? Zwei Unterschiede sind maßgeblich: Erstens hätten wir, wie bereits erwähnt, nur Inhalte eines einzigen Datentyps, also zum Beispiel nur Zahlen, zuweisen können. Zweitens sind Vektoren eindimensional konzipiert und können daher als *einzelnen* Inhalt keinen Vektor enthalten. Versucht man trotzdem, einen Vektor einem einzelnen Inhalt zuzuweisen, dann wird die Zahl der Inhalte entsprechend vergrößert. Mehrere Vektoren können derart zu einem einzigen Vektor zusammengesetzt werden, was wir bei der Konstruktion von Vektoren in Abschn. 4.3 gezielt genutzt haben, etwa bei der Zuweisung `y=c(3,1,c(1,2))`. Hier nun der direkte Vergleich:

```
> c(c(1,2),c(3,4))
 [1] 1 2 3 4
> list(c(1,2),c(3,4))
[[1]]
[1] 1 2
[[2]]
[1] 3 4
```

Eine weitere Standardklasse von Objekten ist die `array`-Klasse. Mit ihr können wie bei einem Vektor oder einer Matrix Inhalte eines Datentyps gespeichert werden. Jeder Inhalt ist mit einer Kombination positiver Ganzzahlen indiziert. Die Verwendung von Arrays bietet sich insbesondere für drei oder mehr Dimensionen an:

```
geschl=c("M","W")
alter=c("jung","mittel","alt")
land=c("D","A","CH","sonst")
anzahl=array(data=0,dim=c(2,3,4),dimnames=list(geschl,alter,land))
anzahl[2,3,4]=12
> anzahl[["W","alt","sonst"]]
[1] 12
> print(paste(anzahl[2,3,3],anzahl[2,3,4]))
[1] "0 12"
```

Aufgrund der Möglichkeit, den einzelnen Index-Koordinaten Bezeichnungen zuordnen zu können, eignen sich `array`-Objekte sehr gut dazu, Häufigkeiten zu Kombinationen von mehreren Merkmalen zu speichern. Mit dem Parameter `data` können Werte bereits bei der Definition explizit angegeben werden, aber das dürfte ab drei Dimensionen zu unübersichtlich werden.

Weil R als Programmiersprache für Mathematiker konzipiert wurde, sind komplexe Zahlen bereits im Standardumfang implementiert. Analog zu Listen, Matrizen und Arrays gibt es zunächst eine Funktion `complex(...)`, um komplexe Zahlen anzulegen. Ebenfalls möglich ist eine Konvertierung aus einem String mit der Funktion `as.complex(...)`. Zum Rechnen können dann die normalen Operatoren und Funktionen wie zum Beispiel die Exponentialfunktion `exp(...)` verwendet werden, ergänzt um Funktionen wie `Re(...)` und `Im(...)` für Real- und Imaginärteil. Schauen wir uns ein paar Berechnungen an, unter anderem von $e^{2\pi i}$ mit dem Ergebnis 1:

```
z1=complex(real=2,imaginary=3)              # 2+3i
z2=complex(real=0,imaginary=2*pi)           # 2"pi"i
z3=as.complex("1+1i")                       # nicht "1+i"
> Re(z3)/z1^2-z1*z3
[1]  0.970414-5.071006i
> z3^4
[1]  -4+0i
> exp(z2)
[1]  1-0i
```

In R lassen sich auch eigene Objektklassen definieren. Im Verlauf der Entwicklung von R wurden dazu verschiedene Konzepte realisiert. Die beiden traditionellen Konzepte tragen die Bezeichnungen S3 und S4. Beide unterscheiden sich stark von Konstruktionen in anderen populären Programmiersprachen wie C++, Java, Visual Basic oder JavaScript. Für statistische Berechnungen, die sich auf dem Niveau der hier vorgestellten Verfahren bewegen, sind solche Objektkonzepte aber nicht notwendig.

4.14   Fehlersuche in R-Skripten

Beim Arbeiten mit „R" wird schnell eine Komplexität erreicht, bei der es für die notwendigen Berechnungen nicht mehr ausreicht, nur ein paar Befehle nacheinander über die Konsole einzugeben. Dann kommt es erfahrungsgemäß immer wieder zu Situationen, bei denen „R" anscheinend nicht das tut, was es eigentlich soll. Allerdings liegt der Fehler in der Regel nicht bei „R", sondern bei einem selbst, weil sich das erstellte Skript als unzulänglich oder gar fehlerbehaftet herausstellt. Was ist dann zu tun?

Bei vielen Fehlern, insbesondere bei reinen Tippfehlern, gibt „R" direkt zielführende Hinweise wie „`Fehler: Objekt 'xyz' nicht gefunden`" oder „`Fehler: Unerwartete(s) '=' in "if(x="`". Deutlich schwieriger zu finden sind logische Fehler. Dabei muss zunächst die Stelle im Skript-Code lokalisiert werden, ab der das Skript nicht mehr so arbeitet, wie man es erhofft hat.

In solchen Fällen ist es oft sinnvoll, ein Skript nur teilweise auszuführen, indem in der Entwicklungsumgebung nur dieser Teil markiert und dann ausgeführt wird.

Zusätzliche Hinweise können zuvor geeignet positionierte `print(…)`-Befehle geben, mit denen man die dynamische Veränderung der ausgegebenen Variablenwerte prüfen kann. Außerdem besteht nach Beendigung des ausgeführten Teilskripts die Möglichkeit, Variableninhalte einzeln über die Konsole abzufragen.

Insbesondere innerhalb von `for`-Schleifen und Funktionen entfällt die Möglichkeit, ein Teilskript bis zu einer genau definierten Stelle ablaufen zu lassen. Dies liegt daran, dass die Ausführung von Teilskripten zu einer Übertragung als Konsolen-Eingabe führt, und zwar abgewickelt Zeile für Zeile. Bei der Konsole würde aber eine nur teilweise eingegebene `for`-Schleife als unvollständiges Kommando gewertet. Gleiches gilt bei der nur teilweisen Eingabe einer Funktion, deren Eingabe zunächst nur die Funktion definiert, um sie später als Ganzes aufzurufen.

Zwar können `print()`-Befehle auch innerhalb von Schleifen und Funktionen verwendet werden, führen aber oft zu umfangreichen und daher unübersichtlichen Ausgaben, die bei einer Fehlersuche kaum weiterhelfen. Daher ist es äußerst wichtig, dass ein Skript an einer gewünschten Stelle unterbrochen werden kann, um einen sogenannten Debug-Vorgang, kurz **Debugging,** zur systematischen Fehlersuche zu starten. Dazu wird an der Stelle des Skripts, bei dem die Befehlsabarbeitung unterbrochen werden soll, die Anweisung Befehl `broswer()` an einfügt. Oft ist es sehr sinnvoll, die Aktivierung des `broswer()`- Befehls von einer zusätzlichen Halte-Bedingung mittels einer `if`-Anweisung abhängig zu machen:

```
n=8
prod=1
for (i in 1:n)
{
  if (i==7)                    # zu Testzwecken …
    browser()                  # … ins Skript eingefügt
  prod=prod*i
}
print(paste0("Es ist ",n,"! = ",prod))
```

Die Gesamtausführung des Skripts zur Berechnung der Fakultät *n*! für *n* = 8 umfasst die sequentielle Übertragung von vier Befehlen an die Konsole, wovon der dritte Befehl mehrere Zeilen einnimmt, nicht zuletzt, weil er bereits mit dem bedingten `browser()`-Befehl „geimpft" wurde. Wir markieren die ersten drei Befehle, also das gesamte Skript mit Ausnahme der letzten Zeile, starten dann die Teilausführung, so dass „R" bei der Bearbeitung des dritten Befehls stoppt, und zwar mit der Meldung:

```
Called from: top level
Browse[1]>
```

Die vom Standard abweichende Eingabe-Aufforderung der Konsole zeigt, dass sich „R" in einem speziellen Zustand befindet. Die Ausführung des Skripts wurde an der markierten Stelle unterbrochen, was insbesondere die erfüllte Bedingung i==7 voraussetzt. Die Abfrage der Werte der beiden Variablen i und prod ergibt daher die folgenden Resultate:

```
Browse[1]> print(i)
 [1] 7
Browse[1]> print(prod)
[1] 720
```

Dass der Zustand von R tatsächlich einen ganz speziellen Charakter besitzt, erkennt man, wenn man versucht, das „R"-Programm mit dem *quit*-Kommando q() oder mit dem entsprechenden Menübefehl zu beenden:

```
Browse[1]> q()
Warnmeldung:
In q() : kann Browser nicht beenden
```

Abgesehen von einem lesenden Zugriff ist natürlich auch ein schreibender Zugriffsbefehl möglich wie prod=1, um die Skriptausführung danach wieder mit einem *continue*-Befehl „c" zu starten. Dabei wird der dritte Skriptbefehl ausgehend vom aktuellen Zustand, natürlich unter Berücksichtigung der vorgenommenen Wertänderung, in seiner Ausführung fortgeführt. Führt man danach noch, nun wieder bei einer normalen Eingabeaufforderung, den vierten Skriptbefehl aus, dann erhält man insgesamt die folgenden Konsolenmeldungen:

```
Browse[1]> prod=1
Browse[1]> c
> prod
[1] 56
```

Die vorgenommene Manipulation mag inhaltlich unsinnig gewesen sein. Ihr Resultat ist aber trotzdem auf jeden Fall sehr aufschlussreich, da die Funktionsweise der ausgelösten Aktionen deutlich erkennbar wird.

Hätten wir übrigens das gesamte Skript und nicht nur die drei ersten Befehle zur Ausführung gebracht, dann wäre nach der Unterbrechung durch den browser()-Befehl gleich im Anschluss der vierte Befehl, also print(…), an die Browse[1]-Konsole zur Eingabe übertragen worden. Das wäre aber ein völlig ungewollter Ablauf gewesen, im vorliegenden Fall verbunden mit einem absolut unsinnigen Output:

```
Called from: top level
Browse[1]> print(paste0("Es ist ",n,"! = ",prod))
 [1] "Es ist 8! = 720"
```

Wir wollen uns noch die analoge Situation innerhalb einer Funktion anschauen. Das Beispielprogramm dazu ist funktional fast identisch mit dem letzten Programm. Ebenfalls wurde bereits der bedingte `browser()`-Befehl ergänzt:

```
fakultaet=function(n)
{
  prod=1
  for (i in 1:n)
  {
    if (i==7)                      # zu Testzwecken …
      browser()                    # … ins Skript eingefügt
    prod=prod*i
  }
  return(prod)
}
m=8
print(paste0("Es ist ",m,"! = ",fakultaet(m)))
```

Diesmal müssen wir das gesamte Skript zur Ausführung bringen, weil der Aufruf der zu unterbrechenden `fakultaet`-Funktion mit dem Kommando in der letzten Zeile erfolgt. Die Skriptausführung unterbricht dann mit:

```
Called from: fakultaet(n)
Browse[1]>
```

Auch in diesem Fall können mit dem `print()`-Befehl die aktuellen Werte sowohl der lokalen wie globalen Variablen ausgelesen werden. Allerdings können im Kontext der Funktionsausführung – und darin befindet sich die unterbrochene Skriptbearbeitung – mit Standardzuweisungen keine Werte von globalen Variablen geändert werden.

Zur Analyse der durch die Unterbrechung erreichten Situation eignen sich neben der Funktion `print(…)` insbesondere die bereits erläuterten Funktionen `ls()`, `attributes(…)` und `str(…)`. Und selbst im aktuellen Skript definierte Funktionen können aufgerufen werden.

Neben dem *continue*-Kommando „c" für eine Fortsetzung der Skriptausführung[5] kann mit „n" das nächste Kommando einzeln ausgeführt werden und mit „s" ein nachfolgender Funktionsaufruf gestartet werden, um dann innerhalb der Funktion direkt auf weitere Kommandos zu warten. Analog wird mit „f" die

---

[5]Alternativ kann auch die Enter-Taster verwendet werden. Diese Option ist zwar praktisch, weil man statt „c" und Enter nur eine Tasten drücken muss. Allerdings ist diese Komfort steigernde Funktionalität zugleich mit dem Nachteil verbunden, dass Leerzeilen, die sich am Schluss des für eine Teilausführung markierten Skriptbereichs befinden, wie eine Enter-Betätigung direkt nach der browser()-Unterbrechung Einzelschritte auslösen.

aktuelle Funktion beendet und mit „Q" sogar der aktuelle Debug-Vorgang insgesamt. Mit „where" kann die Reihenfolge der aktuellen Funktionsaufrufe abgefragt werden:

```
Browse[1]> where
where 1: fakultaet(m)
where 2: paste0("Es ist ", m, "! = ", fakultaet(m))
where 3: print(paste0("Es ist ", m, "! = ", fakultaet(m)))
```

Im Vergleich zu anderen Entwicklungsumgebungen wie dem aktuellen Visual Studio, aber sogar selbst zu Visual Basic auf dem Stand der 1990er-Jahre, erscheinen die gerade beschriebenen Methoden als wenig komfortabel. Daher wundert es nicht, dass es auch für die Sprache R komfortablere Entwicklungsumgebungen gibt als das Programm „R", nämlich in Form von RStudio, bei deren einfachster Version es sich um eine Open Source Edition handelt.

Es muss allerdings darauf hingewiesen werden, dass es sich bei RStudio nur um eine grafische Oberfläche handelt. Die eigentliche Funktionalität der Berechnungen leistet weiterhin das Programm „R", das von RStudio gesteuert wird, und zwar zum Teil über das beschriebene Konsolen-Interface. Trotzdem bietet RStudio gravierende Vorteile:

- Der RStudio-Editor für R-Skripte ist deutlich übersichtlicher, da er farblich zwischen drei verschiedenen Code-Bestandteilen unterscheidet, nämlich zwischen Schlüsselworten wie for, if und function (fälschlicherweise, wenn auch naheliegend, einschließlich return), Texten in Zeichenketten und Kommentaren sowie dem Rest in Form von Variablennamen, Operatoren und Funktionsnamen. Durch geschweifte Klammern vorgenommene Blockabgrenzungen werden optisch hervorgehoben, wobei ganze Blöcke zu einem Symbol zusammengeklappt werden können. Klammerungen werden bereits bei der Eingabe geprüft und führen bei irregulärer Schachtelung zu direkten Fehlerhinweisen. Bei der Eingabe von Variablenbezeichnern klappt ein Fenster mit Vorschlägen der bereits definierten Bezeichner auf. Schließlich werden bei einer Parametereingabe eines Funktionsaufrufs Erläuterungen der Funktionsdefinition eingeblendet.
- Bei einer Unterbrechung des Skripts werden die Variablen des aktuellen Kontextes, ihre Werte und die Abfolge der aktuell ablaufenden Funktionen angezeigt.
- Debug-Funktionalitäten lassen sich aus der grafischen Oberfläche von RStudio steuern. Allerdings sind diese Funktionalitäten in ihrem Umfang längst nicht dem Komfort vergleichbar, den andere Entwicklungsumgebungen wie die bereits erwähnten bieten.

Zum letztgenannten Punkt wollen wir uns eine weitere Implementierung der Fakultäts-Berechnung ansehen. Diesmal auf Basis einer Rekursion, bei der sich die Funktion selbst aufruft. Dies funktioniert, weil Programmiersprachen wie R bei jedem Aufruf einer Funktion Speicher für die betreffenden lokalen Variablen anlegen, wodurch selbst bei rekursiven Aufrufen ungewollte Beeinflussungen der verschiedenen Levels vermieden werden. Das Beispiel ist so angelegt, dass es sowohl einen Debug-Haltepunkt wie auch einen Abbruch aufgrund eines Laufzeitfehlers beinhaltet. Ansonsten wäre auch `fak = function(n) if(n==1) 1 else n*fak(n-1)` als Einzeiler möglich gewesen:

```
fak=function(n)
{
  if(n==1)
    return(1)
  else
  {
    ret=n*fak(n-1)                        # Rekursionsschritt
    if(n==8) matrix(0,ncol=1,nrow=1)[2,2]=0 # =>Laufzeitfehler
    if(n==4) browser()                    # für Debug
    return(ret)
  }
}
print(paste0(fak(3)," ",fak(7)," ",fak(10)))
```

Es wird empfohlen, dieses Skript zunächst innerhalb des Standardprogramms „R" und anschließend mit RStudio zur Ausführung zu bringen: Erreicht beim Funktionsaufruf `fak(7)` die Rekursion das Level zur Berechnung von `fak(4)`, dann wird die Ausführung unterbrochen. Der aktuelle Zustand des Skripts kann nun nicht nur mit den bereits erörterten Konsolenbefehlen wie zum Beispiel `print(ret)` analysiert werden, sondern auch mit dem `traceback()`-Befehl, der die Abfolge der der aktuell ablaufenden Funktionen angezeigt:

```
6: fak(n - 1)
5: fak(n - 1)
4: fak(n - 1)
3: fak(7)
2: paste0(fak(3), " ", fak(7), " ", fak(10))
1: print(paste0(fak(3), " ", fak(7), " ", fak(10)))
```

Die analogen Daten zeigt RStudio, und zwar automatisch bei Beginn der Skriptunterbrechung, im „Traceback"-Unterfenster des „Environment"-Bereichs. Sobald man einen der Funktionsaufrufe anklickt, schaltet die Anzeige auf die Werte der zugehörigen lokalen Variablen um. Um die Werte der globalen Variablen anzuzeigen, muss im dem „Environment"-Bereich zugeordneten Ausklappmenü der Punkt „Global Environment" ausgewählt werden.

Die effektivste Fehlersuche ist übrigens die, die überhaupt nicht notwendig wird! Und dazu gibt es in der Tat wesentliche Gesichtspunkte. Die wichtigsten sind, hier nur in Form einer Ultrakurzfassung:

- Variablen sollten, außer innerhalb kurzer Schleifen, stets einen Namen besitzen, der ihre Bedeutung charakterisiert. Bewährt hat sich die **Höckerschreibweise** *(CamelCase)* wie zum Beispiel `oldMass`.
- Kommentare sollten die Eigenschaften von Funktionen und von allen Skriptteilen erläutern, die nicht direkt einsichtig sind.
- Blöcke von Funktionen, `for`-Schleifen und `if-else`-Anweisungen sollten einheitlich eingerückt werden.
- Ein einzeln für sich funktionierender Teil eines Skripts sollte zu einer Funktion zusammengefasst werden. Eine erstellte Funktion sollte umgehend mit beispielhaften Parametern als Input getestet werden.
- Die beim Aufrufen einer Funktion übergebenen Parameter sollten zu Beginn der Funktion möglichst daraufhin getestet werden, ob sie den Anforderungen entsprechen, die bei der Konzeption der Funktion für die Parameterwerte vorausgesetzt wurden: Das Vorhandensein eines Parameters ist mit der Funktion `missing()` prüfbar und der Typ eines Parameters mit Funktionen wie `is.numeric()`. Ergänzend kann zum Beispiel die Prüfung sinnvoll sein, ob ein Parameter im konzeptionell vorausgesetzten Wertebereich liegt, also zum Beispiel positiv ist.
- Analoge Prüfungen, ob der Wert einer Variablen tatsächlich in einem Bereich liegt, der für die nachfolgenden Funktionalitäten notwendig ist, sind nicht nur zu Beginn einer Funktion sinnvoll. Dabei gegebenenfalls festgestellte Inkonsistenzen sollten zu einer Fehlermeldung über die Konsole führen, ob mit `print("Fehler: …")` oder besser in der Art von `stop("Abbruch wegen Inkonsistenz")`.

4.15   Und wie geht es weiter mit R?

Wir haben gesehen, wie verführerisch einfach statistische Tests mit R durchgeführt werden können. Das gilt selbst für Verfahren, die aufgrund ihrer Komplexität hier unberücksichtigt geblieben sind, wie die Methoden der multivariaten Datenanalyse, bei denen mehrere Merkmalsausprägungen auf Abhängigkeitsstrukturen hin untersucht werden – nicht nur lineare. So begrüßenswert diese rechentechnische Vereinfachung ist, so sehr dürfen aber die Gefahren nicht verkannt werden, wenn Testplanung und Interpretation der Testresultate nicht mehr von einem genügenden systematischen Verständnis flankiert werden.

Wir haben uns hier bewusst nur mit den Anfangsgründen und den Prinzipien der Programmiersprache R beschäftigt. Das war angemessen, weil es dem Niveau der statistischen Anwendungen entsprach, soweit sie zuvor beschrieben wurden. Unberücksichtigt blieben daher die Definition von Objekten, die Nutzung von Packages und deren Erstellung.

Programmieren kann man nur zum Teil aus Büchern lernen. Viel wichtiger sind die Praxis und die darauf resultierende Erfahrung. Insofern wird hier nur eine kleine Auswahl von Büchern vorgestellt:

- Sebastian Sauer: *Moderne Datenanalyse mit R,* Wiesbaden 2019.
- Jürgen Hedderich, Lothar Sachs: *Angewandte Statistik. Methodensammlung mit R,* 16. Auflage, Berlin 2018.
- Jürgen Groß: *Grundlegende Statistik mit R. Eine anwendungsorientierte Einführung in die Verwendung der Statistik Software R,* Wiesbaden 2010.
- Uwe Ligges: *Programmieren mit R,* 3. Auflage, Berlin 2008.

Stichwortverzeichnis

© Der/die Herausgeber bzw. der/die Autor(en), exklusiv lizenziert durch Springer-
Verlag GmbH, DE, ein Teil von Springer Nature 2021
J. Bewersdorff, *Statistik – wie und warum sie funktioniert*,
https://doi.org/10.1007/978-3-662-63712-8

Printed in the United States
by Baker & Taylor Publisher Services